UNE HISTOIRE DES MICROBES

Éditions John Libbey Eurotext
127, avenue de la République, 92120 Montrouge, France
Tél : 33(0)1.46.73.06.60
http : //www.jle.com
e-mail : contact@jle.com
éditrice : Raphaèle Dorniol

John Libbey and Company Ltd
42-46 Hight Street
Esher
Surrey
KT 10 9 QY
United Kingdom

© 2007, John Libbey Eurotext, Paris

ISBN : 978-2-74-200674-8

Il est interdit de reproduire intégralement ou partiellement le présent ouvrage sans autorisation de l'éditeur ou du Centre Français d'Exploitation du Droit de Copie, 20, rue des Grands-Augustins, 75006 Paris.

UNE HISTOIRE DES MICROBES

Patrick Berche

John Libbey EUROTEXT

« Qu'est-ce que l'originalité ? Voir quelque chose qui ne porte encore aucun nom, qui ne peut pas encore être nommé quoique tout le monde l'ait sous les yeux. »

Friedrich Nietzsche

Remerciements

Je tiens à remercier très sincèrement mes maîtres les Professeurs Léon Le Minor et Michel Véron, qui m'ont communiqué leur enthousiasme pour la microbiologie et la recherche. Merci très chaleureusement aussi à mon collègue le Professeur François Denis, pour ses encouragements et sa fidèle amitié. Un remerciement particulier à Jérôme Cros, brillant étudiant de la Faculté de Médecine Paris-Descartes, actuellement interne, pour sa précieuse contribution à la relecture minutieuse du manuscrit.

À Héloïse, *in memoriam*

À mes enfants

Sommaire

Préface	IX
Avant-propos	1
Chapitre 1.	
L'aube de l'humanité	3
Émergence des maladies infectieuses depuis le néolithique	5
La boite de Pandore	8
Chapitre 2.	
Le mythe de la génération spontanée de la vie	11
Aristote et la génération spontanée	11
Un monde en gésine : la Renaissance	12
D'où viennent les vers ?	14
Les insectes ont un sexe	16
La découverte du sexe des plantes	17
Leeuwenhoek et le monde invisible	19
Spallanzani et les infusoires	24
Pasteur et la fin de la théorie de la génération spontanée	28
La génération spontanée au XXe siècle	31
Chapitre 3.	
Du *contagium vivum* aux microbes	33
L'origine des maladies dans l'Antiquité	33
Le pressentiment des germes	34
Hippocrate et la théorie des miesmes	34
Fracastor et le contagium vivum	36
Bonomo et la gale	38
Mildiou et phylloxéra	40
Muscardine et pébrine	43
Ferments et maladies du vin	44
Ergotisme et mycoses	45
Le nosocomium et la fièvre puerpérale de Semmelweis	47
La pourriture d'hôpital et Lister	50

Les postulats de Henlé et Koch 54
Porteurs sains et réservoirs de germes 55

Chapitre 4.
Les chemins de la découverte 59
Créer les outils pour déceler les bactéries 60
La lèpre et Armauer Hansen 61
Robert Koch 65
Le charbon 65
La tuberculose 67
Le choléra 70
La peste et Alexandre Yersin 73
La syphilis 78
La première chasse aux bactéries pathogènes 81
Une quête continuelle 82
La maladie des légionnaires 82
Les ulcères et les gastrites 83
Nouvelles approches 85

Chapitre 5.
Sa Majesté des mouches 87
Belzébuth 87
L'éléphantiasis et David Manson 88
La fièvre du Texas et Théobald Smith 90
La maladie du sommeil et David Bruce 91
Le mystérieux « mal noir » du Bengale 93
La maladie de Carlos Chagas 95
La fièvre jaune et Walter Reed 96
Le paludisme, Ronald Ross et Giovanni Grassi 100
Le typhus et Howard Ricketts 103
La peste et Paul-Louis Simond 105
La maladie de Lyme et Allen Steere 105
L'encéphalite West Nile dans la « jungle » de New York 106

Chapitre 6.
La quête des plus petits microbes 109
La filtration de l'eau 109
La saga du virus de la mosaïque du tabac 110
Les bactériophages, virus des bactéries 113
La quête des premiers virus pathogènes 116
Visualiser et cultiver les virus 117
La saga des hépatites : de l'ictère des camps à la jaunisse d'inoculation 118
Expériences humaines : l'éthique à rude épreuve 120
L'heureuse découverte du virus de hépatite B 122
La découverte du virus de l'hépatite C :
le triomphe de la biologie moléculaire 124
Burkitt et la découverte du premier virus oncogène humain 126
Une dernière surprise : les viroïdes 129
Épilogue 130

Chapitre 7.
Le coup de tonnerre du sida 131
   Les premiers rétrovirus 131
   L'enzyme hérétique 133
   Les maladies virales d'évolution lente 135
   L'émergence d'une maladie inconnue 136
   Le sarcome de Kaposi 137
   L'éclosion de l'épidémie 138
   Découverte des premiers rétrovirus humains 139
   La quête du virus du sida 140
   Transfusion et « sang impur » 144
   Origine du HIV 147
   La pandémie de sida aujourd'hui 147

Chapitre 8.
Le pandémonium des virus émergents 149
   El typho negro et fièvre de Lassa 149
   Les mystères des filovirus 151
   Les pandémies de grippe 153
   Mystérieuses maladies disparues 159
   Grippes malignes et nouveaux virus 161

Chapitre 9.
L'intimité des microbes 165
   Le DNA support de l'hérédité 166
   La double hélice et le dogme de la biologie moléculaire 167
   La lecture et la synthèse des molécules de la vie 171
   Les outils du génie génétique 173
   Naissance de la bio-informatique 174
   La course aux génomes des microbes 175
   La découverte de la PCR 177
   L'énigme des pétunias et l'interférence virale 178
   La classification moléculaire des microbes 179

Chapitre 10.
« *Magic Bullets* » 183
   Le secret de « l'écorce sacrée » 183
   De l'industrie des colorants aux antibiotiques 185
   Paul Ehrlich et le salvarsan 185
   Gerhard Domagk et les sulfamides 187
   Serendipity et la pénicilline 190
   Les premiers antibiotiques contre la tuberculose 196
   La découverte des médicaments antiviraux 200
   Les analogues de nucléosides et Gertrude Elion 201

Chapitre 11.
Imiter la nature 205
   La variolisation 206
   Edward Jenner et la vaccination 207

La création des premiers vaccins par Louis Pasteur	209
La découverte des toxines : le premier vaccin « moléculaire »	215
Elie Metchnikoff et les phagocytes	217
Emil Behring et la découverte des anticorps	218
Les vaccins idéaux : les anatoxines	220
La course aux vaccins contre les grands fléaux	221
Le vaccin contre la rougeole	226
Éliminer la « paralysie infantile »	228

Chapitre 12.
« Trembler de peur et de froid » 231

Le kuru et Carleton Gagducek	231
La découverte des prions par Stanley Prusiner	236
Émergence de la maladie des vaches folles	239
Quand la maladie des vaches folles passe à l'homme	241

Chapitre 13.
L'île de la Renaissance 243

Une idée vieille comme le monde	243
Le dilemme : Dr Jekill et M. Hyde	245
L'extermination des lapins	246
La guerre de l'empire du Levant	248
Porton Down et Fort Detrick	251
Biopreparat	254
L'Irak de Saddam Hussein	256
L'experience sud-Africane : le Dr Wouter Basson	257
Le bioterrorisme	258
La grande menace	260
Les leçons de l'histoire	264

Chapitre 14.
Épilogue. Terra incognita 265

Les vestiges bactériens	265
Les gènes « sauteurs »	266

Glossaire 271

Bibliographie 291

Index 295

Préface

Il peut paraître ambitieux d'écrire une « Histoire des microbes » et tout particulièrement celle des relations entre les hommes et les micro-organismes depuis le néolithique jusqu'à nos jours. Bien souvent de telles entreprises sont menées par des historiens professionnels ou des médecins historiens de la médecine qui n'ont pas une pratique quotidienne de l'exploration des agents infectieux et de l'analyse critique des liens de causalité entre micro-organismes et maladies infectieuses répondant aux postulats de Henle et de Koch… Le Professeur Patrick Berche est un microbiologiste et un chercheur de grand talent, doublé d'un esprit curieux qui lui fait prendre du recul vis-à-vis de l'histoire des sciences, de la microbiologie et de la médecine. Il présente un ouvrage captivant que l'on peut ouvrir à n'importe quelle page. Partant de l'histoire de scientifiques ou de maladies, on est entraîné dans un récit passionnant qui suit le cheminement, à partir d'un constat et d'une interrogation, d'une recherche qui peut s'étendre sur des décennies ou des siècles, pour aboutir à une découverte, telle que l'établissement d'un lien de causalité entre micro-organismes et maladies.

À sa grande érudition, l'auteur associe des qualités pédagogiques remarquables, car il rend accessible au lecteur des domaines parfois complexes et explique l'évolution des démarches scientifiques à la fois sur le plan conceptuel et expérimental. Il nous raconte en termes simples les étonnants progrès techniques qui font que, avec le « triomphe de la biologie moléculaire », il n'y a plus besoin de voir les agents pathogènes pour croire en leur existence.

Ce qui est frappant, c'est que nombre de découvertes peuvent souvent apparaître comme le fruit d'« heureux hasards ». Mais l'histoire nous enseigne que ne peuvent bénéficier de ces hasards que des esprits préparés par leur passé intellectuel et scientifique, leur permettant de s'étonner devant un phénomène inhabituel qui échappe à la majorité. Ces chercheurs sont pourvus d'une insatiable curiosité et d'une aptitude à remettre en cause des dogmes. Patrick Berche le montre bien, en racontant par exemple la découverte de la transcriptase reverse « l'enzyme hérétique » postulée par Temin, ou celle de la *polymerase chain reaction* (PCR), une technique qui a bouleversé toute la biologie et dont le principe naquit en une nuit dans l'esprit de Kary Mullis en 1983, ce qui valut à ce scientifique isolé le prix Nobel en 1993. Outre ces éclairs de génie, les découvertes peuvent aussi être le résultat de lents cheminements sur des décennies ou impliquer d'importantes équipes de chercheurs travaillant en synergie, comme ce fut le cas par exemple pour la découverte du virus de l'hépatite C.

L'ouvrage décrit parfaitement le chemin parcouru depuis la première observation des microbes par Leeuwenhoek le 10 juillet 1676… Parasites, champignons, bactéries, virus, viroïdes, prions, que de progrès dans la compréhension des maladies, dans les approches diagnostiques, que d'étapes franchies dans les traitements curatifs partant des colorants pour aboutir aux antibiotiques et les traitements préventifs depuis la sérothérapie jusqu'aux vaccins ! Cependant, comme le montre Patrick Berche, il faut avoir le triomphe modeste, car l'incroyable adaptabilité des micro-organismes aux environnements hostiles et aux comportements humains (pollution, réchauffement climatique, comportements socio-culturels, bioterrorisme…) peut réserver encore bien des surprises.

Charles Nicolle annonçait dès 1933 dans « Le destin des Maladies Infectieuses » « Il y aura des maladies nouvelles. C'est un fait fatal. Un autre fait aussi fatal est que nous ne saurons jamais les dépister dès leur origine ». Cependant, face à ces maladies émergentes que nous observons aujourd'hui, nous sommes de mieux en mieux armés, grâce notamment aux techniques du génie génétique, de l'immunologie et de la bio-informatique, pour identifier et diagnostiquer les nouveaux agents infectieux et trouver les parades pour prévenir et traiter rapidement ces maladies « nouvelles ».

En 1989, dans un ouvrage sur le sida, nous faisions la remarque que nous avons eu de la chance que l'infection due au virus de l'immunodéficience humaine ne soit pas survenue « 15 à 20 ans plus tôt » alors que nous ne disposions pas des outils permettant notamment d'identifier les porteurs asymptomatiques. La pandémie aurait pris une tout autre ampleur. Nous nous interrogions et écrivions à l'époque « A côté de l'aspect terrifiant de ce fléau moderne, on peut se demander si cette maladie n'aura pas à terme des retombées positives, retombées qu'il est trop tôt pour apprécier ; celles-ci étant dues notamment à l'accélération de nos connaissances dans le domaine de la virologie, de la biologie moléculaire, de l'immunologie et de la cancérologie et à la diffusion accélérée de moyens d'investigation jusque-là limités à quelques laboratoires ». Même si à ce moment cela a pu choquer certains, avec le recul, on doit reconnaître qu'indéniablement cette pandémie dramatique a permis une mise à niveau rapide et une accélération de la diffusion des connaissances. Peut-être sommes-nous mieux préparés aujourd'hui qu'hier… aux surprises que nous réservent les agents microbiens.

On ne saurait conclure, sans souligner la nécessité, pour tout chercheur travaillant dans un domaine aussi pointu soit-il, d'avoir une culture large, humaniste, afin d'ouvrir son horizon par rapport à son propre domaine et à l'Histoire. Malgré plus de deux siècles d'existence, la microbiologie demeure une discipline jeune. Il reste d'immenses territoires à explorer (*terra incognita*).

Avec cet ouvrage, nous avons, comme l'écrivait William Harvey au XVIIe siècle, l'impression d'être des privilégiés « reçus dans le cabinet secret de la nature ». Le livre de Patrick Berche à la fois solide, précis, scientifique, tourné vers le futur, est agréable à lire et attrayant. Il doit ouvrir l'esprit de tout honnête homme intéressé par la science et par l'histoire. En effet, les microbes ont eu des conséquences majeures sur le cours de l'histoire, influençant le sort des guerres, la démographie planétaire, mais aussi la psychologie des populations et les structures mêmes des sociétés décimées par des épidémies cataclysmiques. La peste noire du Moyen Age a certainement favorisé la remise en cause de l'ordre établi et donc la Renaissance, permettant la naissance de la science moderne.

Professeur François DENIS
Président du Conseil National des Universités :
Microbiologie, Maladies transmissibles, Hygiène.
Membre de l'Académie Nationale de Médecine.

Avant-propos

« Vers trois heures de l'après-midi, je vis de petites anguilles ou de petits vers qui s'enchevêtraient et se tortillaient exactement comme le font les anguillules dans le vinaigre. C'était parmi toutes les merveilles de la nature, la plus prodigieuse, et je dois ajouter que je n'ai pas éprouvé de plus grand plaisir que celui de voir plusieurs milliers de créatures dans une gouttelette d'eau se déplacer les unes parmi les autres, chacune animée de son propre mouvement. Si j'ajoutais qu'il y a cent mille animalcules dans une goutte prélevée à la surface de l'eau, je ne me tromperais pas ». C'est ainsi qu'Antonie van Leeuwenhoek raconte sa découverte des microbes le 10 juillet 1676. Cet obscur drapier de Delft en Hollande observait une infusion de poivre avec un microscope rudimentaire, dévoilant l'immensité d'un monde invisible à l'œil nu. Il fut le premier homme à voir des bactéries et à découvrir que partout grouille la vie, dans l'eau des marées, l'eau de mer, les infusions végétales, le jus de viande, la bière, et même les excréments, la salive, la plaque dentaire… Et pourtant ces microbes sont les premières créatures vivantes apparues sur terre il y a plus de trois milliards d'années, d'abord des bactéries d'une incroyable vitalité, capables de se multiplier souvent en quelques minutes, retrouvées partout, au plus profond des océans, dans la haute atmosphère ou même dans l'eau des geysers. Pendant des millions d'années, ces êtres unicellulaires ont évolué vers des organismes complexes et très divers pour donner naissance aux plantes, aux animaux et à l'homme. Ce sont nos ancêtres très lointains.

Ces microbes ont une histoire étonnante mêlant souvent Science et aventures, hasard et travail acharné, bonheur et tragédies, et retraçant comment l'homme a réussi à pénétrer l'intimité du vivant. Quel privilège pour les découvreurs d'être « reçus dans le cabinet secret de la Nature », comme disait William Harvey. Peut-on imaginer Alexandre Yersin, par exemple, arrivant en juin 1894 à Hongkong en pleine épidémie de peste. Le voici descendant dans une cave sinistre d'un hôpital, ouvrant le cercueil d'un pestiféré, examinant le cadavre recouvert de chaux, prélevant un bubon dans l'aine, et examinant pour la première fois au microscope le pus de ce ganglion. Il vit un fourmillement de bactéries. Il avait découvert le bacille de la peste, agent d'un fléau qui avait décimé des millions d'êtres humains au cours d'épidémies dévastatrices depuis l'Antiquité. Peut-on ressentir l'émotion mêlée de la peur d'une mort atroce, l'angoisse, la fierté d'avoir dévoilé un secret jusque-là inviolé ! Ce livre raconte cette extraordinaire aventure des scientifiques qui ont permis par leur ténacité, leur bon sens, leur courage, leur intelligence, parfois au péril de leur vie, la mise au jour des causes des grands fléaux de l'Humanité. Sans chercher l'exhaustivité, il rapporte aussi l'histoire des maladies infectieuses et des épidémies qui ont souvent influencé le cours des événements. Ne peut-on pas dire que l'épidémie de peste de 1348 qui décima un tiers de la population de l'Europe en deux ans a radicalement transformé les fondements et les structures de la société médiévale ? La Renaissance naîtra de ce cataclysme balayant toutes les certitudes et les croyances bien établies depuis l'Antiquité.

Les maladies infectieuses ont toujours existé, mais leur émergence dans les communautés humaines est associée aux périodes de grandes mutations de l'Humanité entraînant des changements profonds de l'organisation sociale, de la croissance démographique, des migrations, des comportements nouveaux vis-à-vis de l'environnement ou des changements de climat. La période néolithique fut le premier tournant de notre Histoire. En quelques siècles, les petites bandes éparses des chasseurs-cueilleurs vagabondant en quête de nourriture se sont sédentarisées pour cultiver la terre et élever des animaux domestiques. Cette révolution permit la propagation des microbes pathogènes dans les petites communautés d'éleveurs et d'agriculteurs. Aujourd'hui, nous vivons une seconde période de profondes mutations comparable à celle du néolithique, dont nous pressentons les risques à de nombreux signes. Nous voyons apparaître de nombreuses épidémies, des maladies nouvelles et des microbes pathogènes inconnus, par exemple les virus des fièvres hémorragiques ou celui du sida qui décimera encore des millions d'êtres humains pendant des décennies au cours du XXIe siècle. Ceci est dû à l'intrusion de l'homme dans des environnements nouveaux où ces germes existaient tapis depuis la nuit des temps. Pire, par notre connaissance de l'intimité du vivant, nous pouvons désormais créer des germes de vie ou de mort, mimant ce que l'Évolution façonne en des millions d'années. Tout devient possible, le meilleur et le pire. Comment refermer la boîte de Pandore ?

À ce tournant de l'histoire de l'Humanité, jamais la Science n'a progressé aussi vite et n'a autant effrayé. Des courants hostiles à une Science considérée comme dangereuse et destructrice de la Nature, se développent dans nos Sociétés. L'intrication d'extraordinaires progrès et de perversions potentielles rend plus urgent que jamais une réflexion éthique sur le sens de notre quête de connaissance. Il nous faut maîtriser l'utilisation de la Science par l'homme. En faisant le récit du cheminement des connaissances scientifiques qui ont permis d'épargner la souffrance et la vie de millions d'êtres humains, ce livre voudrait montrer que l'on a jamais autant eu besoin d'une Science maîtrisée au service du progrès humain.

Patrick Berche

Chapitre 1. L'aube de l'humanité

Voici l'humanité qui s'éveille il y a peut-être deux millions d'années en Afrique de l'Est. C'est alors que les premiers hominidés de l'espèce *Homo ergaster* se séparèrent des autres primates. « L'hominisation » des primates commença par la station verticale qui distinguait nos ancêtres des primates. Cette position structurait l'espace qui s'organise autour du corps humain, préludant aux futures divisions et répartitions des territoires. Les descendants de ces premiers hominidés (*Homo erectus*, *Homo heidelbergensis*...) vont fabriquer et utiliser des outils pour survivre, puis vont « domestiquer » le feu, il y a plus de 600 000 ans. Prenant conscience du caractère inéluctable de la mort et se projetant vers l'avenir, ils durent très tôt se soucier de leur santé. Ces premiers hominidés héritèrent de leurs ancêtres, les primates arboricoles, le fardeau de leurs parasites et de leurs microbes. Ils étaient souvent couverts de vermine, une multitude d'arthropodes (poux [1], puces, tiques...) et infestés de vers, souvent localisés dans l'intestin (ascaris, tænia, oxyures...), parfois provoquant des saignements urinaires et intestinaux (schistosomiase), ou rendant aveugles (onchocercose). Ils étaient aussi quotidiennement exposés aux microbes de l'environnement, en collectant, en cuisinant et en mangeant de la nourriture crue, plantes, insectes, poissons ou viandes. Cependant, ces populations humaines étaient dispersées et trop peu nombreuses pour permettre la transmission efficace des divers agents infectieux qui ne donnaient que des infections sporadiques. On pense que le mode de vie errante et les faibles contacts auraient plutôt favorisé la transmission et la perpétuation de maladies dues à des microbes de faible virulence, ou persistants tels que certains virus responsables de la varicelle ou de l'herpès, ou certaines bactéries donnant des diarrhées comme les salmonelles. En effet, des germes très virulents auraient rapidement disparu en décimant les petits groupes humains.

Ainsi, pendant des centaines de milliers d'années, les hommes du paléolithique formèrent dans la savane de l'Afrique de l'Est des petits groupes nomades de quelques dizaines d'individus vivant de la cueillette, de la pêche et de la chasse. Leur seule arme pour survivre était l'intelligence. Ils vivaient dans la crainte constante de la mort, dans un univers imprévisible et hostile, au milieu des prédateurs, dans le froid et la nuit de l'hiver, la famine et les maladies. Ils souffraient de fièvres, de diarrhées, de difficultés à respirer, de maux de dents, de blessures purulentes... Peu dépassaient l'âge de vingt à vingt-cinq ans. Beaucoup d'enfants mourraient à la naissance ou dans les toutes premières années de vie. Ces hommes allaient migrer en quête de nourriture au gré des variations climatiques vers le Moyen-Orient et l'Asie du Sud. Lors de ces migrations hors d'Afrique, les hommes furent exposés à de nouveaux microbes pathogènes. Puis apparurent nos ancêtres directs de l'espèce *Homo sapiens*, descendants d'une « Ève primordiale » en Afrique de l'Est. Eux aussi vont migrer et se répandre à la conquête du monde entier, véhiculant leurs microbes et leurs parasites. Ces migrations ont pu être reconstituées à partir de données archéologiques, paléo-climatiques et

---

[1.] Par exemple, les poux sont des arthropodes inféodés à l'homme depuis des centaines de milliers d'années. Les espèces de poux retrouvés chez l'homme ne peuvent survivre qu'à son contact. On connaît le pou de l'homme (*Pediculus humanus*) avec deux sous-espèces, le pou de corps (retrouvé sur le corps et les vêtements) et le pou de tête (uniquement retrouvé dans les cheveux), et le pou de pubis ou morpion (*Phtirus pubis*). Des poux proches existent chez les primates. Les poux peuvent être utilisés pour suivre l'histoire de l'Humanité. On a dressé des arbres généalogiques des poux des primates en séquençant l'ADN mitochondrial de ces arthropodes. Les deux sous-espèces de poux de l'homme ont divergé à l'époque où apparaissaient les ancêtres africains de Homo sapiens qui colonisa l'ensemble du monde. Les poux de l'homme et du chimpanzé (*Pediculus schaeffi*) se sont séparés il y a 5,6 millions d'années. Le pou du pubis et le pou de corps se sont séparés il y a 11,5 millions d'années. Témoignant des flux migratoires et des contacts entre les populations humaines, on a montré que seul le pou de tête existe dans les populations indiennes d'Amérique, alors que l'on retrouve les deux sous-espèces dans le reste du monde.

surtout grâce à des études génétiques réalisées à partir de l'ADN des mitochondries[2]. On a pu ainsi en étudiant des individus disséminés dans le monde entier reconstituer la colonisation par l'homme des cinq continents. Les migrations auraient commencé entre 120 000 et 80 000 ans à la suite d'une glaciation qui couvrit l'Europe d'une chape de glace et désertifia le nord de l'Afrique. Les hommes migrèrent vers la péninsule arabique, l'Inde et le Sud-est asiatique, atteignant la Malaisie il y a 75 000 ans. Puis ils traversèrent en bateaux l'Océan Indien pour peupler l'Océanie et l'Australie (60 000 ans) (Fig. 1).

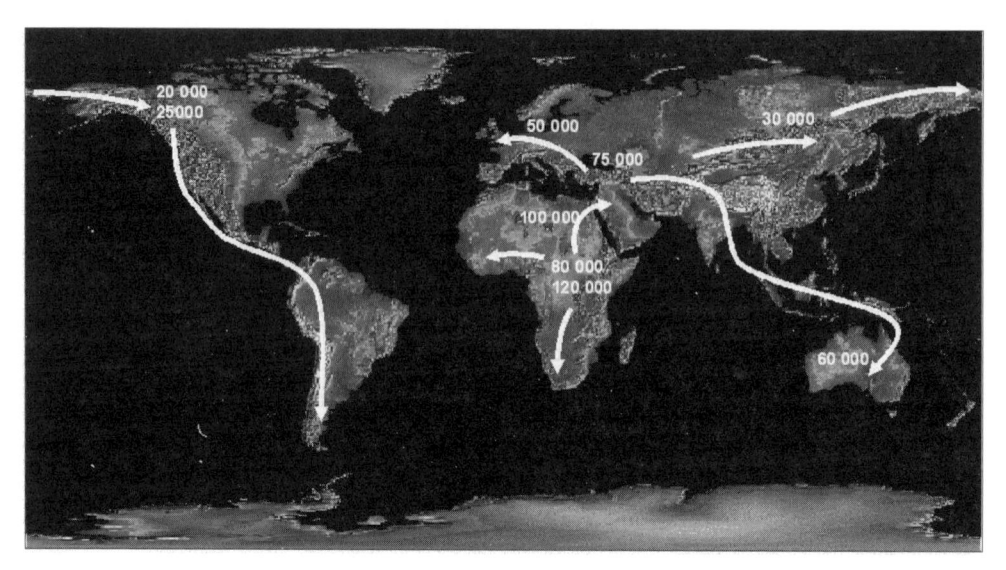

Figure 1. Le peuplement du monde a commencé il y a 80 000 à 120 000 ans par les migrations humaines à partir du berceau africain.

À la suite de nouveaux changements climatiques, ils regagnèrent l'Europe à partir de l'Asie (50 000 ans). C'est alors qu'apparut l'homme de Cro-Magnon. Un autre cycle glaciaire qui entraîna une baisse des océans permit à l'homme de franchir à pied le détroit de Behring entre la Sibérie et l'Alaska il y a 20 000 à 25 000 ans. Ainsi fut peuplée l'Amérique qui resta totalement séparée du reste du monde jusqu'à l'intrusion de Christophe Colomb en 1492.

Cette longue coexistence des hommes avec leurs microbes depuis des millénaires a permis la sélection progressive au cours des générations d'individus plus résistants à certains agents infectieux auxquels ils étaient en permanence exposés. On sait par des observations cliniques l'importance des antécédents familiaux sur la mortalité infectieuse. Par exemple, certaines familles ou certains groupes ethniques sont plus sensibles que d'autres à la tuberculose, à la variole ou à la rougeole démontrant ainsi une inégalité génétique face à la maladie. Chaque individu est en quelque sorte prédestiné, car il possède sa sensibilité propre à chaque agent infectieux, héritée de toute l'histoire de sa lignée.

---

[2] Les mitochondries sont des organelles indispensables à la respiration et localisées dans le cytoplasme de la plupart des cellules. Elles possèdent un petit génome codant notamment pour des enzymes respiratoires. Au cours de la fécondation, les mitochondries sont transmises à la descendance uniquement par les ovules et non par les spermatozoïdes. Le séquençage du génome des mitochondries d'individus provenant de populations réparties dans le monde entier permet de reconstituer l'histoire des origines de l'Humanité et des flux migratoires. On pense que l'Humanité provient de sept « Ève » primordiales.

Émergence des maladies infectieuses depuis le néolithique

Pour l'espèce humaine, le grand tournant se situe à la fin de l'époque glaciaire, au néolithique, il y a environ 10 000 à 15 000 ans. Le climat et le paysage changent alors rapidement. Les forêts se substituent aux steppes arctiques. La raréfaction du gibier oblige les hommes à se regrouper autour des lacs et des littoraux. Ils récoltent les céréales sauvages à la faucille de pierre, et domestiquent des animaux, volailles, moutons, chèvres, porcs, chiens, chats, chevaux... Cette progressive sédentarisation des populations humaines dut être pénible aux chasseurs-cueilleurs qui perdaient leur liberté et devaient s'organiser en villages. Comme Adam et Ève chassés du Paradis, ils s'astreignirent au travail harassant de l'agriculture et de l'élevage et vécurent en promiscuité avec les animaux domestiques et le bétail. Cette création de sources nouvelles et abondantes de nourriture entraîna une explosion démographique dans certaines régions côtières et fluviales propices (Mésopotamie, Égypte, Chine, Inde...). Les hommes du néolithique commencèrent à élaborer des calendriers, à compter et à inventer l'écriture. Dès lors, nos ancêtres se mirent à décrire leurs maladies en caractères cunéiformes, en hiéroglyphes, en alphabet phénicien, en grec, en latin, en arabe !

On pense que c'est à cette époque que les germes portés par les espèces animales domestiquées ont pu être transmis à l'homme, par contact direct ou par l'intermédiaire du lait ou de la viande. En effet, ces concentrations d'animaux créaient les conditions idéales pour l'apparition d'épidémies dans les troupeaux. Les éleveurs vivant en promiscuité avec le bétail auraient été particulièrement exposés à ces microbes. Ces germes pouvaient ensuite déclencher des épidémies dans les populations humaines regroupées en villages. On pense qu'au cours des épidémies, les nombreux passages de germes entre individus favorisent la sélection et l'adaptation à l'homme de microbes plus virulents. Les animaux domestiques seraient donc à l'origine de nombreuses maladies humaines d'aujourd'hui. L'analyse de l'ADN indique que les microbes responsables de nombreuses maladies actuelles, comme la tuberculose, la syphilis, la lèpre, la diphtérie, les rhumes de cerveau, la rougeole, la variole, les oreillons, la varicelle, la rubéole, la variole, sont apparues chez l'homme au néolithique. De même, il est possible que des contacts accidentels avec des animaux sauvages infectés au cours de la chasse aient pu aussi transmettre dès cette époque des agents infectieux encore présents aujourd'hui.

Après le néolithique, suivit une longue période couvrant l'Antiquité, le Moyen Âge et la Renaissance où alternèrent guerres, famines, migrations et épidémies. L'espérance de vie resta faible et la population mondiale stagna. Comme aujourd'hui dans le Tiers-monde, les maladies infectieuses constituaient la cause principale de mortalité. L'amélioration lente et progressive des conditions de vie est probablement à l'origine du lent déclin de la mortalité liée aux maladies infectieuses en Europe occidentale à la fin du XVIIe siècle. Ce déclin correspond à une révolution agricole qui permit de bien meilleures récoltes[3] et donc augmenta considérablement les apports de nourriture aux populations si souvent en proie aux famines. Une première phase de cette baisse dura jusqu'au début du XIXe siècle et fut caractérisée par un aplatissement des pics de mortalité observés lors des épidémies de peste, de variole et de rougeole, traduisant probablement une plus grande résistance de la population et une moindre transmission des germes. À partir du début du XIXe siècle, on observa une chute généralisée de la mortalité par maladies infectieuses entraînant une augmentation de

---

[3]. Les grandes révolutions agricoles sont à l'origine de progrès démographiques importants. La mise en œuvre au cours du XVIIe siècle des systèmes de rotation triennale « sans jachère » avec cultures fourragères a permis une augmentation considérable des rendements céréaliers et le développement de l'élevage. La mécanisation de l'agriculture et l'usage d'engrais chimiques eurent les mêmes effets au XXe siècle.

l'espérance de vie à plus de 30 ans et un accroissement massif de la population malgré une baisse de la fécondité. Une troisième phase commença dans les années 1940 avec une explosion démographique qui fit passer la population mondiale d'environ 2 milliards en 1940 à 6 milliards en l'an 2000.

On estime que cette régression des maladies infectieuses est liée à de multiples facteurs, notamment une meilleure alimentation, une amélioration des conditions de vie et de logement, de meilleurs conditions d'hygiène avec la mise en place de réseaux de distribution d'eau potable dans les villes et des systèmes d'évacuation des déchets. Ceci s'est accompagné dans les pays maintenant développés d'un meilleur accès aux soins de santé et de l'amélioration des conditions d'accouchement. Après la Deuxième Guerre mondiale, l'espérance de vie augmente très rapidement avec la généralisation des vaccinations, l'utilisation des antibiotiques et la découverte de la réhydratation orale qui compense les pertes importantes d'eau lors des diarrhées souvent mortelles chez les nourrissons et les vieillards. Cette augmentation va de pair avec un vieillissement important de la population et une plus grande morbidité par maladies chroniques, cardio-vasculaires, pulmonaires, allergiques, cancer, diabète. Se substituant aux maladies infectieuses, sont apparues des maladies fréquentes liées aux environnements urbains et à la pollution (cancers, asthme, retards psychomoteurs, dépressions…).

Ce fort recul de la mortalité par maladies infectieuses est illustré par les courbes de survie des populations en fonction de l'âge, reconstituées depuis le paléolithique jusqu'à nos jours à partir de données archéologiques sur des ossements puis de données historiques provenant de registres de mortalité.

Sur la *figure 2*, sont rapportées les courbes de survie au paléolithique, au néolithique, à Breslau en Allemagne en 1690, à Liverpool en Angleterre en 1860, et aujourd'hui dans l'ensemble des pays développés ainsi que dans une tribu Kung contemporaine vivant actuellement comme à l'âge de pierre. Ces courbes représentent donc la durée de vie des individus depuis leur naissance : pour chaque âge, la courbe indique le nombre de survivants pour 100 nouveau-nés. Les courbes actuelles de survie des populations de l'Inde ou de certains pays d'Afrique ressemblent étonnamment à celles des temps les plus reculés. On y voit une chute initiale de près de 50 % du taux de survie durant les cinq premières années de la vie. Ceci correspond à la mortalité infantile liée à l'accouchement et aux maladies infectieuses de la petite enfance, en particulier celles liées aux diarrhées infectieuses, aux infections pulmonaires aiguës et aux maladies virales de l'enfance comme la rougeole. En revanche dans les pays développés, la mortalité est très faible dans les cinq premières années de la vie, ce qui signifie qu'en dehors de rares accidents ou maladies, très peu d'enfants meurent en bas âge dans les pays riches. Ainsi, la maîtrise des risques de l'accouchement et le contrôle des infections de la petite enfance par les antibiotiques et les vaccinations dans les pays développés font rapidement monter l'espérance de vie à plus de 75 ans. Entre 5 à 50 ans, les courbes observées du paléolithique au XXe siècle restent plus abruptes que celles des pays développés aujourd'hui. Après 50 ans existe dans les pays développés une forte inflexion de la courbe de survie, qui reflète le poids de notre patrimoine génétique responsable d'une sensibilité plus grande d'une partie de la population au cancer, aux maladies cardio-vasculaires, au diabète ou aux maladies du foie. La durée de notre survie est donc liée aux gènes hérités de notre lignée, mais aussi à notre comportement. Prédestinés à mourir à un certain âge, notre survie est aussi liée à notre éducation et à l'environnement qui nous entoure. Ainsi, il existe une corrélation inverse entre la durée de vie et le taux d'illettrisme, montrant que l'espérance de vie dépend du niveau culturel (considéré comme reflet de l'état d'avancement d'une civilisation) (*Figure 3*). En fait, ces courbes de survie résument toute l'histoire de l'Humanité avant l'ère contemporaine : une forte mortalité infantile et maternelle à la naissance, une sélection très importante des indi-

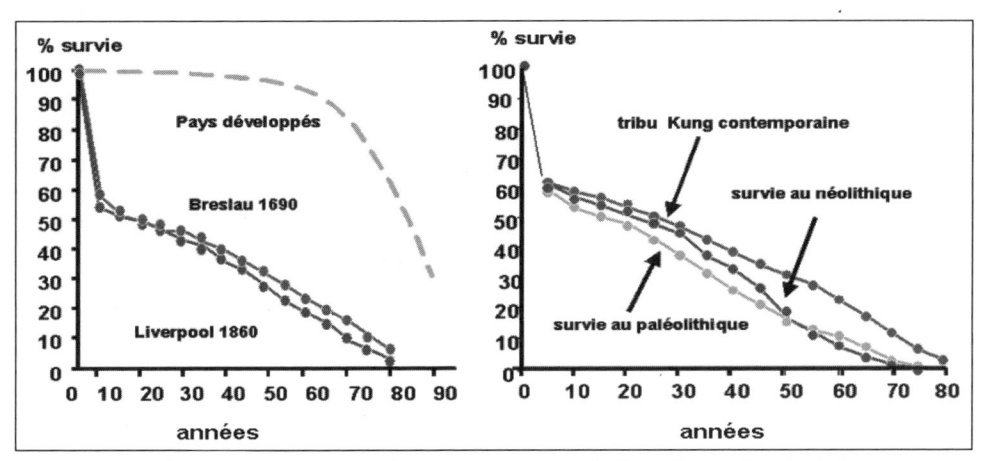

Figure 2. Courbes de survie des populations en fonction de l'âge depuis le paléolithique jusqu'à aujourd'hui.
Depuis le paléolithique jusqu'au XXe siècle, les courbes de survie sont proches. On observe une chute initiale très marquée du taux de survie dans toutes les populations correspondant à la mortalité infantile. Dans les pays développés depuis le milieu du XXe siècle, on voit une chute très importante de la mortalité infantile des 5 premières années de la vie, du fait d'une meilleure nutrition, des vaccinations, des antibiotiques, de l'hygiène et d'une meilleure prise en charge des nouveau-nés et des mères à l'accouchement.

vidus en fonction de leur sensibilité aux agents infectieux, une population à faible espérance de vie du fait des multiples agressions par maladies infectieuses, pollution, malnutrition, famine, guerres… Sur 52 millions de morts par an dans le monde, on en compte aujourd'hui 17 millions par maladies infectieuses et parasitaires, essentiellement dans le Tiers-Monde.

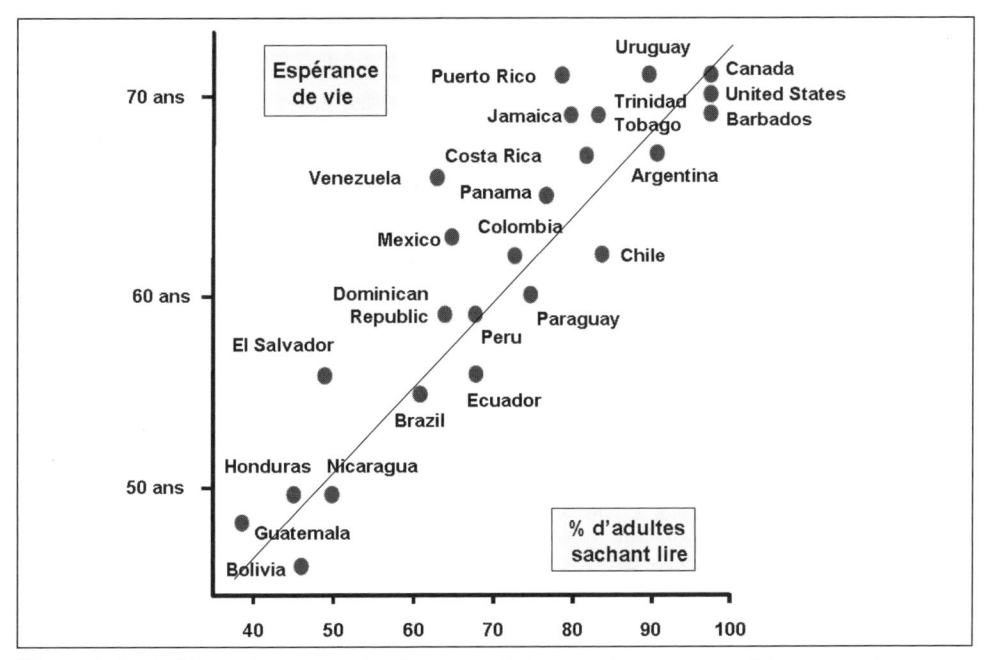

Figure 3. La faible espérance de vie d'une population est directement reliée au taux important d'illettrisme.
Par exemple, un taux d'illettrisme de 50 % est corrélé à une espérance de vie de 50 ans environ.

La boite de Pandore

À la fin du XXe siècle, on voit la résurgence de nombreuses maladies infectieuses et l'émergence de maladies inconnues jusqu'alors, notamment le sida ou la maladie de Creutzfeldt-Jakob du jeune, l'équivalent humain de la maladie de la « vache folle ». Comme au néolithique, l'origine de ces maladies émergentes est due à de profonds changements de l'environnement, souvent induits par l'activité et le comportement humain. Tout d'abord, l'augmentation de la population mondiale qui pourrait atteindre 9 à 10 milliards d'individus en 2050 est un facteur essentiel dans l'apparition des maladies infectieuses. Cette croissance de la population va de pair avec une paupérisation et une urbanisation sauvage avec création de mégapoles. À titre d'exemple, le nombre d'habitants de la planète vivant dans les villes est passé de 2 % en 1800, à 33 % en 1970 et 50 % environ en 2000. Ceci s'accompagne d'une dégradation des conditions d'hygiène favorisant fortement la transmission des microbes. À cela s'ajoute une accélération spectaculaire des moyens de communication favorisant la diffusion en quelques heures des microbes pathogènes parmi des populations humaines très éloignées.

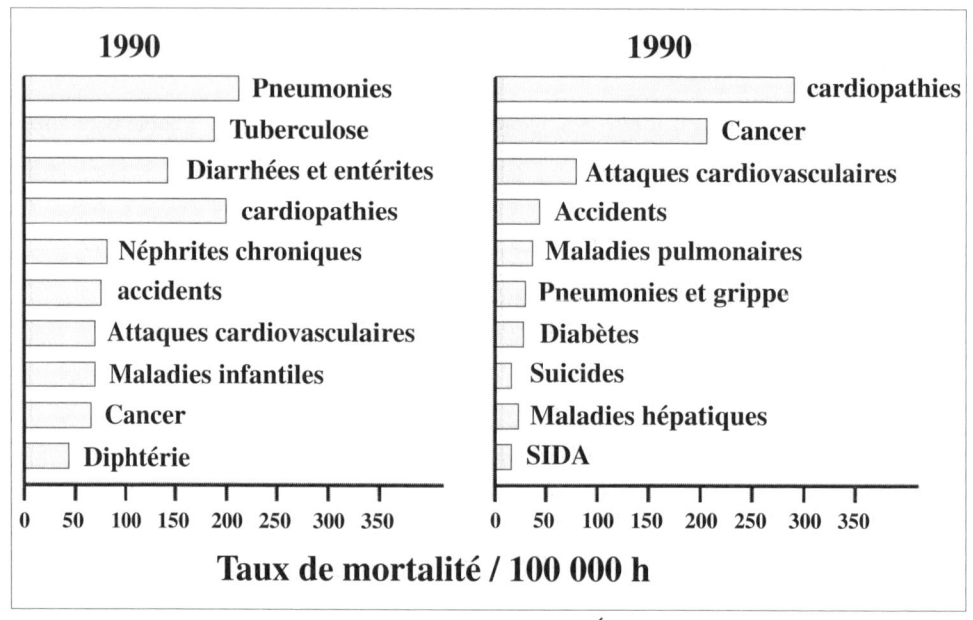

Figure 4. Comparaison des principales causes de décès aux États-Unis en 1900 et en 1990.
Les causes de décès dans le Tiers-Monde aujourd'hui sont similaires à celles des États-Unis en 1900.

Cet accroissement de la population surtout observée dans les pays du Tiers-monde entraîne des bouleversements politiques et des guerres, à l'origine de famines et déplacements de populations déclenchant de nombreuses épidémies (choléra, shigellose, typhoïde…). Une précarité nutritionnelle est apparue dans certains pays du Tiers-monde du fait de changements des pratiques agricoles, par exemple la substitution de cultures intensives du café ou de canne à sucre pour l'exportation au détriment de cultures diversifiées qui suffisaient au besoin des populations autochtones. La déforestation est souvent à l'origine de changements climatiques mais aussi d'épidémies graves par mise en contact d'êtres humains avec des animaux sauvages infectés par des microbes auxquels l'homme n'a jamais été exposé, tels que les virus des fièvres hémorragiques. Ces microbes jusque-là inconnus sont particulièrement dangereux. De diagnostic difficile, les mesures visant à prévenir leur transmission sont souvent prises avec retard. De plus l'absence d'immunité contre ces pathogènes dans la population (on parle alors de population « naïve ») facilite leur dissémination et accroît la sévérité de la maladie. De grands phénomènes climatiques comme le réchauffement de la planète ou *El niño* déclenchent des sécheresses ou des inondations modifiant les écosystèmes, induisant par exemple la pullulation de certains arthropodes, comme les moustiques, vecteurs de maladies humaines (arboviroses, paludisme…). Dans les pays industrialisés, on observe aussi des maladies émergentes liées à la distribution de l'eau de boisson à grande échelle, à la préparation industrielle et à la mondialisation du commerce des aliments (toxi-infections alimentaires), ou encore à l'évolution rapide des techniques de santé (transfusion, transplantation d'organes et de tissus, traitements antibiotiques…). Nous vivons aujourd'hui une époque de profonde mutation de nos sociétés comparable à celle du néolithique, où toutes les conditions sont réunies pour voir émerger de nouvelles maladies infectieuses.

Chapitre 2. Le mythe de la génération spontanée de la vie

Au VIe siècle avant notre ère, les philosophes Grecs de l'école ionienne qui observaient la Nature à l'œil nu voyaient la vie foisonner : plantes, animaux, insectes et vers grouillant dans la boue, le fumier, les ordures, l'eau stagnante des mares, dans les rivières et la mer, partout. Thalès de Milet, Anaximandre et Xénophane pensaient que les êtres vivants étaient « spontanément » générés dans le limon sous l'action de la chaleur, du soleil et de l'air. Pour Anaximandre (610-546), tous les êtres vivants proviendraient d'un embryon originel surgi du sol, ébauche perfectible se transformant en poissons dans la mer, en oiseaux dans l'air et en animaux terrestres sur terre. Il postula l'existence des quatre éléments : la terre, l'air, le feu et l'eau. Cette théorie de diversification des espèces vivantes fut développée par les philosophes des siècles suivants, comme Anaxagore (500-428), Empédocle (490-435) et Démocrite (460-370).

Aristote et la génération spontanée

Figure 1. Aristote (384-322).
© Musée du Louvre, Paris.

Le philosophe grec Aristote (384-322 av. JC) a écrit de nombreux ouvrages sur l'anatomie, la physiologie, le développement et la classification complète des animaux. En 350 avant J. C, il formula le concept de la génération spontanée. Les organismes ne se reproduiraient pas uniquement à partir d'autres organismes, mais également selon l'union d'un principe passif, la « matière », et d'un principe actif, la « forme » qui serait l'âme des êtres vivants. Les quatre éléments définis par Anaximandre seraient dotés d'âme et pourraient engendrer différents organismes. La génération spontanée serait alors le résultat de l'action fécondante du soleil et de la pluie sur la matière terreuse (fumier, limon marin...) pouvant ainsi expliquer l'apparition d'organismes complexes, tels que des mollusques, des insectes, des crabes... Ainsi croyait-on que pouvaient surgir spontanément à la faveur de conditions particulières des anguilles dans le limon des rivières ou des abeilles dans les entrailles mortes des taureaux... Sur terre naissent les plantes et les animaux terrestres, dans l'eau les animaux aquatiques, dans l'air les animaux volants. Dans son *Histoire des animaux* (*Historia Animalium*), Aristote écrivait : « On retrouve en tout cas chez les animaux un point commun avec les végétaux : ceux-ci tantôt proviennent d'une semence fournie par d'autres plantes, tantôt naissent spontanément par formation d'un principe qui joue le rôle de semence. [...]. De même aussi parmi les animaux, les uns naissent d'animaux, les autres ont une génération spontanée et ne viennent pas de parents semblables à eux-mêmes. Il y en a qui naissent de terre, de putréfaction ou de végétaux, comme c'est le cas de beaucoup d'insectes, d'autres naissent à l'intérieur même des animaux à partir des déchets qui se forment dans les organes. [...]. Ainsi donc, comme nous l'avons dit, la plupart des poissons naissent-ils d'œufs. Il en est cependant qui naissent de la vase et du sable, et cela dans des genres qui se reproduisent par accouplement, et des œufs ».

Cette théorie formulée par Aristote et reprise par Galien (129-201) au IIe siècle de notre ère, postulait donc l'existence d'une génération de la vie indépendante de toute procréation, produite sous l'impulsion d'une « force » de nature inconnue. Cette conception conforme aux observations de la vie quotidienne, où l'on voyait naître par exemple des vers dans les chairs putréfiées ou des plantes que l'on n'avait pas semées, resta largement acceptée jusqu'à la Renaissance. Par exemple, le célèbre physiologiste Jan Baptist Van Helmont (1577-1644) affirmait d'après les résultats d'une expérience délirante que les souris naissaient dans les récipients contentant du linge sale avec quelques grains de riz ou des morceaux de fromage. La théorie de la génération spontanée fut un frein considérable à toute avancée dans le domaine des sciences biologiques et de la médecine.

Un monde en gésine : la Renaissance

À l'orée du XVIe siècle, le monde ancien s'est écroulé. Cela commença en 1348 par l'épidémie de peste noire qui décima peut-être un tiers de la population d'Europe. L'ordre établi fut complètement déstabilisé dans ses fondements sociaux, culturels et religieux. Le caractère aveugle et injuste de ce fléau qui touchait indistinctement le riche, le pauvre, l'innocent, et épargnait de façon incompréhensible les lépreux par exemple, considérés alors comme des pécheurs dans l'univers intolérant du Moyen Âge, contribua à la remise en cause des croyances et de l'ordre établi. De ce cataclysme surgiront un bouillonnement d'idées et un monde nouveau.

D'abord survint la chute de Constantinople en 1453 qui ramena un flux nouveau de connaissances vers un Occident traumatisé et prêt à remettre en cause les fondements de des croyances. Apparut une soif inextinguible de savoir qu'il fallait pouvoir répandre. Les idées nouvelles et contestataires bénéficièrent alors de l'invention de la presse à imprimer en 1434 par Johannes Gutenberg (1400-1468) qui contribua fortement à la diffusion et l'essor des sciences à la Renaissance.

Une première onde de choc parcourut l'Europe à peine convalescente de la peste. En 1521, Martin Luther (1483-1546) contesta l'autorité suprême du pape en brûlant publiquement la bulle *Exsurge domine*. Son excommunication fut à l'origine d'un schisme, d'une Réforme et d'une longue période de guerre. Une deuxième rupture survint en 1543 par la remise en cause radicale de la vision de l'organisation de l'Univers admise depuis l'Antiquité, la cosmogonie de Claude Ptolémée (90-168). Dans son traité d'astronomie, l'*Almageste*, ce savant grec plaçait la Terre au centre de l'Univers, les planètes et le soleil tournant autour de notre astre. Cette magnifique construction de l'esprit humain s'imposera au monde jusqu'à la Renaissance. Le chanoine Nicolas Copernic (1473-1543) publia l'année de sa mort un ouvrage intitulé *De revolutionibus orbium coelestium*. Observant de légers décalages dans le cours des planètes par rapport aux prédictions du système de Ptolémée, il proposa une nouvelle représentation de l'Univers faisant tourner autour du soleil la Terre et les planètes. La Terre n'était plus le centre du monde. C'est ce que certains ont appelé la première blessure narcissique de l'Homme qui n'apparaissait plus au centre du monde. D'autres blessures suivront. Le savoir transmis par les Anciens n'était donc pas infaillible et l'ordre établi fondamentalement contesté. Ainsi, cette période vit l'abandon progressif de la tradition scolastique qui tentait de réconcilier la philosophie antique et la théologie chrétienne, au profit d'une relecture critique des écrits anciens qui furent discutés et commentés. L'observation directe et l'expérimentation devenaient primordiales pour faire progresser les connaissances. De ce bouillonnement, allait sortir un monde nouveau où tout restait à découvrir.

Au péril de leur vie, les anatomistes ouvrirent parmi les premiers la voie de la contestation. Ils voulaient connaître les secrets du corps. Le corps humain n'avait pas été exploré depuis l'époque bénie des Ptolémées en Égypte au IIIe siècle avant notre ère, celle où Hérophile, Erasistrate et Dioclès disséquaient des cadavres à Alexandrie. Après des siècles d'interdit, les dissections reprirent sporadiquement au XIVe siècle, notamment à Bologne en Italie du Nord. À la Renaissance, l'immense artiste Léonard de Vinci (1452-1519), qui fut aussi un grand anatomiste, dessina vers 1510 des planches anatomiques remarquables en étudiant des cadavres en cachette la nuit. André Vésale (1514-1564) réalisait des autopsies en public dans des églises de Padoue bravant les interdits papaux dans le seul lieu de la Chrétienté où cela fut possible, le territoire de la République Sérénissime de Venise. Il publia en 1543 son ouvrage révolutionnaire d'anatomie, *De humani corporis fabrica libri*. Venise était devenue alors un lieu privilégié de liberté de pensée, défiant l'ordre établi représenté par l'autorité morale du pape. On y vit l'éclosion des sciences, bien sûr utiles aux intérêts économiques de cette plaque tournante du commerce international ouverte sur l'Orient et le monde méditerranéen. Les républiques mercantiles semblent toujours avoir favorisé l'essor scientifique. Les États-Unis d'Amérique en sont un bon exemple aujourd'hui.

D'où viennent les vers ?

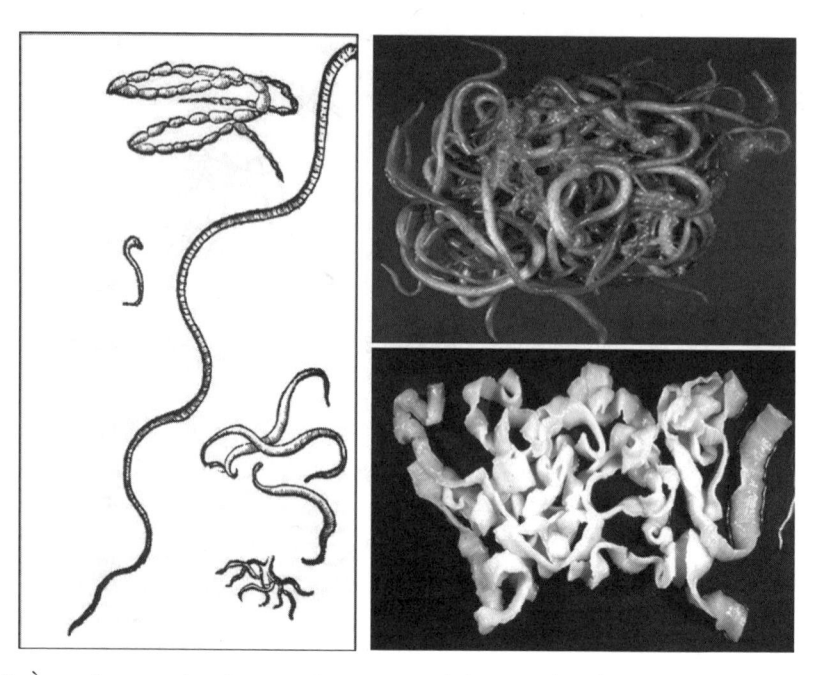

Figure 2. À gauche, vers (tænias, ascaris, oxyures...) dessinés dans le livre *De animalibus insectis* en 1602 par Ulysse Aldrovandi (1522-1605) ; à droite : amas d'ascaris (haut) ; *Tænia saginata* (ver solitaire) (bas).

C'était donc le temps de l'exploration du corps de l'homme et des animaux et de tout ce qui s'y trouve. Et on y trouve des vers ! Plusieurs traités décrivant les vers parasites humains et animaux furent publiés durant le XVIe siècle. La présence de ces vers parasites fut d'abord considérée comme une conséquence des maladies dont souffraient ces patients et donc sans aucune relation avec les signes cliniques qu'ils présentaient (douleurs, démangeaisons, amaigrissement...). Toutes sortes de vers furent découvertes chez l'homme : des vers ronds tels que les ascaris et les oxyures, et des vers plats comme les tænias et le bothriocéphale, que l'on observait aussi chez de nombreux animaux comme les chiens, les chats, les chevaux, les poissons et même les œufs de poule... Peut-être sous l'influence des idées de Fracastor, certains savants du XVIe siècle comme le médecin français Jacobus Hollerius (mort en 1562) furent convaincus que les vers n'étaient pas la conséquence de la maladie mais pourraient être à l'origine des symptômes cliniques : « *Lumbricus non est morbus sed morbi causa* » (« les lombrics ne sont pas le mal mais la cause du mal »). Cette idée était révolutionnaire. Quoi, l'étude de simples vers observés depuis l'Antiquité allait faire vaciller le Savoir ancien ! Cela remettait en cause de façon inattendue la théorie antique qui postulait que les vers apparaissaient par génération spontanée comme une conséquence de la maladie. On trouva alors à l'autopsie de multiples exemples de l'implication directe de vers dans la pathologie. Dans son traité sur les vers intitulé *De vermibus tractatus* (1601), Nicola Andrea de Urso décrivant les principaux vers connus retrouvés chez des patients, tous appelés « lombrics » à cette époque, indiquait par exemple que les vers intestinaux agissaient mécaniquement en « mordant » les intestins produisant des « bouchons » (occlusions), des perforations et libérant des substances toxiques ou du poison qui entraînaient des migraines, des vertiges, des crises d'épilepsie et même des convulsions. Cette même année, Adrian Spigelius (1578-1625) rapporta un autre cas d'une patiente morte d'une perforation intestinale liée à un ver qui avait pénétré et endommagé la veine porte, un gros vaisseau qui amène le sang au foie. Cela se passait à Padoue et la pièce anatomique fut montrée aux étudiants par le grand anatomiste Fabrice d'Acquapendente (1537-1619). De même, cette conclusion fut aussi soutenue par la description de la filaire de Médine, un ver retrouvé dans certaines régions tropicales, qui se glisse sous la peau et peut être manuellement extirpé, entraînant la guérison. Ainsi, on semblait avoir établi un lien de causalité entre la présence d'un ver parasite et l'apparition d'une maladie [1].

Dès le début du XVIIe siècle, le grand William Harvey (1578-1657), avait avancé l'idée que tous les animaux se reproduisent de la même façon : « Tout animal naît d'un œuf […] car la Nature est divine et parfaite, se répétant en toutes choses[2] ». Bien que cette conception ne reposât sur aucune base expérimentale, il affirmait que tous les êtres animés se reproduisent par accouplement et que chez certains, l'œuf est expulsé à l'extérieur (ovipares) ou demeure dans le corps de la mère avant d'être expulsé (vivipares). Le poète, médecin, naturaliste, Francesco Redi (1626-1698) allait apporter la preuve expérimentale de la reproduction sexuée des vers. D'abord médecin de la famille Colonna à Rome puis au service des grands-ducs de Toscane Ferdinand II et Cosme III à Florence, il était d'une incroyable curiosité qui le porta à faire de nombreuses découvertes. Il eut aussi une activité littéraire importante et fut membre de plusieurs académies scientifiques. Redi fit de nombreuses expériences pour améliorer la pratique de la médecine et de la chirurgie, travailla sur les vipères et les scorpions, et mit son ingéniosité féconde à la recherche de parasites chez les animaux les plus divers. Lorsqu'il les trouvait, il les disséquait pour expliquer la fonction de leurs organes. Il examina ainsi près d'une centaine d'espèces animales allant des mammifères, y compris l'homme, aux oiseaux, aux reptiles, aux crustacés, aux mollusques, et trouva de nombreux parasites sur la peau ou à l'intérieur du corps. Redi décrivit notamment chez certains patients des vers responsables d'affections du foie comme la grande douve (*Fasciola hepatica*) et un tænia (*Ecchinococcus granulosus*) responsable de kystes dans le foie (kyste hydatique) provoqués par le développement d'une larve du parasite. Le titre de son premier ouvrage, qu'il appelle un « petit traité » (*trattallo*), illustre bien son approche des parasites : *Observations sur des animaux vivants qui se trouvent dans les animaux vivants*[3] (1664). En disséquant les vers, il mit au jour l'appareil intestinal qu'il distingua de l'appareil génital, notamment chez les « lombrics » ronds (ascaris) trouvés chez l'homme. Il remarqua qu'il existait deux types d'organes génitaux différentiant ainsi les vers mâles des femelles. Ses observations rejoignirent celles d'Edward Tyson (1650-1708) qui, l'année précédente, avait distingué les ascaris mâles et femelles, trouvant au microscope des œufs visibles que chez les femelles (1683). Ainsi, les vers ne proviennent pas d'une génération spontanée à partir de matière putréfiée mais ils ont un sexe, s'en servent, pondent des œufs et font des petits !

---

[1]. Il fallut encore des siècles pour confirmer le rôle des vers dans les lésions anatomiques observés chez les patients parasités. Par exemple, on sait que de petits vers, appelés ankylostomes, sucent le sang dans l'intestin des patients, ce qui provoque une grave anémie (ankylostomiase). En 1838, Angelo Dubini (1813-1902), un médecin milanais, avait vu et décrit ces innombrables petits vers pourvus de quatre crochets harponnés à la paroi du duodénum d'une paysanne italienne qu'il venait d'autopsier. Le rôle de ces vers sera confirmé, notamment en 1861 par Otto Wucherer (1820-1874), un médecin portugais d'origine germanique exerçant au Brésil, qui découvre à l'autopsie d'un esclave noir mort d'une diarrhée avec anémie sévère, de très nombreux vers fixés à la paroi de l'intestin.

[2]. « Omnia animalia ex ovo. […] Natura enim divina, et perfecta, in iisdem rebus semper sibi consona est ». William Harvey dans *Exercitationes de generatione animalium*.

[3]. « *Osservazione intorno agli animali viventi che si trovano negli animalia viventi* ». F Redi. 1664.

Les insectes ont un sexe

Dès le XVIe siècle, poux, puces, morpions, « cirons » (sarcoptes) de la gale commencèrent à être décrits. Avec les premiers microscopes, on dessina avec finesse dès 1630 les premiers insectes. Ces images magnifiques impressionnèrent beaucoup les contemporains. Des études microscopiques précises des moustiques, des puces et des mouches furent publiées ensuite en 1691 par Filipo Bonanni (1638-1725). C'est à cette époque que Francesco Redi découvrit que les moustiques ont aussi un sexe et pondent des œufs. La place exceptionnelle de ce chercheur dans l'histoire des sciences de la vie est liée à un mémoire qu'il publia en italien en 1665 intitulé *Expériences sur la reproduction des insectes*[4]. Il y relate des expériences sur la génération des asticots retrouvés dans la viande putréfiée. On raconte que Redi avait été frappé par un passage de l'Iliade relatant la prière d'Achille implorant sa mère Thétis de préserver des mouches le corps sans vie de son ami Patrocle, ignorant apparemment que les mouches pondent leurs œufs sur les chairs putréfiées. À cette époque, Pierre Gassendi (1592-1655), un jésuite français pourtant tenant de la génération spontanée, avait observé que les vers proviennent du contact des mouches sur la viande, mais n'en avait tiré aucune conclusion. Redi s'attacha à démontrer expérimentalement que les asticots qui se développent sur la viande putréfiée sont des stades larvaires de mouches qui n'apparaissent jamais si la viande est protégée. Redi décrivit ainsi son expérience princeps : « À la mi-juillet, je mis un serpent, quelques poissons de fleuve, quatre anguilles de l'Arno, et un morceau de jeune veau, dans quatre fiasques à large goulot ; aussitôt, je fermais les ouvertures avec papier et ficelle. Dans d'autres fiasques que je laissais ouvertes, je mis les mêmes choses : peu de temps après, les poissons et les viandes de ces deuxièmes vases se couvrirent de vermine, puis les mouches entrèrent et sortirent à leur gré. Mais dans les fiasques bien fermées, je ne vis naître aucun ver. ». Il utilisa aussi une fine gaze (« un voile très fin de Naples ») pour protéger la viande des mouches et obtint le même résultat en empêchant les mouches de déposer leurs œufs sur cette viande. Examinant le voile où les mouches s'étaient posées pour essayer de déposer leur progéniture, il vit des œufs et des larves. Il généralisa ces observations en utilisant toutes sortes de matières putréfiables, notamment du fromage et des fruits et obtint des résultats identiques. Son élève Antoine Vallisnieri (1661-1730), médecin du duc de Padoue, continuera son œuvre en cherchant l'origine des vers des fruits et de ceux de l'intestin.

Redi avait vu les œufs mais la découverte du sexe des insectes revient à Jean Swammerdam (1637-1684). Dans un livre sur l'histoire des insectes, il décrivit des moustiques mâles et femelles, des nymphes (stade intermédiaire dans le cycle de vie entre la larve et l'insecte adulte), des larves mais il n'avait pas repéré d'œufs. C'est en 1679 que Pietro Paolo Da Sangallo identifia les œufs et les premiers stades des larves et décrivit la biologie détaillée des moustiques, distinguant les espèces. Cet élève de Redi mort prématurément écrivait à cette époque : « Les moustiques ne naissent pas spontanément de la pourriture, mais naissent des œufs de leur mère. Ces œufs sont minuscules, de la forme d'un pépin de melon et contenus à l'intérieur d'une enveloppe qui ressemble à une petite nacelle [...]. De ces œufs naissent autant de vers qui, après avoir changé pendant quelques jours et avoir grandi dans l'eau, subissent une métamorphose ; quelques jours plus tard leur peau se déchire et les moustiques en sortent avec leur taille adulte ». Les expériences de Redi, très soigneusement conçues, étaient remarquables à de nombreux égards et portèrent un coup mortel à la théorie de la génération spontanée. Il faudra cependant encore deux siècles pour en comprendre

---

[4] « *Esperienze intorno alla generazione degl' insetti* ». Francesco Redi 1665.

Figure 3. À droite, Francesco Redi (1626-1698) qui décrivit des expériences sur la génération des asticots dans la viande putréfiée en 1665 dans son ouvrage *Esperienze intorno alla generazione degl'insetti* (« Expériences sur la reproduction des insectes »).
© Instituto e Museo di Storia della Scienza, Florence.
À gauche, Antonie van Leewenhoek (1632-1723) qui découvrit les bactéries en 1674.
© Rijksmuseum, Amsterdam.

la portée. Ces expériences impressionnèrent les successeurs de Redi, comme Giovanni Bonomo qui démontra le rôle d'un petit parasite, le sarcopte, dans la gale et surtout l'abbé Lazare Spallanzani (1729-1799).

La découverte du sexe des plantes

Suivant en cela Aristote, les Anciens niaient toute sexualité pour les plantes qui étaient placées en position intermédiaire entre le règne animal et le règne minéral, car on les croyait incapables de se reproduire comme les animaux. Cependant, de rares plantes comportant des « individus mâles et femelles » étaient connues dès l'époque de Aristote. C'est notamment le cas du palmier dattier chez qui les deux sexes sont séparés et pour lequel Théophraste (300 av. J.-C.), un élève de Aristote, a rapporté un procédé artificiel de pollinisation, déjà mentionné dans le code d'Hammurabi vers 1800 avant notre ère. L'idée d'une sexualité des plantes réapparut à la Renaissance vers la fin du XVIe siècle, en dépit des dénégations de certains aristotéliciens comme Andrea Cesalpino (1519-1603). Dès 1592, le botaniste Adam Zaluziansky (1558-1613) affirma que le pollen, cette « poussière » végétale, était indispensable à la fructification, c'est-à-dire à l'apparition des fruits. En 1625, Giuseppe Aromatari (1587-1660), un précurseur de ces idées nouvelles, affirma dans une lettre sur la génération des plantes : « Tous les végétaux dérivent de graines et aucun d'une génération spontanée. Ce qui est vrai pour les animaux est vrai pour les plantes ».

La découverte de la sexualité des plantes fut l'œuvre de Rudolf Jacob Camerarius (1665-1721), un professeur de Tübingen. Entre 1690 et 1694, il effectua une série d'expériences publiées dans les *Éphémérides* de l'*Academia Leopoldina*. Dans une lettre de 1694 intitulée *De sexu plantarum epistola* (« Lettre sur le sexe des plantes »), il décrivit le sexe des plantes. Certes, l'anatomiste Marcello Malpighi (1628-1694), qui s'intéressait à tout, avait décrit entre 1671 et 1686 les étamines bourrées de grains de pollen (on sait aujourd'hui qu'elles constituent l'organe mâle de la reproduction sexuée des plantes) ainsi que le développement de la graine, mais, Camerarius y ajouta une approche expérimentale simple et élégante. Il observa de nombreuses fleurs de plantes qui donnent des fruits et qui contiennent un pistil et les étamines dans la corolle. À maturité, les étamines forment une petite boule qui se fend pour répandre une poudre fine, le pollen. Camerarius écrivait : « Cette poudre colore le nez en jaune quand on sent une rose ou un lys. Si on l'étend sur la main, elle parait être fine et farineuse et, sous le microscope, on la voit comme formée de nombreuses petites graines qui ont une forme caractéristique pour chaque plante [...]. Les pistils selon l'espèce des plantes sont toujours à proximité des étamines et cela implique que leur extrémité fourchue doit être abondamment poudrée précocement par les étamines [...]. Observée à contre-jour ou sous le microscope, j'ai pu y voir, à travers sa paroi externe, de petites vésicules vertes disposées en une série simple sur la ligature d'un jeune légume. En poursuivant ces observations chez différentes sortes de fleurs, il m'apparut que ces vésicules n'étaient rien d'autre que les enveloppes des futures graines. Ainsi nous trouvons les *primordia* des fruits dans les fleurs. Il était donc permis d'attendre autant de fruits qu'il existait auparavant de fleurs, à moins que quelques fleurs ne tombent avant la maturation ou ne soient arrachées par quelque cause. » Chez certaines plantes, le pistil et les étamines sont éloignées (le maïs). D'autres, plus rares (mûrier, mercuriale, houblon), portent soit des fleurs avec étamines, soit des graines sans étamines. Les fruits sont uniquement produits par les plantes à graines. « Il me semble alors justifié d'attribuer aux étamines la fonction des organes génitaux mâles et de considérer l'ovaire [le pistil], avec son stigmate et son style, comme l'organe génital femelle ». Parmi les expériences qu'il réalisa, il montra qu'on pouvait empêcher la production de graines fertiles chez le maïs ou le ricin en coupant les étamines !

D'autres botanistes du XVIIe siècle confirmèrent la fonction du pollen. L'anatomiste des plantes, Nehemiah Grew (1641-1711) publia en 1682 dans son ouvrage *The Anatomy of Plants* l'observation au microscope des grains de pollen qui apparaissaient comme de petites sphères d'aspect variable selon les espèces. Il comprit que ces grains fertilisaient le pistil de la fleur, comme chez les animaux qui copulent. Vers 1670, le botaniste allemand Jacob Bobart (1641-1719) à Oxford avait constaté que les fruits de *Lychnis dioica* n'apparaissaient que si le pollen atteignait la plante femelle. En 1686, John Ray (1627-1705), un biologiste anglais, avait lui aussi constaté que les plantes sont le plus souvent comparables aux animaux hermaphrodites, c'est-à-dire qu'elles comportent à la fois des organes génitaux mâles et femelles, et que si certaines plantes étaient unisexuées, seules les plantes portant les fleurs donnaient des fruits. Camerarius distingua clairement les plantes hermaphrodites portant à la fois étamines et pistil dans la fleur (monoïques), de celles qui ne possèdent que des fleurs staminées ou pistilées, c'est-à-dire à sexe séparé (dioïques). En 1735, Carl von Linné (1707-1778) classera le monde végétal par ces caractères sexuels. La découverte de la sexualité des plantes fut donc une œuvre collective dominée par les observations et les expériences convaincantes de Camerarius.

On sait aujourd'hui que tous les êtres vivants ont un sexe, même les minuscules bactéries qu'Antonie van Leeuwenhoek découvrit au XVIIe siècle. En 1946, Josué Lederberg (né en 1925) et Edward Tatum (1909-1975) ont montré l'existence de bactéries mâles couvertes de poils (appelés *pili*), qui sont capables de s'accoler à des bactéries femelles « imberbes » pour leur instiller leur matériel génétique[5]. La sexualité avec accouplement des individus mâles et femelles est donc un phénomène universel. Cependant, il existe une exception à cette règle, celle des rotifères « *bdelloïdes* ». Ces petits animaux invertébrés de 0,1 à 1 mm pondant des œufs furent observés par Leeuwenhoek il y a plus de 300 ans et existent depuis des millions

---

[5] Le sexe « mâle » chez les bactéries est lié à la présence d'un petit chromosome circulaire, un plasmide appelé « facteur de fertilité », qui est responsable de la synthèse des poils de surface indispensables à l'accouplement. Les bactéries mâles sont dites Hfr.

d'années avec uniquement des individus femelles, sans mâles, ni hermaphrodisme. Cette extraordinaire exception à l'absolue nécessité de la reproduction sexuée pour la survie des espèces vivantes ne manquera pas d'être une source de découvertes dans le futur.

Leeuwenhoek et le monde invisible

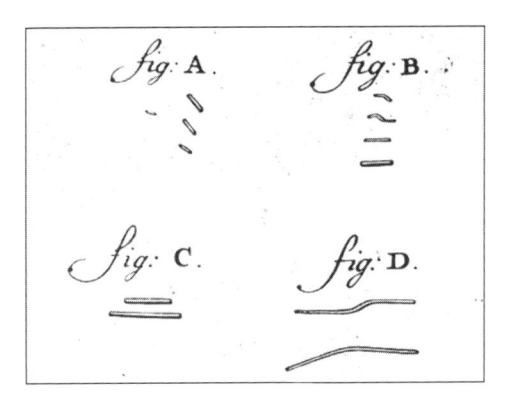

Figure 4. Un microscope de Antonie van Leeuwenhoek (*National Museum of the History of Science and Medicine,* Boerhaave Museum, Leiden) (à gauche) ; bactéries dessinées en 1692 par celui-ci à partir de prélèvements de plaques dentaires (à droite).

Dans ce siècle d'or de la science qu'est le XVIIe siècle, on eut la conviction que la connaissance provenait uniquement de l'observation et de l'expérimentation et non du raisonnement, comme le rappelle René Descartes (1596-1650) dans son *Discours de la Méthode*. Après l'étude du corps par les anatomistes de la République de Venise au siècle précédent, apparut la nécessité d'observer directement la nature. Les sciences biologiques bénéficièrent alors directement de ces nouvelles conceptions philosophiques. On observa, remis en cause, expérimenta et quantifia. En quelques décennies, une série de travaux avaient mis au jour le mode de reproduction des insectes et des vers parasites, la ponte d'œufs, la distinction des individus mâles et femelles, ainsi que la sexualité des plantes et la pollinisation des fleurs. En montrant l'universalité des modes de reproduction qui expliquaient l'apparition « spontanée » des vermines sur les chairs corrompues, ces découvertes portaient des coups très durs à la théorie de la génération spontanée. Antonie van Leeuwenhoek, bien malgré lui, allait offrir aux « tergiversateurs » de la génération spontanée une porte de sortie, les animalcules, dont la découverte contribua probablement à la survie de cette croyance jusqu'au XIXe siècle.

Dès l'Antiquité on s'aperçut que les objets apparaissaient grossis au travers de certaines pierres précieuses. On peut être convaincu par l'observation de bijoux contenant des gravures très fines comme les camées et de sceaux babyloniens que les graveurs n'ont pu accomplir un travail aussi minutieux sans l'utilisation de « loupes » primitives. Pline le jeune (62-113) raconte que la myopie du célèbre empereur romain Néron était corrigée avec un instrument qui agrandissait les images. Sénèque rapporte quant à lui que les objets vus à travers l'eau apparaissent plus grands qu'en réalité. Dès le XIe siècle, on utilisait dans le monde musulman des verres correcteurs biconvexes. À la fin du XIIIe siècle, on utilisait des « bésicles », lunettes correctrices constituées de lentilles convexes et concaves fabriquées par les maîtres verriers de Murano à Venise. L'usage des « lunettes à nez » se répandit. Mais apparemment personne n'eut l'idée de regarder une mouche, un ver ou une fleur à cette époque, peut-être parce qu'il était contre nature de pervertir par un artifice la vision, don de Dieu. Au XVIe siècle, on s'aperçut que le couplage de lentilles convexe et concave permettait de distinguer des objets lointains et de grandir les objets proches. On sait qu'en 1539, Fracastor fit usage d'un appareil d'optique à deux lentilles mais cela n'alla pas plus loin probablement du fait du caractère rudimentaire de cet instrument. Les premiers microscopes apparurent au XVIIe siècle. On pense qu'à la fin du XVIe siècle, les premiers microscopes furent construits par un certain Zacharias Jansen, fabricant de lunettes de Middelburg, en assemblant dans un tube d'un pied et demi (environ 45 cm) deux lentilles convexes jouant le rôle d'objectif et d'oculaire. Rapidement, ces instruments servirent à observer un monde invisible à l'œil nu.

Galileo Galilée (1564-1642) ouvrit le premier la voie en observant le ciel étoilé avec l'*Occhialino*, « une lunette pour voir de près les choses les plus petites ». Il découvrit des phénomènes que personne n'avait jamais vus auparavant et qu'il décrivit en 1610 dans son ouvrage *Sidereus nuncius* (« Le messager des étoiles ») : les étoiles de la voie lactée, les montagnes et les cratères de la lune, les phases de Vénus, les satellites de Jupiter et les anneaux de Saturne. Dès 1609, il construisit un des premiers microscopes utilisables, un merveilleux *perspicillus* pour observer le mouvement et le comportement des animaux les plus petits comme les puces, les moustiques ou les mites. Cependant, ce « microscope » ainsi baptisé par Giovanni Faber (1574-1629), membre de l'Académie des Lynx (*Lincei*), resta un passe-temps pour Galilée. À cette époque, un autre académicien Francesco Stelluti (1577-1653), dessina en 1630 les premières illustrations d'êtres vivants observés au microscope : un charançon du blé et une abeille (*Figure 5*).

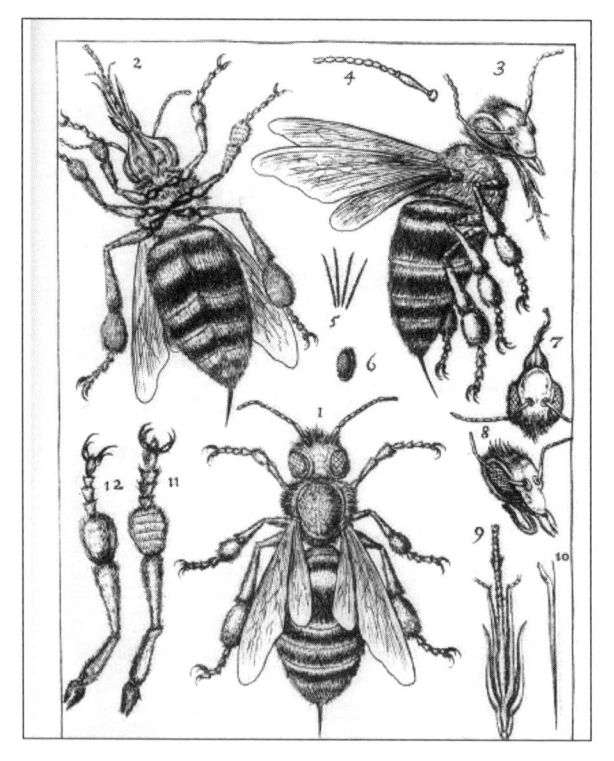

Figure 5. Première représentation d'un être vivant avec ses organes examiné au microscope : une abeille dessinée en 1630 par Francesco Stelutti (1577-1653).

Le pape Urbain VIII en fit sa devise : « Regarde les abeilles des armes du Barberini, il n'existe rien de plus extraordinaire dans la Nature ». Contrairement au télescope qui, par l'observation du cosmos, favorisait l'idée que la Terre et les planètes tournaient autour du soleil et non l'inverse, le microscope ne déclencha pas les foudres religieuses car la Bible n'avait pas prévu l'infiniment petit. Cet instrument obtint donc la bénédiction papale. Les premiers microscopes furent à oculaire simple. Robert Hooke (1635-1703) fit en 1665 la première description détaillée du microscope composé qu'il décrivit dans le premier traité d'observations microscopiques intitulé *Some Physiological Descriptions of Minute Bodies made by Magnifying Glasses* (« Descriptions physiologiques de choses minuscules observées à l'aide de verres grossissants »). Il montrait notamment dans ses planches ou *Micrographia*, la structure « cellulaire » du liège au microscope. Comme l'a écrit Hooke en 1665, « un nouveau monde visible vient d'être découvert ». On peut même dire qu'une nouvelle ère s'ouvrait.

Le pionnier de la découverte du monde vivant invisible, de l'infiniment petit, fut incontestablement Antonie van Leeuwenhoek (1632-1723). Il naquit à Delft en Hollande en 1632, une année qui vit aussi naitre le peintre Johannes Vermeer également à Delft et le philosophe Baruch Spinoza (1632-1677) à Amsterdam, l'année de la victoire de Guillaume d'Orange sur les Espagnols, de la publication du *Dialogue concernant les deux principaux systèmes du monde* de Galilée, de l'exposition de *La leçon d'anatomie* du peintre Rembrandt. D'abord apprenti chez un drapier, Leeuwenhoek ouvrit à 21 ans un magasin de tissus, rubans et boutons à Delft, dans lequel il exerça sa profession pendant 70 ans. Il occupa aussi pendant près de 40 ans la fonction de « concierge du siège des honorables Magistrats de Delft ». Sans aucune culture scientifique et ne correspondant qu'en hollandais à une époque où le latin, l'anglais et le français prévalaient en sciences, vraiment rien ne prédestinait ce marchand autodidacte à devenir un géant de la biologie.

À l'époque, les drapiers hollandais utilisaient des lentilles appelées « compte-fils » pour contrôler la texture de leurs étoffes. Le très jeune Leeuwenhoek, esprit d'une insatiable curiosité, s'intéressa aux lentilles, les collectionna et se mit à en fabriquer sur les conseils d'un voisin artisan opticien. Il ne fabriquait que des loupes travaillées à froid et disposées entre des supports métalliques. On dit qu'il fabriqua plus de 400 microscopes. Tous étaient d'une qualité exceptionnelle et restèrent longtemps inégalés. Ils étaient constitués d'une seule lentille convexe, une loupe, qui grossissait de 50 à 300 fois, et même jusqu'à 500 fois pour les meilleurs d'entre eux. L'objet était fixé à l'extrémité d'une aiguille et observé par un petit trou. Il commença ses observations à 36 ans en 1668 et les poursuivit jusqu'à sa mort en 1723 à plus de 90 ans. Il publiera non moins de 250 lettres pendant 50 années et devint membre de la *Royal Society* de Londres dès 1680. Sans aucun plan de recherche ni ligne directrice, Leeuwenhoek regardait avec un sens aigu de l'observation dans cet instrument rudimentaire, tout ce qu'il rencontrait. Tout ce qu'il voyait était nouveau, personne ne l'avait jamais observé depuis l'aube de l'Humanité. Il examinait les eaux marécageuses, l'eau douce, l'eau de mer, la salive, l'eau des canaux, l'eau des tonneaux, des citernes, des gouttières, de la fonte des neiges, de l'eau additionnée de poivre, de noix muscade, de gingembre, l'eau gardée à l'obscurité ou à la lumière ; mais aussi le sang, le sperme, les tissus osseux, cérébraux, oculaires, cutanés, les insectes, les poissons, les plantes et leurs graines, la vermine, les cloportes, les méduses, les capillaires sanguins, la bière, les minéraux, les cristaux... Il découvrit les « animalcules », des petits animaux invisibles à l'œil nu tels que les acariens, les bactéries, les globules rouges, les spermatozoïdes, la structure des os, du cerveau, du foie, du bois, la rétine, le cristallin, les œufs de morue, les pores de la peau, les cristaux, les plantes et leurs graines, ou encore la levure de bière. Leeuwenhoek fit un premier inventaire impressionnant et merveilleux du monde invisible.

Sa vie scientifique commence par une lettre de recommandation du médecin et physiologiste hollandais Reinier de Graaf (1641-1673) à Henry Oldenburg (1619-1677), le premier secrétaire de la *Royal Society* de Londres. Peu avant de mourir à l'âge de 32 ans, Reinier de Graaf recommanda le travail de Leeuwenhoek, qu'il décrivit comme un étrange « hollandais très curieux et industrieux », sans aucune culture humaniste ou scientifique, ne connaissant pas le latin, ne parlant que le hollandais populaire et l'écrivant avec des fautes de grammaire. Cet appui aida Leeuwenhoek à publier sa première lettre datée du 28 avril 1673 qui parut dans les *Philosophical Transactions*, dans laquelle il décrivait avec des schémas gravés une moisissure, le dard et la tête d'une abeille et un pou.

Les découvertes majeures de Leeuwenhoek restent les descriptions des animalcules et des bactéries. Il rapporta les premières observations d'infusoires dès 1674 en examinant les eaux boueuses du lac de Berkel, près de Rotterdam. Le 10 juillet 1676, il observa dans une infusion de poivre des créatures beaucoup plus petites qui se déplaçaient lentement d'avant en arrière. « Si je pouvais établir une comparaison, je dirais que ces petits êtres sont à l'anguillule de vinaigre ce qu'un ver est à l'anguille ». C'était la première fois au monde que quelqu'un voyait des bactéries. Dans sa célèbre lettre du 9 octobre 1676, il décrivit plusieurs « animalcules » vivants et mobiles : « des bêtes qui se soustraient à ma vue ». Il s'agissait de protozoaires : « Le premier organisme, aperçu dans l'eau de pluie, avait l'aspect d'un globule sans membrane ou peau, parfois il possédait deux petits tentacules et avait une queue au bout de laquelle se trouvait un granule ; pour se mouvoir, l'organisme étendait son corps jusqu'à le rendre ovale, puis il faisait de grands efforts et se contorsionnait pour libérer sa queue jusqu'à ce que son corps entier sautât en arrière et la queue se libéra en s'agitant comme celle d'un serpent. » Ces animalcules animés, mobiles, étaient parfois très abondants. Dans une lettre du 28 avril 1683, il dénombra dans une goutte d'eau près de 8 200 000 animaux vivants ! Ce qui est tout à fait plausible. La vie grouillait partout, dans les excréments humains ou animaux, dans la salive, dans la plaque dentaire, dans l'eau des marées, les infusions végétales ou le jus de viande. Cela dépassait l'entendement.

La découverte du monde vivant microscopique posa d'emblée le problème de la provenance de ces êtres vivants, renforçant paradoxalement les tenants de la génération spontanée. D'où viennent ces minuscules animalcules, innombrables et de taille égale ? « En voyant le nombre considérable de ces animalcules augmenter sans cesse et ne pouvant percevoir le moindre changement de taille, ni détecter quelque animal plus petit, j'en vins à me demander s'ils n'étaient pas tous, pour ainsi dire, formés en même temps. Mais je laisse ce problème à d'autres […]. » (lettre du 9 octobre 1676). Ces animalcules ne pourraient-ils pas venir « tous en même temps » de la force vitale qui engendre la vie, cette force qui faisait venir au monde les crocodiles du limon du Nil ?

Ayant scindé le monde des animalcules en deux, celui des « juvéniles, extrêmement petits » (les bactéries) et celui des plus volumineux « parfaitement ovales, de la forme exacte d'un œuf de vanneau » (protozoaires et champignons), les minuscules ne pourraient-ils pas se rassembler pour former les plus gros ou les plus gros éclater pour libérer les plus petits ? Il étudia cette question avec les « petits vers du vinaigre » [anguillules] qu'il observa plusieurs semaines au microscope : « Après 2 ou 3 semaines, je vis que le nombre de petits vers ou anguilles dans le mélange formé d'une partie de vinaigre et de dix parties d'eau, avait considérablement augmenté ; là où au début je ne voyais que 10 anguilles, j'en percevais maintenant plus de 200 […]. J'imaginais qu'elles n'étaient pas engendrées à partir de quelques particules qui se seraient trouvées dans la suspension de poivre, mais j'étais intimement persuadé que lesdites anguilles s'étaient multipliées par procréation […]. Je vis aussi, très clairement, parmi tant d'autres choses, que d'une anguille qui avait été coupée en deux, sortaient quatre petites anguilles, bien formées, chacune tournant sur elle-même, ravissante, chacune plus grosse que la suivante ; la plus grosse, sortie la première, était là bien vivante [...]. Ce qui est certain, c'est que de jeunes anguilles vivantes sortaient d'autres anguilles ; je me rendis compte, en résumé, que je venais de voir de petites anguilles, en vie, dans le ventre de plus grosses. » (lettre du 9 octobre 1676). Il décrivait ainsi la viviparité de l'anguillule dont on sait que la femelle abrite quatre larves qu'elle expulse lorsqu'elles sont arrivées à maturité. « Les petites anguilles sortaient des plus grosses après que je les ai coupées [...] et juste lorsqu'elles commençaient à mourir, je remarquai que les plus grosses contenaient de plus petites anguilles, toujours vivantes. » (lettre du 7 novembre 1676). Leeuwenhoek en déduisit que ce mode de multiplication était plausible pour les infusoires et que les plus petits des animalcules naissaient des plus gros : « Ainsi, je pensais que les plus gros étaient adultes et que les petits n'étaient que des formes juvéniles. Dans le même instant, j'imaginais que ce que je voyais dans le ventre des plus gros était des jeunes ou des œufs. Je vis en outre deux de ces animaux qui s'enlaçaient, soit en nageant, soit en restant sur place, comme s'ils copulaient. » (lettre du 12 novembre 1680).

La découverte des animalcules, malgré ces observations montrant leur multiplication, a donc probablement renforcé les tenants de la théorie aristotélicienne qui voyaient l'émergence spontanée d'un monde grouillant de vie dans les eaux boueuses, les selles, la salive... Charles Huygens (1629-1695), un remarquable scientifique de cette époque, confirma les observations de Leeuwenhoek, se demandant « si ces animaux ne viennent pas de l'air ». Il écrivait : « Il serait étrange que le poivre, le gingembre, et ces queues de fleurs engendrassent tous les mêmes animaux. C'est pourquoi, il est plus probable qu'ils viennent de l'air attirés par l'odeur [...] ou des œufs que des animaux qui nagent dans l'air viennent pondre sur ces eaux corrompues ». De nombreux contemporains confirmèrent les découvertes de Leeuwenhoek, notamment Robert Hooke qui le soutint toujours après avoir succédé à Oldenburg au secrétariat de la *Royal Society* et le géomètre français Louis Joblot (1645-1722) qui s'émerveillait au début du XVIIIe siècle « des perfections invisibles des œuvres visibles », posant que « la génération spontanée est inconcevable, contraire à toute raison et religion ». Leeuwenhoek envoya ses deux dernières lettres en 1723, 12 jours avant sa mort dans sa ville de Delft. Il y décrivait avec précision la maladie de cœur qui allait l'emporter à 91 ans.

On reproche souvent à Leeuwenhoek d'être resté un simple observateur qui n'a jamais élaboré de théorie ou posé de questions sur ses découvertes. Par exemple, il n'évoqua pas l'idée que les animalcules qui apparaissaient dans ses selles au cours d'épisodes estivaux de diarrhée puissent avoir un lien avec ses troubles digestifs. On sait aujourd'hui que des bactéries et des protozoaires sont responsables de beaucoup de ces diarrhées. Il ne put placer ses observations dans le contexte scientifique de son temps, ne connaissant pas la littérature scientifique, ni Fracastor, ni les recherches de Kircher ou de Redi. Ce jugement paraît sévère si l'on se réfère par exemple aux expériences sur les anguillules du vinaigre. L'œuvre de Leeuwenhoek fut souvent considérée par les esprits non préparés comme un « cabinet de curiosités » et ne fut prise en compte que par quelques chercheurs de son temps. Ceci était dû en partie au fait que le microscope était alors considéré par de nombreux savants comme un instrument dangereusement trompeur du fait qu'il pouvait entraîner des distorsions de l'image variables selon les microscopes, et que le grossissement aggravait ces déformations. Ce phénomène était dû à la forme sphérique des lentilles qui déformaient l'image et altéraient les couleurs en périphérie du champ visuel. Cette absence de reproductibilité selon les instruments et ces aberrations jetaient donc la suspicion sur le microscope. Jusqu'au XIXe siècle, la plupart de ces instruments restèrent assez primitifs dans leur conception. En 1758, l'anglais John Dollond (1706-1761) réussit à corriger les aberrations créées par les lentilles, mais ces améliorations ne furent d'abord utilisées que pour les lunettes astronomiques et ne furent adaptées au microscope qu'en 1826 par l'italien Giovanni Battista Amici (1786-1866). Ce dernier inventa également la lentille à immersion qui, plongée (« immergée ») dans une goutte d'huile déposée à la surface de l'objet observé, réduit les aberrations chromatiques[6]. Joseph Jackson Lister (1786-1869), marchand de vin prospère, quaker (on nomme ainsi les membres d'une secte protestante pacifiste aussi appelée « la Société des Amis »), épris de science, mit au point en 1830 une lentille supprimant ces aberrations. Pour ses découvertes, il fut élu membre de la *Royal Society*. Comme le dira son très célèbre fils, le chirurgien Joseph Lister (1827-1912), lors d'une conférence en 1900, « [ses] travaux permirent d'élever le microscope du rang de jouet scientifique évolué à celui d'un puissant instrument de recherche. » Cette amélioration technique rendant reproductible l'observation microscopique contribuera à l'essor exceptionnel de la biologie. Par la suite, le microscope fut constamment amélioré. En 1931, les Allemands Ernst Ruska (1906-1988) et Max Knoll (1897-1969) inventèrent le microscope électronique. Alors que les meilleurs microscopes optiques grossissent 1 000 à 2 000 fois, le microscope électronique permettait dès 1933 d'obtenir des grossissements de 12 000 fois. En 1939, fut commercialisé le premier microscope électronique par la firme berlinoise Siemens et Halske. Aujourd'hui on peut atteindre des grossissements de 200 000 fois avec une résolution de 5-10 angstrœms, permettant de distinguer des objets d'un millionième de millimètre. Dès les années 1940, les virus furent observés pour la première fois. Aujourd'hui, on peut même visualiser directement les molécules constituant les êtres vivants, par exemple des protéines ou des molécules d'ADN, grâce à de nouveaux microscopes dits à force atomique (1982) et à effet tunnel (1990).

La découverte par le microscope du monde invisible à l'œil nu révolutionna soudainement toute la pensée scientifique. Des champs scientifiques entièrement nouveaux ont jailli des observations microscopiques, tels que l'histologie (étude de la structure normale microscopique des organes), la minéralogie (étude des pierres et des cristaux), la cristallographie (étude de la structure des molécules), la microbiologie (étude des microbes), la biologie du développement (étude du développement des embryons)... Cependant, pour certains, la pullulation des animalcules décrite au XVIIIe siècle par Leeuwenhoek aurait concouru à renforcer la théorie de la génération spontanée.

Spallanzani et les infusoires

Lazaro Spallanzani (1729-1799) fut élevé par les jésuites du collège de Reggio et commença des études de droit à Bologne. Sous l'influence d'une cousine paternelle célébrissime à l'époque, Laura Bassi (1711-1778), la seule femme à cette époque professeur de physique et de mathématiques en Europe, il s'orienta vers les sciences et concentra ses efforts sur l'étude des mathématiques et des sciences naturelles. Spallanzani se fit ordonner prêtre à 25 ans et devint professeur de métaphysique et de grec. Ses obligations ecclésiastiques lui laissant suffisamment de temps pour développer des recherches sur les phénomènes naturels, il mena une carrière époustouflante. Nommé professeur de mathématiques appliquées en 1757 à l'Université de Reggio, il devint également professeur de philosophie à Modène en 1763, puis à Pavie. Protégé par l'impératrice d'Autriche Marie-Thérèse, adulé de Voltaire, l'extravagant abbé était un scientifique éclectique, d'une insatiable curiosité, mais c'était aussi l'expérimentateur le plus brillant de son temps.

---

[6] L'objectif du microscope est immergé dans l'huile, partant de l'idée que les aberrations chromatiques sont réduites quand la lumière traverse des couches d'indices de réfraction différents. Joseph Jackson Lister découvrit aussi la loi dite des foyers aplanétiques.

Figure 6. Lazare Spallanzani (1729-1799), le découvreur de la scissiparité des infusoires en 1776.

Spallanzani était un personnage étonnant. Marcheur infatigable, il parcourait les Apennins à la recherche des origines de sources et de fontaines et fit de nombreux voyages en Europe, en Turquie, dans les Cyclades, dans les Balkans, étudiant notamment les éruptions volcaniques des îles éoliennes en Sicile. Il visitait des mines, collectionnait les fossiles des Alpes du Nord et de différentes régions d'Italie. À 58 ans, il réussit la seconde ascension du Mont-Blanc avec son ami, le Genevois Horace de Saussure (1740-1799). Parallèlement à ses activités de recherche, il avait acquis une large connaissance du français et des auteurs classiques et eut une activité littéraire importante, publiant par exemple en 1760 un article critique sur une nouvelle traduction de l'Iliade. On lui demanda de fonder le musée public d'Histoire Naturelle de l'Université de Pavie. En dix ans, il en fit le plus beau musée d'Histoire Naturelle d'Italie.

Toute sa vie, il passa la majeure partie de son temps à étudier les sciences naturelles. Sa créativité scientifique fut impressionnante. Il s'intéressa à la génération spontanée, à la régénération des organes et à la transplantation, à la circulation du sang dans les poumons, à la digestion, à la reproduction, au rôle des spermatozoïdes... Il mit des caleçons faisant office de préservatifs aux crapauds mâles pour étudier leur reproduction. Il réussit avec une grande dextérité la transplantation de la tête d'un escargot sur le corps d'un autre ! Parfois, il s'égara, lorsqu'il crut que les spermatozoïdes n'étaient que des parasites dans le sperme, comme on le croyait à l'époque, bien que le sperme fût indispensable à la fécondation. Il pratiqua avec succès les premières inséminations artificielles chez des animaux simples et chez le chien. Ses dernières publications scientifiques datent de 1798, l'année précédant sa mort. Il mourut la nuit du 11 février 1799 après avoir déclamé Homère à ses amis.

Spallanzani reste surtout célèbre pour avoir montré le premier sur une base expérimentale rigoureuse et exemplaire, que les micro-organismes ne naissent pas spontanément dans les infusions organiques ou végétales, comme le jus de viande ou de poivre. L'histoire commence en 1761, date à laquelle il eut connaissance du travail d'un prêtre catholique anglais, John Needham (1713-1781), dont le nom ne reste connu aujourd'hui que du fait de la célèbre controverse qu'il a déclenchée avec Spallanzani. Associé au célèbre naturaliste français, le « romancier » et théoricien de la nature, le comte de Buffon (1707-1788), Needham prétendait que tous les êtres vivants contenaient en plus de la matière inanimée des « atomes vitaux » qui assuraient le bon « fonctionnement » des êtres vivants. Needham et Buffon postulèrent qu'après la mort les atomes vitaux s'échappaient dans le sol et étaient ensuite repris par les plantes. Ainsi les animalcules que l'on voit dans les eaux des marécages, dans les infusions de plantes et de matières animales n'étaient pas des organismes vivants, mais simplement des atomes vitaux s'échappant de la matière organique. Cette construction de l'esprit où s'égara Buffon reposait sur des expériences imaginées par Needham et rapportées dans une série de publications en 1745, 1748 et 1750. Il introduisit des liquides organiques comme des infusions de viande dans des récipients et les chauffa sur des braises sans toutefois atteindre le point d'ébullition avant de les refermer avec des bouchons. Convaincu d'avoir éliminé les animalcules pré-existants dans l'infusion ou le récipient et d'avoir évité une contamination extérieure, Needham constata dans tous les flacons une pullulation d'animalcules qu'il estima être le résultat d'une génération spontanée due à une « force productrice » présente dans la nature, une sorte de « force végétative » présente dans chaque point microscopique de la matière. Évidemment, ses bouillons contaminés n'avaient pas été chauffés suffisamment pour être stérilisés et ses bouchons avaient sûrement permis des contaminations aériennes.

Influencé par sa connaissance parfaite des travaux de Francesco Redi, Spallanzani réfuta cette théorie par une série d'expériences remarquables publiées en 1765, qui restent sa majeure contribution scientifique. Travaillant sur des infusions végétales chauffées dans des ballons scellés à la cire pendant des durées de temps variables, il examinait ensuite le pullulement des animalcules à l'œil nu, par l'apparition d'un trouble dans l'infusion, et au microscope. Il montra que le chauffage peut prévenir l'apparition des animalcules dans les infusions, à condition que sa durée soit suffisante. Il prépara par exemple trois séries de flacons contenant des suspensions d'animalcules, un lot chauffé à ébullition pendant quelques minutes, un autre pendant une heure, le 3e lot restant non chauffé. Les flacons étaient ensuite fermés très hermétiquement avec des bouchons scellés. Examinant les animalcules dans chaque flacon au microscope après quelques jours, Spallanzani ne les vit grouiller que dans les flacons non chauffés ou chauffés seulement 5 minutes. Il confirma ainsi l'observation de Leeuwenhoek que les liquides portés à ébullition ne produisent pas de micro-organismes si les flacons sont immédiatement scellés à la cire. Il distingua les plus gros animalcules (protozoaires) détruits en une minute d'ébullition, des plus petits (bactéries) qui pouvaient survivre jusqu'à 45 minutes d'ébullition. Ces expériences furent magistralement reprises par Louis Pasteur un siècle plus tard. Ceci remit en cause les résultats peu rigoureux de Needham et Spallanzani conclut que les animalcules ne pouvaient apparaître dans ses infusions par génération spontanée ou suivant la « force végétative » de Needham et Buffon, mais provenaient de la contamination par l'air ou l'environnement des infusions.

Au cours de ces observations microscopiques, Spallanzani observa des animalcules accolés, ce qu'il interpréta d'abord comme un accouplement. Son ami Horace de Saussure avait suggéré qu'il s'agissait de la division d'un animalcule « âgé » (protozoaire), par la seule voie que les micro-organismes puissent utiliser pour se multiplier, la scissiparité, c'est-à-dire une simple division créant deux organismes identiques plus petits. Cette observation fut contredite par l'anglais John Ellis (1710-1776) en 1769 qui prétendit que ce phénomène n'avait rien à voir avec la façon de se multiplier des animalcules mais qu'il était le résultat d'une collision de deux animalcules mobiles induisant une cassure. Il prétendit avoir observé que les animalcules se reproduisaient comme les animaux par apparition de jeunes à l'intérieur d'individus âgés. Spallanzani démontra la justesse des observations d'Horace de Saussure et la réalité de la scissiparité comme mode de multiplication des protozoaires (1776). Il réalisa l'une des plus élégantes expériences de la biologie par son originalité et sa simplicité. Dans ces temps d'obscurantisme scientifique, l'incroyable abbé réalisa la première expérience de micromanipulation. Pour prouver la scissiparité, il imagina de suivre au microscope un seul animalcule. Pour cela, il déposa une goutte de suspension dense contenant des milliers d'animalcules (il utilisa des infusoires) sur une lame de cristal à côté d'une autre goutte d'eau pure. Il fit communiquer les deux gouttes par une fine aiguille jusqu'à ce qu'un seul animalcule passe par capillarité dans la goutte d'eau pure. Il le suivit au microscope pendant des heures et vit sa séparation en deux puis en quatre. Il avait découvert la scissiparité !

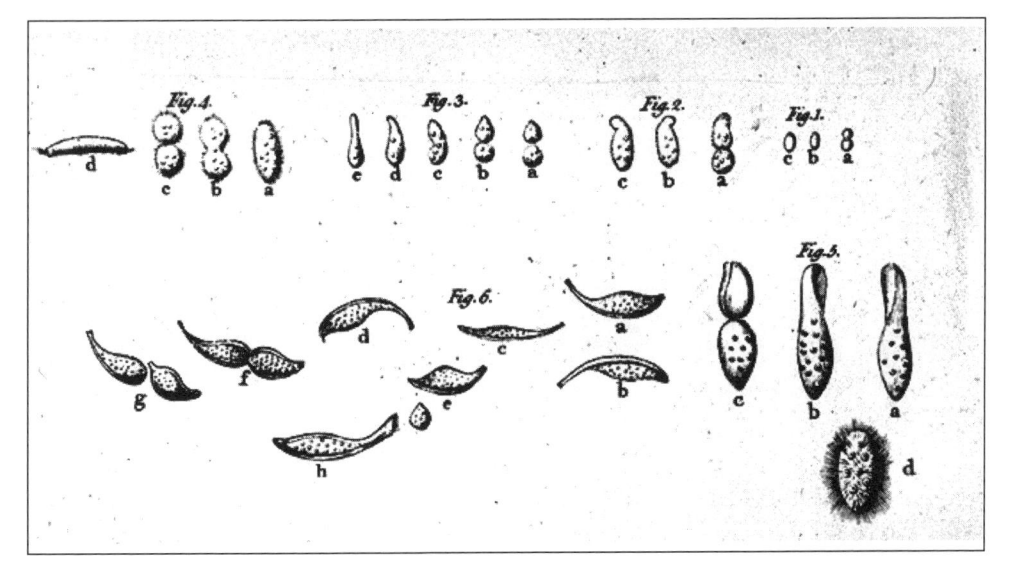

Figure 7. Description de la scissiparité des animalcules (infusoires) dessiné par John Ellis (1710-1776) en 1769, dont la signification a été comprise par Spallanzani grâce à des expériences de micromanipulations : « *De la pointe d'une plume à écrire, je transporte une goutte d'infusion sur un morceau de verre. Aucune importance si elle contient une quantité d'animaux. Je mets sur le même verre une goutte d'eau pure, à deux ou trois lignes de la première. Puis je fais communiquer les deux gouttes en déplaçant la pointe de la plume d'une goutte à l'autre. Les animaux de la goutte d'infusion ne tardent pas à passer dans la goutte d'eau, l'un après l'autre. Je contemple ce passage à la loupe et dès que je vois un animal entré dans la goutte d'eau, avec un pinceau je détruis le canal de communication qui s'était créé entre les deux gouttes et je réussis ainsi à emprisonner dans l'eau un seul animal...* », qu'il voit ensuite se multiplier.

Spallanzani avait tout compris et fut le grand précurseur de Louis Pasteur. Bien que les esprits ne fussent pas prêts à accepter ces nouveautés, l'application pratique des découvertes de Spallanzani fut mise à profit empiriquement au début du XIXe siècle par un confiseur Nicolas Appert (1752-1845) qui réussit à préserver les aliments dans des bouteilles chauffés et parfaitement hermétiques. Son livre sur la conservation des aliments fut publié en 1810. Le procédé des boîtes de conserve contribua à l'expansion de la *Royal Navy* au cours du XIXe siècle, en permettant de constituer des provisions qui ne pourrissaient plus au cours des longs voyages de la marine à voile.

Pasteur et la fin de la théorie de la génération spontanée

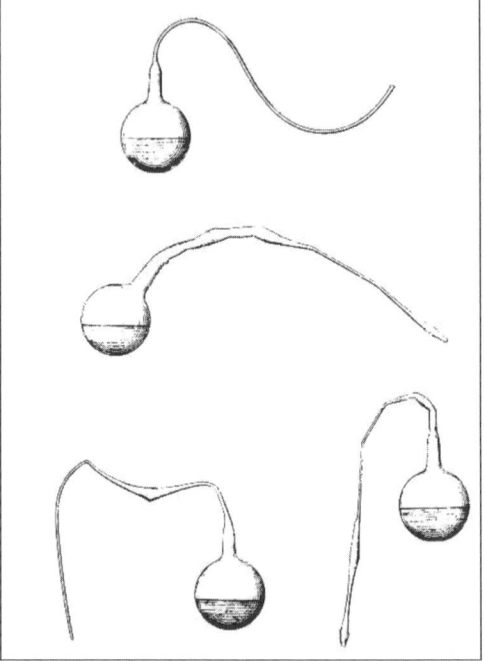

Figure 8. Louis Pasteur (1822-1895). À droite, les ballons à col effilés (1861) qui ont permis de montrer le rôle de l'air dans la contamination des bouillons de culture.

Jusqu'au milieu du XIXe siècle, la croyance générale, y compris dans les milieux scientifiques, était donc que les « animalcules » naissaient par génération spontanée. La théorie de Aristote « sauvée » par la découverte des micro-organismes fut probablement à nouveau renforcée par les prodigieux progrès de la chimie au cours du XIXe siècle, montrant qu'il était possible de synthétiser dans un tube à essai à partir de constituants chimiques minéraux « dénué de vie », certains composés « organiques » retrouvés dans les tissus des êtres vivants. En somme, il semblait bien que la vie puisse apparaître à partir de la matière inerte par le fait d'une force inconnue… La révolution de la chimie organique allait naître d'une expérience réalisée par un jeune chimiste obscur de 28 ans, Friedrich Wölher (1800-1882), dans un laboratoire qu'il avait installé dans sa propre maison à Berlin. Voulant préparer du cyanate d'ammonium, il mélangea deux sels inorganiques, le cyanate de potassium et le sulfate d'ammonium. Après chauffage et évaporation, il obtint en 1828 des cristaux blancs qu'il identifia comme de d'urée, une substance organique très abondante dans l'urine et les tissus humains et animaux. Il décrivit ainsi sa découverte inattendue : « Un fait remarquable en cela qu'il présente un exemple de production artificielle d'une substance organique animale, provenant de substances inorganiques. » Puis Eilhard Mitscherlich (1794-1863) synthétisa un autre composé « organique », le benzène en 1831, suivi par de nombreux autres durant tout le XIXe siècle[7]. Justus Liebig (1803-1873) proclama que l'objectif prioritaire de la chimie était la production artificielle de composés organiques. Dans son ouvrage intitulé « Chimie appliquée à la physiologie animale et à la pathologie » (1840), il lui semblait logique d'admettre l'existence d'une force vitale inhérente à la matière inerte. Suivra un incroyable essor de l'industrie chimique qui fera écrire à Marcellin Berthelot (1827-1907) en 1870 : « La chimie crée son objet ». Cette capacité créatrice, semblable à celle de l'art lui-même, la distingue essentiellement des sciences naturelles et historiques.

Pourtant, on savait que des infusions organiques portées à haute température se conservaient sans qu'aucune vie microbienne ne s'y développe et qu'un simple contact avec l'air suffisait à provoquer une pullulation des animalcules. À la fin du XVIIIe siècle, le rôle de l'oxygène dans la vie des animaux avait été démontré notamment par les chimistes Antoine Lavoisier (1743-1794), Joseph Priestley (1733-1804) et Henry Cavendish (1731-1810). Aussi, certains y voyaient une preuve que l'oxygène était nécessaire pour déclencher la génération de la vie, d'autres pensaient que l'air lui-même introduisait les germes vivants responsables de la fermentation et de la putréfaction. L'idée que l'air puisse être à l'origine de contamination était facilement soutenue par l'observation d'un rayon de soleil dans une pièce fermée, montrant à l'œil nu la présence d'une multitude d'infimes poussières en suspension. En 1837, Franz Schulze (1815-1878) et Théodor Schwann (1810-1892) montrèrent que l'air stérilisé soit par un chauffage à haute température, soit par un passage à travers de la soude et de l'acide sulfurique concentrés, deux composés très toxiques pour les organismes vivants, n'altérait pas les bouillons liquides qui restaient stériles. Le même résultat fut obtenu en 1854 par Heinrich Schroder (1810-1885) et Thédor Von Dusch (1824-1890) en faisant passer l'air à travers un filtre de coton, évitant ainsi toute contamination des bouillons.

C'est Louis Pasteur (1822-1895) qui mit définitivement à bas la théorie de la génération spontanée des micro-organismes en montrant le rôle de l'air dans les contaminations microbiennes et celui des micro-organismes dans les processus de fermentation et de putréfaction. On sait tout ou presque de la vie et du génie de Louis Pasteur. Né en 1822, fils d'un humble tanneur d'Arbois (Jura), rien ne prédestinait ce jeune garçon sentimental et travailleur, sérieux et consciencieux, avide de culture classique et d'histoire, à la puissante œuvre de création scientifique qu'il accomplit. Cet élève moyen se révéla en entrant à l'École Normale. Visité par « l'ange de la Science », Pasteur réalisa une série exceptionnelle de découvertes aboutissant à la démonstration du rôle des microbes dans les infections et à la prévention des maladies infectieuses. Parallèlement à ses recherches, il suivit toute sa vie une carrière d'enseignant : professeur de physique au lycée de Dijon en 1848, puis de chimie à l'Université de Strasbourg, promu en 1854 professeur de chimie et doyen de la nouvelle Université de Lille, puis directeur de l'École Normale de Paris en 1857, professeur

---

[7]. Suivront les synthèses de l'acide oxalique et de l'acide acétique. En 1856, la mauvéine fut le premier colorant mauve synthétisé par hasard à partir de l'aniline par William Henry Perkin (1838-1907) à Londres. En France, Berthelot synthétisa l'alcool de vin en 1854 à partir de l'éthylène, puis l'acide formique en 1856, le méthane en 1858 et l'acétylène en 1860. En 1972, Robert Woodward et Albert Eschenmoser réussirent l'exploit de synthétiser la vitamine B12, la molécule la plus complexe jamais fabriquée. Cela prit onze années à une centaine de chimistes.

de géologie et de chimie à l'École des Beaux-arts en 1863, puis à la Sorbonne en 1867 où il resta jusqu'en 1889 pour prendre la direction de l'Institut créé en son honneur. Il mourut comblé d'honneurs en 1895.

Une des découvertes majeures de Louis Pasteur fut donc de montrer le rôle des microbes de l'air dans la contamination des matières organiques. Cette démonstration expérimentale donna lieu à une controverse restée célèbre, qui rappelle fortement celle qui opposa Spallanzani à Needham. Félix Archimède Pouchet (1800-1872), directeur du Muséum d'Histoire Naturelle de Rouen, avait présenté en 1858 devant l'Académie des Sciences de Paris une communication dans laquelle il affirmait pouvoir induire la génération spontanée à partir de matières stérilisées dans des conditions soigneusement déterminées. Ce savant prenait un flacon d'eau en ébullition, le bouchait hermétiquement et le plongeait renversé dans un bain de mercure. L'eau refroidie, il y introduisait un millilitre d'oxygène et une petite quantité d'infusion de foin préalablement portée à haute température. Pour chaque expérience, il pouvait obtenir une culture microbienne. Pouchet publia ses résultats dans un gros livre intitulé *Hétérogénie* apportant la démonstration « définitive » du fait que la vie apparaissait à partir de la matière inerte. Ces résultats étaient en totale contradiction avec ceux que Pasteur avait obtenus sur les fermentations et sur les maladies du vin et de la bière, où il montrait l'importance des microbes dans ces processus.

Au milieu de cette confusion, l'Académie des Sciences institua en 1860 le prix Arlhumbert pour « essayer par des expériences bien faites de jeter un nouveau jour sur la question des générations dites spontanées ». Pasteur releva le défi. Il procéda à une série d'expériences remarquables, qui aboutirent à montrer que l'air était contaminé par des micro-organismes et entraînait la putréfaction des substances organiques. Lors d'une expérience devenue célèbre, Pasteur démontra que la présence d'un germe au départ de toute production vivante était absolument nécessaire, réfutant l'éventualité d'une génération spontanée. Il utilisa des ballons dits « à col-de-cygne », avec un très long col effilé en forme de « U », contenant des bouillons de culture maintenus en ébullition pendant plusieurs minutes pour les stériliser et chasser l'air chaud par l'orifice du col (*Figure 8*).

Lors du refroidissement des ballons, l'air extérieur pouvait rentrer dans le ballon. Cet air, ni chauffé, ni filtré ne contamina pas les bouillons car en progressant dans le col étiré en un long tube sinueux, toutes les poussières qu'il contenait s'étaient déposées sur les parois du tube. Dans le ballon, l'air en contact avec le bouillon était en tout point identique à l'air extérieur mais « filtré » par son passage dans le col-de-cygne. Il n'y avait donc pas de « force vitale » contenue dans les liquides organiques…

Pasteur examina ensuite la présence des germes dans l'air, en recueillant et en examinant au microscope le coton filtrant les particules en suspension dans l'air. Il y vit de nombreux corpuscules ronds et ovoïdes. S'il mettait ces poussières dans des bouillons, il déclenchait une prolifération microbienne. Pasteur étudia ensuite la distribution des microbes dans l'atmosphère à l'aide de ballons sous vide qu'il ouvrait dans différents endroits, en haute montagne, dans la ville, dans la cave de l'Observatoire de Paris. Les flacons ouverts en altitude sur les glaciers suisses restaient stériles, au contraire de ceux exposés à l'air des villes. En 1863, Pouchet ne put reproduire ces expériences en utilisant des ballons stériles contenant une décoction de foin. Pasteur réclama une commission d'enquête de l'Académie des Sciences qui constata la véracité de ses expériences sur la pollution de l'air. En 1864 il publia ses conclusions sur l'origine et la distribution des germes dans un mémoire intitulé « *Sur les corpuscules organisés qui existent dans l'atmosphère. Examen de la doctrine des générations spontanées* », pour lequel il reçut le prix de l'Académie des Sciences.

Pourquoi Pouchet, un scientifique honnête et un savant reconnu, n'avait-il pas pu reproduire les résultats de Pasteur ? Cela est probablement lié au fait que Pasteur utilisait de l'eau de levure, facilement stérilisée par la chaleur, alors que Pouchet travaillait avec des infusions de foin. Le mystère fut éclairci quelques années plus tard. Ferdinand Cohn (1828-1898) découvrit au microscope en 1876 l'existence de petites particules ou spores « dormantes » dans les infusions de foin. Presque en même temps entre 1876 et 1878, le physicien anglais John Tyndall (1820-1893) montra que ces infusions étaient beaucoup plus difficiles à stériliser que les autres infusions, à cause de la présence de spores bactériennes de *Bacillus subtilis* beaucoup plus résistantes à la chaleur que les autres microbes. Il fallait faire bouillir les infusions parfois jusqu'à 5 heures et demi pour obtenir la stérilisation de ces bouillons. Pour être détruites, ces spores doivent être exposées au moins 20 minutes à 120 °C sous une forte pression, ce qui correspond au procédé de l'autoclave, un instrument utilisé quotidiennement pour stériliser le matériel en chaleur humide sous pression et haute température. Tyndall confirma les travaux de Pasteur en mettant au point des chambres d'expériences maintenues fermées pendant plusieurs jours, de sorte que l'on ne puisse plus faire apparaître de particules visibles en suspension dans un rayon de lumière. Il pouvait alors exposer pendant des mois à l'air de la chambre toutes sortes de liquides organiques stérilisés comme l'urine, les bouillons de viande ou de légumes, sans aucune croissance microbienne. Ces travaux sur la génération spontanée et la contamination de l'air eurent de grandes répercussions technologiques, permettant la mise au point de nombreux procédés de prévention des contaminations microbiennes de l'eau, des aliments, des instruments chirurgicaux, tels que l'autoclavage, la pasteurisation, la tyndallisation, la filtration des eaux et des liquides par des bougies de porcelaine. L'importance de ces travaux pour l'hygiène, la prévention des infections et la sécurité alimentaire restent inestimables.

La génération spontanée au XXe siècle

L'épilogue de l'histoire de la génération spontanée s'est déroulé durant la première moitié du XXe siècle. La question du début de la vie sur terre restait sans réponse... origine extraterrestre, génération spontanée ? Les expériences physico-chimiques du russe Aleksander Ivanovitch Oparin (1894-1980) en 1924 et de l'anglais John Burdon Sanderson Haldane (1892-1964) en 1929, ont permis de penser que la « génération spontanée » pouvait avoir existé à l'aube de la formation de la terre, il y a 4,5 milliards d'années. En dehors de toute vie, des composés organiques se seraient formés dans la « soupe primordiale » des mers primitives ou au contact des argiles, à hautes températures dans des conditions physico-chimiques très particulières (éruptions volcaniques, atmosphère sans oxygène constitué de méthane, d'ammoniac et d'eau), radicalement différentes de celles présentes aujourd'hui à la surface terrestre. De très nombreux chercheurs se sont penchés dans les années 1960 sur ces atmosphères archaïques en essayant de les simuler grâce à des sources d'énergie électrique. Les expériences des chimistes Stanley L. Miller (né en 1930) et Harold Clayton Urey (1893-1981) à Chicago à partir de 1952 permirent de produire des molécules organiques simples (« prébiotiques ») dans des solutions aqueuses. La découverte d'autres molécules organiques, comme des acides aminés, dans les étoiles en formation ou des sources chaudes du fond des océans pourra un jour peut-être expliquer les mystères de l'origine de la vie par « génération spontanée ».

Chapitre 3. Du *contagium vivum* aux microbes

Pendant des millénaires, on s'est interrogé sur la nature et sur l'origine des maladies infectieuses, qui parfois prenaient de l'ampleur en déclenchant des épidémies dévastatrices parmi les êtres humains, les animaux ou les plantes. On y a d'abord vu l'expression de forces obscures, vengeance divine, malédictions ou maléfices. Au hasard des événements ou des peurs collectives, l'ignorance justifia parfois l'exclusion, « la mise hors du monde », voire le massacre des patients réputés contagieux parfois à tort, galeux, cagots, scrofuleux, pestiférés, ladres ou lépreux…

De nombreuses maladies infectieuses furent décrites dès la plus haute Antiquité. Dans les textes gravés sur la pierre des temples égyptiens et dans les écrits de l'Antiquité gréco-romaine et chinoise, existent des descriptions et des représentations graphiques de plusieurs de ces maladies. Par exemple, la variole était bien connue en Inde où une déesse, Shri Sitala Devi, lui était consacrée, ainsi qu'en Chine où des représentations très réalistes de l'éruption pustuleuse défigurant de jeunes enfants ont été retrouvées. Dans les écrits hippocratiques, on rencontre des descriptions de la rage, la rougeole, l'herpès, la jaunisse (hépatite virale encore appelée ictère catarrhal) ou encore celle du rhume de cerveau. Le médecin latin Celsus (53-7 av. J.-C.) fit notamment une excellente description clinique de la rage déjà connue de Démocrite (460-370 av. J.-C.) et de Aristote (384-322 av. J.-C.). Cependant, la notion même de contagion et sa nature demeuraient totalement inconnues.

L'origine des maladies dans l'Antiquité

Depuis l'Antiquité, deux courants de pensée se sont opposés sur la nature et l'origine des maladies, celui de la Mésopotamie et celui de l'Égypte et de la Grèce. En Mésopotamie au IIIe millénaire, la maladie fut d'abord associée à la volonté des Dieux et aux génies : les Dieux s'amusaient à affliger des maux aux hommes. Puis au IIe millénaire fut introduite la notion de conscience morale : les Dieux ne s'amusaient pas mais en fait châtiaient des coupables. D'où l'idée que, pour lutter contre une maladie, il fallait chercher la faute et la punir pour soigner les patients. La maladie était un châtiment lié à une souillure ou une impureté. Ce concept fut repris par la tradition judaïque et chrétienne : la maladie était une punition d'un Dieu juste et tout-puissant et les seuls remèdes ne pouvaient être que le repentir, la pénitence, les prières et les sacrifices. Suivant cette tradition, on faisait encore au Moyen Âge un lien entre la divinité et la santé. La maladie était le péché, la punition, le rachat d'une faute, nécessitant l'aide de saints guérisseurs ou de marabouts. C'est Dieu qui décidait de la maladie, de la vie, de la mort, de la guérison, le médecin étant à la limite inutile. Ce courant de pensée mésopotamien persiste sourdement encore de nos jours, ainsi que l'on a pu le voir au début de l'épidémie de sida, interprété par certains comme une punition divine contre certains patients aux comportements sexuels « hérétiques ».

À cette conception « punitive » de la maladie s'oppose le courant de pensée de l'Égypte et de la Grèce antique dans lequel punition et maladie n'ont rien à voir. Bien que dans les mythes fondateurs des Grecs existe l'idée de la propagation des maux comme punition du comportement des hommes (la boîte de Pandore), il était largement admis que les Dieux pouvaient aider à guérir la maladie plutôt que de rendre malade. Débuta alors en Égypte une médecine d'observation avec une ébauche de pharmacopée. Cette conception pragmatique et rationnelle de l'Égypte fut reprise et illuminée par les Grecs. On peut dire que la Science naquit quand les Grecs au VIe siècle avant notre ère ont postulé que tout phénomène a une cause naturelle : le soleil apporte la lumière, le feu provoque la fumée, une blessure induit la douleur. C'est ce que l'on a appelé « le miracle grec ». Éliminant les croyances et les superstitions, les Grecs pensèrent que les Dieux n'avaient rien à voir avec certains des phénomènes qu'ils observaient : le mouvement des astres, les saisons, les tempêtes, les maladies… Toute maladie ayant une cause naturelle, il devenait clair que les épidémies n'étaient pas le fruit de quelque colère divine. Cette nouvelle vision du monde a connu une fulgurance au IIIe siècle avant notre ère en Égypte sous l'impulsion de la dynastie des Lagides à Alexandrie, quand les savants grecs appliquèrent cette approche à l'étude de l'astronomie, de la navigation, des maladies… Au IIe siècle de notre ère, le médecin grec de Pergame, Claude Galien (129-201) fit d'importantes découvertes anatomiques en disséquant des animaux. Puis un long sommeil suivit, figeant les connaissances pour plus d'un millénaire.

Le pressentiment des germes

Les Égyptiens avaient pressenti l'invisible il y a près de 4 000 ans. Ils pensaient qu'un « principe » dangereux, invisible désigné *ukhedu*, présent dans la partie distale de l'intestin pouvait atteindre les vaisseaux sanguins et se localiser n'importe où dans le corps pour tuer l'individu malade. Après le silence des Grecs sur l'existence d'un monde invisible, les romains avaient, au temps de Jules César, proposé l'existence de créatures invisibles comme cause de la maladie. Ils avaient observé que le paludisme était fréquent dans les marais-pontins et que des moustiques y étaient associés. Columelle (*circa* 60 av. J.-C.) parlait d'« animaux armés d'aiguillons venimeux naissant dans les marais ». Un riche propriétaire terrien Marcus Varron (116-26 av. J.-C.), s'intéressant aux Sciences et aux Arts fut un des auteurs les plus féconds de son temps. Malheureusement, il ne nous reste de lui qu'un traité sur l'agriculture intitulé *De re rustica* dans lequel il avance l'idée que des créatures minuscules invisibles[1] sont la cause des fièvres des marais : « Dans les endroits humides se développent des animalcules tout à fait petits, que l'œil ne peut pas percevoir et qui, transportés par l'air, passent par le nez et par la bouche et se fixent dans le corps, y causant de graves maladies ». On en reparlera plus jusqu'à Fracastor à la Renaissance et Antonie van Leewenhoek au XVIIe siècle.

Hippocrate et la théorie des miasmes

Pour les Grecs, les maladies épidémiques pouvaient être dues à de multiples causes naturelles, à des facteurs liés à l'environnement, à la complexion des individus, c'est-à-dire leur sensibilité propre, ce qu'on appelle aujourd'hui le terrain génétique. Les fièvres bénignes, malignes, putrides ou éruptives étaient attribuées par Hippocrate (460-375 av. JC) à des miasmes, émanations malsaines viciant l'air que l'on respire, à la nourriture ou à l'eau que l'on ingère, aux odeurs fétides, aux marécages dégageant des vapeurs nauséabondes. Pour lutter contre les miasmes, on utilisait le feu et les aromates qui faisaient disparaître ces odeurs putrides.

Ces concepts hippocratiques furent repris par Galien (129-201) puis par les médecins arabes du IXe au XIIe siècle lors de la transmission du savoir grec. Avicenne (980-1037) attribuait dans son *Canon* l'origine de certaines maladies, telles que la variole, la rage, la lèpre et la tuberculose, à des miasmes transmis par un air corrompu ou des aliments avariés. Rhazès

---

[1] Varron écrivait : « *Animalia quaedam minuta quae non possunt oculi consequi* ». « Des animaux minuscules invisibles à l'œil nu. »

Figure 1. Hippocrate (460-375).
© Musée du Louvre.

(865-925) et Avicenne préconisèrent des mesures d'hygiène et de prévention de certaines maladies transmissibles comme par exemple l'incinération des vêtements des varioleux. Au XIVe siècle, des médecins de l'Espagne musulmane qui avaient connu notamment les épidémies de variole et de peste de 1347, furent des épidémiologistes remarquables et appréhendèrent la notion de contagion. Ali Ibn Khatima (mort en 1368) écrivait : « D'après une longue expérience, la contagion résulte d'un contact direct avec un sujet atteint d'une maladie transmissible ». Ibn al-Khatib (1313-1374), médecin du royaume de Grenade, reprenait : « Il en est qui se demandent comment nous pouvons admettre la théorie de la contagion alors que la loi religieuse la nie. À cela je répondrai que l'existence de la contagion est établie par l'expérience, par la recherche, par le témoignage des sens et des rapports dignes de foi. Ce sont là des arguments solides. Le fait même de la contamination apparaît clairement quand on remarque que le contact avec les malades suffit à donner la maladie, alors que l'isolement vous maintient à l'abri de la contagion d'une part, et de l'autre que le mal peut se transmettre par les vêtements, la vaisselle et les boucles d'oreilles. »

Malgré la conception religieuse et culpabilisante de la maladie, largement ancrée dans la population au Moyen Âge, on pressentit donc dès cette époque la notion de contagion sans la formuler clairement. Devant des épidémies dévastatrices, telles que la peste, la variole, la lèpre, qui inspiraient terreur et fuite, on mit en œuvre des mesures d'isolement des patients contagieux et des mesures d'hygiène préventives basées sur le bon sens et l'observation quotidienne[2]. Dès le XIe siècle, les lépreux avaient obligation de vivre rassemblés dans des léproseries. À la suite de l'irruption de la peste à Messine en 1347, on chercha à prévenir la diffusion de la maladie et les premières mesures de quarantaine virent le jour dans les villes

---

[2] Dès l'Antiquité, certaines maladies telles que la lèpre furent l'objet de discriminations sociales astreignant les patients à l'isolement, rapportées par exemple dans la Bible (le Lévitique, 3e livre du Pentateuque). Au Ve siècle avant JC, Hippocrate enseignait déjà qu'une maladie aiguë ne pouvait plus se manifester après un délai de 40 jours.

frappées par l'épidémie. Certains règlements municipaux interdirent aux malades de quitter leur domicile, leur imposant d'apposer un signe distinctif sur leurs maisons. On organisa des systèmes de quarantaine dès 1377 dans la petite république de Raguse (Dubrovnik) en Croatie. Les autorités portuaires édictèrent des lois pour imposer un isolement de 30 jours puis de 40 jours, maintenant dans un lieu distant du port, tout navire ou à toute personne arrivant par voie de terre en provenance d'une région où sévissait la peste. Un médecin de Raguse, Jacob de Padoue, installa en 1423 dans une petite île proche de Venise le premier « lazaret », exemple suivi par la suite par les ports de Marseille et de Pise, puis dans toute l'Europe. Ainsi, sans avoir une idée claire de la notion de contagion qui apparaîtra avec Fracastor, les évictions temporaires, les barrières, les réglementations de quarantaine se sont peu à peu généralisées. Par la suite, on mit à l'écart au cours d'épidémies non seulement les malades, mais aussi les sujets suspects de pouvoir être malade ou ayant eu des contacts avec des patients.

L'irruption du choléra en Europe dans les années 1830 suscita aussi un mouvement d'hygiène publique et un souci d'organisation et de prévention sanitaire à l'échelle internationale[3]. Bien que les microbes fussent inconnus et que la contagion ne soit pas unanimement admise, on prit pourtant dans toute l'Europe des mesures qui paraissent aujourd'hui évidentes et logiques. Les autorités municipales se mirent progressivement à se soucier d'hygiène et s'occupèrent des égouts, des latrines, des eaux usées, des industries insalubres, de la propreté des viandes et des légumes vendus au marché... On sépara les malades tuberculeux dans des sanatoriums dès 1880. Le bon sens et l'instinct populaire avaient précédé depuis longtemps les croyances et les diktats des médecins.

Fracastor et le *contagium vivum*

Il fallut attendre l'*aggiornamento* des connaissances à la Renaissance pour commencer à entrevoir la véritable nature des agents infectieux. Après des siècles d'ânonnements et de rabâchage, la tradition antique fut alors contestée et l'on revint à l'observation de la Nature, d'abord celle des plantes puis du corps humain. Des ouvrages révolutionnaires de botanique et d'anatomie parurent, tels que *Margarita philosophica* du moine allemand Gregorius Reisch (1467-1525) publiés dès 1503 et *De humani corporis fabrica libri* du médecin flamand André Vésale (1514-1584) publié en 1543. Dans cette période de bouillonnement intellectuel, on commença à dissocier les fièvres et les maladies éruptives de l'Antiquité en de nombreuses maladies spécifiques, individualisant notamment le typhus, la peste, l'influenza (grippe), la rage, la scarlatine, la diphtérie, le choléra, la coqueluche, la varicelle, la rougeole et la variole. On prit conscience qu'un malade ne pouvait transmettre que la maladie dont il souffrait et non une autre, suggérant clairement l'existence d'une cause précise pour chaque maladie.

L'intrusion de la « grosse vérole » en Europe à la fin du XVe siècle joua un rôle décisif dans la découverte du phénomène de contagion. Ce mal de la Renaissance, jusque-là inconnu, œuvre des voyageurs et du libertinage, qui décima les populations européennes à partir du XVIe siècle, fut bien décrit en 1530 par le poète italien Girolamo Fracastor (1478-1553), ancien médecin du pape Farnèse Paul III et professeur à Vérone. Dans son poème intitulé *Syphilis, sive morbus gallicus*, il fut l'un des premiers à avoir clairement perçu et conceptualisé la notion de contagion à une époque où les microbes restaient bien entendu inconnus.

---

[3] Au cours du XIXe siècle, les épidémies de choléra poussèrent les autorités à généraliser le système de quarantaine. Une réunion eut lieu à Paris en 1834 pour discuter des règles de standardisation internationale de la quarantaine. La première conférence internationale sanitaire eut lieu Paris en 1851. Outre le choléra et la peste, les épidémies souvent observées étaient la fièvre jaune, la variole et le typhus. Ces conférences avaient d'importantes implications économiques et politiques. On créa en 1907 le premier « bureau international de santé publique » auquel ont adhéré 20 pays, l'ancêtre de l'Organisation Mondiale de la Santé.

Figure 2. À gauche, Girolamo Fracastor (1478-1553), auteur de *Syphilis sive morbus gallicus* (1530) et de *De contagione et contagiosis morbis et curatione* (1546), et à droite les frontispices de ces deux livres.

Fracastor forgea le mot « syphilis » qui signifie en grec « don d'amitié réciproque ». Il décrit dans son poème les aventures de Syphilus, un berger mythique, qui gardait les bœufs et les brebis du roi d'une île inconnue. Pour avoir offensé gravement Apollon, le Dieu du soleil, Syphilus fut frappé par celui-ci d'une affreuse maladie de peau qui prendra le nom du berger. Une nymphe révélera aux humains les vertus thérapeutiques du bois de gaïac, un arbre originaire d'Amérique centrale. Comme c'était le cas dans le siècle précédent pour la lèpre, on exclut les patients présumés contagieux. Les pouvoirs publics prirent des mesures d'hygiène collective contre la syphilis notamment en Italie : on détermina des zones réservées aux « francisés » ; les prostituées durent se présenter au poste de police pour montrer qu'elles étaient en bonne santé et les soins furent rendus obligatoires, basés sur des traitements par le gaïac et le mercure ; il fut interdit aux barbiers de Rome d'utiliser les instruments dont ils s'étaient servis pour les syphilitiques. Si l'Eglise proposait la chasteté, une mesure préventive certes très efficace mais peu réaliste, d'autres comme le chirurgien et anatomiste Gabriel Fallope (1523-1562) préconisèrent l'emploi de préservatifs dès le XVIe siècle.

À partir de sa longue expérience de la syphilis, de la tuberculose et des fièvres, Fracastor formula de façon prémonitoire et visionnaire le concept de contagion. Il transforma la fatalité (*fatum*) en semence vivante. Dans son ouvrage intitulé *De contagione et contagionis morbis*, daté de 1546, il écrivit que la contagion était portée par des semences qu'il nommait *virus* (*seminaria*), germes capables de se reproduire, de se multiplier et d'envahir le corps humain. Ces *seminaria* seraient constituées de particules imperceptibles (*particulae insensibiles*) et transmissibles d'homme à homme, à l'instar des « germes » des grains de raisin pourris qui contaminent les grains sains. Pour que ces germes puissent pénétrer notre corps, encore faut-il qu'ils soient « fins et ténus », donc invisibles. Par exemple, il indiquait que la syphilis était transmise par contact vénérien, comme en témoignaient les lésions génitales chez les deux partenaires. De même, il avait parfaitement compris la contagiosité de la tuberculose, appelée alors « phtisie » : « Il est très connu que la phtisie [...] infecte les gens qui cohabitent avec ceux qui en sont atteints, sans qu'il y eût de contact direct [...]. Les vêtements portés par un phtisique peuvent encore communiquer le mal au bout de deux ans et l'on peut en dire autant de la chambre, du lit et du pavement, là où un phtisique est décédé. Force est donc d'admettre qu'il subsiste des germes de contagion ». Il pressentit l'existence d'une prédisposition génétique à la maladie : « De nature semblable aux formes contagieuses sont ces formes de phtisie qui s'héritent des parents, et il est intéressant de noter comment certaines familles sont frappées de ce mal pendant cinq ou six générations successives, et chacun de leur membre au même âge »[4]. Ainsi, Fracastor distinguait une transmission directe par seul contact entre les individus, pour des maladies comme la syphilis, la gale, la phtisie ou la lèpre, une transmission indirecte par l'intermédiaire des « fomites » non corrompus (vêtements, objets divers) mais pouvant conserver les « germes » de la contagion (*seminaria contagionis*) et les transmettre à d'autres objets, et enfin une transmission à distance sans contact interhumain, ni échange d'objets comme la peste, la phtisie ou l'ophtalmie congénitale, une affection oculaire des nouveau-nés. L'idée novatrice des « semences imperceptibles », appelée théorie du *contagium vivum*, était juste et sera reprise par divers scientifiques du XVIIe au XIXe siècle, incriminant sans preuve des micro-organismes comme cause notamment de la peste et de la tuberculose. Cependant, la nature de la contagion ne sera pas démontrée avant les travaux de Louis Pasteur et Robert Koch au XIXe siècle.

Bonomo et la gale

La première démonstration de la nature vivante d'un agent infectieux a été réalisée à l'occasion d'études sur une maladie parasitaire, la gale. L'acare de la gale est connu depuis au moins 2 500 ans, probablement connu des Égyptiens et observé par Aristote dès l'Antiquité, puis au Moyen âge par Madhavakara, un médecin hindou du VIIe siècle et par un médecin arabe de Séville, Avenzoar (1091-1162). Au XVIe siècle, la gale est parfaitement identifiée et associée à une maladie contagieuse prurigineuse de la peau. Il était clair pour les auteurs de cette époque que ce « ver » (l'acare, le sarcopte ou le ciron) naissait de la gale sous la peau. Le *Vocabulaire*

---

[4] On sait aujourd'hui qu'il existe des anomalies de certains gènes chez l'homme, entraînant une diminution notable de la réponse inflammatoire indispensable au contrôle de l'infection. Ces gènes codent notamment pour certains facteurs solubles sanguins, les cytokines (interleukines, interférons) ou leurs récepteurs, requis pour la destruction des bactéries par les cellules du système immunitaire (les macrophages ou phagocytes). Les porteurs de ces anomalies génétiques sont très sensibles aux mycobactéries responsables de la tuberculose et de la lèpre. Ces gènes sont transmissibles à la descendance, expliquant en partie l'observation de familles de tuberculeux.

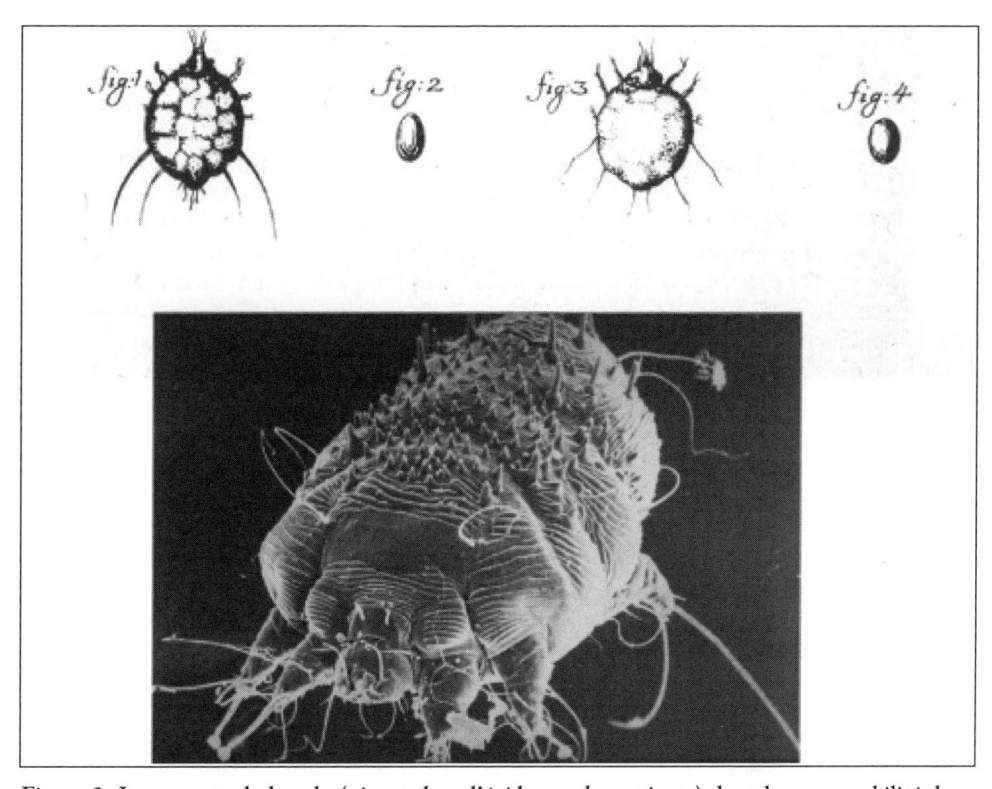

Figure 3. **Le sarcopte de la gale (vivant dans l'épiderme des patients) dont la responsabilité dans la gale a été découverte en 1687 par Giovanni Bonomo (1663-1696) : c'est la première démonstration qu'un être vivant microscopique induit une maladie transmissible, la gale.**
En haut, sarcoptes mâle et femelle avec des œufs dessinés par Bonomo et photo au microscope électronique à balayage d'un sarcopte (en bas).

des Académiciens de la Crusca de 1612 définit l'acare de la gale désigné par le mot italien *pellicello* : « *Pellicello* est un très petit ver, engendré chez les galeux, dans l'épaisseur de la peau et qui, en rongeant, causent une démangeaison très aiguë ». Il fut observé au microscope par divers auteurs, comme le jésuite Athanasius Kircher en 1657. Le lien étiologique entre le sarcopte et la maladie contagieuse qu'est la gale fut établi par un jeune médecin de 24 ans Giovanni Cossimo Bonomo (1663-1696) dans sa fameuse lettre du 10 juillet 1687 intitulée *Osservazioni intorno a pellicelli del corpo umano* (« *Observations sur les cirons du corps humain* »), corrigée et publiée par Francesco Redi. Bonomo savait que les sarcoptes pouvaient être extraits à l'aiguille de la peau des galeux, pratique décrite depuis le XVIe siècle, comme François Rabelais le mentionne dans *Pantagruel* en 1532 et dans *Gargantua* en 1534 : « [il] fut très expert en matière d'ôter les cirons des mains ». Bonomo put ainsi examiner des prélèvements cutanés avec l'aide de Diacinto Cestoni (1637-1718), un pharmacien expert en observations microscopiques. Bonomo et Cestoni publièrent des dessins de sarcoptes extraits des cloques, avec le mâle et la femelle et leurs œufs qu'ils virent sortir à la partie postérieure du sarcopte : « Il vit s'échapper des parties postérieures de ce *pellicello* un petit œuf blanc presque transparent de forme allongée comme un pignon […]. Les *pellicelli* se reproduisent comme le font toutes les races animales, c'est-à-dire à partir d'un mâle et d'une femelle […]. Je serais enclin de croire que la gale appelée par les Latins *scabies* et décrite comme un mal de la peau contagieux n'est autre qu'une morsure ou qu'un grignotement accompagné de démangeaison continue, faits dans la peau de nos corps par les susmentionnés petits vers [...]. Les *pellicelli* par le simple contact d'un corps à un autre peuvent facilement passer de l'un à l'autre, toujours prêts à s'attacher à toute chose et s'ils arrivent à élire domicile, ils se multiplient en abondance à partir de l'œuf qu'ils y déposent [...]. Il ne faut pas s'étonner si la contagion de la gale se fait au moyen des draps ou des serviettes de toilette, des serviettes de table, des gants et d'autres objets courants utilisés par des galeux dans lesquels quelques *pellicelli* peuvent rester accrochés. En vérité les *pellicelli* vivent en dehors de nos corps jusqu'à 2 à 3 jours comme j'ai pu de mes yeux en faire l'expérience plusieurs fois ». Bonomo avait donc découvert l'existence dans l'épiderme de sarcoptes mâles et femelles et leurs œufs, montrant ainsi que les acares ne se reproduisaient pas par génération spontanée dans l'épiderme des sujets galeux, et pouvaient se transmettre d'un patient à un autre. Ce fut une formidable avancée, la première démonstration qu'un être vivant minuscule peut induire une maladie transmissible. Bonomo, ce grand précurseur, mourut inconnu à 34 ans. Sa découverte ne trouva aucun écho sensible dans le monde scientifique.

Mildiou et phylloxéra

L'observation des maladies des plantes va, elle aussi, éclairer la compréhension des maladies infectieuses humaines. Comme les animaux et l'homme, les végétaux peuvent être décimés par des agents infectieux donnant des épidémies désastreuses pour les céréales, les arbres, les légumes ou les fleurs. Dès l'Antiquité, on avait observé que les récoltes de céréales pouvaient être dévastées par des « rouilles » sans percevoir le caractère contagieux de ces désastres. À partir du XVIIe siècle, on entrevit que certaines maladies des plantes étaient transmissibles. Ainsi en France en 1728, Henri Louis Duhamel de Montceau (1700-1782) écrivait en observant un dépérissement du safran : « J'ai été surpris par des désordres que cause la maladie dans des endroits qui ont le malheur d'être affligés. Et qui ne le serait pas, en effet, de voir qu'une plante attaquée par la maladie devient meurtrière pour les autres de son espèce ? Avait-on jusqu'ici remarqué des contagieuses épidémies [sic] dans les plantes ? ». C'était une des premières fois que l'on parlait d'épidémie pour les plantes. On remarqua que certaines de ces maladies des plantes telles que les rouilles, les nielles des céréales ou certaines maladies des vergers étaient associées à la présence de moisissures entraînant le pourrissement de la plante. Au XIXe siècle, peu avant les travaux de Louis Pasteur, deux épidémies, le mildiou de la pomme de terre et le phylloxéra de la vigne eurent des conséquences humaines catastrophiques et probablement un impact important sur l'évolution des idées.

La pomme de terre est une plante importée du Pérou au XVIIe siècle. Sa culture s'est répandue dans toute l'Europe mais les récoltes étaient régulièrement détruites par des maladies se propageant de façon épidémique. Au XIXe siècle, on identifia certains champignons à l'origine de ces épidémies. Un horticulteur anglais, Thomas Andrew Knight (1759-1838) suggéra en 1813 que « la rouille ou mildiou trouve son origine dans une minuscule espèce de *fungus* parasitaire qui se propage comme les autres plantes par des semences ». À la suite d'une succession d'intempéries, survint en Irlande en 1845-1846 une épidémie catastrophique de mildiou de la pomme de terre (*Late Blight*). Le révérend Miles Joseph Berkeley (1803-1889) examina au microscope les pommes de terre infectées et y découvrit en 1845 un champignon qu'il appela *Phytophthora infestans* (aujourd'hui *Botrytis infestans*). Le mildiou détruisit la source principale de nourriture des Irlandais, entraînant une épouvantable famine avec un million de morts et une émigration massive de près d'un million cinq cent mille personnes, la population de l'Irlande perdant ainsi environ 30 % de ses 8 millions d'habitants. Personne ne prit vraiment au sérieux les observations de Berkeley. Le lien de causalité entre la présence du champignon et le mildiou fut finalement clairement établi par le botaniste allemand, Heinrich Anton de

Bary (1831-1888). Ce grand pionnier de l'étude des champignons avait notamment découvert le cycle de développement et la sexualité des champignons et le phénomène de symbiose, une association durable entre deux espèces vivantes. De Bary réalisa en 1861 une expérience très simple. Il cultiva deux lots de pommes de terre dans des conditions humides et froides susceptibles de favoriser la croissance de *Botrytis infestans*. Il inocula alors le champignon à l'un des deux lots, observant en quelques jours le développement du mildiou dans ce lot, l'autre restant épargné. Après la découverte de Bonomo, c'est l'une des toutes premières démonstrations expérimentales du rôle d'un être vivant, en l'occurrence un champignon dans la survenue d'une maladie épidémique. Peu après, Pasteur et Koch allaient mettre en évidence le rôle des germes dans les maladies infectieuses par des approches similaires.

L'histoire du phylloxéra est également exemplaire. Jusqu'à la fin du XVIIIe siècle, on ne connaissait que très peu de parasites de la vigne, tels que certains insectes comme la cochylis, le gribouri ou le cigarier, qui provoquaient des dégâts limités pour les vignobles. À partir de 1784, apparut la pyrale, une chenille au début peu dangereuse mais qui se révéla à partir de 1825 un redoutable parasite de certains vignobles en détruisant les jeunes feuilles et les inflorescences de la vigne. Ce fléau se répandit notamment dans le Beaujolais et en Champagne, suscitant une grande inquiétude et fut contrôlé par diverses mesures permettant d'éliminer les œufs. En 1845, un nouveau parasite apparut en Angleterre d'abord, puis dans les serres et les treilles de Suresnes près de Paris, pour gagner ensuite l'ensemble du territoire français à partir de 1851. Ce « mildiou » de la vigne était dû à un champignon parasite identifié en 1847 par Berkeley (*Oïdium tuckeri*). Ce champignon s'attaquait aux feuillages mais aussi aux sarments, et surtout aux grains de raisin. Ceci entraîna une chute spectaculaire de la production de vin en France, qui passa de 39 millions d'hectolitres en 1851 à 11 millions d'hectolitres en 1854. Le remède fut trouvé en traitant les vignes par le soufre, une méthode très efficace pour prévenir le développement du champignon. Dès 1857, les plantations prospérèrent à nouveau et la superficie des vignobles atteignit 2,3 millions d'hectares en 1867.

Le pire restait à venir. Cette crise viticole n'avait été que la répétition générale de la catastrophe du phylloxéra qui allait suivre. Tout commença près de Londres dans des serres à raisin de Hammersmith, où un célèbre entomologiste d'Oxford, John Obadiah Westwood (1805-1893), observa en 1863 des galles sur les feuilles de vigne et mit en évidence la présence d'un insecte dans les galles et les racines des vignes malades. En France la même année, on constata un étrange dépérissement des vignes à Pujault, une petite commune du Gard. La maladie s'étendit insidieusement jusqu'en 1867, date à laquelle l'alerte fut donnée. À l'œil nu, on remarquait des tâches et des traînées de points jaunâtres sur les racines des vignes. C'était une poussière d'insectes qui ressemblaient à des pucerons ou des cochenilles, c'est-à-dire à certains insectes suceurs. Il existait en fait une forme ailée de ces insectes qui donnait un élégant petit moucheron portant des ailes transparentes. On l'appela phylloxéra (*Phyllorexa vastatrix*), en grec « feuille desséchée », par analogie avec le phylloxéra du chêne dont les piqûres entraînaient le desséchement des feuilles. À partir de 1868, on assista à une inexorable extension du fléau qui détruisit entièrement les vignes, d'abord dans la région du sud-ouest et dans le Bordelais, pour ensuite décimer l'ensemble du vignoble français[5]. Pour illustrer l'étendue des dégâts, la surface cultivée de vignes passa de 2,44 millions d'hectares en 1875 à 1,69 million en 1903. La production de vin chuta de 83,6 millions d'hectolitres en 1875 à 23 millions en 1879, stagnant à 36 millions en 1892. Le phylloxéra ruina les viticulteurs et transforma les techniques de culture de la vigne, notamment en introduisant le greffage. Le vignoble français fut reconstitué à partir de plants de vignes américaines résistants au phylloxéra (*Figure 4*).

[5.] Le phylloxéra proviendrait des États-Unis à la suite de l'importation de plants de vigne résistants au mildiou.

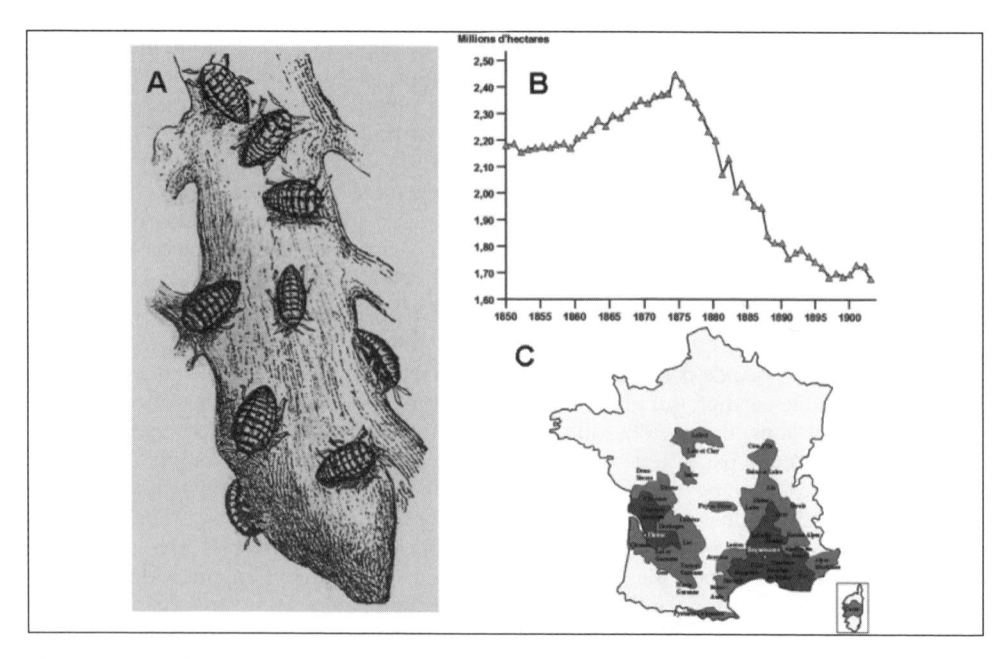

Figure 4. L'épidémie de phylloxéra 1863-1900 : phylloxéras fixés sur une racine de vigne (A) ; évolution de la superficie du vignoble français 1850-1903 (B); carte des vignobles envahis par le phylloxéra en 1878 (C).

Ces épidémies des plantes peuvent être rapprochées de certains phénomènes naturels d'allure « contagieuse » liés à des contaminations par des bactéries ou des champignons. En voici un exemple : en juillet 1819, un étrange phénomène, un « miracle », se produisit en Vénétie aux environs de Padoue. La surface de la polenta, une bouillie de farine de châtaignes, se mit soudainement à « rougir d'une couleur pourpre très vive, tandis que précédemment se produisirent quelques petits points ou de petites tâches répandues çà et là ». Le phénomène que l'on prit pour de la sorcellerie déclencha l'émotion parmi les paysans de la région. Cet événement insolite rappelait l'épisode fameux de Bolsena au XIIIe siècle où des osties avaient rougi et suinté au fond du tabernacle faisant croire à l'apparition du sang du Christ. Un jeune étudiant italien en pharmacie de l'université de Padoue, Bartelomeo Bizio (1791-1862), étudia le « miracle » et identifia une cause naturelle. En effet, il remarqua que ce phénomène se produisait quand la polenta était conservée en chaleur humide et « qu'en mettant en contact un petit morceau de polenta pourpré avec de la polenta à peine préparée », celle-ci s'empourprait sur toute sa surface en très peu de temps. Devant la présence de ces « petits points rouge », en fait des amas de bactéries que l'on appelle « colonies », qui contaminaient une polenta fraîche, il pensa qu'un être organique pouvait être responsable du phénomène. Il fut donc l'un des tous premiers à « cultiver » une bactérie et à découvrir la vie en colonie. Il soumit la matière rouge au camphre, à la térébenthine et à la fumée de tabac. « Seules, les vapeurs de soufre pouvaient empêcher le corpuscule de reproduire le phénomène ». Il comprit donc que ce « miracle » était un phénomène naturel et que la substance rouge était constituée d'un « être organique [qui] ne pouvait être qu'un petit animal de la classe des infusoires ou bien une plante parmi les plus petites existantes ». Au microscope, il vit « de minuscules champignons sans pied » qui étaient sensibles à la chaleur (100 °C). Il l'appela *Serratia* (1823). Il s'agissait en fait d'une bactérie de l'environnement (*Serratia marcescens*) produisant un pigment rouge, aujourd'hui retrouvé dans certaines infections nosocomiales [6].

Muscardine et pébrine

Les vers à soie élevés en Europe probablement depuis le XIIIe siècle, étaient sujets à des épidémies dévastatrices, à l'instar des plantes. Au XIXe siècle, l'italien Agostino Bassi (1773-1856) allait montrer expérimentalement l'origine des maladies infectieuses de façon étonnamment novatrice. La muscardine ou *mal del segno* était une maladie des vers à soie qui sévissait en Lombardie et entraînait l'apparition d'une mousse blanche sur les cadavres de vers. Cette maladie évoluait par épidémies explosives décimant les élevages et ruinant les éleveurs. On croyait qu'elle survenait spontanément à la suite de changements de nourriture ou de variations climatiques. Après 25 ans d'études acharnées, Bassi démontra que la maladie était déclenchée par un champignon microscopique, appelé *Botrytis bassiana*, qui pouvait être propagé expérimentalement (1836) : « Cet être homicide est organique, vivant et végétal. C'est une plante du genre des cryptogames, un champignon parasite. Il ne se nourrit que de substance animale, il végète et se propage uniquement dans les vers et ne peut éclore, c'est-à-dire assumer les premiers mouvements de sa vie active, que chez l'insecte vivant. Les graines du champignon fatal germent en entrant dans le ver à soie, la plante se nourrit et grandit, et en grandissant et se dilatant elle tue l'animal qu'elle a attaqué ; puis elle produit ses fruits, ou les mûrit ou les perfectionne dans le cadavre où la force opposante de la vie ayant cessé, le parasite trouvera dans la matière morte toute la nourriture nécessaire au perfectionnement de ses fonctions. Le cadavre qui contient des germes semblables à ceux qui ôtèrent la vie à l'animal attaqué peut donc communiquer à d'autres insectes la même maladie et les conduire à la même fin ». Bassi élabora une prophylaxie efficace pour éviter la contagion aux autres élevages, afin « qu'aucune chose, aucune personne, aucun être vivant ne puisse apporter les grains du parasite meurtrier pour les vers à soie ». Il proposa le lavage des mains et la désinfection à l'eau bouillante des vêtements des éleveurs. Il conclut de façon prophétique en 1849 que les maladies infectieuses humaines devaient procéder du même mécanisme de contagion par des germes vivants, notamment le choléra qui sévissait à cette époque en Europe.

En 1853, apparut la pébrine, une nouvelle maladie des vers à soie, d'abord dans les magnaneries de France puis en Europe et à travers le monde, notamment en Chine et au Japon. Cette maladie caractérisée par de petites tâches ressemblant à des grains de poivre présentait plusieurs variantes appelées « flacherie », « morts-flats » et « gattine ». La pébrine était associée à la présence de corpuscules microscopiques vus par un certain Osimo en 1859. Louis Pasteur travailla de 1865 à 1870 sur ces maladies et résolut de façon magistrale le problème. Il montra que la pébrine et ses variantes étaient en fait liées à l'intrication de deux maladies distinctes. Par sélection des œufs provenant de divers élevages, il montra que la pébrine était due à un protozoaire, une « microsporidie » appelée *Nosema bombycis*, qu'il retrouvait dans les corpuscules microscopiques. Par ailleurs, la flacherie était une maladie différente caractérisée par une énorme prolifération de bactéries dans l'intestin des vers. En fait, on sait aujourd'hui que cette maladie est due à un virus qui favorise les surinfections bactériennes. Pasteur proposa de pratiquer une sélection des individus sains des élevages par examen microscopique des œufs, ce qui fit disparaître ces maladies.

---

[6] On appela par la suite cette bactérie *Monas prodigiosa*, puis *Bacillus prodigiosus*. Aujourd'hui, elle est appelée *Serratia marcescens*.

Ferments et maladies du vin

Depuis l'Antiquité, on savait fabriquer par fermentation le vin, le pain, le vinaigre, la bière, le fromage... Mais on ne comprenait pas pourquoi le moût de raisin bouillonnait, la pâte de farine levait, le lait caillait, les pailles devenaient fumier, les feuilles mortes terreau. On observait une rapide corruption des aliments laissés à l'air par putréfaction. Aristote au IVe siècle avant notre ère avait opposé le concept de *pepsis*, fermentation, digestion ou maturation, à celui de *sepsis* ou putréfaction. De nombreux philosophes de la nature avaient pressenti de façon confuse que les phénomènes de fermentation et de putréfaction étaient communicables et s'apparentaient à la contagion et aux maladies transmissibles. Par exemple, on savait pour la fabrication du pain qu'en employant une petite quantité de levure prise à partir de la pâte de fermentation, on pouvait lever une nouvelle quantité de pâte. Au XVIIe siècle, le célèbre chimiste d'origine irlandaise Robert Boyle (1627-1691) écrivit dans un essai[7] publié en 1663 : « Celui qui comprend parfaitement la nature des ferments et des fermentations, bien mieux que celui qui les ignore, sera en mesure de rendre compte de divers aspects de plusieurs maladies (fièvre et autre) qu'on ne saisira peut-être jamais complètement sans avoir pénétré la doctrine de la fermentation. »

Au XIXe siècle, on croyait que la fermentation et la putréfaction étaient des transformations causées par des agents chimiques. Les ferments seraient des matières azotées qui s'altèrent au contact de l'air, l'oxygène étant le « *primum movens* » de la fermentation. Cette théorie dite « catalytique » était largement acceptée et soutenue par le chimiste suédois Jöns Berzélius (1779-1848). Cependant, en 1835, Charles Cagniard de la Tour (1777-1850) montra par des observations microscopiques que le processus de fermentation alcoolique était associé à la présence de cellules vivantes (en fait des champignons appelés levures) qui se multipliaient par bourgeonnement, suggérant un rôle direct de ces levures dans la fermentation. Indépendamment en 1837, Friedrich Kützing (1807-1893) fit les mêmes observations microscopiques, décrivant précisément la levure comme un organisme végétal. La même année, Theodor Schwann (1810-1892) démontra l'absence de production d'alcool quand le jus de raisin préalablement bouilli était mis en présence d'air porté à haute température. Les levures ayant été détruites par le chauffage, il fallait en ajouter de nouveau pour déclencher la fermentation. Ces observations s'opposaient à la théorie « vitaliste » qui proposait que les levures apparaissent au cours de la fermentation alcoolique transforment les sucres en alcool et en gaz carbonique. Les travaux de Schawnn furent l'objet des sarcasmes des chimistes et n'eurent pas immédiatement le retentissement mérité. C'est Pasteur qui trancha entre ces deux théories en démontrant que la fermentation et la putréfaction sont liées à des microbes.

Louis Pasteur avait débuté ses travaux de recherche par un coup d'éclat. En 1846, ce chimiste de 27 ans fit une découverte majeure en étudiant l'effet sur la lumière polarisée des cristaux de tartrate, un acide organique, c'est-à-dire provenant de la matière vivante. En les examinant au microscope, il observa que certains cristaux déviaient un rayon de lumière vers la droite et d'autres vers la gauche, montrant ainsi le caractère asymétrique des cristaux de tartrates. Le para-tartrate est un mélange égal de ces cristaux « droits » et « gauches ». Leurs effets s'annulant, une solution de para-tartrate ne dévie donc pas la lumière. Pasteur observa qu'à la suite d'une contamination accidentelle par une moisissure, une solution de para-tartrate déviait la lumière. Il montra ensuite que durant la fermentation, la moisissure avait consommé tous les cristaux « droits ». Les cristaux « gauches » restant étaient responsables de la déviation de la lumière. Il en conclut donc que la fermentation était

---

[7] « *Some considerations concerning the usefulness of experimental natural philosophy* ». Robert Boyle 1663.

« œuvre de vie » et que le caractère droit ou gauche des cristaux n'était pas aléatoire mais directement lié à la vie.

À partir de 1855, Pasteur, alors Doyen de la nouvelle faculté des Sciences de Lille démarra des recherches sur les fermentations. Appelé par un distillateur inquiet par la mauvaise fermentation du jus de betterave, un important produit de Flandre, Pasteur remarqua au microscope, que « les globules [levures] étaient ronds quand la fermentation était saine, qu'ils s'allongeaient quand l'altération commençait, et étaient allongés tout à fait quand la fermentation devenait lactique ». Cette méthode très simple permit de surveiller le travail et d'éviter les ennuis de fermentation que l'on avait jadis. Par la suite Pasteur étudia plusieurs types de fermentation, montrant à chaque fois le rôle crucial des champignons ou des bactéries. En 1857, étudiant la fermentation lactique qui rend aigre le lait, il observa au microscope des levures ressemblant à celles de la fermentation alcoolique de la betterave. Puis en 1860-1861, il s'intéressa à la fermentation butyrique qui rend le beurre rance et identifia au microscope de « petits cylindres » d'un diamètre 1 à 2 microns, les ferments butyriques, vivants à l'abri de l'oxygène (anaérobies) car détruits par ce gaz. En 1862, il s'intéressa à la fermentation acétique qui entraînait des déboires pour l'industrie du vinaigre et montra que l'alcool était transformé en vinaigre par la fleur de vinaigre, une substance verdâtre constituée d'un champignon, *Mycoderma aceti*. De 1863 à 1865, Pasteur entreprit une recherche sur les maladies des vins. À l'époque, de nombreux vins se conservaient de façon aléatoire et étaient rapidement imbuvables. Au cours d'un séjour à Arbois, il avait observé au microscope dès 1858 des « ferments » très semblables au ferment lactique dans des vins altérés. Il identifia par la suite ces ferments, montrant que les vins pouvaient être contaminés par des petits champignons (*Mycoderma aceti*) dans la maladie de l'aigre (l'acescence), ou par des champignons filamenteux dans la maladie de la tourne et celle de la graisse qui touche les vins blancs du Val-de-Loire. Plus tard, de 1871 à 1873, il arriva aux mêmes conclusions pour les maladies de la bière. Pasteur avait démontré le fait que chaque processus de fermentation était lié à un micro-organisme spécifique. Immédiatement acceptés par la communauté scientifique, ces travaux aboutirent à de nombreuses applications industrielles pour mieux conserver le lait et les boissons alcoolisées, notamment le procédé de chauffage à faible température (55-60 °C) dit de « pasteurisation ». La poursuite des travaux sur le rôle des microbes dans les fermentations a abouti à la démonstration en 1897 par Hans Buchner (1850-1902) qu'un extrait de levures pouvait entraîner une fermentation alcoolique en l'absence de levures vivantes. Cette découverte des enzymes de fermentation associés aux êtres vivants réconciliait les théories « vitaliste » et « catalytique » de la fermentation.

Ergotisme et mycoses

Après la gale, la première maladie épidémique humaine pour laquelle une cause fut identifiée est l'ergotisme. Connue depuis l'Antiquité, cette maladie fut depuis le Moyen Âge à l'origine de nombreuses épidémies en Europe, notamment entre le XVIe siècle et le milieu du XIXe siècle. Cette maladie se manifeste par des troubles psychiques graves avec convulsions, des nécroses cutanées très douloureuses et des gangrènes des extrémités avec perte de doigts, de mains, ou de pieds. On sait aujourd'hui que cette maladie était due à l'ingestion d'ergot de seigle [8], un champignon parasite qui noircit les grains de seigle quand il pleut trop. Lorsque la proportion de grains « ergotés » était importante, notamment en période

---

[8]. Les symptômes sont liés à l'ingestion de certains alcaloïdes produits par l'ergot du seigle qui entraînent une vasoconstriction (contraction prolongée avec oblitération des vaisseaux sanguins) et une ischémie (mauvaise vascularisation des tissus), à l'origine des gangrènes et des convulsions.

Figure 5. Ergotisme avec amputations et moignons peint par Bruegel l'ancien.
L'ergotisme est dû à un champignon, *Claviceps purpurea*, qui contamine le seigle en donnant des ergots.
© Musée du Louvre.

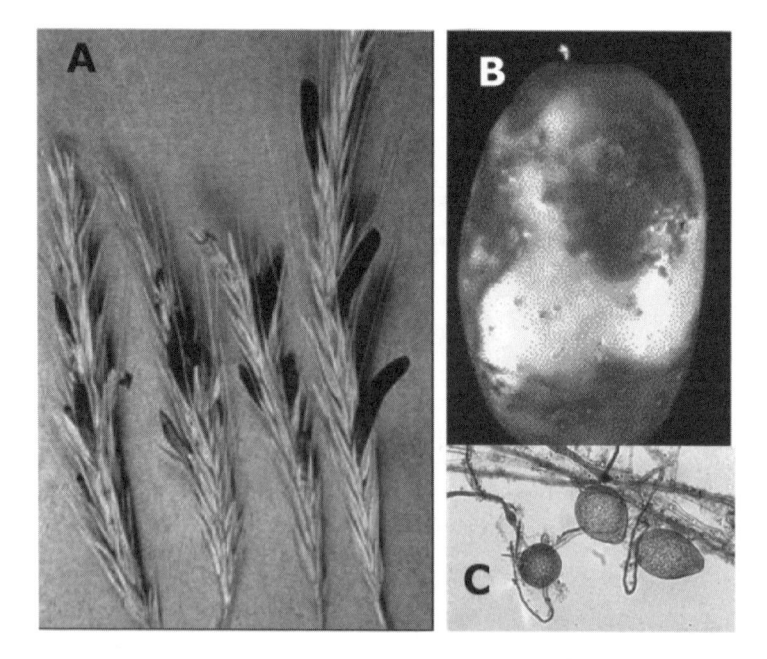

Figure 6. Ergots visibles sur des épis de seigle (A). Lésions de pomme de terre dues au mildiou de la pomme de terre (B) ; le champignon responsable du mildiou (*Phytophthora infestans*) (C).

de disette où tous les épis étaient utilisés, l'ingestion de farine ou de pain de seigle provoquait le « mal des ardents », le « feu de Saint Antoine », la « gangrène des Solognats », « l'*ignis sacer* », la « danse des Sanguilles »… Longtemps méconnu, l'ergot n'est mentionné pour la première fois qu'en 1565 sous le nom de *Clavus siliginis*[9]. Au XVIIe siècle, la responsabilité du pain fait à base de farine de seigle parasité fut soupçonnée. En 1777, un médecin et agronome de Fécamp, l'abbé Teissier identifia l'ergot comme responsable de la maladie en reproduisant la maladie chez des canards et des porcs nourris avec de la poudre d'ergot. La mise en évidence de son rôle dans l'ergotisme a entraîné une diminution progressive des épidémies en Europe, la dernière ayant eu lieu en 1926 en Russie et les derniers cas en France furent observés en 1951 à Pont-Saint-Esprit.

Alors qu'on était en train de reconnaître le rôle des levures dans les fermentations (1835-1837), les dermatologues reconnurent le rôle des champignons dans les mycoses cutanées humaines dès les années 1840. Johann Lucas Schönlein (1793-1864) montra que certaines maladies de peau contagieuses étaient dues à des champignons. En 1839, il identifia l'agent des teignes faviques, *Trichophyton schoenleinii* (Achorion) responsable d'une infection du cuir chevelu entraînant une perte des cheveux. Puis Frederick Theodor Berg (1806-1897) découvrit en 1841 l'agent du muguet (mycose buccale), *Candida albicans* (Oidium). L'agent des teignes tondantes, une autre affection du cuir chevelu, *Trichophyton tonsurans* (Herpes), fut identifié en 1842 par David Gruby (1810-1890), puis en 1 846 celui du *pityriasis versicolor*[10], *Microsporon furfur*, par K.F. Eichsted (1816-1892). Le dermatologue Charles-Philippe Robin (1821-1885) publia en 1853 un résumé de ces observations dans un livre intitulé « Histoire naturelle des végétaux parasites qui croissent sur l'homme et sur les animaux vivants ». Ces découvertes précèdent de plusieurs décennies celle de Pasteur et de Koch. Il faudra attendre 1873 pour que Armauer Hansen découvre le bacille de la lèpre et les années 1880-1890 pour que l'on mette en évidence le rôle des bactéries et des virus dans de nombreuses maladies contagieuses.

Le *nosocomium* et la fièvre puerpérale de Semmelweis

Au XVIIIe siècle, on définissait l'hôpital comme un *nosocomium*, c'est-à-dire un hospice pour les pauvres et les contagieux enfermés et « protégés », mais aussi un lieu dangereux du fait de la « pourriture d'hôpital » à l'odeur pestilentielle, qui décimait les patients. Particulièrement exposés étaient les jeunes accouchées et les opérés. Deux médecins vont montrer la voie, l'un avec un total échec, Ignaz Semmelweis, et l'autre avec un immense succès, Joseph Lister.

À cette époque, comme aujourd'hui dans beaucoup de pays du Tiers-Monde, il existait une forte mortalité chez les femmes en couches liée à des fièvres. Dès 1795 un médecin d'Aberdeen, Alexander Gordon (1752-1799) nota que ces fièvres ne touchaient que les mères examinées par des médecins ou des sages-femmes. La même observation fut rapportée en 1843 par le Dr Oliver Wendell Holmes (1809-1894) évoquant la nature contagieuse de la fièvre puerpérale dans un article intitulé *The contagiousness of puerperal fever*, article sans aucun écho et redécouvert beaucoup plus tard. Ignaz Semmelweis (1818-1865), un jeune médecin hongrois d'origine modeste travaillant à Vienne, eut le mérite de mettre en lumière l'origine infectieuse de la fièvre puerpérale dès 1847. Influencé par de brillants jeunes médecins viennois comme Karel Rokitanski (1804-1878), Josef Skoda (1805-1881)

[9.] L'ergot de seigle fut appelé *Claviceps purpurea* au début du XIXe siècle.

[10.] Le *pityriasis versicolor* est une infection mycosique de la peau caractérisée par des tâches rosées desquamées (« furfuracées) due à un champignon, *Microsporon furfur*.

Figure 6. Ignaz Semmelweis (1818-1865) montra le mode de transmission des fièvres puerpérales à Vienne en 1847.

et Ferdinand von Hebra (1816-1880), il décida de devenir obstétricien et fut nommé en 1844 assistant de Johann Klein (1788-1856), professeur d'obstétrique, qui dirigeait la maternité de l'*Allegemeines Krankenhaus*, l'hôpital universitaire de Vienne. Dans cet hôpital de 2 000 lits, on pratiquait des autopsies chez tout patient décédé. Le département d'obstétrique était l'un des plus grands d'Europe, avec près de 3 500 accouchements par an. Il comportait deux secteurs contigus de maternité, les cliniques de Klein et de Bartch. Les étudiants en médecine étaient accueillis uniquement dans le secteur de Klein où ils examinaient et participaient aux accouchements, alors que dans l'autre secteur, seules les sages-femmes pratiquaient les accouchements. Les admissions alternaient entre les deux secteurs cliniques toutes les 24 heures. Semmelweis dénombra les morts dans les deux secteurs : presque 18 % des femmes accouchant dans la clinique de Klein mouraient, alors que 3 % seulement mouraient dans l'autre secteur. Encore, le taux de mortalité chez Klein était-t-il sous-estimé par le transfert de nombreuses femmes mourantes dans l'hôpital général. Semmelweis estima par une recherche minutieuse la mortalité des accouchées dans son secteur à 25 %. Pourquoi cette différence ?

Par beaucoup à l'époque, la fièvre puerpérale était considérée comme une entité morbide due à des émanations nocives, les miasmes. Cette hypothèse fut immédiatement éliminée par Semmelweis à cause du caractère contigu des deux maternités qui auraient donc dû être contaminés de la même façon. Il élimina la saisonnalité et la surpopulation qui n'avaient aucune relation avec le nombre de naissances et le taux de mortalité. Le secteur de Bartch était même plus surpeuplé que l'autre secteur. Il rejeta les causes socio-économiques, la nourriture, l'eau, la ventilation, la position prise au cours de l'accouchement. Il nota certains facteurs de risques : le travail prolongé, la plus grande probabilité des enfants nés de mères avec fièvre puerpérale de devenir infectés, la survenue de cas groupés uniquement chez Klein, jamais observés dans l'autre secteur. Enfin, il observa que les femmes qui accouchaient dans la rue avaient beaucoup moins de chance de développer une fièvre puerpérale, même si elles étaient hospitalisées dans son secteur.

C'est à ce moment-là, qu'un de ses collègues et ami, le professeur Jacob Kolletschka (1803-1847) mourut brutalement dans des circonstances dramatiques d'une « fièvre cadavérique » après avoir réalisé une autopsie. Il s'était blessé à un doigt avec un scalpel. Son autopsie révéla des lésions tout à fait similaires à celles retrouvées chez les femmes mourantes de fièvre puerpérale. Semmelweis fut totalement désemparé par la perte de son ami très proche et eut une illumination qu'il raconta ainsi : « Totalement ébranlé, je pensai sans cesse et intensément à ce cas, quand tout à coup une idée me traversa l'esprit : la fièvre puerpérale et la mort du professeur Kolletscka étaient une seule et même chose, parce que toutes deux comportaient les mêmes altérations pathologiques. Or dans le cas du professeur Kolletscka, c'était l'inoculation de particules de cadavres qui avait provoqué l'altération septique ; la fièvre puerpérale devait donc avoir la même origine [...]. Ces particules étaient apportées dans les salles tout simplement par les mains des étudiants et des médecins ». Il fit la déduction que c'était la contamination de la blessure par du matériel souillé par le contact avec le cadavre qui avait causé sa mort. Semmelweis fit également l'observation qu'à la suite de l'examen gynécologique d'une patiente atteinte d'un cancer de l'utérus avec des écoulements purulents, la fièvre puerpérale avait frappé 11 des 12 accouchées suivantes. Enfin, en regardant les données de la mortalité maternelle depuis 1784, il nota qu'avant la création de l'École d'Anatomie de Vienne, le taux de mortalité par fièvre puerpérale était très bas. Ce taux s'est rapidement élevé dès la pratique courante des autopsies dans cet hôpital. De 1784 à 1822, sur 71 395 accouchements ont été rapportés 897 morts, soit un taux de mortalité de 1,2 %. De 1823 à 1846, après la mise en pratique des autopsies à l'hôpital de Vienne, le taux de mortalité moyen passait à 5,3 %, soit 1 509 morts pour 28 429 accouchements.

Semmelweis en vint donc à incriminer comme facteur de risque majeur les étudiants en médecine qui pratiquaient des autopsies et venaient ensuite sans précautions particulières accoucher les jeunes femmes de la division de Klein, alors que dans le secteur de Bartch, les sages-femmes ne faisaient pas les autopsies. Il en déduit que les risques de fièvre puerpérale étaient liés à l'examen gynécologique des accouchées : les femmes dont le travail était prolongé étaient examinées plus souvent que les autres, celles qui accouchaient dans la rue n'étaient pas examinées avant l'accouchement. Il préconisa la désinfection des mains pour prévenir l'infection. Les étudiants à partir du 15 mai 1847 durent se laver les mains au chlorate de chaux jusqu'à ce que l'odeur des cadavres disparaisse de leurs mains. Le résultat fut spectaculaire. La mortalité tomba immédiatement après la mise en œuvre de ses mesures de 18,3 % à 1,3 % dans son secteur, ce qui correspondait à 40 décès maternels sur 3 556 accouchements. Dans le secteur de Bartch, la mortalité pour l'année 1848 fut de 1,2 %. Dès 1847, Semmelweis avait donc associé la survenue de fièvre puerpérale à une infection transmise par les étudiants du fait de l'absence de précautions d'hygiène. On sait aujourd'hui qu'il s'agissait probablement de septicémies à streptocoques virulents (*Streptococcus pyogenes*). En remerciements, Klein jaloux du dynamisme et de la notoriété de son jeune assistant le licenciera en 1849. Semmelweis partira exercer en Hongrie et continuera sa campagne pour faire connaître sa méthode.

Malheureusement, Semmelweis avait un caractère difficile avec un sentiment aigu de persécution et n'avait aucun sens de la communication, transformant souvent les discussions en invectives. Ceci explique en partie pourquoi sa découverte fut mal comprise et même rejetée par une partie de la communauté scientifique, notamment de Rudolph Virchow (1821-

1902), un célèbre anatomo-pathologiste berlinois. Il eut cependant quelques partisans qui le soutinrent. Négligeant d'écrire lui-même ses observations, sa découverte fut publiée avec des erreurs par le professeur Ferdinand Hebra en 1848 dans le *Journal de la Société Impériale et Royale de Médecine de Vienne*, puis par le professeur Josef Skoda en octobre 1849. Semmelweis négligea de corriger les épreuves des articles de ses amis et on put croire qu'il proposait que la fièvre puerpérale fût uniquement due à un « virus septique ». Semmelweis ne présenta lui-même ses résultats et ses conclusions devant la Société de Médecine que le 15 mai et le 18 juin 1850. Il fallut attendre 1861 pour qu'il publie enfin son travail intitulé « L'étiologie de la fièvre puerpérale, son essence et sa prophylaxie » [11], dans lequel il attaquait ses opposants réels et imaginaires. C'était un homme d'une grande générosité mais très fragile. Il écrivait : « C'est l'indignation qui inspire ma plume. Je croirais commettre un crime si je me taisais plus longtemps et si je ne publiais pas les résultats de mon expérience. J'ai l'intime conviction que, depuis 1847, des milliers de femmes et d'enfants sont morts, qui seraient en vie si je n'avais pas gardé le silence et si j'avais combattu toutes les erreurs commises sur la fièvre puerpérale ». La santé mentale de Semmelweis se dégradait rapidement. Dépressif et atteint de délire de persécution, il fut interné plusieurs mois et mourut dans la déréliction à l'asile en 1865 [12]. Semmelweis fut un grand précurseur mais ses idées ne seront mises en pratique que plusieurs décennies plus tard. Il fallut attendre Lister pour que ses travaux enfin soient reconnus après sa mort. Selon la formule de Louis-Ferdinand Céline dans sa thèse de médecine sur la vie de Semmelweis, « il allait toucher les microbes sans les voir ». Vingt ans plus tard en 1881, Louis Pasteur observera ces microbes au microscope dans les lochies des accouchées fébriles de la maternité de l'hôpital Cochin, une minuscule bactérie en « chapelet de grains »[13] qui avait causé tant de tragédies.

La pourriture d'hôpital et Lister

On a peine aujourd'hui à imaginer ce qu'était la chirurgie au début du XIXe siècle. Les chirurgiens opéraient en redingote, dans une tenue de bouchers d'abattoir, leurs habits raidis par le sang séché et la saleté. Pour arrêter les hémorragies, on chauffait les fers au poêle dans les salles d'opération. Les chirurgiens opéraient les patients sans anesthésie, après leur avoir fait absorber une bonne dose de laudanum ou de niôle. Au risque de les tuer pendant l'intervention, les chirurgiens ne pouvaient pratiquer que des opérations superficielles durant quelques minutes, comme des amputations ou des ablations de tumeurs cutanées ou de cancer du sein, mais jamais d'interventions profondes toujours mortelles. Les interventions se passaient au milieu des hurlements des malades et sans aucune hygiène. On raconte qu'une même éponge plongée dans une bassine d'eau servait deux fois par jour à laver toutes les plaies des patients d'une salle d'hospitalisation. On pansait les plaies à l'aide de charpie imbibée d'huile. Dans de telles conditions, la suppuration des plaies était si constante que les chirurgiens considéraient qu'elle faisait partie du cours normal des suites de l'intervention. On classait les pus en « louables » de bon pronostic, « sanieux » plus inquiétant, ou encore « ichoreux » le plus dangereux. Quelle que soit la bénignité de l'intervention, nul n'était à l'abri de complications infectieuses postopératoires meurtrières à une époque où

---

[11] « *Die Aetiologie, der Begriff und die Prophylaxis des Kindbettfiebers* » Ignaz Semmelweis (1861).

[12] Une légende entretenue par la thèse de médecine de Louis Ferdinand Céline prétend à tort que Semmelweis mourut d'une fièvre cadavérique, comme son ami Kolletschka en 1847. Il semble en fait que Semmelweis fut atteint d'une démence grave qui nécessita son internement dans un asile psychiatrique où il mourut.

[13] Fernand Widal montra dans sa thèse de médecine en 1889 que la même bactérie était à l'origine de l'érysipèle (grave infection cutanée extensive) et de la fièvre puerpérale. La bactérie appelée *Streptococcus pyogenes* est aussi la principale cause des angines bactériennes.

Figure 7. Joseph Lister (1827-1912).
© Library of Congress, Washington.

l'on ne savait rien des germes. Par exemple, le roi d'Angleterre George IV décida en 1821 de se faire opérer d'un kyste disgracieux sur le crâne et, malgré le caractère bénin de cette intervention, son chirurgien Astley Cooper (1768-1841) craignit pour la vie du roi et pour sa propre réputation. Heureusement, l'intervention n'eut aucune conséquence.

Le 16 octobre 1846, survint un événement capital qui imposera le silence dans les salles d'opération jusque-là lieu de hurlements et de mort. John Collins Warren (1778-1856), professeur de chirurgie à Harvard, effectua ce jour-là au *Massachusetts General Hospital* la première intervention sous anesthésie générale à l'éther, assisté d'un dentiste, William Morton (1819-1868). Âgé de 68 ans, Warren avait été l'élève des prestigieux professeurs Guillaume Dupuytren (1777-1835) et Astley Cooper, les meilleurs chirurgiens européens de l'époque. Le patient, nommé Gilbert Abbot, souffrait d'une tumeur vasculaire au coin de la mâchoire gauche. Il s'endormit en quelques minutes après la mise en place de l'appareil d'inhalation d'éther. L'opération dura 25 minutes. Le patient qui dormait ne ressentit aucune douleur. L'intervention se déroula devant des dizaines de personnes, dans un silence religieux. Ce fut un complet succès et l'amphithéâtre fut rebaptisé « *Dôme de l'éther* ». Une nouvelle ère pour la chirurgie était née. L'anesthésie allait permettre des interventions plus longues et des gestes plus invasifs. Cependant, les malades mourraient toujours d'infection.

Dans les années 1850-1860, on commença à prendre conscience de la gravité des problèmes liés à l'hygiène dans les hôpitaux. L'épidémiologiste britannique William Farr (1807-1883) et Florence Nightingale (1820-1910) furent sensibilisés aux terribles problèmes infectieux des blessés durant la guerre de Crimée. Ils utilisèrent des statistiques de

Santé Publique pour prôner l'amélioration des conditions d'hygiène dans l'armée et dans les hôpitaux. Ils montrèrent clairement que la plupart des hôpitaux à cette époque étaient malsains, d'autant plus qu'ils étaient situés au cœur des villes et possédaient un grand nombre de lits. Ils établirent un lien direct entre les conditions sanitaires de l'hôpital et la fréquence des complications postopératoires telles qu'abcès, gangrènes gazeuses, érysipèles et infections généralisées (septicémies). Par exemple, la mortalité moyenne dans les hôpitaux d'Angleterre était en 1861 de 56,9 %, de 91 % dans les grands hôpitaux londoniens et de 40 % dans les petits hôpitaux de Province. L'érysipèle était l'une des plus redoutables complications postopératoires. Survenant un ou deux jours après l'intervention, il est caractérisé par l'apparition d'une rougeur très douloureuse de la zone incisée qui se propageait de façon extensive et foudroyante associée à une fièvre très élevée et des frissons entraînant la mort du patient. Ailleurs, il pouvait s'agir de tétanos, d'infection sous-cutanée diffuse (cellulite) ou d'une gangrène nécrosante dégageant une horrible puanteur qui imprégnait d'une affreuse odeur tous les services de chirurgie jusqu'à l'ère pastorienne. Un professeur d'Édimbourg, James Simpson (1811-1870) avait été parmi les tout premiers à introduire l'usage du chloroforme comme anesthésique en Angleterre vers 1850. En 1867, il publia un article intitulé « *Hospitalism* » où il rapportait la mortalité en Grande-Bretagne faisant suite à des amputations de membres, opération courante qui ne demandait pas un savoir-faire chirurgical important. Il compara la mortalité à l'hôpital et hors de l'hôpital et observa un taux de mortalité de 11 % (226 morts) pour les amputations réalisées par des praticiens à la campagne, alors que dans 11 grands hôpitaux localisés dans les villes, la mortalité était de 41 % (855 morts sur 2 089 amputations). Comparant les petits aux grands hôpitaux, ce risque augmentait avec la taille de l'hôpital. Simpson montrait donc que les hôpitaux favorisaient de façon évidente le risque d'infection lors d'une opération standardisée comme l'amputation : « L'homme étendu sur la table d'opération de l'un de nos hôpitaux court plus de risques de mourir que le soldat anglais sur le champ de bataille de Waterloo ». Il pressentit qu'un contact avec du matériel contaminé entraînait ces infections, et qu'une concentration de malades à l'hôpital pouvait polluer l'air et répandre ainsi des infections. Dans les années 1870, des taux similaires de mortalité après amputation étaient rapportés dans le reste de l'Europe et aux États-Unis, par exemple 60 % à Paris, 46 % à Zurich, 34 % à Glasgow, 41 % à Édimbourg, 26 % à Boston, 24 % en Pennsylvanie.

Dans les années 1850, Joseph Lister (1827-1912), un jeune médecin anglais, démarra sa carrière de chirurgien. Au moment où le silence apaisait les salles d'opération, il voyait mourir ses patients d'infections postopératoires. Installé à Édimbourg, le temple de la chirurgie du Royaume-Uni à l'époque, dans le service du professeur James Syme (1799-1870), il décida de consacrer ses recherches à l'origine et à la transmission des infections, ainsi qu'à leur rôle dans le décès des patients. À l'époque, on croyait que la putréfaction était due à la présence d'un « principe », une « force » de l'air qui pénétrait les tissus des plaies et les décomposait, les microbes apparaissant alors par génération spontanée. Lister ne se satisfit pas de cette explication et mit progressivement en doute cette idée. Si l'air causait la putréfaction, pourquoi les infections étaient-elles beaucoup plus fréquentes à l'hôpital qu'à domicile ? Pourquoi chez un même patient une seule de deux plaies se mettait-elle à suppurer ? Comme Semmelweis, Lister pencha pour l'hypothèse d'une substance étrangère contaminant la plaie. Il pressentit à partir de données épidémiologiques que les suppurations semblaient impliquer un contact avec l'air. En 1857, Pasteur avait découvert que les maladies du vin étaient dues à des micro-organismes qui contaminent le processus de fermentation des raisins par les levures. Les bactéries transformaient le vin en boue gluante et aigre, à l'instar des plaies purulentes ! Les résultats des études de Pasteur sur la fermentation furent publiés dans des articles entre 1857 et 1859. En 1860, prenant la chaire de chirurgie de

Glasgow, Lister eut connaissance des travaux de Pasteur par un éminent professeur de chimie, Thomas Anderson (1819-1874). Ce fut une illumination. Lister fut dès lors convaincu de la véracité de la théorie microbienne des maladies. Bien que Pasteur ait trouvé des germes partout, dans l'air, les liquides et les solides, Lister fut convaincu que l'air était le principal vecteur de l'infection en chirurgie. Il en déduisit qu'il fallait désinfecter les plaies et protéger l'environnement immédiat du chirurgien par des antiseptiques. Il opta pour le phénol (acide phénique), une substance chimique utilisée pour détruire les mauvaises odeurs des ordures municipales et pour débarrasser le bétail de ses parasites. Le choix était excellent. Utilisant le phénol pour désinfecter les plaies des fractures compliquées et des amputations ainsi que pour stériliser l'air du champ opératoire à l'aide d'une petite pompe en aérosols, il obtint à partir de 1864 des succès spectaculaires qu'il publia en 1867 dans une série de 5 articles dans la prestigieuse revue médicale, le *Lancet*. Résumant ses résultats, il décrivit une nouvelle méthode appelée « antisepsie ». Il préconisait le nettoyage soigneux au phénol des plaies, des instruments, des mains des chirurgiens et des infirmières, et la pulvérisation de phénol dans l'atmosphère des salles d'opération. Il recommandait aussi de prendre des précautions particulières pour les soins postopératoires en utilisant des pansements imbibés d'antiseptiques. Comme Semmelweis quelques années plus tôt, Lister fit face au mépris, aux sarcasmes et à l'ignorance agressive de ses collègues chirurgiens.

Dans un article du 8 janvier 1870 du *Lancet*, il publia de nouveaux résultats avec de très faibles taux d'infections postopératoires. Du jamais vu. Parmi 35 patients suivis avant la mise en place de son procédé, 16 moururent d'infection (45 %). Sur 40 patients ayant bénéficié de son protocole, seulement 6 moururent (15 %). Sur ces entrefaites, survint la guerre franco-prussienne de 1870. Les taux de mortalité suivant les amputations étaient effarants : sur 13 173 patients amputés dans les hôpitaux militaires français, 10 006 moururent, y compris pour des amputations des doigts et des orteils. Les mêmes dégâts furent observés dans l'armée allemande. On comprend pourquoi les chirurgiens français, allemands et américains s'intéressèrent tout de suite aux travaux de Lister. Beaucoup se rendirent à Édimbourg pour apprendre sa méthode. Nul n'étant prophète en son pays, les chirurgiens anglais restèrent longtemps opposés à l'antisepsie. Lister accepta en 1877 de prendre la chaire de chirurgie du *King's College* de Londres, peut-être pour mieux faire admettre ses idées à une communauté hostile. Devenu lui-même expérimentateur, Lister utilisa en 1878 la putréfaction du lait et l'urine comme modèle de suppuration. Il réussit à isoler en culture pure (par dilution en milieu liquide) la bactérie responsable de la fermentation lactique décrite par Pasteur (*Bacterium lactis*). Corroborant ses travaux, Koch publia cette même année un article intitulé « Recherche concernant l'étiologie des plaies infectées »[14] où il relia six différents types d'infections postopératoires à 6 bactéries distinctes. La chasse aux germes était commencée.

Par la suite, on comprit que l'air contenait beaucoup moins de microbes que l'on ne croyait, les principales sources de contamination étant les mains et les instruments chirurgicaux. Ce constat imposait une stérilisation scrupuleuse de tout ce qui pouvait toucher le champ opératoire. La doctrine de l'asepsie était née. Dès 1883, un chirurgien allemand Gustav Adolf Neuber (1850-1932) construisit une clinique selon les préceptes de l'asepsie, dans laquelle l'air était filtré et les chirurgiens opéraient en blouse propre avec des calottes protégeant leurs cheveux pour prévenir la dissémination de l'infection. Suivront des innovations techniques importantes en pratique chirurgicale. En 1888, Lister introduisit l'utilisation des fils résorbables en catgut pour les sutures. En 1889, le chirurgien William Stewart Halsted (1852-1922) du *John Hopkins Hospital* de Baltimore fit fabriquer des gants en caoutchouc

---

[14]. « *Untersuchungen über die Aetiologie der Wundinfectionskrankheiten* ». Robert Koch 1878.

très fin, par la firme *Goodyear Rubber Company*, au départ pour protéger les mains des antiseptiques corrosifs. L'usage de ces gants se généralisa rapidement. Dès 1891, le rituel d'asepsie (long brossage des mains et avant bras précédant chaque intervention avec des antiseptiques, utilisation de gants, et de blouses…) fut mis en place à Berlin puis s'étendit dans le monde entier tel qu'il est utilisé aujourd'hui.

Les travaux de Lister et de Semmelweis avaient radicalement changé l'aspect des salles d'opération et transformé les techniques chirurgicales. Ami de Pasteur et de Koch, Lister leur apporta un constant soutien et joua un rôle déterminant dans la propagation des idées nouvelles sur les germes. Le 27 décembre 1892, il fit à la Sorbonne un discours pour les 70 ans de Louis Pasteur en présence de Sadi Carnot, président de la République. Il fut enfin reconnu par ses pairs, élu président de la *Royal Society* et ennobli. Le baron Lister mourut en 1912 couvert d'honneur. Semmelweis recevait une consécration posthume. L'asepsie épargnera des millions de vie.

Les postulats de Henlé et Koch

La mise en évidence du rôle d'insectes, de champignons, de protozoaires ou de bactéries dans certaines maladies contagieuses suggérait fortement que chaque maladie transmissible bien caractérisée devait être liée à un microbe spécifique. Cette idée fut bien formulée par Jacob Friedrich Henle (1809-1885), un ami intime de Schwann qui avait en 1837 reconnu la nature vivante de la levure. Henlé soutint l'idée du *contagium vivum* en 1840 dans ses *Pathologische Untersuchungen* (« Recherches pathologiques ») : « L'agent de la contagion n'est pas seulement organique mais vivant, doué d'une vie distincte et agissant vis-à-vis de l'organisme malade comme un organisme parasitaire ». Cette théorie microbienne se basait sur les observations de la transmission des infections à l'instar des ferments : « Par exemple, quand une aiguille est immergée dans une solution contenant une faible proportion de lymphe vaccinale, cela suffit à déclencher une infection. Cet effet d'une si faible dose dépend de la capacité de l'agent de se reproduire […]. C'est une preuve supplémentaire que la contagion est vivante. ». Henle formula des postulats permettant d'affirmer le rôle causal d'un agent microscopique dans une maladie. Il faut que ce microbe soit présent chez chaque patient, que l'on puisse l'isoler à l'état pur et que la maladie puisse être reproduite par sa seule intervention. Henlé distingua trois groupes de maladies infectieuses : les miasmiques non contagieuses, telles que le paludisme, les miasmiques contagieuses, comme la variole, la rougeole, le typhus, la grippe, la dysenterie, le choléra, la peste ; et les maladies contagieuses non miasmiques, syphilis, gale et teignes. Cette hypothèse fut rejetée par Rudolf Virchow (1821-1902) à Berlin et Theodor Billroth (1829-1894) à Vienne, qui avaient pourtant fait fortement progresser la connaissance des maladies par l'étude microscopique des tissus infectés.

Dans les années 1870-1880, les découvertes de Louis Pasteur et de Robert Koch sur les germes confirmèrent l'hypothèse de Henle en établissant un lien de causalité direct entre certains micro-organismes et des maladies contagieuses comme le charbon, la tuberculose et le choléra. La contagion responsable de mystérieux et incompréhensibles phénomènes épidémiques atteignant l'ensemble du monde vivant était donc bien liée à des germes spécifiques (virus, bactéries ou parasites) responsables de maladies stéréotypées. À la fin du XIXe siècle, les avancées des connaissances permirent à Koch de préciser les postulats de Henle. Pour établir un lien de causalité entre un agent infectieux donné et la maladie qu'il provoque, il faut que le micro-organisme soit constamment associé à la maladie et que son lieu d'isolement puisse rendre compte des signes cliniques et des lésions observées au microscope, notamment en visualisant les germes dans les tissus infectés (1er postulat). Le micro-organisme ne doit être retrouvé dans aucune autre maladie, excepté de façon fortuite

(2ᵉ postulat). Enfin, le micro-organisme isolé en culture doit permettre de reproduire expérimentalement la maladie, et les micro-organismes doivent être isolés à nouveau à partir des animaux ainsi infectés (3ᵉ postulat).

À cette époque commencent les premières expérimentations humaines, cherchant à remplir les conditions du 3ᵉ postulat de Koch-Henlé, souvent par auto-inoculations ou sur des patients non consentants, telles que la transmission à une patiente du bacille de la lèpre par Hansen. Par exemple, l'histoire de Daniel Alcides Carrion (1850-1885) est dramatique. En 1871, éclata à La Oroya au Pérou, une grave épidémie de fièvre maligne qui fit 7 000 morts, à l'occasion de la construction du chemin de fer entre Callao, le port de Lima, et La Oroya. La maladie démarrait par une fièvre aiguë, associée à une anémie sévère, des douleurs musculaires et une fatigue intense, pouvant aboutir à la mort rapide des patients. On l'appela la fièvre de Oroya. Après l'épidémie, on vit augmenter le nombre de patients atteints d'une maladie chronique avec lésions cutanées verruqueuses, la *verruga peruana* décrite par les Espagnols dès 1525 dans les vallées des Andes, au Pérou, au Chili, en Bolivie et en Colombie, à des altitudes entre 600 et 3 700 mètres. Carrion qui avait commencé ses études de médecine en 1873, s'intéressa en 1881 à la *verruga* une maladie apparemment non contagieuse. Convaincu d'un lien entre cette maladie et la fièvre aiguë de Oroya, il posa la question du pouvoir infectieux du sang des patients. Le 27 août 1885, il recueillit du sang d'une verrue localisée près des sourcils d'un garçon de 14 ans et demanda à des amis de prendre le scalpel et de réaliser 4 inoculations, deux dans chacun de ses propres bras. Il prit des notes détaillées de cette inoculation et de l'évolution de la maladie qu'il s'était inoculé. Les premiers symptômes apparurent le 17 septembre et Carrion mourut le 5 octobre d'une fièvre de Oroya. Il avait prouvé que la fièvre de Oroya et la *verruga* était deux phases d'une même maladie inoculable. En 1909, Alberto Leopoldo Barton (1871-1950) vit des bactéries dans les globules rouges des patients, expliquant l'anémie chez des patients atteints de *verruga* et de la fièvre de Oroya. Cette bactérie appelée aujourd'hui *Bartonella bacilliformis* est transmise par un insecte piqueur, *Phlebotomus verrucarum* [15] et ne fut isolée en culture qu'en 1926 par le japonais Hideyo Noguchi (1876-1928).

Porteurs sains et réservoirs de germes

Un fait est longtemps resté mystérieux au cours des épidémies : rien n'arrêtait leur propagation, ni l'isolement des patients, ni les barrières sanitaires. Pourquoi ? Comment imaginer à cette époque que des personnes en apparence saines puissent propager la maladie ? La réponse fut apportée par Louis Pasteur. En 1878, Pasteur étudia le choléra des poules [16], une maladie donnant des épidémies fulgurantes décimant en quelques jours la plupart des volailles des poulaillers. Il détermina que la maladie est due à une bactérie transmise par les aliments et les excréments contaminés. Après injection d'une culture pure du bacille, il releva que les poules, mais aussi les lapins, mouraient en quelques heures. Au contraire, les cobayes résistaient à l'infection mais pouvaient présenter des abcès persistants évoluant vers la guérison spontanée. Cependant, le pus de ces abcès restait hautement virulent pour les poules et les lapins. De plus, Pasteur remarqua que les rares poules survivantes au cours d'épidémies continuaient à répandre les bactéries dans l'environnement. Ainsi, l'étude du choléra des poules révéla l'existence des porteurs sains de germes capables de propager la

---

[15] Dès 1764, un médecin espagnol, Cosme Bueno (1711-1798) avait suspecté le rôle de la mouche des sables (phlébotome) dans la transmission de cette maladie.

[16] Sans rapport avec le choléra humain, le choléra des poules est une maladie due à une bactérie identifiée par Pasteur, appelée en son honneur *Pasteurella multocida*.

maladie insidieusement, ce qui pouvait expliquer l'émergence des épidémies. Cette observation sur le choléra des poules fut vérifiée pour une maladie humaine, la diphtérie. Sous l'égide d'Emile Roux, Alexandre Yersin suivit à domicile les anciens malades guéris de la diphtérie pour examiner leur gorge et faire des prélèvements. De façon étonnante, il observa que beaucoup de patients guéris restaient porteurs de bacilles virulents pour l'animal. Il fut décidé d'examiner une population d'enfants en bonne santé en Normandie, une région peu touchée par la maladie. Malgré la rareté de la diphtérie, près de la moitié des enfants portaient des bacilles, parfois très virulentes mais aussi fréquemment avirulentes pour l'animal. Il publia ces résultats en 1889 dans son 3e mémoire sur la diphtérie. Mary Mallon reste certainement le plus célèbre exemple de portage sain. Cette Irlandaise de 37 ans, émigrée aux États-Unis à l'âge de 15 ans, fut engagée comme cuisinière pour l'été 1906, par Henry Warren, un riche banquier de New York, qui avait loué une maison pour ses vacances en famille à Oyster Bay, Long Island. Le 27 août, une des filles du banquier tomba malade, la fièvre typhoïde, puis sa femme, sa deuxième fille, deux servantes, et le jardinier, au total six des onze personnes vivant dans la maison. Une enquête approfondie démontra que la typhoïde suivait en fait Mary Mallon dans tous les emplois de cuisinière qu'elle avait occupés depuis 1900. On put lui attribuer 47 cas de fièvre typhoïde en six ans. Elle était porteuse saine du bacille de Eberth dans ses selles. On essaya en vain de la traiter et on l'isola pendant 28 ans sur Worth Brother Island. C'est l'exemple le plus célèbre de porteur sain de germes. Toutes ces observations contredisaient le 3e postulat de Henlé et Koch qui affirmait que les germes responsables d'une infection devaient être absents chez les sujets sains et confirmaient la réalité du concept de porteur sain chez l'homme, concept capital pour expliquer le maintien et la diffusion de nombreux pathogènes. On sait que les sujets en bonne santé, parfois en nombre très important, peuvent être porteurs de germes hautement pathogènes pendant des durées variables et jouent un rôle majeur dans la dissémination de nombreuses maladies infectieuses. Ce portage peut aussi précéder la maladie clinique, si l'incubation dure plusieurs mois ou années. Ceci a eu de graves conséquences en favorisant la dissémination dans la population, par exemple des virus des hépatites virales et du sida.

Pasteur fit en 1881 une autre observation capitale sur une maladie du porc le rouget, qui complétait ses observations sur le choléra des poules. Il pouvait transmettre la maladie à d'autres espèces animales, comme les lapins et les pigeons. Pasteur comprit immédiatement l'importance générale de cette observation pour la compréhension des épidémies. Il suggéra qu'une espèce animale donnée pouvait servir de « réservoir » d'infections pour une autre espèce animale ou même pour l'homme. Le germe est en général peu pathogène pour « l'espèce réservoir », ce qui explique leur coexistence. En revanche, si le germe est transmis à une autre espèce, il peut se révéler fatal. Cette notion est fondamentale dans le combat contre les maladies infectieuses. On sait aujourd'hui que de nombreux animaux sont des réservoirs de germes dans la nature, les rongeurs pour la peste, le typhus ou encore certaines fièvres hémorragiques, le nid des lièvres pour la tularémie, les singes pour la fièvre jaune, les oiseaux pour la psittacose et la grippe, les chauves-souris pour la rage, pour n'en citer que quelques-uns.

Le puzzle se mettait en place et l'image lumineuse qui apparaissait permettait d'entrevoir une conception cohérente des maladies infectieuses. La contagion responsable de mystérieux et incompréhensibles phénomènes épidémiques atteignant l'ensemble du monde vivant, était liée à des germes spécifiques (virus, bactéries ou parasites) qui induisaient des maladies stéréotypées. Savoir reconnaître et identifier les micro-organismes avec précision (la taxonomie permettant une classification descriptive des espèces) et connaître leurs habitudes (l'épidémiologie), a permis de prévenir beaucoup de maladies infectieuses par des mesures d'hygiène et de vaccination. Dans cette première vision au temps de Pasteur et Koch, les maladies infectieuses se résumaient à l'expression stéréotypée d'un conflit entre un agent infectieux et un hôte, entraînant une maladie aiguë ou chronique où l'un des acteurs apparemment triomphait. Tout cela était trop simple. On s'est rapidement aperçu qu'un même agent infectieux pouvait donner des effets très divers en fonction de l'hôte, de son environnement, de son alimentation, de son âge ou de sa constitution génétique, allant de la maladie inapparente (très fréquente) aux expressions les plus polymorphes et les plus sévères de l'infection. L'expression d'une maladie infectieuse est donc indissociable du patrimoine génétique de l'hôte infecté. On prit aussi conscience qu'un même syndrome clinique, par exemple le syndrome grippal, put être déclenché par de multiples agents infectieux autres que le virus de la grippe. Cela conduisit à reconsidérer les postulats de Koch-Henlé, souvent impossibles à démontrer (en particulier le 3e postulat), et à prendre en compte la notion de risque relatif. Assigner un rôle à un agent infectieux revient souvent à mettre en évidence une forte association entre l'exposition au risque (le micro-organisme) et la distribution spatio-temporelle de la maladie.

La réfutation de la théorie de la génération spontanée venait dans un flux d'observations épidémiologiques apparemment sans relations — variolisation, épidémies des plantes et des vers, champignons et insectes nuisibles, ferments, mycoses cutanées — qui concoururent à une prise de conscience de l'importance des germes dans les phénomènes infectieux et dans les processus de fermentation et de putréfaction. Cette nouvelle vision du monde ouvrit la voie à une chasse aux microbes à l'origine des maladies infectieuses. En moins de 20 ans, la plupart des germes à l'origine des grands fléaux de l'humanité furent découverts.

Chapitre 4. Les chemins de la découverte

Dans l'Antiquité, les Grecs furent les premiers à rechercher les causes des phénomènes naturels qu'ils observaient, y compris les maladies. Ils établirent une première « nosologie » des maladies en les regroupant et en les classant selon les symptômes observés, l'évolution aiguë ou chronique, les organes atteints, leur caractère épidémique, leur répartition géographique et leur fréquence. Ces premières descriptions précises étaient essentielles pour établir le diagnostic et découvrir les causes des maladies. À la Renaissance, on redécouvrit le corps en disséquant des cadavres en dépit des interdits religieux. À partir du XVIIe siècle, on chercha à relier les symptômes aux lésions observées à l'autopsie. Puis on examina au microscope les tissus des organes lésés des cadavres. À Padoue, Jean-Baptiste Morgani (1682-1771) révolutionna la médecine en introduisant une conception anatomique de la maladie qu'il formalisa dans un ouvrage majeur intitulé *De sedibus et causis morborum per anatomen indagatis* (1741) : les maladies ne viennent pas d'un déséquilibre brumeux mais d'altérations spécifiques de certains organes. Les quatre humeurs étaient des substances (le sang, la bile, le flegme et la mélancolie) que l'on croyait présentes dans chaque être vivant. Il était alors admis que leur équilibre ou déséquilibre au sein d'une personne se répercutait sur son caractère et sa santé. Selon Morgagni, les symptômes sont « le cri des organes souffrants ». Son travail, poursuivi par de nombreux médecins, notamment John Hunter (1728-1793), Claude Bernard (1813-1878) et Rudolf Virchow (1821-1902), aboutit à une classification anatomo-clinique des maladies. Au XIXe siècle, apparut la nécessité d'un recueil rigoureux des observations cliniques chez l'homme sain (physiologie) et chez les malades (pathologie), aboutissant à la formulation d'hypothèses testables expérimentalement chez l'animal pour expliquer les causes, les symptômes et le déroulement des maladies. C'est cette approche nosologique décrivant de façon précise de nombreuses maladies transmissibles qui permit l'identification des microbes responsables de ces affections.

À cette époque, deux figures domineront l'histoire des maladies infectieuses, Louis Pasteur et Robert Koch. Ces deux scientifiques concurrents et parfois ennemis démontrèrent sans ambiguïté le rôle des agents infectieux, en particulier des bactéries dans les maladies infectieuses jetant les bases de leur prévention par l'hygiène et les vaccinations. Louis Pasteur, le normalien, l'aîné sans qui rien n'eut été possible, étudia de nombreuses maladies infectieuses (rage, charbon, choléra des poules...) en s'intéressant surtout à des concepts fondamentaux en immunologie et à la mise au point de vaccins. Robert Koch, le modeste praticien de village, qui consacra ses maigres économies à l'achat d'un microscope et de quelques souris d'expériences, imaginant et fabriquant de nombreux outils de la microbiologie encore utilisés aujourd'hui, contribua de façon majeure à la découverte de microbes responsables de grands fléaux comme le charbon, la tuberculose ou le choléra. Tous deux partagent la stature de scientifiques exceptionnels, curieux de tout et expérimentateurs hors pair et rigoureux.

D'autres personnages vont apparaître dans notre histoire, Armauer Hansen le découvreur du bacille de la lèpre et Alexandre Yersin de celui de la peste. Il faut imaginer l'état d'esprit de ces pionniers, chercheurs infatigables, partagés entre la crainte de mourir en touchant les germes de mort des maladies qu'ils cherchaient dans les cadavres ou chez les patients et l'émerveillement, la fierté de dévoiler un secret, un mystère caché depuis l'aube de l'humanité. En très peu d'années, les principaux germes des grands fléaux de l'humanité furent découverts. Voici l'histoire de la découverte de certains de ces germes qui décimèrent l'humanité.

Créer les outils pour déceler les bactéries

Les premiers agents infectieux identifiés furent les vers et les insectes parasites, comme le sarcopte de la gale, puis les champignons chez l'homme, les animaux et les végétaux. Suivront les bactéries et les virus. La découverte des agents infectieux fut donc très dépendante des innovations techniques, mais aussi des propriétés propres de ces agents pathogènes (taille, multiplication en culture). La première grande vague de découvertes de 1880 à 1900 concerne presque exclusivement des bactéries, surtout celles des grands fléaux comme le charbon, la peste, le choléra, la lèpre, la tuberculose et la syphilis. Les virus viendront ensuite à partir du début du XXe siècle. L'identification des bactéries (et des champignons) nécessitait donc la mise au point de technologies nouvelles allant d'une bonne observation microscopique à l'obtention de « souches » bactériennes en culture pure (c'est-à-dire l'isolation d'une population homogène de la bactérie causale de la maladie à partir de tissus ou de sécrétions purulentes des patients). Grâce aux découvertes de l'industrie naissante des colorants chimiques, des techniques de coloration furent mises au point pour visualiser les bactéries au microscope. Robert Koch commença à colorer les bactéries en culture par le bleu de méthylène. Paul Ehrlich améliora les colorations par le bleu de méthylène et permit notamment la coloration du bacille de la tuberculose [1].

Une des premières préoccupations des chercheurs dans les années 1870, quand on comprit le rôle des germes, fut la mise au point de milieux nutritifs liquides et solides dans lesquels on pouvait faire se multiplier de grandes quantités de bactéries pour les étudier. À l'époque de Pasteur, on utilisait d'abord des milieux liquides d'origine humaine souvent contaminés, comme l'urine, l'humeur vitrée ou l'ascite. Il était très difficile d'obtenir des cultures pures notamment du fait de contaminations aériennes. Les premiers travaux sur le charbon ont certainement été réalisés avec des cultures contaminées qui entraînaient des variations importantes des résultats. Il fallait donc isoler les bactéries en culture pure. La seule possibilité à l'époque était de diluer les bouillons de cultures jusqu'à ce que l'on obtienne « une et une seule bactérie » par tube. Dès lors on devrait obtenir après sa multiplication une population homogène provenant d'un ancêtre unique. La bactérie prépondérante dans l'échantillon initial devrait être retrouvée dans la majorité des tubes. Les contaminants, en nombre bien inférieur ne pousseront que dans quelques tubes. Joseph Lister en 1878 fut un des tout premiers à utiliser cette méthode de dilution pour isoler en culture la bactérie du « ferment lactique » de Pasteur (*Bacillus lactis*). Cette technique était fastidieuse, aléatoire et difficile à mettre en œuvre. Il fallait innover. On a vu que la première observation de colonies bactériennes propagées date du début du XIXe siècle quand Bizio observa les colonies « sanglantes » à la surface de la polenta (1819). Ce sont les mycologues qui furent pionniers dans ce domaine. En 1872, le botaniste allemand Oscar Brefeld (1839-1925) pensa solidifier les milieux de culture avec de la gélatine, ce qui lui permit l'obtention de cultures pures de spores fongiques sous forme de colonies. La même année, l'allemand Joseph Schroeter (1835-1894) réussit le tout premier isolement de colonies de bactéries pigmentées sur des milieux solides, des tranches de pomme de terre, pâte d'amidon, pain, albumine d'œuf. En 1881, Robert Koch utilisa à son tour des milieux solides pour isoler les colonies de bactéries. Il publia ses méthodes de culture en milieu solide sur tranche de pomme de terre et sur gélatine. Son collaborateur, Walter Hesse aidé de sa femme Fannie Eilshemius, utilisa en

---

[1]. Le bacille de la tuberculose est singulièrement résistant à décoloration par l'alcool et à l'acide, alors que la majorité des bactéries perdent le colorant si elles sont exposées à l'alcool ou a l'acide. Cette caractéristique propre à cette famille de bactéries (les mycobactéries) a longtemps été utilisée pour leur identification. En 1884, Hans Christian Gram (1853-1918) développa une méthode de coloration avec du violet de gentiane permettant de distinguer les bactéries gardant cette coloration après lavage (Gram positif) de celles qui étaient décolorées par l'alcool (Gram négatif). Cette technique est encore utilisée quotidiennement dans les laboratoires de microbiologie.

1882 pour solidifier les milieux d'isolement des bactéries, l'agar, un extrait d'algues marines utilisé pour solidifier les confitures. Ce support résistant aux hautes températures et à la dégradation par les bactéries est encore largement utilisé aujourd'hui. C'est l'année où Koch isola le bacille de la tuberculose en culture solide. En 1887, un autre collaborateur de Koch, Julius Richard Petri (1852-1921) améliora encore les techniques de culture par l'usage de boite d'un nouveau type, la « boîte de Petri », encore utilisée aujourd'hui [2]. L'isolement en culture pure des bactéries fut une étape essentielle qui permit leur identification précise et leur caractérisation, notamment par leurs propriétés tinctoriales et métaboliques, et qui ouvrit la voie à la préparation de vaccins.

La lèpre et Armauer Hansen

Figure 1. Gerhard Armauer Hansen (1841-1912), le découvreur du bacille de la lèpre.
©Bergen Offentlige Bibliotek, Bergen.

---

[2] Dans ces boîtes de Petri rondes, souvent de 10 cm de diamètre, les microbiologistes coulent leurs milieux nutritifs à base d'agar sur lesquels ils étalent les suspensions bactériennes.

La lèpre est une maladie très ancienne apparue au néolithique et décrite mille ans avant notre ère en Chine et en Inde dans les védas, livres sacrés les plus anciens de l'hindouisme, écrits entre 1300 et 1800 avant J.-C. On la retrouve également dans les écrits assyro-babyloniens datant d'avant le premier millénaire avant J.-C. L'Europe fut probablement contaminée à partir de l'Égypte, et la maladie se répandit à partir de l'Italie. La lèpre fut ravivée entre 1095-1170 au retour des croisades qui favorisèrent certainement sa propagation en Occident. Au XIVe siècle, Guy de Chauliac (1300-1367) en fit une description très précise. Il pressentit très tôt que le contact avec les lépreux entraînait la maladie, et que celle-ci n'apparaissait qu'après une longue incubation de 5 à 10 ans. Les premières léproseries apparurent dans les environs de Rome au IVe siècle de notre ère sous l'empereur Constantin et ne disparaîtront d'Europe qu'au XVIIe siècle avec la forte régression de la maladie. À la fin du XIXe siècle, la maladie avait presque totalement disparu d'Europe, à l'exception de quelques foyers persistants en Scandinavie, au Portugal, en Espagne et en Italie.

Peu de maladies plus que la lèpre a inspiré autant l'horreur, la haine et l'exécration (*Figure 2*).

Figure 2. Patient atteint de lèpre lépromateuse.

On retrouve dans un poème hindou très ancien, daté de 2 500 ans avant notre ère, les imprécations agressives contre le lépreux : « Il outrage la lumière. Qu'on le chasse des villages à coups de pierre et qu'on le couvre d'ordures, lui, ordure vivante. Que les fleuves vivants rejettent son cadavre ». La maladie commence par un rhume de cerveau avec un écoulement nasal persistant et souvent une perte de la sensibilité cutanée, puis apparaissent des nodules ou des taches cutanées étendues à tout le corps et des mutilations horribles comme des nécroses cutanées, ou des effondrements du nez... L'aspect des patients devient presque insoutenable au fur et à mesure de la lente et inexorable évolution de la maladie[3]. Cette maladie mutilante et dégradante fut associée dans l'Occident chrétien aux péchés ou aux fautes cachées commis par les patients punis par la justice divine. « Cette corruption du corps » a frappé les esprits par un sentiment de répugnance que la

---

[3] La lèpre peut revêtir deux aspects cliniques, une forme tuberculoïde des sujets « résistants », et une forme lépromateuse des sujets « sensibles » d'évolution plus grave. Dans cette forme, on retrouve à l'examen microscopique des lésions cutanées de très nombreux bacilles. Certaines formes « frontières » existent, évoluant vers l'une ou l'autre forme.

vue des lésions inspirait aux gens, surtout quand il s'agissait des personnes de leur propre famille. Au Moyen Âge, les lépreux étaient obligatoirement séparés de la communauté, mis « hors du siècle » avant de rejoindre des hospices spéciaux, les léproseries, où ils étaient reclus le reste de leur vie. Une fosse symbolique était creusée au cimetière dans lequel descendait le malheureux lépreux et le prêtre prononçait les paroles suivantes : « Sois mort au monde et revis en Dieu ». Puis ceux qu'on appelait ladres ou cagots, qui avaient perdu dignité humaine, étaient proscrits et contraints sous peine de mort de quitter leur famille et leurs amis pour aller vivre dans l'horreur au milieu d'autres lépreux jusqu'à ce que mort s'ensuive.

C'est un médecin norvégien, Gerhard Armauer Hansen (1841-1912) qui découvrit en 1873 la cause naturelle de la lèpre. Contrairement aux autres pays européens, les pays scandinaves virent un regain de la lèpre au XIXe siècle. Cette persistance serait liée au fait que, contrairement au reste de l'Europe, les lépreux ne furent jamais exclus de la communauté, du fait du caractère tolérant des populations scandinaves. En cette fin du XIXe siècle, la Norvège était un pays très pauvre. Hansen s'installa comme médecin en 1868 à Bergen, sa ville natale où existait un foyer de lépreux parmi des marins vivants dans le plus grand dénuement. On comptait non moins de 3 000 lépreux répartis dans les trois hôpitaux de cette ville. À cette époque, on tentait d'expliquer l'origine de la lèpre par trois hypothèses : la transmission héréditaire, la génération spontanée favorisée par un certain nombre de causes comme la promiscuité, la malnutrition, la saleté, et enfin une cause infectieuse transmise par les malades. À partir de constatations épidémiologiques sur le terrain, ce jeune praticien fut rapidement convaincu que la lèpre était d'origine infectieuse, une hypothèse alors hérétique. Il alla apprendre en Allemagne les techniques d'histopathologie pour étudier au microscope avec des colorations simples les tissus des lépreux. Il chercha des bactéries dans le sang et dans les nodules cutanés. En 1873, il distingua dans des tissus provenant de patients gravement atteints de la lèpre un fourmillement de bâtonnets à l'intérieur des cellules. En revanche, il ne trouva que peu ou pas de ces bâtonnets dans des prélèvements provenant de patients atteint d'une forme modérée de la maladie. On sait aujourd'hui qu'il y a deux formes de lèpre : une forme agressive, la lèpre lépromateuse et une forme plus bénigne, la lèpre tuberculoïde. Il tenta de mettre en culture et d'inoculer à des lapins les tissus de biopsies, sans succès [4]. Sans être tout à fait certain du rôle de ces bâtonnets dans la maladie, il publia ses observations en 1874 dans un mémoire de 88 pages, qui ne lui valut que des sarcasmes. Cela se passa environ 10 ans avant la découverte majeure du bacille de la tuberculose par Robert Koch. Il réussit par la suite à colorer ces bacilles en 1879, l'année où le jeune Albert Neisser (1855-1916) tenta de lui voler sa découverte en se l'attribuant.

Devant l'impossibilité d'inoculer la maladie à l'animal, Hansen réalisa en 1879 pour établir le lien de causalité une expérience humaine éthiquement inacceptable. Avec une aiguille imprégnée de sérosités provenant d'une lésion cutanée (un léprome), il inocula les bacilles dans l'œil d'une patiente déjà atteinte d'une lèpre et put observer l'apparition de nodules caractéristiques dans l'œil ainsi infecté. Cette expérimentation scandaleuse et réalisée sans le consentement de la patiente lui valut un procès retentissant. Poursuivi devant les tribunaux de Bergen, Hansen se défendit en alléguant que ces expériences avaient apporté la preuve de la contagion et qu'il pouvait guérir les lésions cornéennes par l'ablation des nodules. Il fut démis de son poste en mai 1880 du fait de l'absence de

---

[4] Aujourd'hui, on ne sait toujours pas cultiver le bacille de la lèpre. Un siècle après la découverte de Hansen, Eleanor Storrs aux États-Unis découvrit en 1968 que le tatou (*Armadillo*) était le seul animal sensible à la lèpre et qu'il pouvait être naturellement contaminé.

consentement mais fut maintenu dans ses responsabilités d'inspecteur général de la lèpre du fait de l'intérêt scientifique de son approche. Pendant ce temps, le nombre des lépreux recensés chutait à 1752 cas en 1875 et à 577 en 1900. Une seule recrudescence eut lieu en Norvège dans les années 1950.

Nombre des misérables marins de Bergen émigrèrent aux États-Unis pour chercher au Nouveau Monde de meilleures conditions de vie, de logement, de nourriture et un avenir pour leur famille. Pour conforter son hypothèse infectieuse, Hansen décida d'aller enquêter sur place pour voir si la lèpre persistait dans ces familles norvégiennes installées aux États-Unis. Si l'hygiène était réellement importante, la lèpre aurait dû disparaître des populations émigrées vivant dans de bonnes conditions de vie. Au contraire, si l'hérédité était en cause, on s'attendrait à sa persistance et, si la théorie de contagion était vraie, à sa propagation dans la population américaine. Parti aux États-Unis en 1887, il retrouva les populations norvégiennes immigrées dans l'Indiana, le Minnesota et le Dakota. Il observa une importante diminution du nombre de lépreux chez les immigrés vivant dans de bonnes conditions d'hygiène. Il constata l'absence de nouveaux cas de lèpre dans les familles norvégiennes en se basant sur les registres hospitaliers et observa jusqu'à trois générations indemnes dans la descendance d'un lépreux. L'hypothèse héréditaire des cagots était éliminée. De retour en Norvège, il étudia les registres dénombrant les cas de lèpre, et s'aperçut que des nouveaux cas de lèpre apparaissaient dans les villages où les lépreux s'étaient installés sans être séparés du reste de la population. Comme au Moyen âge, il vit que le recul de nouveaux cas coïncidait avec un isolement efficace des patients. Ces études confortèrent fortement le rôle du bacille qu'il voyait dans les lésions cutanées des lépreux.

Ce bacille de Hansen est une mycobactérie appelée *Mycobacterium leprae* [5]. La transmission de la maladie est encore mal connue et se ferait par contact direct (cutanée et muqueuse) à partir des malades lépromateux qui élimineraient jusqu'à 100 millions de bacilles par millilitre de mucus nasal. La maladie a une incubation de 3 à 5 ans minimum. Aujourd'hui, la lèpre est en régression, notamment du fait des traitements antibiotiques très efficaces [6], passant de 11 millions de patients dans le monde en 1975 à environ 5 millions aujourd'hui localisés au Sud-est Asie, en Afrique, en Amérique du Sud et en Inde. En 2000, on comptait près de 670 000 nouveaux cas par an.

---

[5] *Mycobacterium leprae* est une bactérie non cultivable. Les données de séquençage du génome de ce pathogène portent témoignage de son origine récente et d'une longue phase de parasitisme pour l'espèce humaine. En effet on a trouvé de nombreux « pseudogènes », c'est-à-dire de gènes incomplets ayant perdu leur fonction devenue inutile du fait du parasitisme étroit pour l'homme.

[6] On utilise des antibiotiques pour traiter la lèpre, les sulfones (dapsone), la clofazimine et la rifampicine, l'antibiotique majeur contre cette maladie. Habituellement, trois antibiotiques sont administrés par voie orale pendant deux ans. On a vu apparaître des bactéries résistantes sous antibiothérapie. La maladie n'est plus contagieuse après 3-4 semaines de traitement.

Robert Koch

Robert Koch (1843-1910) est né à Clausthal, une petite ville luthérienne du Harz. Issu d'une famille cultivée de 11 enfants, vivant dans des conditions modestes, il fit ses études de médecine à Göttingen où il eut comme enseignant Jacob Henle qui avait soutenu en 1840 que les maladies infectieuses étaient dues à des parasites vivants. À la fin de sa formation, Koch pensait émigrer aux États-Unis mais finit, après divers aléas, par s'installer comme médecin généraliste en 1869 dans la petite ville de Rakwitz, dans la province de Posen. Après la guerre de 1870 où il fut engagé volontaire, il s'installa dans le village de Wollstein en Silésie où il resta de 1872 à 1880. Rien ne laissait pressentir le destin extraordinaire de ce jeune médecin. Koch était un naturaliste de cœur qui avait choisi de façon pragmatique la médecine à cause de son penchant pour l'observation de la nature. Il va fonder avec Pasteur un pan entier de la biologie et identifier les microbes du charbon, de la tuberculose et du choléra.

Figure 3. Casimir Davaine (1861-1868) fit des travaux précurseurs sur le charbon.

Le charbon

À Wollstein, Koch fut confronté à une maladie répandue dans le bétail de la région, le charbon. Cette infection redoutable est transmissible occasionnellement à l'homme. On savait depuis 1845 que le sang des animaux atteints de charbon contenait des bâtonnets vus au microscope par les Français Casimir-Joseph Davaine (1812-1882) et Pierre-François Rayer (1793-1867), puis en 1849 par l'allemand Franz Aloys Pollender (1800-1879). En 1861, Davaine réussi à transmettre expérimentalement la maladie par inoculation de petites quantités de sang d'animaux infectés à des contrôles sains. Puis, de 1863 à 1868, il montra que la présence de « bactéridies charbonneuses » dans le sang était requise pour transmettre expérimentalement la maladie. Cependant, cela ne résolvait pas les problèmes du charbon. On savait que la maladie ne s'acquérait qu'exceptionnellement par le sang et qu'en revanche, elle pouvait être contractée par contact avec le sol. Koch démarra son travail sur le charbon en 1873. Il commença à étudier cette maladie sans aucun moyen. Son laboratoire était sa maison de quatre pièces, équipée d'un microscope offert par sa femme. Il confirma par examen microscopique la présence de gros bacilles dans le sang des animaux malades. Il observa le 12 avril 1874 la présence dans les filaments bactériens de petits points transparents, ce qui fut une des toutes premières observations de spores bactériennes (forme « dormante » de la bactérie qui lui permet de survivre longtemps dans le milieu extérieur). Il acheta un nouveau microscope et commença à inoculer des lapins et des souris grises qu'il faisait attraper dans les écuries. Il examina le sang, les ganglions lymphatiques et les tissus des animaux morts de l'inoculation, en particulier la rate. Il vit des bâtonnets partout, y compris dans l'œil où l'humeur aqueuse normalement limpide devenait trouble et pullulant de bacilles. Personne n'avait alors cultivé cette bactérie. Il essaya donc de la cultiver sur l'humeur aqueuse obtenue par recueil de globes oculaires de bétail aux abattoirs. Cela s'avéra un excellent milieu de culture. Koch s'aperçut qu'une température de 30 °C à 35 °C favorisait fortement la culture, de même que l'air, puisque les cultures en boîtes de verre scellées à la paraffine, donc étanche à l'air, étaient moins productives. Comment faire pour incuber ses cultures quand on n'a même pas l'électricité dans sa maison en 1876 ? Il utilisa un brûleur fonctionnant au kérosène qui délivrait une petite flamme chauffant du sable humide disposé dans un plat recouvert de papier-filtre, sur lequel il disposait ses boîtes de culture d'humeur aqueuse ensemencée de bactéries. On voit ici toute l'ingéniosité expérimentale de Koch, remarquable qualité qu'il partageait avec Pasteur. En examinant ses cultures vieillies, Koch observa l'allongement progressif des bacilles épais et la formation de spores qui gardaient la propriété de redonner en culture des bacilles épais comme ceux observés dans le sang. Ces « endospores » dormantes expliquaient tout le cycle de transmission de la maladie, notamment la persistance des bactéries dans l'environnement pendant des années dans les « champs maudits » où la maladie resurgissait régulièrement chez les animaux en pâture. Il appela cette bactérie *Bacillus anthracis*.

Figure 4. Robert Koch (1843-1910), découvreur du bacille de la tuberculose et du bacille du choléra, Prix Nobel 1905.
©Nobel Foundation

Koch, alors âgé alors de 32 ans, décida de présenter ses données à Ferdinand Cohn (1828-1898), un éminent professeur de botanique de l'Université de Breslau, spécialiste des bactéries classées alors dans le monde végétal. Prenant le train pour Breslau avec toutes ses cultures, ses préparations microscopiques et même ses souris, Koch lui présenta ses résultats qui déclenchèrent l'enthousiasme. Cohn venait lui-même de découvrir qu'une bactérie non pathogène présente dans les infusions de foin, nommée *Bacillus subtilis*, pouvait résister dans l'eau bouillante. Koch utilisa cette bactérie comme témoin, montrant ainsi que le charbon était dû à une seule et unique bactérie. Il montra aussi que la transmission n'était pas liée à un poison libéré dans le sang des animaux car la bactérie restait très virulente même après avoir été inoculée successivement 8 fois sur des boîtes contenant de l'humeur aqueuse du lapin. Ainsi Koch réalisait la toute première démonstration expérimentale du rôle d'une bactérie comme agent d'une maladie infectieuse. Conjointement avec l'article de Cohn sur les spores de *Bacillus subtilis*, celui de Koch intitulé « L'étiologie du charbon, basée sur le cycle de vie de *Bacillus anthracis* »[7] fut publié en 1876 dans le journal de botanique fondé par Cohn, le *Beiträge zur Biologie der Pflanzen*. Ces résultats arrivaient en même temps que ceux de John Tyndall (1820-1893) qui publiera l'année suivante un travail sur des bactéries de l'air résistantes à l'ébullition. Enfin, Pasteur qui s'intéressait au charbon à cette époque réalisa une expérience qui confortait le rôle des bâtonnets dans le charbon. Il inocula avec une goutte de sang d'un animal atteint de charbon 50 ml d'urine stérilise utilisée comme milieu de culture, puis réitéra ce procédé d'ensemencement jusqu'à 100 cultures successives dans des tubes d'urine. La virulence du bacille restait intacte au fur et à mesure des passages. Il montra également que la filtration des cultures ne permettait pas de transmettre le charbon. Pasteur poursuivra son travail en atténuant la virulence de cette bactérie pour préparer un vaccin.

La tuberculose

Robert Koch resta encore quatre années dans son village de Silésie pendant lesquelles il améliora ses méthodes de coloration et de culture sur supports solides, comme la pomme de terre et l'agar. Il se tourna alors vers des germes à l'origine d'infections humaines, d'abord les bactéries des plaies infectées puis de la tuberculose. Il fut alors nommé en 1880 membre du « *Reichs-Gesundheitsamt* » (Bureau Impérial de Santé) de Berlin où il s'installa pour poursuivre sa recherche avec de nombreux élèves. Deux ans après son installation à Berlin, Koch découvrit en 1882 le bacille responsable de la tuberculose.

La tuberculose, phtisie ou « consumption » était un mal mystérieux, fléau millénaire connu depuis l'Antiquité. Hippocrate qui en fit la première description en 460 av. J.-C., la considérait comme une des maladies les plus fréquentes de son époque, alors presque toujours mortelle. Le malade apparaissait consumé par la maladie, émacié, essoufflé, couvert de sueur, livide, toussant. La tuberculose est avant tout une maladie pulmonaire, formant des abcès (des tubercules) dans les poumons, mais peut en fait atteindre n'importe quel organe (rein, testicule, utérus, cerveau…) et même les os (on l'appelle alors mal de Pott). Cette maladie semble être apparue au néolithique, comme en témoigne la présence de lésions osseuses typiques, notamment sur les squelettes de certaines momies égyptiennes datées de 2400 av. J.-C. Largement répandue dans l'Antiquité, la maladie a ensuite suivi les migrations humaines, atteignant les populations de l'Amérique précolombienne, comme l'atteste la découverte récente de l'ADN des bacilles dans les tissus de momies péruvienne du XIe siècle de notre ère. La tuberculose fit de tels ravages au cours de l'Histoire qu'elle fut appelée la « peste blanche ». La maladie connut une recrudescence importante du XVIe siècle jusqu'à la fin du XIXe siècle. Les taux de mortalité, par exemple au XVIIIe siècle,

---

[7.] « *Die Äetiologie der Milzbrandkrankheit, begründet auf die Entwicklungsgeschichte des Bacillus anthracis* », Robert Koch 1876.

en Amérique du Nord atteignaient 300 pour 100 000 habitants avec un pic à 1 600 pour 100 000 habitants en 1800. Ces « fièvres de l'âme », comme on appela la phtisie au XIXe siècle, emportèrent de nombreux personnages célèbres : Anton Tchekhov, Frédéric Chopin, René Laennec, Franz Kafka, Robert Stevenson, les sœurs Brontë, le poète John Keats, pour n'en citer que quelques-uns.

Depuis l'Antiquité, deux hypothèses se sont opposées sur l'origine de la tuberculose, maladie héréditaire ou maladie transmissible. Les auteurs de l'Antiquité avaient perçu le danger de demeurer au contact des patients tuberculeux. Aristote croyait à la transmissibilité par l'haleine. L'Athénien Isocrate (436-338) faisait dire à un jeune homme dont le père venait de mourir de tuberculose : « Mes amis m'engageaient à me garantir moi-même en me disant que la plupart de ceux qui avaient soigné cette maladie en étaient devenus les victimes ». Cependant contrairement aux lépreux, les patients tuberculeux ne furent pas isolés, notamment au Moyen Âge. En 1546 Fracastor avait parfaitement décrit la contagiosité de la tuberculose. Cette idée du caractère contagieux de la tuberculose réapparut d'abord à Padoue en Italie dès 1621 dans un arrêté municipal interdisant la vente d'objet ou de linge ayant appartenu à des tuberculeux. En 1699, un édit de la République de Lucques exigeait la déclaration obligatoire des malades ou des suspects de tuberculose, préconisant d'incinérer les objets, vêtements et linges ayant appartenu à des malades tuberculeux pour prévenir la contagion. Dans cette même ville, la municipalité imposa en 1737 de regrouper les tuberculeux dans un local spécial en leur interdisant l'accès à l'hôpital général. De telles mesures seront suivies au cours du XVIIIe siècle à Florence, Venise, Rome, Naples et dans certaines villes d'Espagne comme Valence, mais resteront confinées aux pays de l'Europe du sud. En 1720, le médecin anglais Benjamin Marten (1690-1751), dans une publication intitulée « *New theory of comsumptions* » (« Nouvelle théorie de la consomption ») a posé pour la première fois l'hypothèse que la tuberculose puisse être due à « d'étonnantes créatures vivantes minuscules » qui pourraient « survivre dans nos sucs et nos vaisseaux ». Marten proposa que la consomption puisse être contractée par une personne saine à partir de l'air rejeté des poumons de patients tuberculeux, surtout en vivant dans une certaine promiscuité avec lui, par exemple en dormant dans le même lit. Cette hypothèse basée sur des observations épidémiologiques était remarquable en ce début de XVIIIe siècle. De façon paradoxale malgré l'extension de la maladie à l'époque Romantique, l'hypothèse de la transmission héréditaire allait progresser au cours du XIXe siècle au détriment de la théorie de la contagion jusqu'aux découvertes de Villemin et de Koch.

Malgré cela, les patients commencèrent à être isolés vers le milieu du XIXe siècle, avant la découverte de la cause bactérienne de la tuberculose. La création des sanatoriums en Europe vint des idées de Hermann Brehmer (1826-1889), un botaniste allemand originaire de Silésie. Souffrant de tuberculose, il était parti sur les conseils de son médecin dans l'Himalaya pour trouver un climat plus sain pour sa maladie. Il guérit et de retour en Europe écrivit une thèse de doctorat intitulée *La tuberculose est un mal curable* parue en 1854. Cette même année, il construisit à Gorbersdorf le premier sanatorium pourvoyant une nourriture saine à des patients constamment exposés à un air pur et frais. Des sanatoriums se mirent progressivement en place à partir de cette date dans toute l'Europe et aux États-Unis. Ils eurent une double fonction, isoler les patients, source d'infection, et favoriser la guérison par une vie au repos et un régime approprié. Parallèlement à l'amélioration des conditions sociales et sanitaires des populations à partir de la fin du XIXe siècle, ces institutions devinrent un outil puissant de lutte contre la tuberculose qui décimait alors les populations. Ainsi, la prévalence de la maladie chuta au cours du XIXe siècle, bien avant la vaccination par le BCG et les antibiotiques antituberculeux pour atteindre des taux de 1 à 10 pour 100 000 habitants après 1950 dans les pays industrialisés.

LES CHEMINS DE LA DÉCOUVERTE

L'histoire de la découverte de l'agent de la tuberculose prend ses racines dans les travaux des anatomistes et des physiologistes. C'est au XVIIe siècle que le physiologiste François de la Boe, dit Sylvius (1614-1672), observa des lésions caractéristiques de la maladie, les tubercules visibles dans des poumons et dans d'autres organes de patients décédés. Il relata ses découvertes dans un ouvrage intitulé *Opera medica* et publié après sa mort en 1679. À cette époque, l'anatomiste Anglais Thomas Willis (1621-1675), puis en 1702 Jean-Jacques Manget (1652-1742) décrivirent des lésions pulmonaires chez les patients morts de tuberculose : la tuberculose « miliaire » avec ses innombrables « grains de mil » disséminés dans les deux poumons et la fibrose chronique infiltrant les poumons à l'origine d'insuffisance respiratoire. Il fallut attendre 1865 pour qu'un médecin militaire français Jean-Antoine Villemin (1827-1892) démontre pour la première fois que la « consomption » pouvait être transmise expérimentalement de l'homme au bétail et du bétail au lapin. Devant l'Académie de Médecine, ce jeune professeur de l'École du Val de Grâce, présenta le 5 décembre 1865 une communication sur « *La nature et la cause de la tuberculose* ». Il écrivait : « La tuberculose est l'effet d'un agent causal spécifique, d'un virus. Cet agent morbide doit se trouver, comme ses congénères, dans les éléments morbides qu'il a déterminé par son action directe, sur les éléments normaux des tissus affectés. ». Bien sûr, cette communication laissa totalement incrédule cette noble assemblée qui, comme tout le monde à l'époque, pensait que la tuberculose était une maladie héréditaire. Villemin poursuivit ses travaux qu'il publia en 1869 dans un mémoire intitulé *De la propagation de la phtisie*. Il y montrait que l'inoculation d'un tubercule, nodule inflammatoire qui se forme dans les poumons des tuberculeux, pouvait transmettre la maladie à l'animal de laboratoire. La prétendue hérédité n'est que le résultat d'une contamination précoce d'origine familiale. Villemin avait donc réussi à transmettre la tuberculose aux animaux de laboratoire, mais pourquoi n'avait-il pas pu mettre en évidence l'agent causal à l'examen microscopique ?

La réponse fut apportée par Robert Koch qui commença ses premières expériences sur la tuberculose le 18 août 1881. Huit mois plus tard, le 24 mars 1882, il fit devant la Société de Physiologie de Berlin une conférence restée célèbre, publiée trois semaines plus tard. Il mettait en évidence le bacille de la tuberculose, appelé aujourd'hui *Mycobacterium tuberculosis*. Koch connaissait les travaux de Villemin et avait accès à des prélèvements provenant des patients d'un service de tuberculeux de l'hôpital de la Charité de Berlin. Sa découverte est en tout point remarquable. Koch utilisa toutes les techniques qu'il avait mises en œuvre les 6 années précédentes, la microscopie, la coloration des tissus, l'isolement des cultures pures, l'inoculation à l'animal. Il inocula d'abord des cobayes avec des tissus de patients morts de tuberculose, et réussit à transmettre la maladie, comme l'avait démontré avant lui Villemin. Il travailla sur des tubercules fraîchement développés dans les tissus de cobayes, et utilisa de multiples procédures de coloration pour essayer de voir les bactéries dans les tissus. Cela constituait une difficulté majeure car le bacille de la tuberculose est difficile à visualiser par coloration du fait de la nature « cireuse » de sa paroi riche en acides gras qui empêche les colorants de pénétrer la bactérie. En utilisant le bleu méthylène, il vit de très fins bacilles seulement dans les préparations provenant de matériels tuberculeux. En utilisant un second colorant brun, la vésuvine, il visualisa les bacilles bien plus efficacement et put les photographier. Il démontra la présence de ces bacilles dans les tissus pulmonaires de tous les patients tuberculeux et ne les retrouva jamais chez des patients présentant d'autres affections. Surtout il réussit à cultiver cette bactérie à partir des tubercules. Ces premiers essais furent des échecs en utilisant des milieux nutritifs comparables à ceux utilisés pour le bacille du charbon. Utilisant du sérum sanguin coagulé en tube, incubé à 37 °C, il put alors voir avec émerveillement que des colonies minuscules apparaissaient après deux semaines d'incubation. Il inocula ensuite directement des cobayes avec les bactéries en culture, reproduisant facilement la maladie. Au cours de son exposé, Koch avait amené avec lui toutes ses préparations microscopiques, ses tubes en culture, comme il avait fait pour présenter ses résultats devant Cohn. C'est donc une technique « triviale » de coloration des bacilles qui permit de dévoiler le mystère de l'origine de cette maladie demeuré caché depuis des millénaires. Il put déclarer : « Désormais nous n'avons plus affaire dans la lutte contre le terrible fléau de la tuberculose à quelque chose de vague et d'indéterminé, nous sommes en présence d'un parasite visible et tangible. Nous savons que ce parasite ne trouve des conditions d'existence que dans le corps de l'homme et des animaux […]. Il en résulte qu'il faut s'attacher à tarir les sources d'où dérive l'infection ». Cette conférence fut suivie d'un lourd silence sans applaudissement, sans débat, sans question. Cette nouvelle sensationnelle fit le tour du monde. Par la suite, Koch prépara la tuberculine, un extrait filtré de cultures du bacille de la tuberculose, qu'il tenta d'utiliser pour traiter la tuberculose, sans succès. La tuberculine devint un précieux test diagnostic de tuberculose [8].

Jusqu'à l'apparition des antibiotiques antituberculeux, il existait très peu de moyens pour traiter la tuberculose. L'Italien Carlo Forlanini (1847-1918) montra en 1892 que la création d'un pneumothorax artificiel (par injection d'air dans la cavité thoracique créant une rétraction du poumon infecté) entraînait une amélioration de l'évolution de la maladie. Cette technique agressive qui « détruisait » le poumon malade se répandit en Europe. Parallèlement, l'apparition de la radiologie en 1895 à partir de la découverte de Wilhelm Conrad Röntgen (1845-1923) permit des progrès dans le dépistage et le suivi de la tuberculose pulmonaire. La découverte du bacille de Calmette et Guérin (BCG), une souche atténuée d'un bacille de tuberculose bovine utilisé comme vaccin encore aujourd'hui contribua fortement à renforcer l'immunisation de la population. Puis à partir des années 1940, la découverte de plusieurs antibiotiques antituberculeux, tels que la streptomycine utilisée en novembre 1944 chez l'homme, puis le p-aminosalicylique acide (PAS) (1949), l'isoniazide (1952), la pyrazinamide (1954), la cyclosérine (1955), l'éthambutol (1962), et la rifampicine (1963) permit enfin de traiter de façon efficace la tuberculose. On estime aujourd'hui que 3 millions de personnes meurent de tuberculose chaque année. Dans les pays industrialisés, après une décroissance régulière de la tuberculose depuis la fin du XIXe siècle, on assista à partir des années 1985 à une stabilisation de l'incidence de la tuberculose. Ceci est probablement dû à l'augmentation du nombre des patients atteints de sida, très sensibles aux infections, dont la tuberculose. La fin du XXe siècle a aussi vu l'émergence de souches de *Mycobacterium tuberculosis* résistantes à plusieurs antibiotiques du fait de l'interruption trop précoce des traitements, notamment par les patients toxicomanes, ce qui pourrait rendre très difficile le traitement de la tuberculose.

Le choléra

Le choléra est une maladie de la misère, de la malnutrition et de la surpopulation qui entraîne une diarrhée gravissime. On retrouve sa trace dans des textes sanscrits datant de 2 500 ans avant J.-C. Jusqu'au XIXe siècle, la maladie sembla confinée aux deltas du Gange et du Bangladesh dans le sous-continent indien. Un officier de Vasco de Gama en fit une première relation en 1503, décrivant une épidémie de diarrhées cataclysmiques rapidement mortelles en quelques heures, entraînant 20 000 morts à Calicut. À partir de 1817, avec l'es-

---

[8]. La tuberculine est injectée en faible quantité dans la peau d'un sujet (voie intradermique). En cas d'exposition préalable aux bacilles, une forte réaction inflammatoire cutanée apparaît en 2 ou 3 jours au point d'inoculation, avec une induration plus ou moins rouge. En revanche si le sujet n'a jamais été exposé, on n'observe pas de réaction. Ce test est toujours utilisé aujourd'hui lorsque l'on suspecte une tuberculose.

sor de la marine à vapeur, le choléra se mit à vagabonder à travers le monde du fait de l'accélération des moyens de communication par voie maritime, évoluant en sept pandémies [9]. Faisant irruption en Europe, le choléra entraîna une mortalité qui souvent dépassait 50 % des patients. Il faut imaginer le chaos qu'entraînaient ces épidémies, des malades souffrant brutalement de crampes horribles, avec des vomissements en fusée, agonisant dans des flots de diarrhée aqueuse, les yeux exorbités par la déshydratation comme terrifiés par la mort qui allait couper le fil de leur vie. On les trouvait morts dans la rue, abandonnés à leur domicile, parfois des familles entières étaient décimées en quelques heures. Les cimetières étaient tellement pleins que les inhumations étaient interdites par voie d'affiche. Où mettre les morts ? Les autorités parfois fuyaient les épidémies, mais on trouvait aussi quelques héros.

Bien qu'on ne sache rien de l'origine de la maladie ni de son caractère contagieux, on avait la conviction que les malades étaient dangereux et le choléra suscita très tôt un grand mouvement d'hygiène publique. On prit alors dans toute l'Europe des mesures d'isolement qui nous paraissent aujourd'hui évidentes et logiques. Cependant, les barrières sanitaires n'ont jamais pu empêcher la diffusion du choléra [10], du fait de la présence silencieuse du germe de mort chez de nombreux porteurs sains. Un médecin anglais, John Snow (1813-1858) allait faire considérablement progresser la connaissance sur l'épidémiologie du choléra par des observations de simple bon sens. Très jeune étudiant en médecine, il avait connu l'épidémie dévastatrice de 1831-1832 à Londres. Il avait acquis la conviction que le choléra n'était pas communiqué par l'air ou les miasmes émis par les patients, selon la théorie admise à l'époque. En effet, il avait soigné de nombreux patients sans contracter la maladie et sa localisation à l'intestin lui suggérait une contamination par ingestion. Il publia en 1849 un bref article intitulé « *On the mode communication of cholera* » où il suggérait que le choléra est une maladie contagieuse due à un poison qui se reproduit dans le corps humain et est trouvé dans les vomissements et les selles des patients. Pour lui, l'eau contaminée par le poison était le principal, sinon le seul vecteur de la maladie. Ce mémoire prémonitoire reçut un prix de l'Institut de France.

Snow put prouver la réalité de sa théorie au cours d'une épidémie de choléra qui éclata à Londres en août et septembre 1854. Travaillant sur le terrain, Snow suivit de prêt l'évolution de l'épidémie. En colligeant le domicile des patients cholériques et le registre des décès, il s'aperçut que la plupart des patients morts habitaient au voisinage de pompes à eau. L'épicentre de l'épidémie fut ainsi localisé dans le quartier au coin de *Broad Street* et de *Cambridge Street*. Il répertoria près de 500 morts en 10 jours à cet endroit où était sise une pompe devenue fameuse. Sur intervention de Snow, les autorités interdirent l'usage de la pompe, ce qui stoppa l'épidémie dans le quartier. Par ailleurs, Snow fut frappé par le fait que les 535 ouvriers d'une usine localisée à *Poland Street* au cœur d'un quartier fortement touché par le choléra furent largement épargnés par la maladie. L'usine n'était pas alimentée par l'eau contaminée de la Tamise mais avait son propre puits et les ouvriers ne buvaient que de la bière ! Snow étudia alors les conditions de distribution de l'eau potable à Londres. La ville était approvisionnée par deux compagnies de distribution des eaux, la *Lambeth Waterworks Company* et la *Southwark and Vauxhall Company*. Toutes les deux fournissaient la ville à partir de l'eau de la Tamise pompée au sein même de la cité et donc polluée par les égouts de la

---

[9]. Depuis le début du XIXe siècle, on a dénombré sept pandémies de choléra. La première dura de 1817 à 1824, atteignant surtout l'Est de l'Europe. La 2e pandémie atteignit l'Europe de l'Ouest de 1829 à 1837, la 3e de 1840 à 1860 est celle de la découverte de Snow, la 4e dura de 1863 à 1875, la 5e de 1881 à 1896 est celle de la découverte de *Vibrio cholerae* par Robert Koch, la 6e s'étalant de 1899 à 1923. La 7e pandémie qui sévit encore aujourd'hui débuta en 1960, touchant l'Afrique en 1970 et l'Amérique latine en 1991, deux continents où le choléra était inconnu et où il s'est implanté à l'état endémique. En 1992, une nouvelle souche de *Vibrio cholerae* dite O139 est apparue en Inde et au Bangladesh et menace de déclencher une 8e pandémie.

[10]. Casimir Perrier, premier ministre du roi Louis-Philippe, avait édicté des mesures d'hygiène strictes et érigé des barrières sanitaires très contrôlées à Paris, au cours d'une célèbre épidémie de choléra qui frappa la capitale en 1832. Il mourut du choléra cette même année à Paris. En effet, ces barrières n'empêchent pas la propagation de la maladie par les porteurs sains.

ville. Lors de la réapparition du choléra en 1854, Snow montra que la mortalité du choléra était de 315 pour 10 000 foyers (40 046 habitants) desservis par la *Southwark and Vauxhall Company* contre 37 pour 10 000 foyers (26 107 habitants) desservis par la *Lambeth Waterworks Company*. Faisant une étude rétrospective, Snow constata qu'en 1849 la mortalité par choléra avait été similaire entre les zones alimentées par ces compagnies des eaux. Les germes dans les deux zones étaient donc de virulence similaire. Cependant, la *Lambeth Waterworks Company* consciente des problèmes de pollution par les égouts avait décidé en 1852 de porter sa zone de pompage à 22 *miles* en amont de la ville, évitant ainsi la contamination de l'eau potable par les égouts. Ainsi, John Snow avait montré dès 1855 que l'eau de boisson polluée par les égouts transmettait le choléra, à une époque où l'on ne savait rien des causes des infections. Après avoir été l'un des premiers à travailler sur l'anesthésie à l'éther, Snow mourut prématurément à 45 ans en 1858, inconnu.

Le premier à avoir observé l'agent du choléra fut un professeur d'anatomie à Florence, Filippo Pacini (1812-1883), un italien fils d'un humble cordonnier, ancien ecclésiastique et médecin expert en microscopie. Au cours d'une épidémie de choléra qui éclata à Florence en 1854, Pacini examina au microscope les tissus intestinaux de patients morts du choléra en pratiquant des autopsies immédiatement après leur mort. Il découvrit un bacille en virgule qu'il appela *Vibrio* dans une publication intitulée *Observations microscopiques et déductions pathologiques sur le choléra*, mettant en exergue sa relation avec la maladie sans toutefois en apporter la preuve. Ce travail resta complètement ignoré de la communauté scientifique jusqu'à la découverte de Robert Koch. Pacini continua ses études sur le choléra jusqu'en 1880 en décrivant la fuite aqueuse massive au moment des diarrhées et le traitement par réhydratation apportant l'eau et le sel par voie veineuse pour compenser les pertes diarrhéiques.

Pour être définitivement au Panthéon des Sciences, Robert Koch identifia le bacille du choléra. À l'occasion d'une épidémie de choléra qui éclata à Damiette en Égypte en juin 1883, Koch se rendit à Alexandrie avec un groupe de collègues allemands au mois d'août 1883 dans le but de découvrir le germe de cette maladie. Examinant des prélèvements de muqueuse intestinale à l'autopsie de patients morts de choléra, il observa, comme Pacini, un bacille en virgule, un vibrion tapissant cette muqueuse sans envahir les parois intestinales. N'ayant pas le matériel pour l'isoler en culture pure, il essaya d'infecter des animaux avec le matériel contaminé, sans succès. C'est alors que survint la mort tragique de Louis Thuillier (1856-1883), un jeune médecin de 27 ans, membre d'une mission française concurrente envoyée à Alexandrie pour étudier le choléra. Cet épisode rappelle les risques importants que prenaient à cette époque ces chercheurs. Tandis que l'épidémie déclinait en Égypte mais restait très active en Inde, Koch décida de se rendre à Calcutta dès la fin 1883 pour y poursuivre sa recherche. Le 7 janvier 1884, il annonça par dépêche qu'il avait isolé le bacille du choléra en culture pure. On l'appellera *Vibrio cholerae*. Il le décrivait comme un bâtonnet droit ou incurvé en virgule, se multipliant rapidement dans l'eau stagnante et contaminée de matières organiques. Il trouva que le bacille n'était pas retrouvé dans des diarrhées en dehors du choléra mais était massivement présent dans les « grains de riz » trouvés dans les selles de malades cholériques. Il ne put cependant reproduire chez l'animal la maladie que l'on sait très spécifique de l'espèce humaine. À son retour en mai 1884, il fut accueilli à Berlin en héros. En 1885, Koch fut nommé professeur d'Hygiène à l'Université de Berlin, puis directeur du nouvel Institut d'Hygiène. Il continua à travailler et à voyager à travers le monde pour lutter contre les maladies infectieuses humaines ou animales. Koch fut couvert d'honneur et reçut en 1905 le prix Nobel de Médecine.

Après la gloire de Koch, il est juste aussi de rappeler les efforts d'inconnus qui ont permis de traiter efficacement le choléra. Au XIXe siècle, on ne comprenait pas pourquoi les malades mourraient. Certes, quelques rares médecins, comme le Dr William B. O'Shaughnessy

(1809-1889) en 1831, puis l'année suivante, le Dr Thomas Latta, un chirurgien de Leith, avaient pressenti que la vraie cause de la mort rapide des patients était la déshydratation induite par la diarrhée, et tentèrent de traiter les patients avec des perfusions intraveineuses d'eau salée non stérile, pratiquées avec des plumes d'oie, ce qui améliorait l'état des patients mais entraînait de graves thromboses et phlébites suppurées (infections des veines perfusées). D'autres praticiens essayèrent à l'époque de faire boire les patients tous les quarts d'heures, avec quelques succès. Mais dans l'ensemble, la déshydratation fut totalement méconnue et les traitements les plus farfelus furent proposés, sans succès autres que ceux d'une évolution naturelle parfois favorable de la maladie. Au milieu du XXe siècle, Daniel Darrow en 1940 travaillant au *John Hopkins Hospital* montra l'intérêt thérapeutique des solutions de chlorure de sodium administrées par voie orale, mais la réabsorption du sel restait faible chez les patients diarrhéiques. Un physiologiste américain, P.F. Curran, fit une observation qui allait sauver des centaines de milliers de vie. En travaillant sur des intestins isolés de rat, il montra en 1960 que le glucose additionné aux solutions salées stimulait fortement la réabsorption du sodium[11]. Le Dr N. Hirschborn confirma en 1966 l'efficacité des solutions salées additionnées de sucre administrées par voie orale chez des cholériques au Bangladesh. Dès 1970, l'emploi des solutés de réhydratation de l'UNICEF basés sur ce principe s'était généralisé, sauvant des centaines de milliers d'enfants diarrhéiques tous les ans. Ces solutés permettaient la réhydratation orale de ces enfants, même ceux atteints de choléra grave, sans recours à la perfusion veineuse. Les antibiotiques n'étant qu'un appoint à la réhydratation dont dépend la survie des patients.

La peste et Alexandre Yersin

Figure 5. Alexandre Yersin (1863-1943), découvreur du bacille de la peste.
© Institut Pasteur.

---

[11] P.F. Curran, « *Na, Cl, and water transport by rat ileum in vitro* » . *The Journal of General Physiology*, 1960, 43, 1137-1148.

Alexandre Yersin (1863-1943) est vraiment un personnage extraordinaire, bactériologiste, explorateur, géographe et agronome français d'origine suisse. Né près de Morges en 1863, il débuta ses études de médecine à Marburg en Allemagne pour les finir à Paris en 1885, dans le laboratoire du professeur Cornil à l'Hôtel-Dieu. Au cours de ses études, il se blessa en disséquant un patient mort de rage. Envoyé en consultation à l'institut Pasteur, il y resta à partir de 1886 comme assistant d'Émile Roux [12] (1853-1933). C'est avec lui qu'il fit sa première découverte fondamentale, celle de la toxine diphtérique en 1888, et soutint cette même année une remarquable thèse de médecine sur la tuberculose. Il décida de tout abandonner et de partir comme médecin des Messageries Maritimes (1890) sur la ligne Indochine-Philippines, puis en 1892 comme médecin du Service de santé colonial. C'est alors qu'une épidémie de peste éclata dans le Yunnan en Chine. À la fin du XIXe siècle, la peste existait à l'état endémique en Chine du Sud. En 1892, un réveil de foyers en dans cette région inquiéta les autorités françaises d'Indochine. La peste atteignit Canton en 1894, puis Hong-Kong et Amoy, un autre port de la côte de la Chine du Sud, faisant de terribles ravages avec plus de 100 000 morts à Canton. Yersin fut chargé d'une mission officielle par le gouverneur général d'Indochine : « Étudier la peste du Yunnan, en trouver la cause, étudier la marche épidémique et dicter les conditions de protection les plus efficaces ». Vaste mission s'il en fut pour un seul homme, à une époque où rien n'était connu sur les origines de cette maladie !

La peste était connue depuis l'époque de l'empereur Justinien au VIe siècle. Une terrible pandémie avait ravagé tout le pourtour méditerranéen, sans pénétrer l'Europe continentale du fait du faible développement des voies de communication. Cette première vague aurait entraîné plus de 100 millions de morts en 50 ans[13]. Le fléau réapparut au Moyen Âge pour ouvrir une époque d'épouvante dans une Europe en gestation. Dans la fresque intitulée « Le triomphe de la mort » au *Campo Santo* de Pise, on peut admirer de brillants seigneurs caracolant à cheval, jeunes et beaux, enivrés par la vie, qui voient soudainement s'ouvrir sous leur pas des cercueils pleins de corps en décomposition. Ainsi frappait la « peste noire », sans distinction, imprévisible, comme une malédiction. Elle revint en ce soir d'octobre 1347 où douze galères génoises entrèrent dans le port de Messine. Fuyant le port de Kaffa en Crimée, alors assiégé par les Tartares, ces galères avaient vu en deux semaines de navigation plus de la moitié de leurs occupants périr de pestilence. Elles amenaient la peste de l'Orient. À Messine, on ne voulut pas d'eux mais il était trop tard. Quelques heures après leur passage, les premières victimes tombèrent. Les populations prises de panique se dispersèrent en propageant le mal dans toute l'Italie. Dès le printemps 1348, la peste diffusait dans toute l'Italie et gagnait l'Autriche, les rives de l'Adriatique, les Balkans, la Suisse, l'Allemagne, puis le pays d'Oc, l'Espagne, les Baléares et la France, transformant en charniers Marseille, Montpellier, Narbonne, Toulouse et Avignon, la ville du Pape. En 1349, elle gagna les

---

[12] Émile Roux était aussi un chercheur extraordinaire. D'origine modeste, il fit ses études médicales à l'hôpital militaire du Val-de-Grâce, mais esprit frondeur peu enclin à la discipline, il fut chassé de l'armée et devint l'aide-préparateur d'Émile Duclaux, professeur à l'Institut d'Agronomie, collaborateur de Pasteur. C'est ainsi que Roux travailla avec Pasteur et passa sa thèse de médecine sur « L'étiologie du charbon ». Il fit de nombreuses contributions scientifiques sur le vaccin contre le charbon et la toxine diphtérique. Il sera par la suite Directeur de l'institut Pasteur jusqu'à sa mort en 1933.

[13] Depuis le début de l'ère chrétienne, trois pandémies de peste se sont succédées. La 1re pandémie, dite peste de Justinien, eut lieu de 541 à 767 sur tout le pourtour bassin méditerranéen, touchant les pays musulmans. La 2e pandémie, la célèbre « peste noire » partit d'Inde et atteignit l'Europe en 1348, où elle fut responsable de 25 millions de morts en moins de deux ans (25-30 % de la population). Cette pandémie continua à sévir de façon importante en Europe par multiples résurgences dont la dernière fut la terrible peste de Marseille en 1720. Elle semble s'être éteinte vers 1850. La 3e pandémie partit de Chine en 1891 et se répandit dans le monde entier, y compris en Amérique et en Australie. La peste existe aujourd'hui à l'état endémique dans divers pays, dont les États-Unis d'Amérique, avec quelques résurgences épidémiques notamment en Inde récemment. En 1999, sur les 2 603 cas humains rapportés dans le monde, on compte 212 morts (mortalité de 10 % environ).

Flandres, l'Angleterre, les ports de la Hanse et les pays scandinaves, ainsi que l'Islande qui perdit la presque totalité de ses habitants (*Figure 6*).

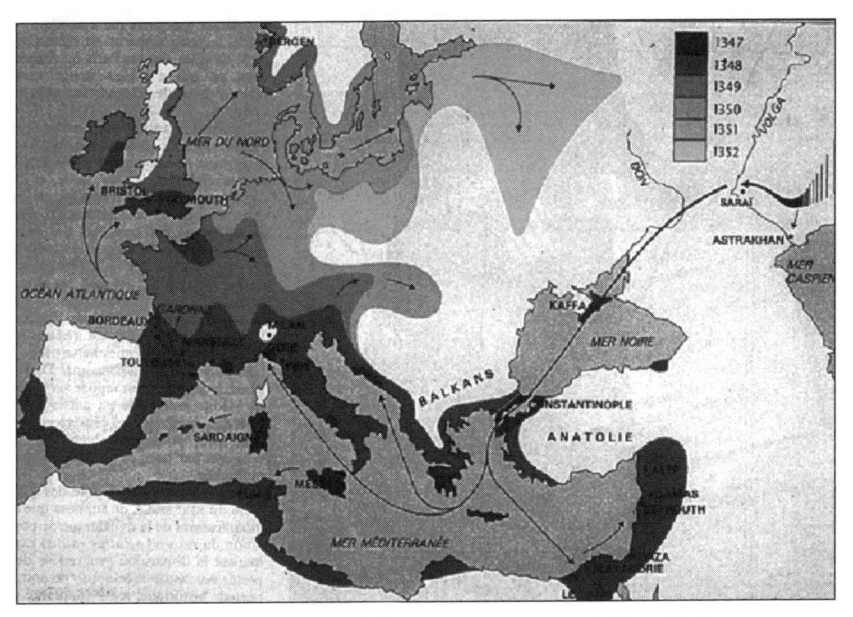

Figure 6. Carte indiquant la propagation de la peste noire entre 1347 et 1352.

La peste aurait fait en Europe près de 25 millions de morts, soit un tiers de la population, ainsi que de nombreuses victimes dans tout le monde musulman. Les formes pulmonaires et buboniques de la peste furent bien décrites par les médecins de cette époque, comme Guy de Chauliac, médecin à Avignon, et Gabatius de Sainte-Sophie, médecin à Padoue. La peste peut revêtir trois formes : la peste bubonique qui suit la piqûre par une puce infectée. La bactérie gagne et se multiplie dans le ganglion le plus proche qui devient très inflammatoire et douloureux. La peste pneumonique est une forme plus rare de la maladie, de loin la plus mortelle. Elle se propage par des gouttelettes en suspension dans l'air lorsqu'une personne infectée tousse ou éternue ou par contact avec des liquides organiques infectés (urines, larmes, etc.). Elle peut se propager par contact avec des vêtements ou de la literie contaminés par des liquides organiques infectés. La peste septicémique (dissémination dans tout l'organisme) succède à une peste bubonique ou pneumonique. Elle est presque quasiment mortelle sans traitement. L'Empereur byzantin, Jean Cantacuzène (1293-1383) rapporte à Constantinople : « L'invasion s'est lancée par une fièvre très aiguë. Les malades perdaient l'usage de la parole et paraissaient insensibles à ce qui se passait autour d'eux [...]. Les poumons ne tardaient pas à s'enflammer. De vives douleurs se faisaient sentir dans la poitrine ; des crachats sanglants étaient émis et l'haleine d'une horrible fétidité. La gorge et la langue brûlées par la chaleur excessive étaient noires et ensanglantées ». Apparaissaient aussi des tuméfactions aux aisselles et aux aines donnant des phlegmons entraînant la mort rapide ». Jean Boccace (1313-1375) pouvait écrire dans le *Décaméron* vers 1350 : « En ce temps-là on déjeunait le matin avec ses parents et ses amis ; on dînait le soir avec ses ancêtres dans l'autre monde ».

Si la peste avait épargné l'Europe avant la peste noire de 1347, c'était notamment à cause de la faible densité de rats. Depuis l'Antiquité, l'Europe était infestée par le rat noir (*Rattus rat-*

tus) très sensible à la peste. Originaire d'Asie du Sud-est et d'Inde, ce rat aurait atteint la Palestine vers le VIIe siècle avant notre ère, puis allant du delta du Nil à la côte syrienne, il colonisa progressivement toute l'Europe méditerranéenne entre le IVe et le IIe siècle avant notre ère. Il fit son apparition en Europe continentale dès le Ier siècle de notre ère, et colonisa progressivement toutes les provinces européennes de l'empire romain. Du fait de sa sensibilité au froid, le rat noir est condamné sous ces latitudes à vivre à l'intérieur des maisons la plus grande partie de l'année et sa dissémination en Europe fut intimement liée aux mouvements des hommes. Il est établi que la population de rats augmenta en Occident de façon très importante entre le XIIe et le XIVe siècle, du fait de la croissance économique, démographique et urbaine qui survint à cette époque. Il est aussi possible que les vaisseaux venant d'Orient aient contribué à importer massivement le rat noir à partir de la fin du XIIe siècle. Ces rats colonisèrent les greniers, s'infiltrèrent partout dans les villes, s'apprêtant à propager la peste noire avec leurs puces. Les gens les plus fréquemment frappés par la peste furent ceux qui vivaient au contact de rats, les bouchers, les équarrisseurs ou les boulangers. Lors des veillées funèbres, les puces quittaient les cadavres pour infester les familles en prière. C'est probablement cette densité de rats au contact proche des populations urbaines qui explique l'explosion de l'épidémie. L'émergence de la peste au XIVe siècle pourrait être la conséquence lointaine de changements climatiques touchant la région des hauts plateaux de l'Asie Centrale. Une longue période de sécheresse au cours des XIIe et XIIIe siècles pourrait avoir provoqué des migrations de rongeurs sauvages en quête de nourriture vers les villages (tels que le tarbagane et la marmotte d'Asie). Ces rongeurs souvent infectés de façon endémique par la peste auraient contaminé les rats. La peste se propagea ainsi de proche en proche pendant des décennies vers l'Ukraine où elle partit pour l'Europe en 1347.

Les ravages de la peste noire entraînèrent un dépeuplement des campagnes, une raréfaction de la main-d'œuvre, brigandages, jacqueries, remaniements sociaux profonds du fait de la disparition de familles aristocratiques toutes entières. La peste était une inexplicable malédiction, imprévisible, disparaissant pendant des décennies et pouvant émerger de façon inattendue, sans raison apparente. En 1947, Albert Camus écrivait dans l'épilogue de son roman « *La peste* » : « Il savait ce que cette foule en joie ignorait, et qu'on peut lire dans les livres, que le bacille de la peste ne meurt ni ne disparaît jamais, qu'il peut rester pendant des dizaines d'années endormi dans les meubles et le linge, qu'il attend patiemment dans les chambres, les caves, les malles, les mouchoirs et les paperasses, et que, peut-être, le jour viendrait où, pour le malheur et l'enseignement des hommes, la peste réveillerait ses rats et les enverrait mourir dans une cité heureuse. » L'absurdité et l'injustice du fléau engendrèrent une remise en cause profonde de l'ordre établi d'où sortira une nouvelle société.

Après la première hécatombe de 1347-1348, le mal devint endémique avec des résurgences régulières pendant plusieurs siècles. De 1600 à 1786, on a compté en France près 76 épidémies de peste. Au cours de ces épisodes, on invoquait souvent la colère divine. On s'en prenait aux lépreux, aux bohémiens, aux juifs, qui furent massacrés comme responsables de ces épidémies la plupart du temps sans jugement. On priait pour l'intercession de saint Roch, de saint Sébastien ou d'autres saints. La peste ravagea Venise en 1630, Rotterdam et Londres en 1664, Marseille en 1720. Elle frappa l'armée de Bonaparte en Égypte en 1799, entraînant près de 100 000 morts au Caire cette année-là. Les réactions des individus devant le fléau ont été racontées par Daniel Defoe (1660-1736) dans son livre A *journal of plague year* (1665) où il relate la grande peste de Londres de 1664. Bien sûr, le gouvernement avait fui la ville. Certains se barricadèrent chez eux, d'autres s'enfuirent, d'autres cherchèrent des talismans ou tentèrent de s'embarquer ou de quitter la ville à pied ou à cheval. Survinrent des scènes horribles : les gardes-malades tuant les patients qu'ils devaient soigner, les habitations pillées, les femmes enceintes accouchant seules. Les « corbeaux » devaient ensevelir les corps de 4 000 personnes par semaine sans cercueil. Des chariots de cadavres étaient déversés dans de grandes fosses pouvant contenir jusqu'à 60 cadavres. Le taux de mortalité était de 70 à 80 %. On vit les actes les plus lâches comme les plus sublimes.

Au fil des épidémies, la notion de contagion fit son chemin, avec l'apparition progressive de mesures de prévention collective imposant la fermeture des portes de la ville, la création de bureaux de santé et la mise en place d'une série de règles très strictes. On barricadait les maisons des malades. Les vêtements et le linge des pestiférés étaient brûlés, les planchers lavés au vinaigre, les ordures et les déchets profondément enterrés. On traquait les animaux domestiques, on isolait les mendiants, on interdisait les réunions. Parfois on construisait des hôpitaux pour les pestiférés, comme l'Hôpital Saint-Louis à Paris en 1607. On imaginait des costumes spéciaux pour protéger les médecins qui s'occupaient de peste, car les victimes dans le corps médical étaient très nombreuses. De telles mesures édictées par exemple en 1628 à Lyon ont été répandues ensuite durant les XVIIe et XVIIIe siècles. De même que se généralisèrent, sur le plan international, des mesures de quarantaine pour contrôler les bateaux venant de zones dangereuses. Conjointement à ces mesures prophylactiques, on chercha les causes de la peste. Un des premiers à étudier cette question fut le jésuite allemand Athanasius Kircher (1602-1680). Au cours d'une épidémie de peste à Rome en 1656, il rechercha au microscope chez les malades et les cadavres les *morbi pestiferi seminaria*. Il rapporta les avoir vus dans le sang et les organes des pestiférés, comme des éléments ressemblant à de minuscules vers. Kircher incriminait donc dès cette époque les germes comme l'origine de la peste et de la contagion, pouvant même contaminer les mouches. Au cours de la peste de Marseille en 1720, le Dr Jean-Baptiste Goiffon (1668-1730) lui aussi crut en l'existence de petits « insectes » invisibles responsables de la maladie : « La cause de la peste est animée »[14]. Voilà donc le fléau dont Alexandre Yersin devait trouver la cause. Le Gouverneur Général de l'Indochine, un certain Laurent Chevassieux, envoya Yersin en Chine pour étudier la peste. Qui aurait pu imaginer le résultat incroyable de cette mission ? À l'arrivée de Yersin à Hong-Kong le 15 juin 1894, la moitié de la population de la ville, soit 60 000 Chinois, avait fui vers Canton dès le début de l'épidémie. Tous les jours, on trouvait des cadavres dans la campagne et sur les sampans. La mort survenait en quelques jours parfois en moins de 24 heures, et la mortalité atteignit 96 % des patients. La peste s'était déclarée le 5 mai dans un quartier misérable. Trois jours avant Yersin, le professeur Kitasato, était arrivé pour étudier la peste avec un assistant et une petite équipe japonaise. Yersin était seul et fut retardé pour faire des autopsies par l'hostilité sourde des Japonais et des autorités britanniques. Son idée était d'examiner en priorité les bubons, ces gros ganglions très douloureux qui se forment à l'aine ou aux aisselles des pestiférés, alors que Kitasato mettait en culture le sang. Yersin dut acheter clandestinement pour quelques piastres les marins anglais chargés d'enterrer les pestiférés. Le soir même, il eut accès à la cave de l'hôpital de Kennedy Town, dans laquelle les morts étaient déposés pour quelques heures avant d'être conduits au cimetière.

Le récit que fit Yersin de ses premières autopsies dans sa correspondance permet d'entrevoir les énormes risques encourus, dont il était parfaitement conscient, à une époque où il n'existait aucun traitement pour une maladie mortelle souvent en quelques heures. Yersin écrivait : « Ils [les cadavres des pestiférés] sont déjà dans leurs cercueils et recouverts de chaux. On ouvre l'un des cercueils, j'enlève un peu de chaux pour découvrir la région crurale [l'aine]. Le bubon est bien net, je l'enlève en moins d'une minute et je monte à mon laboratoire. Je fais rapidement une préparation et la mets sous le microscope. Au premier coup d'œil je reconnais une véritable purée de microbes, tous semblables. Ce sont de petits bâtonnets trapus, à extrémités arrondies et assez mal colorés (bleu de Loefller). Je fais avec mon bubon des ense-

---

[14] « Relations et dissertation sur la peste du Gévaudan dédiées à Monseigneur le Maréchal de Villeroy », Jean-Baptiste Goiffon, 1721.

mencements sur agar, des inoculations à des souris et à des cobayes, je recueille un peu de pulpe dans une effilure de tube pour l'envoyer à Paris, puis je retourne au charnier pour tâcher d'avoir de nouveaux cas. J'extirpe encore deux bubons qui me donnent toujours les mêmes résultats. Il y a beaucoup de chances pour que mon microbe soit celui de la peste, mais je n'ai pas encore le droit de l'affirmer ». Tous les animaux inoculés moururent avec le même bacille dans leurs organes. Yersin écrivit à Émile Duclaux[15] le 28 juin 1894 : « Les bubons contiennent en abondance et à l'état de pureté un bacille très petit, court à bouts arrondis, ne se teignant pas la méthode de Gram, se colorant par le violet de gentiane. Sur huit malades, j'ai trouvé le bacille sur le bubon ». Ici, la rigueur scientifique s'allia à la chance. Yersin s'était installé dans une petite paillote où il logeait et faisait sa recherche. Il ne possédait qu'un microscope et un petit autoclave prêté. Il ne possédait pas d'étuves, incubateurs qui maintiennent les cultures à température constante. Yersin garda donc ses cultures sur la paillasse de son laboratoire improvisé à la température ambiante qui était de 27 °C en cette saison à Hong-Kong, une température qui, par chance, convenait parfaitement à la multiplication du bacille de la peste. Kitasato, lui, possédait des étuves et incubait ses cultures à 37 °C, comme tout le monde à cette époque de la naissance de la bactériologie. Il chercha à isoler le germe de la peste à partir du sang de pestiférés, et ne put isoler en culture que des colonies contaminantes de pneumocoques croissant à 37 °C. Le bacille de la peste ne croît pas à 37 °C, même en quelques jours. Yersin ensemença le pus de bubons de cadavres et observa l'apparition de très petites colonies visibles après 24 h à 48 h d'incubation à 27 °C. Cette bactérie est appelée aujourd'hui *Yersinia pestis*. Yersin remarqua aussi le grand nombre de rats morts gisant dans les rues où les pestiférés mouraient, et d'emblée pensa que les rats pouvaient être à l'origine de l'épidémie. Examinant les cadavres des rongeurs, il montra que beaucoup d'entre eux présentaient des bubons. Yersin continua son travail sur les pestiférés jusqu'au 8 août 1894. Deux ans plus tard, Yersin commença à traiter des patients avec un sérum dirigé contre le bacille de la peste, avec très peu de succès, et prépara un vaccin à partir de bactéries tuées. Le rôle de la puce dans la transmission de la peste fut par la suite découvert en 1897 par Paul-Louis Simond qui travaillait à Bombay (voir chapitre 5).

Yersin qui aimait la liberté et les voyages avait fini par se fixer à Nha Trang sur la côte d'Annam en Indochine où il créa pour fabriquer avec Calmette et Borel le sérum anti-pesteux un laboratoire qui deviendra en 1903 le premier institut Pasteur d'Indochine. Cet insatiable curieux s'intéressait à tout, aux orchidées, à la météorologie, à la géographie explorant l'Annam. Il introduisit en Indochine la culture de l'arbre à caoutchouc (*Hevea brasiliensis*) dont la première récolte fut achetée dès 1904 par l'entreprise Michelin. Il essaya d'acclimater dans ce pays l'arbre à quinquina (*Cinchona ledgeriana*), dont l'écorce contient la quinine, un médicament très efficace contre le paludisme. Devenu en 1902 inspecteur général des quatre instituts Pasteur d'Indochine (Dalat, Hanoï, Nha Trang et Saïgon), le découvreur du bacille de la peste mourut à Nha Trang le 1er mars 1943, reconnu et admiré pour ses travaux et vénéré par les Annamites, ce peuple de montagnards du Vietnam.

La syphilis

Probablement apparue au néolithique, la syphilis aurait sévi à l'état endémique dans les populations d'Amérique et peut-être d'Afrique. La « grosse vérole » semble être apparue en Europe à la Renaissance après 1492, probablement ramenée par Christophe Colomb après la découverte de l'Amérique, à moins que ce ne soit par les voyageurs portugais explorant l'Afrique.

---

[15] Émile Duclaux (1840-1904), professeur à l'Institut d'Agronomie et à la Sorbonne, proche collaborateur de Pasteur, fut le 2e directeur de l'institut Pasteur à la mort de Louis Pasteur en 1895.

Peut-être cette maladie a-t-elle une origine commune avec des maladies cutanées endémiques des régions explorées, à transmission non-vénérienne, comme le béjel et le pian retrouvés en Afrique ou le mal de *Pinto* (ou *carate*) sévissant en Amérique latine, se propageant sur des populations européennes très sensibles. Toujours est-il que les premiers cas de syphilis en Europe semblent remonter à 1493 à la suite du premier retour de Christophe Colomb à Palos dans le royaume d'Espagne. Décrite dès 1498 par l'espagnol Francisco Lopez de Villalobos (1474-1549), cette nouvelle maladie cutanée, contagieuse, débutait toujours par une petite plaie indolore, noirâtre (chancre d'inoculation), localisée sur l'organe avec lequel on commet le péché de luxure et s'accompagnant presque toujours de volumineux ganglions à l'aine. Dans un 2e temps, apparaissait une éruption cutanée, la roséole, avec des douleurs articulaires, puis des lésions osseuses et des nodosités cutanées (gommes). Cette maladie nouvelle, généralisée, rebelle à toute médication, fut appelée, selon les pays, le mal de Naples par les Français, le mal français par les Napolitains, *lo male de le tavelle* par les Gênois, *lo male de le bulle* par les Toscans, *lo male de le brosule* par les lombards, *las buas* par les Espagnols. L'examen clinique des patients suggérait fortement que la transmission de la maladie était liée aux rapports sexuels. Dès 1514, Jean de Vigo (1460-1525), le chirurgien du pape Jules II, écrivait : « La contagion dont elle [la syphilis] dérive s'exerce surtout par le coït, c'est-à-dire par le commerce sexuel d'un homme sain avec une femme malade, ou inversement d'un homme malade avec une femme saine. Les premiers symptômes de cette maladie se portaient presque invariablement sur les organes génitaux, c'est-à-dire sur la verge et la vulve. Ils consistaient en de petits boutons ulcérés, d'une coloration tantôt brunâtre et livide, quelquefois même noire, tantôt légèrement blanchâtre. Ces boutons étaient circonscrits par un bourrelet d'une dureté calleuse ». La syphilis décrite par les médecins au début du XVIe siècle était une maladie aiguë beaucoup plus grave et débilitante que celle que l'on connaît aujourd'hui. L'ulcération génitale était perforante et nécrosée, dégageant une odeur fétide intolérable. Les malades souffraient le martyre avec de vives douleurs articulaires et musculaires et se couvraient très rapidement de petites taches rougeâtres (roséole) et de pustules, puis de tumeurs cutanées (gommes) évoluant vers la mort. Il semble que très vite, en 5 à 7 ans, la maladie ait évolué de cette forme aiguë vers une maladie chronique telle qu'on la connaît actuellement [16]. Cette perte de virulence fut notée par Fracastor qui écrivait en 1546 : » La maladie [syphilis] est sur le déclin, et ne sera bientôt plus transmissible même par contagion, car le « virus » devient plus faible de jour en jour ». On pense aujourd'hui que ceci pourrait être dû à la sélection rapide d'un mutant de virulence atténuée, car les bactéries très virulentes sont difficilement maintenues dans la population infectée du fait de la gravité des symptômes[17] et de la mort rapide qu'elles induisent. La maladie est longtemps restée un fléau, notamment au XIXe siècle. Entre 1880 et 1887, la *British Medical Association* a rapporté que le nombre de patients syphilitiques invalides avait triplé. En 1900, on estimait que la syphilis atteignait près de 16 % de la population de Paris. Les statistiques de mortalité des assurances révèlent que 11 % des morts étaient dus à cette maladie. C'est dire l'importance de ce fléau à cette époque. Au cours du XXe siècle, la maladie connut des phases épidémiques, notamment en 1947 aux États-Unis avec 106 000 cas rapportés, des phases de régressions à partir des années 1960, puis une nouvelle recrudescence à partir des années 1990.

De nombreux scientifiques ont recherché le microbe de la syphilis et pensé l'avoir observé dans les lésions syphilitiques. Le premier fut Alfred Donné (1801-1867), qui avait découvert

---

[16] La syphilis évolue en trois phases, une phase initiale avec un chancre d'inoculation, puis après plusieurs mois de latence une 2e phase avec fièvre et éruption cutanée, la « roséole », enfin une phase tertiaire après plusieurs années silencieuses avec de multiples localisations, cutanées (gommes), cardiaques, osseuses ou encore neurologiques.

[17] Robert J. Knell, « *Syphilis in Renaissance Europe: rapid evolution of an introduced sexually transmitted disease ?* » Proceedings of the Royal Society of London. B (suppl) 271, S174-S176.

en 1836 un protozoaire (*Trichomonas vaginalis*) très répandu dans les infections vaginales. Dès 1837, il fut peut-être le premier à observer l'agent de la syphilis, un microbe en forme de spirille. D'autres se fourvoyèrent, comme Klebs en 1878, qui décrivit un court bâtonnet animé d'un mouvement lent, ou Aufrecht en 1881 qui incrimina un champignon. En 1905, à la suite d'une nouvelle observation erronée du zoologue Siegel qui prétendait avoir vu des protozoaires dans le sang et dans les lésions de patients syphilitiques, l'office sanitaire de Berlin demanda au zoologiste Fritz Schaudinn (1871-1906) et au « syphiligraphe » Erich Hoffmann (1868-1959) de vérifier ces allégations. Ils trouvèrent le 3 mars 1905 « un très petit spirochète mobile et extrêmement difficile à étudier » dans une lésion cutanée (syphilide) puis dans des ganglions, des chancres (ulcère génital), des papules cutanées (petites indurations rougeâtres) et même dans le sang de la rate au cours d'une roséole. Le doute n'était plus permis, c'était l'agent responsable de la syphilis, qu'ils appelèrent tréponème pâle (*Treponema pallidum*). Les difficultés de sa mise en évidence étaient liées au fait qu'il s'agit d'une bactérie très fine non colorable par les techniques usuelles, et donc difficile à visualiser au microscope. Par la suite, personne n'a réussi à la cultiver *in vitro* [18]. En 1901, Jules Bordet (1870-1961) et Octave Gengou (1875-1957) mirent au point une réaction sérologique très ingénieuse dite de « fixation du complément » permettant la détection d'anticorps spécifiques contre divers extraits de bactéries, réaction en fait promise à un grand avenir pour le dépistage de la syphilis [19].

En 1906, l'allemand August von Wassermann (1865-1925) mit au point ce test sérologique avec des antigènes du tréponème pâle, permettant ainsi de dépister l'infection après la phase initiale de la maladie. Ce test appelé sérodiagnostic de Bordet-Wassermann (BW) fut rapidement utilisé dans le monde entier. En 1903, le russe Elie Metchnikoff (1845-1916) travaillant avec Émile Roux à l'institut Pasteur avait réussi à transmettre la syphilis à des chimpanzés. Les chancres génitaux d'inoculation pouvaient être prévenus par l'application de calomel, un onguent mercurique. Un jeune étudiant en médecine, Paul Maisonneuve, eut connaissance de ces travaux et demanda à Metchnikoff et Roux de tester sur lui-même ce procédé. Après des hésitations, il fut inoculé le 23 janvier 1906 par une exsudation de chancre et traité une heure après avec le calomel pendant 5 minutes. Aucune lésion n'apparut après plusieurs mois de suivi. Le 8 mai 1906, Metchnikoff fit une communication sur cette expérience à l'Académie de Médecine qui fit sensation. Cette méthode dangereuse et bien sûr sans efficacité préventive n'eut heureusement pas de suite car les premiers traitements efficaces apparurent en 1910 avec le salvarsan de Paul Ehrlich. Suivra l'arme absolue, la pénicilline d'Alexander Fleming, qui détruit très rapidement les tréponèmes.

L'histoire de la syphilis connu un épilogue tragique et honteux. Cela se passa aux États-Unis, le pays qui élabora en 1949 le code d'éthique médicale de Nuremberg, dont l'article 1 indique qu'au cours d'expérimentations humaines, le consentement du malade est absolument essentiel. Dans ce pays eut lieu une des plus longues expérimentations humaines de l'histoire de la médecine, de 1932 à 1972. Dans les années 1930 à Tuskegee, une petite ville du comté de Mâcon, l'un des plus pauvres de l'Alabama, le taux de syphilis avoisinait 36 % de la population. Aux pauvres journaliers, ouvriers agricoles ou métayers noirs illettrés, le gouvernement des États-Unis, en l'occurrence le *United States Public Health Service*, proposa

---

[18] On peut propager et produire des bactéries en quantité par inoculation dans les testicules de lapins. Le génome de *Treponema pallidum* a été séquencé en 1998 par Claire Fraser et Steven Norris.

[19] Le sérum de patients syphilitiques contient des anticorps dirigés contre les bactéries de la syphilis. Le complément est un système de multiples protéines du plasma détruisant dans certaines conditions bactéries, virus ou cellules (tels que les globules rouges). Ces protéines du complément se fixent facilement sur les complexes anticorps-antigènes (extraits de tréponèmes par exemple). La réaction de « déviation » ou de fixation du complément consiste à mélanger le sérum du patient avec des antigènes tréponémiques, en présence de complément et de globules rouges. Les hématies sont détruites par le complément en l'absence d'anticorps. En présence d'anticorps, le complément est piégé par les complexes anticorps-antigènes et il n'y a pas d'hémolyse.

par convention des soins médicaux gratuits, des repas chauds gratuits et en cas de décès 50 dollars pour frais d'obsèques et un certificat du *Surgeon General* ! Signez ici. Près de 412 personnes, toutes noires, signèrent. Il s'agissait d'une étude officielle du Ministère de la Santé pour suivre l'histoire naturelle de la syphilis en dehors de tout traitement, testant l'hypothèse que la maladie évoluait différemment chez les noirs. Sans les prévenir, ils étaient destinés à ne recevoir aucun traitement en cas de syphilis. Des soins gratuits, tel était le contrat ! En cas de problème, aspirine et en prime une ponction lombaire présentée comme faisant parti du traitement. Durant et après la Deuxième Guerre mondiale, 250 personnes de ce groupe furent engagées dans l'armée, mais toutes furent « exemptées » du bénéfice de la pénicilline, en dépit de l'*Henderson Act* (1943), une loi de Santé Publique qui imposait de traiter les maladies vénériennes, et en dépit de la Déclaration d'Helsinki de l'Organisation mondiale de la Santé (1964) qui précisait l'obligation d'un consentement éclairé pour toute expérimentation humaine. L'expérience ne fut arrêtée qu'en 1972 lorsque Peter Buxtun, un ancien interviewer travaillant sur ce groupe pour l'*U.S. Public Health Service*, se confia à Jean Heller, journaliste de l'*Associated Press*, qui publia l'histoire dans le *Washington Star* du 25 juillet 1972. À la fin de l'expérience en 1972, 28 patients étaient morts directement de syphilis et 100 de complications liées à cette maladie. Au moins 40 femmes furent infectées par leurs conjoints et 19 enfants avaient contacté une syphilis congénitale transmise au cours de la grossesse. Comment des médecins ont-ils pu concevoir une telle expérimentation ? Des procès suivirent. En décembre 1974, le gouvernement accepta de payer 10 millions de dollars de dédommagements, soit 37 500 dollars par patient. Le 16 mai 1997, le président William J. Clinton demanda officiellement pardon aux patients et aux membres de leurs familles au nom du gouvernement des États-Unis d'Amérique. *Requiem in pace*.

La première chasse aux bactéries pathogènes

Les principales techniques de la bactériologie encore couramment utilisées aujourd'hui furent donc décrites dans les années 1880-1890. Suivra une première vague de découvertes de nombreuses bactéries pathogènes[20]. Un âge d'or. Comment toutes les citer ? Albert Neisser (1855-1916) et le gonocoque (*Neisseria gonorrhoae*) de la gonorrhée (la « chaude-pisse ») en 1879, Karl Joseph Eberth (1835-1926) découvrit le bacille de la typhoïde en 1880, cultivé par la suite par Georg Gaffky (1850-1918), Alexander Ogston (1844-1929) le staphylocoque dans les plaies infectées, Théodor Escherich (1857-1911) le colibacille (*Escherichia coli*) responsable de diarrhées en 1885, Albert Fraenkel (1848-1916) le pneumocoque (*Streptococcus pneumoniae*) des pneumonies aiguës en 1886, Anton Weichselbaum (1945-1920) le méningocoque (*Neisseria meningitidis*) des méningites purulentes, David Bruce le bacille de la fièvre de Malte (*Brucella melitensis*) en 1887, Shibasaburo Kitasato (1852-1931) celui du tétanos, (*Clostridium tetani*) en 1889, William Welch (1850-1934) et George Nuttall (1862-1937), le bacille des gangrènes gazeuses (*Clostridium perfringens*) en 1889, Richard Pfeiffer (1858-1945) les bactéries « hémophiles » (*Haemophilus influenzae*) isolées au cours de la grippe en 1892, Alexandre Yersin le bacille de la peste (*Yersinia pestis*) en 1894, E. Van Ermangen le bacille du botulisme en 1897 (*Clostridium botulinum*), Kiyoshi Shiga (1870-1959) la bactérie de la dysenterie (*Shigella dysenteriae*) en 1898, Jules Bordet (1870-1961) et Octave Gengou (1875-1966)

---

[20]. La même chasse se fera pour les maladies parasitaires. On peut citer notamment au tout début de l'ère pastorienne Fedor Lösch (1840-1903) qui décrivit en 1875 à St Petersbourg l'agent responsable de la dysenterie amibienne et de l'abcès amibien du foie, chez les patients russes vivant à quelques centaines de kilomètres au sud du cercle arctique. En 1878, Patrick Manson (1844-1922) incrimina les microfilaires à l'origine de l'éléphantiasis. En 1880, Alphonse Laveran (1845-1922), médecin-major de l'armée française, en poste en Algérie, observa le parasite du paludisme dans les globules rouges d'un artilleur fébrile de 24 ans.

en 1902 le bacille de la coqueluche (*Bordetella pertussis*), Howard Ricketts (1871-1910) les rickettsies des fièvres pourprées des Montagnes Rocheuses et du typhus exanthématique en 1910, bactéries qui ne peuvent croître sur les milieux nutritifs utilisés couramment pour cultiver les bactéries mais nécessitent des cultures cellulaires comme les virus. Et de bien d'autres.

Une quête continuelle

L'histoire des premières découvertes des microbes pathogènes a été une aventure de pionniers s'engageant dans des terres totalement inconnues, donnant lieu à des récits souvent dramatiques, romanesques ou parfois tragiques. Aujourd'hui, on découvre encore des bactéries nouvelles pathogènes pour l'homme ou les animaux, du fait de l'exposition des populations à des environnements nouveaux ou d'infections opportunistes chez des patients fragiles. Leur découverte est toujours précédée d'enquêtes épidémiologiques approfondies et leur histoire tient parfois du roman policier. En voici deux exemples avec les bactéries de la maladie de légionnaires et de l'ulcère duodénal.

La maladie des légionnaires

L'année du bicentenaire de la déclaration d'Indépendance et de la Constitution des États-Unis d'Amérique en 1976, eut lieu à Philadelphie, le berceau de la jeune démocratie, un congrès de l'*American Légion*, une association d'anciens combattants de la Deuxième Guerre mondiale. Pendant quatre jours, du 21 au 24 juillet, plusieurs centaines de congressistes se rassemblèrent dans quatre hôtels de cette ville, dont le luxueux hôtel Bellevue-Stratford. Dès la 2e nuit du congrès, deux légionnaires tombent malades, avec des signes de pneumonie, accompagnés de fièvre et courbatures. En une semaine, les cas de pneumonies se multiplièrent dans les hôtels de Philadelphie. Le 2 août, on compta 150 cas et 20 morts. Au total, l'épidémie fera en tout 221 victimes et 34 morts. Cette mystérieuse affection fut surnommée par les médias « la maladie des légionnaires ». David Sencer, le directeur des CDC (*Centers for Disease Control*) d'Atlanta, fut immédiatement saisi de l'enquête épidémiologique, confié à un microbiologiste Joe McDade et à un médecin épidémiologiste Charles Shepard. Très rapidement, ils éliminèrent la grippe et réalisèrent des milliers de tests sur des prélèvements de tissus et de sang contre tous les agents pathogènes connus, bactéries, virus, parasites. Rien. Ils recherchèrent à partir les tissus prélevés à l'autopsie des signes d'intoxications par des pesticides, des produits chimiques toxiques, des métaux lourds, mercure, arsenic, thallium, nickel, cobalt… Tout cela fut fait pour le 31 août 1976. Rien. Déchaînement médiatique : on parle « d'épidémie explosive », de « mal mystérieux et terrifiant », de « pneumonie tueuse ». Des accusations d'incompétence des CDC furent proférées le 27 octobre par des représentants du Congrès. La presse parla de « farce, fiasco, débâcle… » des CDC. Difficile de travailler dans la sérénité dans ces conditions, surtout quand on ne trouve rien.

Sencer déploya alors deux grandes équipes d'investigateurs, l'une travaillant sur les hôtels de Philadelphie, l'autre sur les survivants et leurs familles. Chaque personne fut systématiquement interrogée, ainsi que tous les membres du personnel des hôtels. Toutes les victimes étaient des légionnaires et leurs épouses, si celles-ci avaient assisté aux cocktails et banquets organisés. Quelques personnes du personnel des hôtels furent aussi malades, mais pas leurs familles. Le seul lien qui rapprochait toutes les victimes était d'avoir assisté au Congrès. On collecta des échantillons d'air, d'eaux, de poussières, du sol de chaque chambre où avait séjourné un patient. Toujours rien jusqu'en en janvier 1977. McDade et Shepard découvrirent alors l'agent de la maladie des légionnaires, une bactérie que l'on appellera *Legionella pneumophila*[21]. McDade avait inoculé des broyats de tissus pulmonaires dans des œufs embryonnés, puis injectés le jaune de ces œufs à des cobayes qui développèrent des signes de pneumonie proches de ceux de la maladie. Conjointement, ils montrèrent que le sérum des patients réagissait contre une bactérie présente dans le jaune. La bactérie n'était pas colorée selon les procédés habituels et nécessitait des colorations argentiques pour être visualisée. Sa culture *in vitro* requérait des conditions particulières, notamment du fer et des acides aminés, expliquant l'impossibilité initiale de la faire croître en culture. On montra que la bactérie proliférait dans l'eau des systèmes d'air conditionné des hôtels et contaminait par aérosols des sujets fragiles, des légionnaires âgés.

Les résultats préliminaires furent publiés dans le *Morbidity and Mortality Weekly Report* de 18 janvier 1977. McDade et Shepard s'aperçurent par une étude rétrospective de prélèvements de tissus conservés au congélateur, que cette maladie n'était pas nouvelle. Une épidémie due à cette même bactérie avait éclaté en juillet 1965 atteignant 81 malades mentaux séjournant au *St Elizabeth Psychiatric Hospital* de Washington, dont 14 moururent. Malgré ce beau succès des CDC d'Atlanta obtenu en 6 mois, David Sencer fut licencié de son poste 15 jours plus tard par le ministre de la Santé, Joseph Califano, et l'hôtel Bellevue-Stratford fut fermé puis rasé. La maladie des légionnaires est donc due à une bactérie de l'environnement hydrique propagée le plus souvent par les systèmes de climatisation. La maladie est sévère chez les sujets fragilisés par une immunodépression ou une affection pulmonaire sous-jacente[22], comme cela était le cas pour les vieux légionnaires de Philadelphie. Elle est en fait répandue dans le monde entier et relativement fréquente. Par exemple, on estime le nombre de cas aux États-Unis entre 10 000 et 15 000 par an.

Les ulcères et les gastrites

Dans les années 1970, un anatomopathologiste du *Royal Perth Hospital* en Australie, Robin Warren, avait entrepris un travail de classification des gastrites, lésions inflammatoires de la muqueuse de l'estomac entraînant des douleurs chroniques. Utilisant des colorations argentiques, il observa au microscope en 1979 de nombreuses bactéries spiralées collées au mucus gastrique dans les prélèvements biopsiques de l'estomac d'un patient atteint d'une gastrite sévère. De telles bactéries spiralées avaient été rarement observées dans le passé dans l'estomac d'animaux et parfois de patients, mais elles avaient été considérées comme des contaminants. Jusque dans les années 1980, on enseignait dans les Facultés de médecine qu'il n'y avait pas de flore bactérienne dans l'estomac du fait de l'acidité des sécrétions gastriques.

En 1981, un jeune clinicien Barry Marshall qui commençait sa spécialité de gastro-entérologie, cherchait un sujet de recherche. Il s'intéressa aux bactéries de Warren et préleva de nombreux patients souffrant de gastrites et d'ulcères gastriques et duodénaux. Warren et Marshall purent confirmer la présence de bactéries spiralées chez la plupart de ces patients. Ils acquirent la conviction que ces bactéries étaient à l'origine des gastrites, face à une communauté médicale totalement incrédule ! Marshall tenta vainement pendant des mois de cultiver cette bactérie qu'ils observaient, jusqu'au jour d'avril 1982 où, à la suite d'un week-end de Pâques prolongé, Marshall observa des petites colonies grises sur les cultures laissées depuis plusieurs jours dans l'étuve. Ces bactéries croissent lentement ! Il fut rapidement évident qu'il s'agissait d'une nouvelle bactérie qu'ils dénommèrent d'abord *Campylobacter pyloridis* (par la suite appelée *Helicobacter pylori* en 1989). Marshall mit en place une étude pour

---

[21] On dénombre aujourd'hui près de 39 espèces de *Legionella*, incluant l'espèce *Legionella pneumophila* qui est principalement responsable des pneumopathies.

[22] Une forme bénigne, la fièvre de Pontiac, serait assez fréquente chez des sujets sains exposés aux mêmes risques.

Figure 6. Robin Warren (né en 1937) et Barry Marshall (né en 1951), découvreur de *Helicobacter pylori*, agent des gastrites et ulcères duodénaux, prix Nobel 2004.
© Nobel Foundation.

examiner l'existence d'éventuelles corrélations entre la présence de bactéries et diverses pathologies de l'estomac et du duodénum (segment de l'intestin grêle situé en dessous de l'estomac). En octobre 1982, il montra que tous les patients atteints d'ulcères duodénaux portaient des bactéries spiralées. Marshall soumit en janvier 1983 un résumé de ses résultats au meeting de la Société de Gastro-Entérologie australienne. Sur 67 soumissions, 59 furent acceptées et le papier de Marshall fut refusé. Cependant Marshall et Warren réussirent à publier leurs résultats en 1983 dans un journal médical prestigieux, *The Lancet*.

On imagine les difficultés qu'il fallut vaincre pour faire admettre qu'une maladie considérée comme psychosomatique et récurrente, fond de commerce des gastro-entérologues du fait des inéluctables récurrences, soit en fait d'origine infectieuse et qu'une bactérie soit retrouvée sur la muqueuse de l'estomac considéré jusque-là comme stérile. Dès 1981, Marshall et Warren traitèrent par la tétracycline un homme atteint d'une gastrite sévère obtenant un résultat très favorable après 14 jours d'antibiotiques. Ils notèrent que le taux de récurrence était fortement réduit par le traitement au citrate de bismuth. En fait, ce sel de bismuth était un traitement ancien très efficace, utilisé dans les années 1960 contre les ulcères et censé être un pansement gastrique. Marshall et Warren montrèrent qu'il avait un puissant effet bactéricide sur la bactérie spiralée, de même que le métrodinazole (Flagyl), un antibiotique qui s'avérera aussi particulièrement efficace. Ils échouèrent à inoculer la maladie à l'animal. Marshall décida alors d'expérimenter l'effet des bactéries sur lui-même. On lui fit une endoscopie montrant qu'il avait une muqueuse gastrique normale, et il avala un soir de juin 1984 une culture de 3 jours de *Helicobacter pylori*. Après une semaine, il se mit à vomir et développa une haleine putride. La biopsie montra qu'il était atteint d'une gastrite avec présence de bactéries spiralées colonisant la muqueuse gastrique. Il commença à prendre des antibiotiques au 14e jour de la maladie et les symptômes disparurent en 24 heures. Le lien de causalité était établi, conformément au 3e postulat de Koch. Par la suite, on put transmettre la gastrite en inoculant des porcs. Marshall réalisa par la suite des études sur l'efficacité du bismuth et des antibiotiques sur des patients atteints de ces pathologies. La découverte de

Helicobacter pylori entraîna un très grand nombre de travaux, et la réticence très forte des gastro-entérologues à ce nouveau concept fut progressivement levée. Il fallut quand même attendre près de 10 ans après la découverte de la bactérie pour que l'on admette son rôle dans les gastrites et les ulcères. Le consensus fut obtenu en 1992 par la publication de David Graham et ses collègues de Houston, montrant l'efficacité remarquable des antibiotiques de la tétracycline et le métrodinazole sur l'ulcère récurrent par un essai contrôlé sur un nombre important de patients.

Ainsi, surmontant les préjugés, observant ce que de nombreuses personnes avaient vu avant eux sans s'y intéresser ou sans convaincre, Warren et Marshall ont transformé une maladie psychosomatique chronique persistant parfois des décennies et atteignant des patients considérés comme anxieux et névrosés, en une maladie infectieuse facile à guérir. Cela leur valut le Prix Nobel en 2005. Une découverte est souvent le fruit du hasard et d'un étonnement devant une observation insolite. Il fallait que Warren utilise la coloration argentique qui permet de visualiser des bactéries très fines, difficilement visibles avec les colorations classiques, qu'il s'étonne de leur présence dans l'estomac, et qu'il s'acharne avec Marshall pour démontrer le rôle de ces bactéries. Les conséquences de cette découverte dépassent le simple cadre des gastrites et leur traitement. On s'aperçut par la suite que les ulcères gastroduodénaux dus à l'infection chronique par *Helicobacter pylori* étaient souvent à l'origine de très graves cancers gastriques (adénocarcinomes, lymphomes), dont la fréquence a fortement diminué grâce au traitement antibiotique qui guérit les ulcères gastriques. Les bactéries de Warren et Marshall provoquaient des cancers !

Nouvelles approches

Dans les années 1990, une nouvelle vague de découvertes de bactéries pathogènes résulta de l'utilisation des outils de la biologie moléculaire et notamment de la *polymerase chain reaction* (PCR). Cette technique permit à partir des tissus infectés d'identifier des bactéries inconnues, difficiles ou impossibles à cultiver *in vitro*, en séquençant les gènes codant l'ADN ribosomique (rARN). Ces gènes très conservés sont de véritables horloges moléculaires retrouvées chez tous les êtres vivants. En comparant les séquences obtenues à partir des tissus à celles de milliers d'autres espèces vivantes répertoriées dans des banques de données, on peut estimer le degré de parenté d'une bactérie inconnue envers d'autres bactéries connues et ainsi la « classer » dans le monde vivant. N'importe quel être vivant peut ainsi être identifié à partir des séquences de son ADN ribosomique. Ce procédé a été appliqué avec succès en 1990 par David Relman, Stanley Falkow, et Lucie Tomkins, pour identifier une bactérie responsable d'infections opportunistes au cours du SIDA, l'angiomatose bacillaire et la péliose hépatque[23]. Puis en 1992, ces auteurs identifièrent une bactérie jusque-là non cultivable[24] responsable de la maladie de Whipple, une infection intestinale chronique rare décrite par Whipple en 1907. D'autres bactéries seront par la suite identifiées par cette approche. Si certaines bactéries refusent obstinément d'être cultivées, comme le tréponème de la syphilis et le bacille de la lèpre, il ne faut pas désespérer. En effet, très récemment le bacille responsable de la maladie de Whipple a pu après des décennies d'échecs être isolé en culture cellulaire en 2000 par le français Didier Raoult, ce qui a permis de séquencer son génome en 2003. Peut-être un jour cultivera-t-on le tréponème de la syphilis ou le bacille de la lèpre ?

---

[23] Cette bactérie inconnue est appelée *Bartonella henselae* et put être cultivée par la suite.

[24] Cette bactérie intracellulaire fut appelée *Tropheryma whippelii*.

Chapitre 5. Sa Majesté des mouches

Au XVIe siècle, Fracastor avait proposé que des germes invisibles, les *seminaria*, soient à l'origine de la contagion et puissent propager certaines maladies directement à partir des patients ou par l'intermédiaire d'objets ou de nourriture qu'ils pourraient avoir contaminé. Jusqu'à la fin du XIXe siècle, on faisait une distinction entre maladies contagieuses et maladies épidémiques. En effet, on connaissait des épidémies explosives où les patients n'étaient pas contagieux. Certaines n'étaient pas d'origine infectieuse, étant liées par exemple à des empoisonnements collectifs ou à des carences vitaminiques comme les épidémies de scorbut chez les marins au long cours ou de béribéri chez des prisonniers malnutris. D'autres étaient dues à des agents infectieux reconnus, telles que la malaria, la fièvre jaune, le typhus ou encore la maladie du sommeil, mais sans transmission par contact avec les patients. Comment cela était-il possible ? Certains microbes se propageraient-ils par des moyens particuliers ?

Belzébuth

Figure 1. La 5e plaie d'Égypte (illustration de 1534 dans la bible de Jean de Tournes). Le chapitre 9 de l'Exode décrit les dix plaies d'Égypte. Les 3e et 4e plaies virent la prolifération des moustiques et des taons, puis vinrent les 5e et 6e plaies avec la peste qui décima le bétail et une épidémie d'ulcères.

Insectes, mouches, poux, puces, moustiques, tiques, ont toujours été associés aux maladies, à la mort, à l'ordure et à la putréfaction. Les textes sacrés du peuple d'Israël rapportent la crainte des mouches qu'on associait aux maladies et aux malédictions. Dans la Bible (Exode, livre VIII), deux des sept plaies d'Égypte sont ainsi attribuées aux insectes : La 3e plaie : « Le Seigneur dit à

Moïse : donne cet ordre à Aaron, étends ton bâton et frappe la poussière du sol : elle se changera en insectes dans tout le pays d'Égypte. Ainsi fut fait. Aaron étendit la main et frappa la poussière du sol. Les gens et les bêtes furent alors la proie des insectes. Toute la poussière du sol se changea en insectes, et par tout le pays d'Égypte ». La 4e plaie : « Le Seigneur dit encore à Moïse : lève-toi de bon matin et tiens-toi sur le passage de Pharaon, quand il se rendra au bord de l'eau. Tu lui diras alors : ainsi parle Yahvé : laisse partir mon peuple, je vais envoyer des mouches de toutes espèces sur toi, sur tes courtisans, sur tes sujets et tes palais. Les maisons des Égyptiens seront infectées de différentes sortes de mouches et même le sol sur lequel ils se tiennent. Yahvé fit ainsi et des mouches très dangereuses s'introduisirent en grand nombre dans le palais du Pharaon, dans les demeures de ses courtisans par tout le pays d'Égypte et ruinèrent le pays ». Dans le livre des rois (livre IV), il est aussi rapporté que le Ba'al ou « dieu soleil » commande aux insectes qui naissent au printemps de ses rayons chauds et avait aussi pouvoir de chasser toutes sortes de maladies. Les mouches étaient divinisées par les Philistins sous la forme du fameux Belzébuth, prince des démons, qui est aussi le *Ba'al zebûb* hébraïque qui devait préserver des fléaux des pays chauds, des piqûres de mouches, de moustiques et d'insectes de toutes sortes. Belzébuth était dans la bible le « dieu des mouches », porteuses de mort. Il fallut attendre la fin du XIXe siècle pour comprendre le rôle des insectes et les mécanismes de la transmission de nombreuses maladies qui leur sont liées. Dans le sillage des premières découvertes des microbes pathogènes, on vit une moisson de découvertes sur le rôle des arthropodes, en particulier des insectes, dans la transmission de certaines maladies infectieuses. Ces découvertes relèvent d'un roman d'aventures souvent exotiques initié par deux pionniers, un médecin colonial, Patrick Manson et un médecin de santé publique, Théobald Smith.

L'éléphantiasis et David Manson

Figure 2. Patrick Manson (1844 1922), découvreur du rôle des microfilaires dans l'éléphantiasis.
© Kansas State University.
et Theobald Smith (1859-1934), découvreur du rôle des tiques dans la fièvre du Texas.
© Library of Congress.

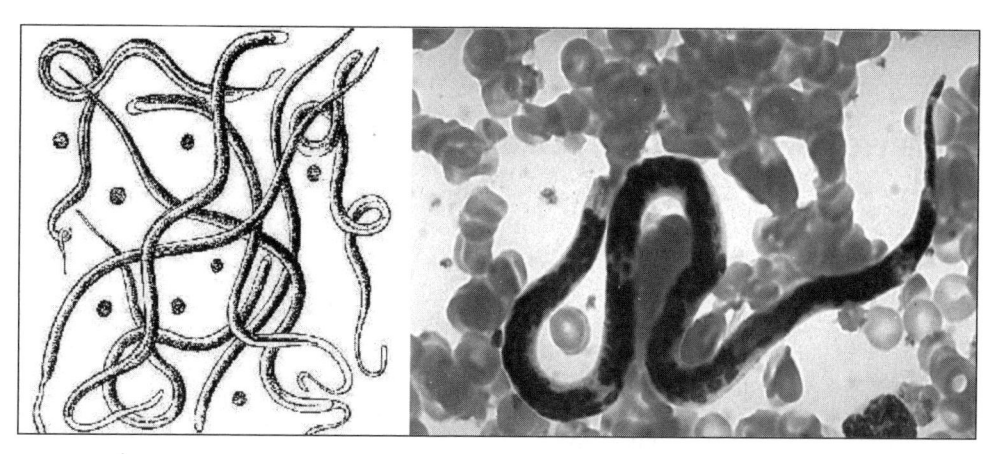

Figure 3. À gauche : microfilaires illustrées par Timothy Richard Lewis (1841-1886) en 1872 dans le sang d'un patient avec éléphantiasis ; à droite, microfilaire de loa-loa dans le sang (source : hôpital Necker-Enfants Malades).

Un des tout premiers à lever le voile fut Patrick Manson (1844-1922). Ce brillant médecin britannique diplômé de l'Université de Aberdeen était parti comme médecin des douanes impériales chinoises, d'abord à Formose en 1866, puis en 1871 à Amoy (Xiamen) en Chine. Son travail était d'inspecter les navires et de délivrer des certificats de santé, ce qui lui laissait beaucoup de temps pour pratiquer la médecine. À partir de 1874, il s'intéressa à l'éléphantiasis, une maladie donnant des enflures énormes des membres, parfois monstrueuses, liées à une obstruction de la circulation lymphatique. Il commença une recherche sur cette maladie, pour laquelle on suspectait le rôle de certains vers, appelés filaires. En 1872, Timothy Richard Lewis (1841-1886) avait en effet noté la présence de petits vers de quelques dizaines de microns appelés microfilaires[1] dans le sang d'un patient avec éléphantiasis. En 1876, Joseph Bancroft (1836-1894) avait découvert que les minuscules microfilaires visibles au microscope dans le sang de patients étaient engendrées par des filaires adultes (*Wulchereria bancrofti*), des vers de grande taille, capables d'obstruer progressivement les vaisseaux lymphatiques. En 1878, Manson remarqua que les microfilaires étaient détectées dans le sang surtout la nuit, au moment où les moustiques piquent les malades. Il put déceler ces microfilaires dans le corps des moustiques après qu'ils ont piqué et aspiré du sang d'un patient. Demeurant vivantes dans l'estomac de l'insecte, il vit que ces petits vers se développaient en larves. Les moustiques pouvaient donc être des « vecteurs » transmettant la maladie. Il imagina de façon erronée que ces larves étaient libérées à la mort des moustiques à la surface de l'eau et que les patients se contaminaient en buvant l'eau infestée par les larves. L'australien Thomas Bancroft (1860-1933) démontra en fait, quelques années plus tard, en 1899, que les larves étaient à nouveau inoculées chez les patients par les piqûres de moustiques. Par la suite, de 1883 à 1889, Manson travailla à Hong-Kong où il créa une école de médecine. De retour à Londres en 1892, il devint médecin au *Seaman's Hospital* et joua un rôle central dans le développement de la médecine tropicale. Il proposa une théorie de la propagation du paludisme par les moustiques qui influença Ronald Ross. En 1897, il devint conseiller du *Colonial Office* et fonda la *London School of Tropical Medicine* en 1899. Manson fut surnommé « le père de la médecine tropicale ». Sa décou-

---

[1] Otto Wulcherer (1820-1873) au Brésil avait observé des microfilaires dans le sang de certains patients dès 1866.

verte sur le développement des microfilaires fut très féconde car elle mettait en exergue un possible rôle des moustiques dans la transmission de certaines maladies infectieuses.

La fièvre du Texas et Théobald Smith

L'autre précurseur est Theobald Smith (1859-1934). Ce médecin travaillait au Bureau de l'Industrie Animale (*Bureau of Animal Industry*), dirigé par le Dr Daniel Elmer Salmon (1850-1914), le chef de la division vétérinaire du Département de l'Agriculture à Washington. Une maladie du bétail, la fièvre du Texas, sévissait alors dans le sud des États-Unis. Les animaux présentaient une anémie fébrile et un dépérissement rapidement mortel Quand les éleveurs du Sud des États-Unis achetaient du bétail au Nord, les animaux importés se portaient bien pendant environ un mois, puis une épidémie éclatait dans les troupeaux uniquement parmi les vaches venant du Nord. Les animaux s'arrêtaient de manger, maigrissaient rapidement et finissaient par mourir en quelques jours avec des urines rougeâtres. A *contrario*, les vaches restées au Nord mises en contact avec des vaches apparemment saines importées du Sud tombaient malades. La mission confiée par Salmon à Smith était simple : « Trouvez le germe ! ».

Smith aidé d'un collaborateur Frederick Kilborne (1858-1936) se mit au travail. Cet expérimentateur doué n'aimait pas les laboratoires et décida d'expérimenter sur le terrain, au grand air. Curieux, il avait entendu que certains éleveurs étaient persuadés que les tiques parasites du bétail propageaient la maladie. À cette époque où l'on ne connaissait pas encore le rôle des arthropodes dans la transmission des maladies, cette croyance était tournée en dérision par les scientifiques. Sans préjugé, Theobald Smith explora cette hypothèse. Ainsi, le 27 juin 1889, il vit arriver sept vaches originaires du Texas en bonne santé mais couvertes de centaines de tiques de toutes tailles, des tiques adultes d'un demi-pouce aux minuscules larves qui sucent le sang des animaux. Smith et Kilborne firent conduire quatre d'entre elles dans un champ au contact de six vaches de Caroline du Nord exemptes de tiques. En quelques jours, ils observèrent que les vaches du Nord ainsi exposées aux tiques étaient colonisées par les tiques en quelques jours, puis devenaient fébriles au bout d'un mois et dépérissaient rapidement. Conjointement, ils débarrassèrent de toutes leurs tiques les trois vaches du Sud restantes, très soigneusement à la main. Ces vaches furent placées dans un autre champ avec quatre vaches du Nord saines et sans tiques. Tous les animaux restèrent en bonne santé. L'expérience fut poursuivie dans un autre champ où aucun animal du Texas n'avait été placé. Smith y répandit de l'herbe chargée de nombreuses tiques provenant de vaches malades et y plaça quatre vaches du Nord qui développèrent la maladie en quelques semaines. Les tiques seules pouvaient transmettre la maladie. Smith étudia ensuite le cycle de reproduction des tiques dans des boîtes de verre. Il réussit à élever des tiques pondant des œufs qui donnent des larves. Il s'aperçut que ces jeunes larves transmettaient la maladie aux animaux qu'elles parasitaient. Ceci signifiait que les germes persistaient au cours de la reproduction des tiques et étaient transmis de la tique aux œufs et aux larves par voie transovarienne. Ainsi, les tiques pondaient des œufs dans l'herbe des champs, donnant des larves qui colonisaient les vaches et transmettaient la maladie par piqûre.

Theobald Smith décida alors d'examiner au microscope le sang des vaches malades. Dès sa première observation du sang d'une vache morte, il put voir clairement « un animal microscopique » en forme de poire, un protozoaire, présent dans les globules rouges. Il le retrouva ensuite chez toutes les bêtes mortes de la fièvre du Texas. Le parasite n'était pas visible chez les animaux en bonne santé. Il appela ce parasite *Pyrosoma bigeminum* (aujourd'hui *Babesia bigemina*). On sait aujourd'hui que les vaches du Texas étaient en réalité chroniquement infectées par les parasites, sans symptômes évidents. Les larves de tiques se contaminaient en aspirant de façon itérative le sang d'animaux porteurs de parasites dans le sang en trop faible nombre pour être décelés au microscope. Les larves transmettaient ensuite les protozoaires par piqûres aux animaux sains nouvellement arrivés. Les travaux pionniers de Théobald Smith publiés en 1893 ont donc montré le rôle des arthropodes comme vecteurs de certaines maladies et la possibilité que ceux-ci soient un réservoir de germes à travers les générations.

La maladie du sommeil et David Bruce

David Bruce (1855-1919), un médecin britannique travaillant pour le *British Army Medical Service* joua un rôle majeur dans la découverte des trypasonomiases et de leur mode de transmission par la mouche tsé-tsé. Il commença sa carrière de façon fracassante. Nommé en poste dans l'île de Malte, il s'intéressa à une maladie mystérieuse, entraînant une fièvre ondulante au long cours souvent associée à des atteintes osseuses, la « fièvre de Malte ». Bien que ne connaissant que très peu de choses en bactériologie, il installa un laboratoire à ses frais dans une cabane abandonnée et se mit en tête d'apprendre les techniques de culture sur milieu nutritif pour isoler la bactérie responsable de cette maladie à partir du sang de patients fiévreux et de la rate de soldats anglais morts. Avec sa jeune femme qui fut toute sa vie son assistante, il réussit à isoler en 1887 un petit bacille qu'il appela *Micrococcus melitensis*[2]. Il travailla avec acharnement et réussit à transmettre la maladie à des singes inoculés avec le sang de patients fiévreux (1893).

Ce jeune médecin indiscipliné fut muté en Égypte puis en 1894 au Natal, en Afrique du Sud, plus précisément à Ubombo dans le Zululand. Il avait pour mission de travailler sur une maladie appelée « nagana », une maladie mortelle des chevaux et du bétail entraînant une rhinite, un amaigrissement progressif, un état dépressif, des épanchements multiples et la mort rapide. Observant avec son épouse au microscope le sang d'animaux mourant de nagana, il découvrit en 1895 des parasites flagellés filiforme et très mobiles ressemblant à des trypanosomes, protozoaires connus depuis plus de 50 ans et responsables de maladies fébriles chez divers animaux sans mode de transmission connu[3]. Bruce chercha à établir comment le trypanosome du nagana se transmettait. Il avait remarqué que les troupeaux vivant sur la haute colline aride de Ubombo à plus de 1 500 mètres étaient épargnés par le nagana. Cependant, dès qu'on les descendait dans les fertiles vallées, les animaux mourraient de cette maladie. Comme dans le cas de la fièvre du Texas, il existait une croyance populaire en pays zoulou que la maladie était liée aux mouches tsé-tsé[4]. On savait que ces glossines ne pouvaient survivre à haute altitude. Bruce testa cette hypothèse en exposant quelques heures dans la vallée des chevaux sains vivant sur la colline. Pour éliminer toute transmission par l'eau ou la nourriture, il les fit museler pendant le temps de l'expérience. À peine dans la vallée, il observa des myriades de mouches tsé-tsé qui piquaient abondamment les chevaux ainsi exposés. Une fois remontés dans la colline, Bruce examina régulièrement au microscope le sang des chevaux exposés. Il vit l'apparition des trypanosomes dans le sang au bout de 15 jours. Restait la possibilité d'une contamination par inhalation

---

[2] La fièvre de Malte est aussi appelée brucellose, en l'honneur de Bruce. La bactérie est aujourd'hui appelée *Brucella melitensis*.

[3] Le trypanosome découvert par Bruce, appelé aujourd'hui *Trypanosoma brucei*, n'est pas pathogène pour l'homme. Les trypanosomes avaient été décrits comme des curiosités dans le sang de grenouille par Gottlieb Gluge (1812-1898) en 1842, puis dans le sang de têtards, de souris et enfin des rats en 1877 par Timothy Richard Lewis (1841-1886) en Inde (*Trypanosoma lewisi*). L'importance du rôle pathogène des trypanosomes avait été entrevue en 1880 par Griffith Evans (1835-1935) qui décrivit à Dera Ismail Khan dans le Punjab en Inde un protozoaire flagellé, appelé aujourd'hui *Trypanosoma evansi*, présent dans le sang des chevaux, des mulets et des chameaux affligés d'une maladie fébrile appelée surra. Il put transmettre la maladie à des animaux sains inoculés avec le sang d'animaux malades. En 1896, J. Rouget décrira une autre trypanosomiase animale, la « dourine » des chevaux transmise par voie sexuelle (« mal du coït »).

[4] Les mouches tsé-tsé (*Glossina morsitans*) sont des grosses mouches aussi appelées « glossines » découvertes par Christian Wiedemann en 1830.

évoquée à l'époque pour le paludisme. Au lieu de faire descendre les chevaux dans la vallée, il eut l'idée de faire monter les mouches tsé-tsé ! Il recueillit avec les Zoulous des milliers de mouches tsé-tsé sur un cheval malade exposé dans la vallée et les piégea dans des cages de mousseline qui lui servirent pour piquer les chevaux sains en haut de la colline. En moins d'un mois, les chevaux furent malades et tous moururent de nagana avec des trypanosomes dans le sang. Il montra ensuite que les trypanosomes persistaient plusieurs mois chez les mouches et qu'ils existaient dans le sang de certains animaux sauvages africains comme les zèbres et les antilopes qui constituent des réservoirs de parasites. Il préconisa pour prévenir la maladie de tuer les mouches tsé-tsé, de débroussailler les buissons où elles se nourrissent et d'exterminer les antilopes. Bruce avait donc montré en 1897 la transmission expérimentale du trypanosome du nagana par la mouche tsé-tsé.

La découverte du rôle des trypanosomes et des glossines dans le nagana ouvrit la porte à la découverte de l'agent de la maladie du sommeil. Cette maladie humaine existait à l'état endémique en Afrique tropicale depuis des siècles. Décrite dès 1724, cette maladie débute par des accès de fièvre, avec fatigue, maux de tête, douleurs lombaires et articulaires, œdèmes, avec de gros ganglions (adénopathies) cervicaux douloureux. Suit une phase tardive avec des signes neurologiques et endocriniens, tels que l'impuissance et l'arrêt des règles (aménorrhée), associés à des troubles du comportement et de l'anorexie. La maladie évolue ensuite vers un coma terminal. À la fin du XIXe siècle, l'ouverture de l'Afrique au commerce et à la colonisation entraîna dès 1885 des épidémies dévastatrices au confluent des fleuves Oubangui et Zaïre, s'étendant jusqu'au lac Victoria (Congo et Ouganda), puis vers l'Afrique de l'Est dans les années 1910.

Au début du XXe siècle, des épidémies majeures commencèrent à menacer le commerce européen et la colonisation en Afrique. Français et Britanniques envoyèrent des commissions d'enquête pour se pencher sur l'origine de cette maladie mystérieuse qui se terminait par une longue phase de somnolence et un coma. En 1901, Robert Forde (1861-1948) observa fortuitement dans le sang d'un capitaine de bateau faisant du trafic fluvial en Gambie, des « vermicules mobiles » que Joseph Dutton (1877-1905) identifia à des trypanosomes. À l'occasion d'une épidémie meurtrière aux abords immédiats du lac Victoria, la *Royal Society* envoya en Ouganda une mission de trois chercheurs, dont Aldo Castellani (1878-1971). Celui-ci observa en 1903 des trypanosomes dans le sang et le liquide céphalorachidien (qui « baigne » et protège le cerveau et la moelle épinière) de malades atteints de maladie du sommeil, suggérant fortement que le parasite jouait un rôle dans les graves troubles neurologiques observés. Bruce fut alors envoyé pour aider Castellani et confirma la présence de parasites dans le sang et le liquide céphalorachidien similaires aux trypanosomes du nagana. Les trypanosomes n'étaient pas retrouvés chez des patients hospitalisés pour d'autres motifs, comme le pian[5], des allergies ou des fractures, à qui l'on avait fait des ponctions lombaires peu justifiées mais utiles pour la Science. Le parasite était bien la cause de la maladie du sommeil. On l'appela par la suite *Trypanosoma gambiense*.

Bruce se posa alors la question de l'origine et de la transmission de ce parasite humain. La maladie était confinée à une zone étroite le long des rivières et des rivages du lac Victoria. Il pensa bien sûr à la mouche tsé-tsé et découvrit qu'il existait dans la région une espèce particulière de cette mouche, appelé kivu. Aidé par le premier ministre africain de l'Ouganda, Apolo Kagwa, il fit une carte de répartition de la maladie et des mouches tsétsé. Réponse : la maladie n'existe que dans la région où la mouche est présente. Restait à

---

[5] Le pian est une maladie contagieuse répandue dans les régions tropicales du monde entier, caractérisée par tuméfactions cutanées (ou pians) ressemblant à des framboises. La maladie est due à des tréponèmes (*Treponema pertenue*) apparentés à ceux de la syphilis (*Treponema pallidum*).

inoculer les parasites à des singes en les exposant à des mouches tsé-tsé, ce qui fut réalisé avec succès, établissant ainsi le lien de causalité. Bruce pensa alors que les patients étaient une source de contamination pour les mouches confinées au bord du lac Victoria et pouvaient donc entretenir l'épidémie. Il proposa au premier ministre d'éloigner momentanément les populations des rivages du lac. On déplaça des milliers d'habitants, et la maladie régressa mais reprit à l'est du lac. En fait, comme pour le nagana, il existait des réservoirs animaux sauvages à l'origine de la contamination des mouches. Bruce était un chasseur et se mit en quête des parasites chez les animaux sauvages : cochons sauvages, ibis, hérons, pluviers, cormorans, crocodiles… Il retrouva le trypanosome dans le bétail et les antilopes. David Bruce avait donc apporté une contribution majeure pour établir le rôle des mouches tsé-tsé dans la transmission des trypanosomiases africaines.

Après de multiples campagnes d'éradication, notamment celles organisées par l'extraordinaire Dr Eugène Jamot (1879-1937), la maladie du sommeil régressa fortement vers le mileu du XXe siècle. Elle a cependant connu récemment une résurgence et reste aujourd'hui un fléau en Afrique. On considère que 300 000 personnes souffrent de trypanosomiase, notamment en République Démocratique du Congo, en République Centrafricaine, en Ouganda, au Soudan, en Guinée et en Angola.

Le mystérieux « mal noir » du Bengale

L'année 1824, une mystérieuse maladie apparut dans un petit village de Moha-Medpour dans les environs de la ville de Jessore au Bengale, un important centre commercial sous l'ancien empire Moghol. Le mal débutait par une fièvre prolongée avec des maux de tête et un amaigrissement. Les patients devenaient émaciés, d'une pâleur livide, la peau prenant un aspect terreux, les cheveux cassants. De grosses veines saillantes apparaissaient sur l'abdomen et les patients mourraient de cachexie, les corps décharnés. En trois ans, l'épidémie fit près de 750 000 morts dans cette région. On l'appela kala-azar, un mot moghol signifiant « mal noir ». Frappant une région administrée depuis 1750 par la compagnie anglaise des Indes orientales (*East India Company*), le mal rapidement envahit progressivement toute la plaine du Gange et atteignit le Bengale occidental en 1832 en suivant les artères fluviales et routières.

Par la suite, le kala-azar évolua par grandes vagues épidémiques alternant tous les 15 à 25 ans, dévastant villes et villages du Bengale et des régions voisines du Bihar, de l'Assam et des contreforts du Népal [6]. La maladie parfois prenait une violence destructrice comparable à celle de certaines épidémies de peste bubonique. Par exemple en 1862, elle frappa la ville de Jageer, proche de la capitale de Dhaka. Les morts étaient abandonnés dans leurs maisons ou jetés dans les rivières, faisant disparaître toute la population de la ville en 4 ans. Au XXe siècle, la maladie s'est propagée par la suite vers de vastes régions de Chine, du Turkestan russe, du Soudan, de l'Éthiopie, vers l'Europe méditerranéenne, et même le long de la côte du Brésil.

D'où venait cette nouvelle maladie totalement inconnue avant le XIXe siècle, qu'on appelle aujourd'hui « leishmaniose viscérale » ? La maladie frappa durement les Indes que les Britanniques venaient de coloniser au XVIIIe siècle. La « *Pax Britannica* » qu'ils imposèrent avait le dessein de faciliter le commerce et la mobilité des soldats et des fonctionnaires requis pour l'administration coloniale. Les Britanniques construisirent des grandes voies de communication, plus de 4 000 km de routes, reliant Bombay, Agra, Calcutta, Peshawar, des che-

---

[6] En 25 ans, le kala-azar décima près du quart de la population de certains districts de l'Assam. De 1918 à 1923, près de 200 000 personnes de kala-azar périrent dans l'Assam et dans la vallée du Brahmapoutre.

mins de fer, et un grand système de canaux d'irrigation pour le Gange et ses affluents permettant aux vapeurs de sillonner le Gange et le Brahmapoutre. Le kala-azar semblait suivre clandestinement les grandes voies de communication des occupants. Les habitants de l'Assam qui avaient associé l'apparition des épidémies aux activités des Anglais, dénommèrent ce nouveau fléau *sarkari bimari* (« la maladie du gouvernement »).

À la fin du XIXe siècle, les militaires Britanniques cherchèrent la cause de ce « mal noir ». Après des années de recherche infructueuses, le microbe responsable fut découvert presque par hasard en 1900. Un soldat d'origine irlandaise atteint d'une très grave « fièvre de Dum Dum », un faubourg de Calcutta, mourut après son rapatriement dans un hôpital militaire en Angleterre. À l'autopsie, le Dr William Boog Leishman (1865-1926), un ancien de l'*Indian Medical Service,* observa au microscope dans la rate hypertrophiée du mort, de nombreux corpuscules ovoïdes localisés dans des cellules phagocytaires (les macrophages) qu'il prit pour des trypanosomes : le « mal noir » pouvait être causé par un parasite. Le rôle de ce protozoaire dans le kala-azar fut confirmé en 1903 par Charles Donovan (1863-1951) à Madras, qui retrouva les « corps de Leishman » dans les tissus de rate prélevés par biopsie à l'aiguille chez des patients atteints de kala-azar, et non chez des patients atteints d'autres maladies. En 1904, un autre médecin militaire Leonard Rogers (1868-1962) travaillant à Calcutta eut l'idée d'incuber des petits fragments de rate en solution saline. Il fut très surpris d'observer en une semaine une pullulation de parasites en fuseaux mobiles avec des flagelles (désignés aujourd'hui promastigotes), dix fois plus grand que les minuscules corps ovoïdes décrits par Leishman : le parasite qu'on appellera *Leismania donovani* était un protozoaire, un « hémoflagellé », existant sous deux formes au cours de son cycle de reproduction. La découverte de ce parasite permit dès 1903 de traiter efficacement les patients avec des sels d'antimoine connus pour leur activité contre les parasites, mais ce traitement était très toxique. Dans les années 1920, un progrès important fut réalisé par la synthèse d'un dérivé pentavalent beaucoup moins toxique, le Pentostam. On suspecta rapidement que ce parasite devait être transmis par un insecte vecteur, mais lequel ? Il fallut plus de 30 ans pour le découvrir. Le premier indice fut trouvé en 1924 par le major John Sinton, un entomologiste du *Central Research Institute* de Kasauli, qui observa que la répartition du kala-azar était parfaitement superposée à celle d'un insecte piqueur, un minuscule moucheron argenté appelé phlébotome. L'année suivante, Roberts Knowles montra l'incidence importante du kala-azar chez les habitants du quartier 14 de Calcutta, où pullulaient les moucherons argentés à l'abri des demeures coloniales. Il observa les protozoaires flagellés dans l'intestin des moucherons et 12 jours plus tard dans le pharynx des phlébotomes, mais ne put transmettre ainsi la maladie à des volontaires. Le secret de la transmission du kala-azar par les phlébotomes ne fut découvert qu'en 1939 par le Dr R.O. Smith : l'alternance d'un repas sanguin et d'une cure de raisins favorise la pullulation dans le pharynx des phlébotomes végétariens et évite le blocage du pharynx par le repas sanguin. En 1940, Henry Edward Shortt (1887-1987) et à un chercheur indien C.S. Swaminath réussirent à transmettre le kala-azar à des volontaires indiens par des phlébotomes infectés après une cure de raisins !

En 1944, une nouvelle épidémie dévastatrice frappa le Bengale, faisant des milliers de victimes. Peu après l'Organisation mondiale de la Santé entreprit un programme mondial d'éradication du paludisme basé sur la pulvérisation généralisée du DDT[7]. Commencé dans

---

[7] Les propriétés insecticides du DDT (dichloro-diphenyl-trichlroéthane) couvertes par le fameux brevet N°226.180 avaient été trouvées en 1940 par le Suisse Paul Müller (1899-1965) qui reçut le prix Nobel par cela en 1948. En fait, ce composé avait été synthétisé par un pharmacien viennois, Othmar Ziedler en 1874. Au cours de la Deuxième Guerre mondiale, la société chimique suisse Geigy qui employait Müller recherchait un produit contre les mites. Müller montra l'action précise du DDT, en paralysant le système nerveux des insectes en quelques heures. Facile à préparer et peu coûteux, les États-Unis en produisirent jusqu'à 200 000 à 400 000 tonnes par an pendant la campagne d'éradication du paludisme.

les années 1950, ce programme échoua dans l'éradication du paludisme mais fit disparaître le kala-azar en détruisant les phlébotomes domestiques. La kala-azar parut éradiqué dans les années 1965. Devant la résistance croissante des moustiques au DDT, la campagne de pulvérisation du DDT fut abandonnée vers 1970. Dès lors, les phlébotomes proliférèrent à nouveau et déclenchèrent dès 1972 dans la région du Bihar une épidémie de kala-azar qui s'étendit à la majeure partie de l'État en 1977, puis au Bengale occidental, dans l'Uttar Pradesh et la plaine du Bangladesh. La maladie reste endémique aujourd'hui dans de nombreuses régions du monde.

La maladie de Carlos Chagas

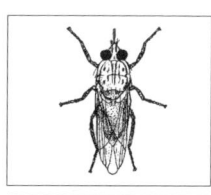

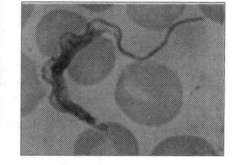

Figure 4. À gauche, David Bruce (1855-1919) découvre le rôle de la mouche tsé-tsé dans la transmission de la maladie du sommeil.
© Cornell University.
Au milieu, Carlos Chagas (1879-1934) celui des tiques dans la transmission de la maladie qui porte son nom.
À droite : mouche tsé-tsé ; tique ; trypanosome dans le sang d'un patient (de haut en bas).

Il existe une autre trypanosomiase humaine qui fait des ravages en Amérique latine, la maladie de Chagas. Carlos Chagas (1879-1934) était fils de fermier et fit ses études de médecine à Rio de Janeiro. Il commença ses travaux sur le paludisme dès 1900 et présenta une thèse de médecine en 1902 sur cette maladie qui, avec la fièvre jaune, décimait les populations de son pays. En 1905, il participa à des campagnes d'éradication des moustiques qui transmettaient le paludisme dans les environs de Sao Paulo, de Rio de Janeiro puis de Belem à partir de 1908. Il s'intéressa aux tiques qui vivaient dans les maisons rurales et piquaient la nuit les sujets sur les zones découvertes du corps. On appelait ces réduves « *barbeiro* », « *chupao* » ou « *chupanza* ». Chagas les examina au microscope pour voir si elles pouvaient transmettre à l'homme ou aux animaux quelques parasites inconnus. De façon surprenante, il découvrit que les tiques étaient porteuses dans leur tube digestif d'un très grand nombre de trypanosomes flagellés. Il leur fit piquer des singes et déclencha après 3-4 semaines une maladie associée à la présence de trypanosomes dans le sang ! Ces parasites étaient donc virulents et furent appelés par la suite *Trypanosoma cruzi*. Chagas se mit à rechercher le parasite chez l'homme et les animaux. Un jour, à Lassance, il en trouva dans le sang d'un chat. Le 14 avril 1909, il fut appelé au chevet d'une petite fille, Bérénice, âgée de 2 ans, vivant dans la même maison que le chat contaminé et qui présentait une « crise de paludisme ». Il détecta au microscope des trypanosomes dans son sang ! Les parasites disparurent par la suite en même temps que les symptômes, la maladie devenant chronique. Il s'agissait d'une nouvelle maladie, aujourd'hui appelée maladie de Chagas ou trypanosomiase américaine, dont il décrivit par des études sur le terrain les complications cardiaques, neurologiques et gastro-intestinales. Il découvrit aussi des réservoirs sauvages, dont le tatou, et le cycle de multiplication intracellulaire très particulier du parasite. Il s'agit d'un exemple singulier dans l'histoire de la médecine, celui d'un chercheur qui découvre d'abord un parasite, puis son cycle de réplication chez les tiques, ses réservoirs, puis une maladie totalement méconnue de l'homme et des animaux. Tout cela, par une seule personne, un médecin de terrain. Une démarche unique !

La fièvre jaune et Walter Reed

Figure 5. Walter Reed (1851-1902)
© National Museum of Health and Medicine, Washington.
et Carlos Finlay (1833-1915), découvreur du rôle des moustiques dans la fièvre jaune.
©OPS/OMS.

Le *vomito negro*[8] ou fièvre jaune était une maladie redoutable, omniprésente du XVIIe au XIXe siècle dans les zones tropicales d'Afrique et d'Amérique, décimant les populations arrivant dans ces contrées. Il s'agit d'une hépatite aiguë fébrile, atteignant également les reins

---

[8] On l'appelait ainsi en raison des vomissements de sang noir. C'est une infection hépatique et rénale aiguë due à un flavivirus, le virus amaril.

et associée à de nombreuses hémorragies diffuses, avec un taux de mortalité supérieur à 50 %. La maladie inconnue dans l'Antiquité fut d'abord décrite dans le golfe du Bénin en Afrique en 1520, puis dans la presqu'île du Yucatan dans le golfe du Mexique en 1648. La fièvre jaune fut importée d'Afrique en Amérique par l'afflux considérable des milliers d'esclaves. L'arrivée massive d'immigrants venus d'Espagne, du Portugal et puis de toute l'Europe favorisa également l'éclosion d'épidémies, comme en témoignent de nombreux récits où la fièvre jaune décimait les populations immigrantes. Par exemple, à la fin du XVIIIe siècle, le duc de Choiseul, ministre du Roi Louis XV, envoya 13 000 malheureux entre 1763-1765 pour coloniser et peupler le Kourou en Guyane. La fièvre jaune tua 10 000 d'entre eux et les survivants se réfugièrent dans les îles du Salut.

Dès 1807, le Dr John Crawford (1746-1813), médecin réputé de Baltimore, avait posé l'hypothèse que les moustiques pourraient être l'origine du paludisme, de la fièvre jaune et d'autres infections. Cependant, c'est un Cubain d'origine française et écossaise, Carlos Finlay (1833-1915), qui joua un grand rôle dans la compréhension et la mise en évidence du rôle des moustiques comme vecteurs de la fièvre jaune. Installé comme médecin praticien à la Havane, Finlay fut confronté à une épidémie de fièvre jaune. Inspiré par les travaux de Manson publiés en 1878, Finlay émit l'hypothèse que les moustiques pourraient transmettre la maladie à partir du sang des malades. Observant le comportement de différentes espèces de moustiques, il fut amené en 1881 à soupçonner une espèce particulière de moustique, *Culex fasciatus*[9]. Il commença alors des expériences sur l'homme qui mirent l'éthique à rude épreuve. Il entreprit de faire piquer des « volontaires », cinq soldats de la forteresse de la Havane, par des moustiques nourris deux à trois jours auparavant du sang de patients atteints de fièvre jaune. Il utilisa comme témoins 15 autres patients inoculés par des moustiques nourris du sang de sujets sains. Sur 5 volontaires piqués, 4 présentèrent des symptômes mal définis sans gravité qui, dans l'esprit de Finlay, correspondaient à des formes légères de la maladie. Entre 1888 et 1900, il inocula 104 « volontaires ». En fait, très peu de volontaires inoculés par Finlay firent une fièvre jaune authentique. Ces échecs sont explicables par le protocole expérimental qu'il utilisait[10]. Ceci n'empêcha pas Finlay d'être persuadé jusqu'à la fin de ces jours qu'il avait été le premier à avoir réussi la transmission expérimentale de la fièvre jaune à des sujets sains.

C'est alors qu'arriva à La Havane, le major Walter Reed (1851-1902). Ce médecin militaire américain était envoyé à Cuba pour diriger une commission américaine qui devait démontrer la nature contagieuse et définir la prévention de la fièvre jaune (1900-1901). En effet, à l'issue de la guerre hispano-américaine, Cuba fut déclaré « indépendante » en 1898 et passa de fait sous contrôle des États-Unis. Accompagné de James Carroll (1854-1907) et des autres membres de la commission, Reed constata d'abord que la fièvre jaune n'était pas contagieuse. Il n'y avait pas de cas chez les « volontaires » placés en contact avec les couvertures et les linges souillés par les déjections des patients, ou encore couchant dans les lits occupés précédemment par des mourants. On se demande qui pouvait être volontaire pour de telles tâches ! Pour vérifier le rôle des moustiques suspectés par Finlay, le premier gouverneur général américain de Cuba, Léonard Wood, accorda à la commission un soutien financier et la possibilité d'accéder aux jeunes recrues de l'armée américaine. Chaque « volontaire » touchait une prime de 100 dollars-or pour être exposé à la contagion ou à la

---

[9] La fièvre jaune est transmise par un moustique particulier, *Aedes aegypti* (auparavant appelé *Culex fasciatus*).

[10] Les patients présentant un *vomito negro* que Finlay exposait aux moustiques pour transmettre la maladie étaient souvent malades depuis une semaine, un délai trop long pour que le sang soit contagieux. En effet, le virus amaril persiste dans le sang environ 2 à 3 jours après le début clinique de la maladie De plus, Finlay faisait piquer les volontaires par des moustiques gorgés de sang seulement 2 à 3 jours après le repas sanguin. Il ignorait qu'un délai d'au moins 15 jours était nécessaire pour obtenir une multiplication suffisante du virus dans les moustiques qui peuvent alors propager le virus. Enfin, il ne sélectionnait pas les receveurs. On sait qu'il existe dans la population de nombreux sujets qui ont été exposés au virus amaril et qui sont donc naturellement immunisés contre la fièvre jaune.

piqûre des moustiques supposés être infectés. En cas de réussite, c'est-à-dire en cas de fièvre jaune déclarée, une autre prime de 100 dollars-or était offerte. Il faut savoir que ces expériences d'inoculation de la fièvre jaune induisaient une mortalité de 15 % à 20 %.

Toujours est-il que Reed montra en 1901 que le sang des malades n'était infectieux que pendant les 2-3 premiers jours de la maladie et qu'un délai de 2 à 3 semaines était nécessaire à partir de la piqûre d'un sujet malade pour que le moustique puisse transmettre l'infection. Finlay n'avait pas compris l'importance de ces délais, ce qui explique son très faible taux de transmission de la maladie. La fièvre jaune survenait 2 à 5 jours après les piqûres des moustiques qui restaient en bonne santé et infectieux pendant au moins 2 mois. Reed pensait avoir démontré que les œufs de moustiques infectés ne contenaient pas l'agent infectieux et ne pouvaient donc pas se propager à la génération suivante (ce qui est faux). Il observa aussi que l'injection intraveineuse aux « volontaires » d'une petite quantité de sang prélevé chez un malade dans les trois premiers jours suivant le début des symptômes provoquait la fièvre jaune et que ce sang restait infectieux même après avoir été filtré à travers des bougies de Berkefeld qui retiennent les bactéries : il s'agissait donc d'un agent filtrable, plus petit qu'une bactérie. Après la découverte du virus de la mosaïque du tabac en 1892, le seul autre virus filtrable d'origine animale connu à l'époque était le virus de la fièvre aphteuse du bétail découvert en 1897 par Loeffler et Frosch. Reed enfin mit en évidence l'existence d'une excellente immunité chez les survivants de fièvre jaune, c'est-à-dire qu'ils ne contractent jamais plus la maladie, ce qui permettait d'envisager un vaccin. De retour aux États-Unis, Walter Reed mourut en 1902 d'une péritonite appendiculaire. Ainsi, Reed avait-il déterminé que l'agent de la fièvre jaune était un virus filtrant et transmis par certains moustiques (*Aedes aegypti*). Il avait identifié le premier virus pathogène pour l'homme (*Figure 6*).

Figure 6. Walter Reed à Cuba : inoculation à un jeune soldat américain volontaire du sang d'un patient atteint de fièvre jaune par un aide de Walter Reed (au centre, debout en blanc), sous le regard de Carlos Finlay (debout à gauche, cheveux blancs). Tableau de Dean Cornwell.

La prévention de la fièvre jaune passait par l'éradication des moustiques et par la mise au point d'un vaccin. La maladie fut éliminée à Cuba par une campagne d'éradication des moustiques. Le dernier cas de fièvre jaune à la Havane fut observé en septembre 1901. Le vaccin sera découvert environ 30 ans plus tard par le Sud-Africain Max Theiler (1899-1972), prix Nobel 1951, travaillant à la *Rockefeffer Foundation* à New York. Theiler réussit à atténuer la souche Asibi, une souche très virulente du virus, par de multiples passages en 1933 et 1937 sur des cerveaux et tissus embryonnaires de souris, donnant un vaccin vivant atténué à partir de la souche Rockefeller 17D. En effet, le virus modifie son génome pour s'adapter aux cellules de souris et perd ainsi sa virulence pour l'homme, pouvant alors être utilisé comme vaccin. Les sujets vaccinés sont protégés contre une infection par le virus virulent « sauvage ». Ce procédé a souvent été utilisé par la suite pour générer des vaccins.

Les travaux de Finlay et de Reed apparaissent particulièrement choquants. On doit rappeler que l'expérimentation avec inoculation à l'homme de germes infectieux fut pratiquée tout au long des XVIIIe et XIXe siècles, notamment sur des prisonniers et des condamnés à mort en l'échange de remise de peine ou de la vie sauve. Ainsi, en 1721, on expérimenta à Londres sur la demande du roi Georges II, la variolisation sur 6 prisonniers. Hansen n'hésita pas à inoculer le bacille de la lèpre qu'il avait découvert en 1873 à une patiente sans son consentement. Albert Neisser, le découvreur du gonocoque, inocula la syphilis à plusieurs prostituées pour servir ses recherches. Sanarelli, le découvreur d'une prétendue bactérie responsable de la fièvre jaune, *Bacillus icteroides* (probablement *Salmonella cholerae suis*) inocula des cultures chauffées à plusieurs malades sans leur demander leur avis, déclenchant des chocs toxiques gravissimes. Depuis le début du XXe siècle, on a procédé à des inoculations des agents de la dengue, une maladie virale fébrile et parfois hémorragique endémique en Amérique latine, et du paludisme pour des essais « thérapeutiques ». Enfin, l'auto-inoculation de prélèvements de patients contagieux fut aussi pratiquée par des médecins. Par exemple, John Hunter (1728-1793) en 1786 s'inocula des broyats de lésions vénériennes contractant ainsi la blennorragie (gonococcie ou « chaude-pisse ») et la syphilis, ou le baron René-Nicolas Desgenettes (1762-1837), médecin de l'armée en l'Égypte, s'inoculant en 1799 le pus d'un bubon pesteux sans en mourir ! ou encore quelques essais de l'auto-inoculation de la fièvre jaune, et de la fièvre de Oroya par Carrion au cours du XIXe siècle.

Le paludisme, Ronald Ross et Giovanni Grassi

Figure 7. Alphonse Laveran (1845-1922), prix Nobel 1907, découvreur du *Plasmodium*, agent du paludisme.
© The Nobel Foundation.

Figure 8. Les découvreurs du rôle des moustiques dans la transmission du paludisme, Ronald Ross (1857-1936) à gauche.
© The Nobel Foundation.
Giovanni Batista Grassi (1854-1925) à droite.
©Bishop Museum, Honolulu.

L'existence de fièvres malignes pouvant évoquer le paludisme fut rapportée dès l'invention de l'écriture (6000 ou 5500 av. J.-C.). Ces fièvres sont mentionnées en Inde dans des textes védiques de 1600 av. J.-C. et par Hippocrate au Ve siècle av. J.-C. Le paludisme ou malaria (« mauvais air ») ou mal des marais est une fièvre intermittente, évoluant en accès de 3 jours (« fièvre tierce ») ou 4 jours (« fièvre quarte »), avec certaines complications graves, dont l'accès pernicieux qui peut entraîner la mort par infection cérébrale. La malaria était autrefois très répandue en Europe, notamment à l'embouchure des fleuves, dans les contrées marécageuses, les vallées de l'Elbe, du Rhin, du Rhône, du Pô, du Tibre, en Sologne, dans les Dombes, la Charente, le Bordelais, la Camargue. Elle peut évoluer par épidémies meurtrières. Par exemple en 1602, une épidémie provoqua 41 000 morts dans la région de Naples. Une autre frappa Rome en 1623. Au temps de Cromwell dans les années 1650-1660, l'Angleterre n'était pas épargnée. Le paludisme sévissait aussi à Versailles lors de la construction du château en zone marécageuse. De nombreux personnages célèbres furent impaludés, tels que Louis XIV et de nombreux princes de sa famille, Bossuet, Bonaparte et son frère Lucien. La mortalité pouvait être élevée. La maladie régressa au XVIIIe siècle en Europe du fait de l'assèchement de nombreux marais et de la régularisation des cours d'eau et peut-être aussi du fait de l'efficacité du traitement. C'était en effet l'une des rares maladies de cette époque qui pouvait être efficacement soignée par le quinquina, un médicament ramené du Pérou par les jésuites et introduit en Europe en 1648.

Le paludisme n'est pas décrit dans les traités de médecine des Mayas et des Aztèques et semble donc inconnu en Amérique pré-colombienne, rendant plausible la thèse de l'importation de cette maladie par les colonisateurs européens et leurs esclaves africains dans le Nouveau Monde où le moustique vecteur de la maladie, l'anophèle, est présent. Comme en Europe, des épidémies de paludisme éclataient souvent, notamment en Amérique du Nord où cette maladie sévit depuis l'époque coloniale jusqu'à la Deuxième Guerre mondiale. Par exemple, une épidémie très meurtrière a été rapportée à Bytown (Ottawa) pendant l'été 1828, au cours de la construction du canal Rideau. Cette épidémie aurait été amenée par des soldats britanniques revenant des Indes. De même, on pense que, pendant la guerre de Sécession entre 1861 à 1865, la moitié des soldats blancs et 80 % des soldats noirs de l'armée de l'Union souffrirent du paludisme chaque année. En 1914, on estime encore le nombre de cas de paludisme à plus de 600 000 aux États-Unis.

L'agent du paludisme fut découvert en 1880 par un médecin militaire français, Charles-Louis-Alphonse Laveran (1845-1922). En examinant au microscope des échantillons de sang de patients fiévreux à l'hôpital militaire de Constantine, en Algérie, il vit un parasite dans les globules rouges. Il rapporta ainsi sa découverte en 1884 : « Le 6 novembre 1880, j'examinai le sang d'un malade en traitement pour fièvre intermittente à l'hôpital militaire de Constantine, lorsque je constatai pour la première fois l'existence de filaments mobiles qui adhéraient aux corps pigmentés et dont la nature animée n'était pas douteuse. J'eus à ce moment même l'intuition que j'étais en présence des véritables microbes du paludisme et tous les faits que j'ai observés depuis lors, n'ont fait que confirmer cette impression première. [...]. Lorsqu'on examine avec attention une préparation de sang renfermant des corps kystiques sphériques, il arrive souvent que sur les bords de quelques-uns de ces éléments on distingue des filaments mobiles qui s'agitent avec une grande vivacité ». Sa découverte ne fut acceptée que quelques années plus tard par les médecins italiens, chefs de file de ce domaine à l'époque. Ettore Marchiafava (1847-1935) et Angelo Celli (1857-1914) confirmèrent en 1883 les observations de Laveran, voyant que le parasite « se développe comme une petite amibe dans les globules rouges en se nourrissant de l'hémoglobine qu'il transforme en pigment noir qui, une fois qu'un certain volume est atteint et que les mouvements amiboïdes ont cessé, se divise en plusieurs petits corps qui envahissent à leur tour d'autres globules rouges ». Le parasite identifié était un protozoaire qu'ils nommèrent *Plasmodium*. En 1889, Camillo Golgi (1844-1926) décrivit plusieurs espèces de *Plasmodium* d'après leur morphologie et leur symptomatologie, et fit un parallèle entre les stades de développement des parasites et la succession et le rythme des accès fébriles.

Les choses en étaient là quand entrèrent en scène Ronald Ross (1857-1936) et Giovanni Batista Grassi (1854-1925) qui allaient chercher indépendamment le mode de transmission du paludisme. Fils d'un officier de l'armée britannique, Ross naquit en Inde et fit ses études de médecine en Angleterre. Il réussit à entrer au Service Médical des Indes en 1881 et s'intéressa à la médecine tropicale. En poste à Madras, il avait beaucoup de loisirs. Ce dilettante s'intéressait aux mathématiques, à la physique théorique, à la musique, à la littérature, et peu à ses obligations médicales. Après un bref séjour en Angleterre, il fut fortement impressionné en prenant connaissance de la littérature scientifique relatant les dernières découvertes de la bactériologie qu'il commença à étudier en 1889. Dès l'année suivante, il s'intéressa à la malaria, cause majeure de fièvre chez environ un tiers de 300 000 soldats de l'armée des Indes. On croyait encore à l'époque que la malaria était une infection aérienne, provenant des émanations des marécages. Connaissant la découverte de Laveran, Ross chercha les parasites au microscope mais ne réussit pas à les voir au microscope, mettant en question la théorie de Laveran. De retour à Londres, il rencontra Manson qui lui montra les parasites dans le sang et lui suggéra que les moustiques pouvaient être importants pour la transmission de la malaria, comme il l'avait montré pour les microfilaires quelques années plus tôt. De retour en Inde en avril 1895, il se lança dans une recherche sur les moustiques qu'il commença à élever dans des bocaux pour les examiner. Par commodité, Ross travailla sur le paludisme des oiseaux parasités par un protozoaire appelé *Plasmodium praecox*. Il examina méticuleusement les moustiques ayant piqué des oiseaux contaminés en les disséquant à différents temps après le repas sanguin. Ceci lui permit d'observer le développement des protozoaires chez les moustiques et leur localisation particulière dans les glandes salivaires. Il détecta les gamétocytes, forme sexuée mâle des *Plasmodium*. Passant à l'homme, il infesta des moustiques en leur faisant piquer des patients impaludés. Comme chez les oiseaux, il observa le développement des parasites dans les moustiques infectés par des patients. Le 18 décembre 1897, le *British Medical Journal* publiait que le Dr Ronald Ross avait observé des lésions contenant le *Plasmodium* (kystes paludéens) dans les parois de l'estomac d'anophèles (moustiques) ayant piqué un malade atteint de paludisme. Ross réussit ensuite à s'auto-inoculer la malaria par piqûres de ces moustiques, un mode de transmission qu'il confirma ensuite avec d'autres « volontaires ».

Indépendamment des travaux de Ross, un chercheur italien Giovanni Batista Grassi (1854-1925) arriva à des conclusions similaires en même temps. Ce zoologiste de l'Université de Pavie travailla comme étudiant avec Camillo Golgi (1843-1926) sur certains vers parasites de l'homme. Il obtint une bourse pour aller travailler à la station océanographique de Messine, où il s'intéressa aux protozoaires et aux poissons. À 29 ans, il devint professeur de zoologie comparée à Catane, où il étudia notamment les cycles de reproduction de certains vers parasites, des anguilles et des insectes. Rejoignant Rome en 1885, il fut frappé par les conditions de pauvreté des régions où le paludisme sévissait et décida d'étudier le paludisme en collaboration avec l'hygiéniste Angelo Celli (1857-1914) et plusieurs cliniciens, Amico Bignami (1862-1929), Giuseppe Bastianelli (1853-1959) et Ettore Marchiafava (1847-1935). Dix ans avant Ross, il commença à partir de 1888 une recherche sur le paludisme des oiseaux, identifiant les formes des parasites aviaires. Grâce à ses connaissances d'entomologiste et sur la base de longues séries d'observations épidémiologiques, il mit au jour le rôle de certains moustiques, les anophèles (*Anopheles claviger*) dans la transmission du paludisme, publiant ses résultats en juillet 1898. On peut dire que Ross et Grassi ont ainsi apporté une contribution majeure à la connaissance de la malaria en découvrant le rôle des moustiques dans le paludisme et en décrivant les étapes complexes du cycle du parasite chez le moustique anophèle. Seul Ross reçut pour cela le prix Nobel en 1902. Laveran le recevra en 1907.

Le typhus et Howard Ricketts

Le typhus exanthématique est une maladie grave souvent mortelle. Connue depuis l'Antiquité, elle est caractérisée par une forte fièvre, une éruption cutanée, des troubles de la conscience et des atteintes cardiaques. À partir du XVe siècle, ce fléau se propagea dans l'ensemble de l'Europe particulièrement au moment des guerres d'Italie. Verolamo Cardan (1501-1576) décrivit le typhus en 1536, tout comme Fracastor, à l'occasion d'une épidémie en Italie. Les soldats en campagne, sans hygiène et couverts de poux, répandaient la maladie dans les régions qu'ils parcouraient. En diverses occasions, le typhus joua un rôle historique important. Par exemple, le typhus stoppa les armées de Charles VIII devant Naples, ravagea les populations d'Allemagne pendant la guerre de Trente ans et décima la Grande Armée en 1813-1814 lors de la retraite de Russie.

Figure 9. À droite, Howard Ricketts (1871-1910).
© American Society for Microbiology).
À gauche, Charles Nicolle (1866-1936), Prix Nobel 1928.
© The Nobel Foundation.

La voie de la découverte de l'agent du typhus fut ouverte par l'américain Howard Taylor Ricketts (1871-1910) travaillant sur une maladie proche sévissant dans les montagnes Rocheuses, la « fièvre pourprée ». Après avoir obtenu son diplôme de médecin en 1897, Ricketts accepta une position de dermatologue au *Rush Medical College* pour étudier une affection chronique pulmonaire due à un champignon, la blastomycose. Après un bref séjour en 1900 à Vienne et à Paris à l'institut Pasteur, il fut nommé au Département de Pathologie et de Bactériologie de l'Université de Chicago en 1902. À partir de 1906, Ricketts travailla dans une région du Montana appelée *Bitter Root River Valley*, connue des Indiens comme très dangereuse du fait du risque de fièvre « pourprée » souvent mortelle. Il étudia en détail cette « fièvre pourprée des Montagnes Rocheuses » pendant 3 ans. En 1906, il réussit à transmettre l'agent de la fièvre pourprée à des singes et des cobayes par inoculation sous-cutanée et intrapéritonéale à partir du sang de patients. Il découvrit dès 1907 que les tiques des bois (*Dermatocentor*) étaient les réservoirs de l'agent infectieux, en montrant qu'elles étaient totalement envahies par des micro-organismes virulents transmettant la maladie. Il observa aussi que les tiques infectaient leurs œufs par voie transovarienne. En filtrant le sang infecté à travers des bougies de Berkefeld, il perdait l'infectiosité du sang, suggérant qu'il s'agissait d'une bactérie et non d'un virus, plus petit et filtrable. Par coloration à l'éosine, il mit en évidence dans le sang d'un singe infecté des bactéries sphéroïdes associées par paire, des diplocoques qu'il observa ensuite dans le sang d'un cobaye et enfin d'un patient. Il s'agissait de très petites bactéries en forme de granules présentes dans les globules blancs du sang. Ces travaux furent publiés en 1909. Il partit alors étudier une épidémie de typhus exanthématique au Mexique. Il perçut la forte ressemblance entre la fièvre pourprée et le typhus, ce qui l'amena à penser que des arthropodes pouvaient transmettre le typhus [11]. C'est alors qu'il mourut du typhus le 5 mai 1910 à l'âge de 39 ans.

Le vecteur du typhus fut découvert cette même année 1909 par Charles Nicolle (1866-1936). Ce médecin français avait contribué d'abord en 1894 à fonder à Rouen avec Émile Roux un service de sérothérapie permettant de traiter la diphtérie par injections d'anticorps. En butte à des tracas locaux, il décida de rejoindre en 1902 l'institut Pasteur de Tunis, dirigé jusqu'en 1901 par le neveu de Pasteur, Adrien Loir (1862-1941). Il y demeura comme Directeur jusqu'à sa mort en 1936. Dès 1903, il s'intéressa au typhus exanthématique. Il remarqua que « les voisins de lit d'un typhique ne contractaient pas son mal... Les médecins, les infirmiers, se contaminaient dans les campagnes, dans Tunis, et point dans les salles de médecine... Pour que, contagieux dans toute l'étendue du pays, le typhus devînt inoffensif, le bureau des entrées passé, il fallait que l'agent de sa contagion ne franchît pas ce point ». Que se passait-il à l'entrée de l'hôpital ? On lavait les patients et on les débarrassait de leurs poux. Testant cette hypothèse, Nicolle réussit à transmettre expérimentalement le typhus exanthématique par les poux aux singes. Il s'attacha ensuite à conserver l'agent du typhus par passages chez le cobaye, montrant le rôle des déjections des poux dans la contamination. En juillet 1909, il rapporta dans deux notes à l'Académie des Sciences ces observations montrant le rôle des poux dans la transmission du typhus exanthématique. Nicolle fut par la suite comblé d'honneurs, nommé Professeur au Collège de France et recevant le prix Nobel en 1928. Par la suite, Stanislas von Prowazek (1875-1915), directeur de l'Institut des Maladies Tropicales de Hambourg, confirma que la maladie était due à des morsures de poux. Comme Ricketts, Prowazek mourut du typhus. Le germe responsable du typhus exanthématique fut finalement découvert en 1916 par Henrique Da Rocha Lima (1879-1956). Il s'agissait d'une bactérie très proche de celle décrite par Ricketts pour la « fièvre pourprée », qu'il nomma *Rickettsia prowazeki* en l'honneur des deux chercheurs morts du typhus. La découverte du rôle des poux dans la transmission du typhus a certainement épargné des milliers de vie car elle rendait possible une prévention efficace basée sur la destruction des poux. On comprend pourquoi la maladie

---

[11] L'agent du typhus exanthématique est appelé *Rickettsia prowazeki*, celui de la fièvre pourprée *Rickettsia rickettsii*.

peut réapparaître à chaque fois que les conditions d'hygiène sont déplorables, notamment lors des guerres. Le typhus a sévi en Europe au cours de la Première Guerre mondiale, notamment sur le front oriental, puis pendant la Deuxième Guerre mondiale dans les camps de concentration et chez les réfugiés.

La peste et Paul-Louis Simond

Paul-Louis Simond (1858-1947), un médecin français travaillant à Bombay, découvrit le rôle des puces dans la transmission de la peste. Il avait constaté que le contact d'un instant avec des cadavres de rats encore chauds pouvait déclencher la peste, alors que la manipulation prolongée de cadavres de rats morts depuis longtemps était inoffensive. Il avait aussi remarqué que la peste pouvait survenir sans contact direct avec les rats, mais après passage dans une maison où des rats avaient succombé. Il observa à propos du rat et des puces que « soigneux de sa personne, il [le rat] ne les tolère pas longtemps sur lui et s'en débarrasse à l'ordinaire très aisément. Mais atteint par la maladie, il néglige sa toilette, cesse de se défendre ; les puces alors envahissent par centaines sa fourrure et se gorgent à l'aide de son sang. Nous avons établi ces faits par des observations répétées ». Examinant soigneusement les pestiférés dans les premières heures de la maladie, il détecta une minuscule vésicule cutanée qu'il appela « phlyctène précoce » évoluant vers une ulcération, puis une escarre, le charbon pesteux. Il montra que la mise en culture de la sérosité contenue dans les phlyctènes permettait d'isoler constamment le bacille de la peste. Il fit l'hypothèse que ces cloques étaient dues aux piqûres de puces qui devaient s'infecter en se nourrissant du sang des rats contaminés. Simond récolta alors des puces provenant de rats récemment morts de peste et montra que le bacille de Yersin était bien présent chez ces puces. L'expérience décisive montrant leur rôle eut lieu le 2 juin 1897 : à partir d'un rat malade capturé dans une maison de pestiférés, il put transmettre la peste à un rat sain séparé par un grillage interdisant tout contact direct entre eux, mais laissant passer les puces. Simond écrivit alors : « Ce jour-là, j'ai éprouvé une émotion inexprimable à la pensée que je venais de violer un secret qui angoissait l'humanité depuis l'apparition de la peste dans le monde ».

Peste, typhus, paludisme, maladie du sommeil, maladie de Chagas, fièvre jaune, éléphantiasis, voici quelques exemples de maladies infectieuses transmises par des arthropodes vecteurs. En découvrant en quelques années leur rôle dans ces grands fléaux, des personnages audacieux, hors du commun, travaillant souvent sans aucun moyen, par leur ténacité, leur courage, leur sens de l'observation et leur capacité d'imaginer des expériences décisives, ont fait progresser le savoir et ainsi épargné des millions de vies humaines.

Aujourd'hui, l'aventure continue. À l'orée du IIIe millénaire, les êtres humains peuvent de plus en plus souvent entrer en contact avec des environnements sauvages ou pollués, et ainsi être exposés à de nouveaux vecteurs porteurs de microbes inconnus capables de déclencher des maladies nouvelles. On a décrit de nombreux virus propagés par des moustiques provenant des forêts tropicales. Mais le plus étonnant reste l'émergence de maladies nouvelles transmises par des vecteurs dans les pays industrialisés, là où on s'y attend le moins. Ceci est illustré par deux épidémies récentes survenues aux États-Unis à la fin du XXe siècle, la maladie de Lyme et l'encéphalite West Nile.

La maladie de Lyme et Allen Steere

En 1975, près de 51 cas « d'arthrite juvénile » de l'enfant souvent associée à une éruption cutanée circulaire, en anneau, autour d'un point de piqûre, furent rapportés à Old Lyme, une petite ville de la côte du Connecticut. Quelle pouvait être l'origine de ces arthrites et pourquoi dans cette petite localité environnée de forêts ? Cette maladie à première vue inconnue fut appelée « arthrite de Lyme » par Allen Steere de la *Tufts University* de Boston. Il s'aperçut en 1979, avec un de ses collègues, Steven Malawista, que la maladie était associée à une fatigue sévère et surtout à des troubles neurologiques. En fait, la maladie avait déjà été observée et décrite plusieurs fois dans la littérature médicale depuis un siècle. Dès 1883, un médecin allemand, Alfred Buchwald (né en 1845), décrivit à Breslau une maladie cutanée dégénérative (*acrodermatitis chronica atrophicans*). En 1909, Arvid Afzelius (1857-1923), un dermatologiste suédois, présenta lors d'une réunion scientifique de la Société suédoise de Dermatologie, un « rash » cutané expansif en anneau, lié à une morsure de tique (*Ixodes*). L'association entre arthrite, éruption en anneau (*erythema chronicum migrans*), troubles neurologiques et cardiaques fut décrite à plusieurs reprises en Europe entre 1921 et 1934. On sait aujourd'hui que la maladie de Lyme évolue en trois phases, une phase cutanée localisée à la suite d'une morsure de tique, suivie d'une phase de dissémination et d'une phase de persistance au bout d'un an avec signes neurologiques, cardiaques et respiratoires.

Les épidémiologistes avaient remarqué que la plupart des patients habitaient des régions boisées peuplées de daims, d'écureuils et de petits mammifères, souvent couverts de tiques. En 1982, Willy Burgdorfer (né en 1944), un entomologiste travaillant avec Alan Barbour aux *National Institutes of Health*, découvrit par hasard la bactérie responsable de la maladie. Travaillant sur la fièvre boutonneuse des Montagnes Rocheuses, celle dont Ricketts avait trouvé la cause, il remarqua en collectant des tiques (*Ixodes dammini*) que certaines contenaient des bactéries spiralées très mobiles (des spirochètes) dans leur liquide intérieur qu'on appelle hémocèle. Il put les isoler en culture. Steere fit le rapprochement avec la maladie de Lyme et démontra la même année que les patients étaient effectivement infectés par ce spirochète, par la suite appelé *Borrelia burgdorferi*. En 1985, Burgdorfer démontra que les tiques infectées par ce spirochète étaient répandues à travers tout le pays et se contaminaient à partir d'un réservoir, une souris sauvage (*Peromyscus leucopus*). Elles transmettaient la maladie aux daims et à l'homme parcourant la forêt. La maladie est en fait très répandue aux États-Unis depuis longtemps, mais est plus fréquente dans certaines régions de la côte Est (Maine, New York, Long Island), atteignant des incidences de 6 cas pour 100 000 habitants dans les années 1990. La petite épidémie de Lyme fut en quelque sorte que « l'arbre qui cache la forêt ».

L'encéphalite West Nile dans la « jungle » de New York

À partir du 8 août 1999, éclata une épidémie dans le Queens à New York. En quelques jours, 8 malades furent admis aux urgences de divers hôpitaux new-yorkais avec une fièvre élevée, une faiblesse musculaire et une confusion mentale. Jusqu'aux premiers froids de l'automne, on compta fin septembre 83 malades, dont 9 avaient succombé. Il s'agissait de toute évidence d'une inflammation cérébrale, une encéphalite virale. L'alerte fut donnée le 23 août 1999 par le Dr Deborah Asnis et transmise aux CDC d'Atlanta par Marcelle Layton du service de santé de New York. Aucune épidémie d'encéphalite virale n'avait frappé New York durant tout le XXe siècle ! Conjointement, on avait remarqué depuis la mi-août une mortalité importante parmi les oiseaux sauvages de la région, notamment les corbeaux, et parmi les oiseaux exotiques du zoo du Bronx. Un lien fut rapidement établi entre l'épidémie humaine et la mortalité des oiseaux. Le premier diagnostic des CDC d'Atlanta, à partir d'échantillons de sang et de liquide céphalorachidien, fut celui d'une encéphalite de Saint Louis transmise par les moustiques, une maladie connue dans le sud-est des États-Unis. New York fut largement aspergée d'un insecticide puissant, le malathion. Cependant, certaines données épidémiologiques et anatomo-pathologiques ne collaient pas avec ce diagnostic qui s'avéra erroné. Des vétérinaires chevronnés qui étudiaient le phénomène réussirent à isoler un virus inconnu à partir des prélèvements des oiseaux. Le laboratoire du vétérinaire du Département de l'Agriculture de Ames (Iowa) identifia le 24 septembre le virus West Nile, un virus jamais rencontré en Amérique. C'est en effet un flavivirus africain d'abord isolé en 1937 en Ouganda dans le district de West Nile. Ce virus donne le plus souvent une infection bénigne ou inapparente, mais peut parfois causer des encéphalites sévères. Il fut à l'origine de petites épidémies éphémères un peu partout dans le monde, en Israël (1951-1954,1957), en France (1962, 2000), en Afrique du Sud (1974), en Roumanie (1996), en Italie (1998), en Russie (1999), puis à nouveau en Israël (2000).

Dans les mois qui suivirent l'épidémie de New York, on s'aperçut que plus de 70 espèces d'oiseaux avaient été touchées par la maladie et un à deux millions d'oiseaux avaient été infectés dans le Nord-Est des États-Unis. On détecta aussi le virus chez des lapins, des écureuils, des ratons laveurs, des chauves-souris et aussi des chevaux. On montra que l'épidémie de New York fut amenée par des oiseaux migrateurs et propagée par un moustique, *Culex pipiens*, principal vecteur de ces encéphalites. Le virus communément répandu chez les oiseaux, qui forment son réservoir principal, induit des épidémies meurtrières chez les espèces migratrices qui jouent un rôle majeur dans la propagation de la maladie en infectant différentes espèces de moustiques (*Culex, Aedes*, anophèles). L'épidémie d'encéphalite West Nile s'étend aujourd'hui rapidement à l'ensemble des États-Unis d'Est en Ouest. On a rapporté en octobre 2002, 3 231 cas humains (176 décès) dans 37 États, puis en juin 2004, 9 862 cas cumulés dans 46 États, dont 2866 encéphalites (29 %) avec 264 décès (2,3 %). Cette très rapide propagation à l'ensemble de l'Amérique du Nord serait due surtout, non aux oiseaux infectés, mais aux moustiques « hybrides », des *Culex pipiens* particulièrement adaptés aux milieux urbains humides et pollués, piquant aussi bien les oiseaux que l'homme et transmettant le virus à leurs œufs. Les moustiques sont donc devenus réservoirs du virus et la maladie n'est donc pas prête de s'éteindre. Peut-être sont-ce là les prémices de l'extension mondiale de cette maladie.

Sa Majesté des Mouches est toujours partout plus présente, plus adaptée et plus résistante que jamais, prête à étendre sa domination sur une planète réchauffée et polluée pour propager les maux les plus inattendus.

Chapitre 6. La quête des plus petits microbes

La découverte des agents infectieux fut bien sûr très dépendante de l'abandon de la théorie de la génération spontanée, mais aussi de certains progrès techniques procurant les outils de la découverte. La mise au point du microscope optique au XVIIe siècle perfectionné par des lentilles déformant moins les images, les lentilles achromatiques, permit de visualiser les protozoaires et les champignons (~ 8-10 µm) et les minuscules bactéries (~ 2-5 µm). Ces microbes furent d'abord cultivés sur des infusions de viande ou de plantes utilisées par Leeuwenhoek et Spallanzani, puis isolés *in vitro* en culture pure sur des milieux nutritifs solides par Koch et Pasteur. Cependant, on connaissait certaines maladies contagieuses de l'homme, des animaux et des plantes, dont les microbes n'étaient ni visibles au microscope ni cultivables par ces méthodes. Par exemple, l'œil le plus exercé ne détectait rien à l'examen microscopique du pus hautement contagieux suintant des pustules des patients varioliques, ni de la lymphe des pustules de vaches qui transmettaient la vaccine, ni de la bave des chiens enragés dont les morsures causaient la rage, ni du suc infectieux des plantes « rouillées ». Les cultures sur milieux nutritifs restaient infructueuses. Il existait donc dans le *contagium vivum* de certaines maladies, des microbes « invisibles » et non cultivables, d'une nature différente de celle des champignons et des bactéries. Les virus restaient à découvrir. Leur découverte, leur isolement et leur visualisation ne furent possibles que grâce à des innovations techniques.

La filtration de l'eau

La mise en évidence de la nature des virus prend sa source dans la mise au point de techniques de filtration utilisées d'abord pour purifier les eaux de boisson. Depuis l'Antiquité, on savait filtrer l'eau polluée dans des bassins de sable ou sur du charbon. Vers la fin du XVIIIe siècle, la rivière et le puits furent insuffisants pour la consommation des foyers du fait de l'urbanisation débutante. L'eau dut alors être produite de façon industrielle. On achemina l'eau de rivières puisée en amont des villes et on utilisa d'abord des filtres de graviers, de sable et de charbon, ce qui n'empêchait pas la survenue au cours du XIXe siècle de nombreuses épidémies transmises par l'eau, surtout de fièvre typhoïde et de choléra. De nombreux procédés de traitement de l'eau furent alors essayés pour améliorer cette filtration. Un potier anglais, John Doulton, préconisa au début du XIXe siècle d'utiliser la céramique pour filtrer l'eau de la Tamise à Lambeth, au sud de Londres. Son fils Henry Doulton (1820-1897) industrialisa ce procédé qui se répandit en Angleterre, mais posait des problèmes de fiabilité du fait de la relative porosité des filtres. La filtration fut fortement améliorée par l'utilisation de filtres de « terre à infusoires », le kaolin (une argile de sels d'aluminium), puis de filtres de porcelaine que l'on appela bougies Berkefeld (1881). Cependant, ces filtres donnaient des résultats irréguliers. Un progrès important vint alors de la mise au point en 1884 de filtres de porcelaine « dégourdie »[1] par Charles Chamberland (1851-1908), un collaborateur de Pasteur. Cette technique permettait de bien calibrer des filtres avec des pores de taille homogène et de taille variable, permettant donc d'évaluer la taille approximative des microbes traversant les filtres. Ceci permit de découvrir les virus. En effet, champignons et

---
[1] L'argile du kaolin (silicate d'aluminium) constituant la porcelaine est cuite « dégourdie » à 980 °C, une température peu élevée pour la porcelaine, qui lui confère une solidité et une porosité régulière et calibrée.

bactéries étaient retenues par les filtres aux pores les plus fins (>1mm), mais certains microbes invisibles au microscope passaient à travers ces filtres et demeuraient infectieux. On appela ces « microbes invisibles », les virus ultrafiltrables.

La saga du virus de la mosaïque du tabac

Comme les animaux et l'homme, les végétaux peuvent être décimées par des infections, donnant des épidémies désastreuses chez les céréales, les légumes, les fleurs ou les arbres. On connaissait le court-noué de la vigne, la sharka du prunier, la gravelle et le « feu » des poiriers, les flétrissements de l'orme, les caries, la nielle, les galles ou encore les charbons des blés. Ces maladies donnaient des tâches, des mosaïques, des noircissements, des ergots, des rouilles, des jaunisses, des dépérissements, des flétrissements ou des tumeurs calleuses. Comme pour les infections de l'homme et des animaux, on ne perçut qu'assez tardivement le caractère transmissible de certaines maladies des plantes. La première mention d'une maladie contagieuse chez les plantes remonte au milieu du XVIIe siècle. Il s'agit d'une maladie des tulipes observée en Hollande. Par la suite, un certain Lawrence décrivit en détail en 1714 la transmission par greffe d'une affection d'un arbuste, le jasmin, ce qui constitue la première transmission expérimentale d'une maladie végétale, dont on sait aujourd'hui qu'elle est due à un virus. Au XIXe siècle, on montra que certaines de ces maladies épidémiques étaient dues à des moisissures, notamment le mildiou, l'oïdium de la vigne, à des parasites tels que le phylloxéra ou l'anguillule, ou encore à des bactéries. En 1878, le célèbre phytopathologiste Thomas Burrill (1839-1916) décrivit la première bactérie responsable du « feu bactérien » du poirier, *Micrococcus amylophorus*[2]. Il observa les bactéries dans les tissus végétaux et put transmettre la maladie à l'écorce d'arbres sains par le liquide suintant des poiriers infectés. Cependant, on ne trouva ni champignons ni bactéries dans nombre de maladies contagieuses des plantes.

En 1886, l'agronome Adolf Mayer (1843-1942) décrivit une maladie donnant des tâches décolorées en « mosaïque » sur les feuilles de tabac et réussit à la transmettre par la sève à des plantes saines. En 1892, un jeune phytopathologiste russe Dimitri Iwanowsky (1854-1920) confirma le caractère infectieux du suc des feuilles infectées. Il montra que cette mosaïque n'était pas due à un champignon, contrairement à la plupart des maladies transmissibles des plantes connues à cette époque. Cependant, il observa que le chauffage abrogeait la transmission de la maladie. Bien qu'incapable de voir un quelconque agent infectieux au microscope, il pensa à une bactérie et filtra le suc avec des filtres de Chamberland. À son grand étonnement, il put toujours transmettre la maladie à partir du suc filtré, voyant les mosaïques apparaître sur les feuilles de tabac. Ceci indiquait l'existence d'un agent infectieux de très petite taille. Il évoqua des bactéries très petites ou un poison filtrable à travers les pores très fins de la bougie. En effet, peu de temps auparavant en 1888, Roux et Yersin avaient découvert par filtration sur bougies de Chamberland la première toxine bactérienne, la toxine diphtérique constituée de petites molécules toxiques et ultrafiltrables sécrétées par le bacille de la diphtérie. Iwanowsky fit lire une note résumant ses travaux devant l'Académie impériale des Sciences de Saint-Pétersbourg en février 1892 mais, se heurtant à l'indifférence, à l'incrédulité et aux sarcasmes, ne put publier sa découverte que deux ans plus tard en 1894. Non, ses bougies n'étaient pas fêlées. Iwanowsky avait découvert le premier virus.

---

[2] *Micrococcus amylophorus* est appelée aujoud'hui *Erwinia amylovora*. Cette bactérie est responsable de la *pearblight* ou « feu bactérien » du poirier.

Figure 1. Dimitri Ivanowski (1854-1920) à gauche
© Institute of Biomedical Science, London.
et Martinus Beijerinck (1851-1931) à droite, qui ont découvert le virus de la mosaïque du tabac et ses propriétés.
© National Institutes of Health, Bethesda.

En 1898-1899, un jeune scientifique hollandais Martinus Wilhem Beijerinck (1851-1931) travaillant dans le laboratoire de Karl Mayer confirma que l'agent causal de la mosaïque du tabac était un être vivant capable de se multiplier et n'était donc pas une toxine. Il fit l'hypothèse que l'agent était liquide et soluble et il l'appela *contagium vivum fluidum*. Il dilua la sève de plantes infectées et l'inocula à des plantes saines qui développèrent la maladie. Par ce même procédé, il put transmettre l'agent infectieux de plante en plante de multiples fois, démontrant que la sève des plantes nouvellement infectées était aussi virulente que celle de la plante initiale infectée. Ceci éliminait l'implication d'une éventuelle toxine, un poison dont la toxicité aurait dû être abrogée ou très atténuée après plusieurs milliers de dilutions du suc infectieux. Ainsi des travaux d'Iwanowsky et de Beijerinck émergeaient le concept d'agents ultrafiltrables, microbes de très petite taille, invisibles au microscope et capables de se multiplier dans les tissus ou les cellules vivantes. On les appela virus. La mise au point de la technique d'ultrafiltration sur des membranes poreuses en plastique souple particulières, dite de collodion par William Elford (1900-1952), démontrera en 1931 que les virus sont en effet d'une taille beaucoup plus faible que les plus petites bactéries, les mycoplasmes[3].

[3.] Les virus sont en effet d'une taille très faible de 0,4 à 0,1 μm (1 millième de millimètre). Le plus petit virus est celui de l'hépatite D, un virus à ARN 1 700 nucléotides ne codant que pour une seule protéine. Les plus grands virus à ARN sont les coronavirus (environ 30 000 nucléotides) et les plus grands virus à ADN sont les poxvirus comme le virus de la variole dont le génome mesure environ 186 000 nucléotides et code pour 187 protéines, hormis les « mimivirus » de 800 000 nucléotides récemment découverts.

Figure 2. (A) Meredith Stanley (1904-1971), prix Nobel de Chimie en 1946,
© The Nobel Foundation.
qui cristallisa le virus de la mosaïque du tabac (B). Le virus apparaît au microscope électronique en forme de bâtonnets (C).

L'histoire du virus de la mosaïque du tabac ne s'arrête pas là. Plus de 40 ans après sa découverte, Wendell Stanley (1904-1971) réussit en 1935 à purifier le virus directement à partir du suc de plants de tabac, obtenant de façon très étonnante une protéine cristallisée qui conservait son pouvoir infectieux. Cette découverte lui valut le prix Nobel de chimie en 1946. En fait, Frederick Bawden (1908-1972) et Normann Pirie (1907-1997) en analysant la composition chimique de ce virus purifié, montrèrent en 1936 la présence d'un acide nucléique, l'ARN, associé aux protéines. Puis en 1939, le virus fut un des tout premiers à être observé au microscope électronique par G. A. Kausche et Helmut Ruska (1908-1973). Quelle stupéfaction de voir l'aspect en bâtonnets de ce virus ! Voilà donc à quoi ressemblait un virus !

Par la suite en 1955, Heinz Fraenkel-Conrat (1910-1999) et le biophysicien Robley Williams (1908-1995) purent reconstituer un virus infectieux de la mosaïque du tabac à partir d'une protéine purifiée, inactive par elle-même, et d'une molécule d'ARN. Ils montrèrent ainsi que ces deux composants étaient nécessaires et suffisants pour recréer ce virus. Leurs travaux suggéraient également que toute l'information pour la réplication du virus est contenue dans l'ARN du génome viral. C'est cette même année que Frederick Schaffer et Carlton Schwerdt réussirent à cristalliser le premier virus humain, le virus de la poliomyélite. La séquence complète du génome du virus de la mosaïque du tabac fut obtenue en 1982 par P. Goelet. Enfin dans les années 1990, en travaillant sur ce virus, William G. Dougherty décrivit un nouveau mécanisme de régulation de l'expression de certains gènes par dégradation de l'ARN ! Que de découvertes majeures à partir d'un virus de plante somme toute bien banal !

On connaît aujourd'hui plus de 400 virus des plantes et au total plus de 2000 virus ont été décrits. Le prix Nobel français André Lwoff (1902-1994) a défini ainsi les virus en 1957 : « Les virus sont des objets biologiques de nature corpusculaire, doués de continuité génétique grâce à un ADN ou un ARN constituant leur génome, dépourvus de systèmes enzymatiques capables d'assurer leurs synthèses et devant, de ce fait, emprunter à la cellule infectée sa machinerie bioénergétique pour se faire répliquer en un très grand nombre d'exemplaires ». Les virus sont des parasites moléculaires véhiculant de l'information génétique de cellule en cellule, pouvant s'intégrer et modeler le génome des cellules infectées ou même les « transformer » en cellules cancéreuses. On s'aperçut aussi très rapidement qu'il existait une très grande diversité des virus dans la nature [4]. Les virus peuvent infecter tous les êtres vivants, des plus simples comme les protozoaires et les bactéries aux plus complexes comme les insectes, les vers, les vertébrés et l'homme.

Les bactériophages, virus des bactéries

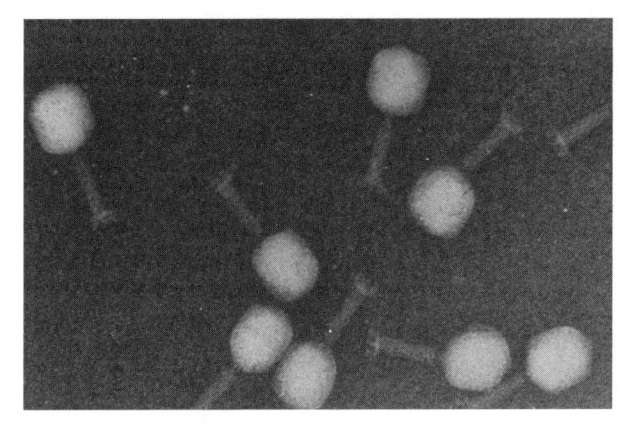

Figure 3. Les bactériophages, virus des bactéries (au microscope électronique).

Le 4 décembre 1915 paraissait dans un journal médical de pointe, le *Lancet*, un article intitulé « *Investigation and the nature of ultra-microscopique viruses* » signé par Frederick William Twort (1877-1950). Ce bactériologiste anglais discret travaillant à Londres cherchait des variants moins pathogènes du virus de la vaccine, un virus utilisé comme vaccin contre la variole. Il observa fortuitement que les cultures de lymphe vaccinale ensemencées sur des milieux gélosés étaient souvent contaminées par des bactéries formant des colonies sur les milieux de culture. Il s'agissait notamment de colonies de staphylocoques [5] qui prenaient souvent un aspect inhabituel, vitreux et transparent, pour une raison inconnue. Les essais de

---

[4] Certains virus possèdent de l'ADN, d'autres de l'ARN, avec un génome de taille très variable, parfois avec une enveloppe lipidique provenant des cellules infectées. Ces acides nucléiques sont protégés par une coque protéique appelée capside, de formes très variées : cubes, icosaèdres, hélices, filaments, roues, couronnes, ou encore sphères. André Lwoff proposa une première classification des virus basée sur la nature des acides nucléiques du virus, la forme de la capside et la présence éventuelle d'une enveloppe.

[5] Les staphylocoques sont des bactéries en forme de coques, agglomérés en amas, produisant de nombreuses toxines et à l'origine d'infections aussi diverses que furoncles, panaris, impétigo, pneumonies, ostéites, méningites... L'espèce la plus pathogène est le staphylocoque doré, *Staphylococcus aureus*.

repiquage de ces colonies bactériennes à de nouveaux milieux de culture restaient infructueux. Il remarqua que les colonies vitreuses étaient en fait constituées de bactéries mortes, lysées, ce qui expliquait les échecs des repiquages. De plus, des colonies normales devenaient vitreuses si on les touchait avec la substance provenant des colonies vitreuses. Au microscope, il ne put rien observer à partir des colonies vitreuses, mais il constata que le « principe » responsable des colonies vitreuses pouvait filtrer à travers les bougies de Chamberland en conservant ses propriétés lytiques. Le principe infectieux était résistant pendant une heure à 60 °C et n'avait pas de toxicité pour l'animal. Twort conclut qu'il pouvait s'agir d'un virus, d'une petite bactérie, d'un protozoaire (amibe) ou encore d'une molécule, une enzyme, produite par la bactérie, et conduisant à sa propre destruction. Twort avait mis au jour un phénomène de contagion chez les bactéries et parla de « maladies infectieuses des colonies bactériennes ». Deux ans plus tard, Félix d'Hérelle (1873-1949), un chercheur franco-canadien extraverti, observa que le filtrat de selles de malades atteints de diarrhée sanglante et fébrile (dysenterie), causée par le bacille de Shiga (*Shigella dysenteriae*), lysait rapidement des cultures de ces mêmes bacilles. Le « principe » responsable de la lyse était invisible au microscope, passait à travers les bougies de Chamberland et se multipliait aux dépens des bactéries à condition qu'elles fussent vivantes. Il réalisa jusqu'à 50 passages successifs de ce qu'il appela un « bactériophage ». Fait capital, il montra aussi que le bactériophage se multipliait de façon évidente, puisqu'il obtenait de grandes quantités de bactériophages à chaque passage même s'il diluait le « principe » avant d'infecter une colonie de bactéries. Le bactériophage était spécifique du bacille de Shiga et restait inactif sur des bactéries d'espèces très proches comme *Shigella flexneri*, décrite par Simon Flexner (1863-1946). Il considéra comme un signe annonciateur de guérison de la dysenterie l'apparition des bactériophages dans les selles. Suivit une controverse sur la nature même du bactériophage. S'agissait-il d'un virus ? On s'aperçut rapidement qu'il s'agissait bien d'un virus.

Il apparut par la suite que l'infection par les bactériophages pouvait entraîner, outre la destruction des bactéries (bactériophages lytiques), dans certains cas la survie du virus dans la bactérie sans effets délétères autres que des résurgences lytiques régulières. Dès 1925, O. Bail démontra que certaines souches particulières de colibacilles (*Escherichia coli*) apparemment banales produisent de façon continue des bactériophages. Ces souches dites « lysogènes » contiennent des virus « dormants » qui peuvent être ensuite réactivés dans certaines circonstances, par exemple sous l'effet des rayons ultra-violets, et induire alors la destruction des bactéries qui les hébergeaient. On s'aperçut aussi que les phages étaient très répandus dans l'ensemble du monde bactérien, y compris chez les bacilles sporulés tels que *Bacillus megatherium*. En 1931, on démontra que les bactériophages étaient étroitement associés aux génomes des bactéries lysogènes qui les hébergent silencieusement. En effet, dans des conditions hostiles, par exemple lors des périodes de manque de nourriture, certaines bactéries ont la capacité d'« hiberner ». Elles donnent naissance à des spores très résistantes, notamment à des températures de 100 °C, en calcifiant leur paroi qui devient très épaisse. Ces spores peuvent rester quiescentes pendant des siècles mais, si les conditions deviennent favorables, elles peuvent se débarrasser de leur gangue protectrice par « germination » et à nouveau se multiplier rapidement. Il fut montré que les bactériophages restaient présents après plusieurs cycles de « sporulation » et même après chauffage des spores à ébullition, ce qui normalement détruit les bactériophages. La lysogénie était donc une propriété héréditaire se transmettant à travers la spore, suggérant fortement que le virus était inclus dans le génome bactérien. André Lwoff et Antoinette Gutmann montrèrent par la suite en 1950 par micromanipulation d'une souche lysogène de *Bacillus megatherium* que les phages sont la descendance d'une seule bactérie. Le génome bactérien peut donc acquérir du matériel génétique étranger (les bactériophages) au cours de son existence et le transmettre à sa descendance par division des bactéries lysogènes. Intégré au chromosome bactérien, le génome viral est donc répliqué au cours de la réplication des bactéries lysogènes. Le bactériophage peut reprendre son autonomie spontanément, sous l'effet de modifications métaboliques ou encore des rayons ultraviolets. On s'aperçut par la suite que les bactériophages pouvaient en s'intégrant emporter et véhiculer des gènes appartenant au génome des bactéries, y compris des gènes de virulence. Par exemple, le bactériophage β porte le gène codant la toxine diphtérique produite par le bacille de la diphtérie. De façon surprenante, on se rendit compte que les bactéries étaient « lamarckiennes »[6], puisqu'elles peuvent transmettre à leur descendance des caractères acquis.

L'étude des bactériophages allait aussi revêtir une très grande importance pour le développement de la biologie moléculaire. Dès 1922, Hermann Joseph Muller (1890-1967), un généticien de la drosophile attira l'attention sur la similarité fonctionnelle entre les chromosomes et le bactériophage. L'année 1934 est une date importante, car c'est alors que Martin Schlesinger montra que le bactériophage de *Escherichia coli* contenait autant d'ADN que de protéines. Quelques années plus tard, juste avant la Deuxième Guerre mondiale, un groupe de travail sur le « phage » se forma autour de Max Delbrück (1906-1981) avec Emory Ellis (1877-1945), Salvador Luria (1912-1991), Thomas Anderson (1911-1991), Stanley Cohen (né en 1928) et en France André Lwolff, François Jacob (né en 1920), Elisabeth et Eugène Wollman (1883-1943). Ellis et Delbrück en 1939 utilisèrent le phage comme modèle de multiplication de virus. Ils purent établir qu'il existait trois phases, une phase d'attachement et d'entrée du phage dans la bactérie, une phase de latence et une phase de libération permettant d'obtenir au maximum 200 nouveaux phages par bactérie. En 1940, on obtint les premières photos de phages de *Escherichia coli* publiées par Helmut Ruska en Allemagne.

Il fut montré par la suite que les bactériophages étaient capables d'intégrer dans leur génome certains gènes des bactéries qu'ils infectent. Ces gènes sont ensuite véhiculés d'une bactérie à l'autre au gré de la vie du bactériophage. Ce phénomène découvert en 1951 par Josué Lederberg (né en 1925) est appelé « transduction généralisée ». L'année 1952 est aussi une date capitale où Alfred Hershey (1908-1997) et Martha Chase (1928-2003) montrèrent que le phage de *Escherichia coli* est composé d'une coque de protéines, constituant une « capside » contenant et protégeant l'ADN, seul composant nécessaire à l'infectivité du virus. En fait, tous les virus contiennent soit de l'ARN, soit de l'ADN. Ces molécules d'acides nucléiques portent le pouvoir pathogène des virus. La découverte des bactériophages et de la lysogénie a donc eu une profonde influence sur l'évolution de la biologie en mettant au jour de nombreux phénomènes universels du vivant. Les phages sont également utilisés comme outils pour les manipulations génétiques.

[6.] Jean-Baptiste de Monet, marquis de Lamarck (1744-1829) était un naturaliste français qui élabora une théorie de l'Évolution soutenant l'hérédité des caractères acquis. Le « lamarckisme » plaidait que « la fonction crée l'organe » et que des caractères nouveaux pouvaient être acquis au cours de la vie en fonction de l'environnement. C'est le cas pour la lysogénie où des gènes viraux peuvent être inclus dans le génome des bactéries.

La quête des premiers virus pathogènes

Figure 4. De gauche à droite : Max Delbrück (1906-1981), Alfred D. Hershey (1908-1997) et Salvador E. Luria (1912-1991), prix Nobel 1969.
© The Nobel Foundation.

Les travaux de Iwanowsky et Beijerinck furent le point de départ d'une succession de découvertes de virus responsables de maladies animales et humaines. Pendant les décennies suivantes, on identifia les virus par leur capacité de traverser les filtres de porcelaine (virus ultrafiltrables) qui ne laissaient pas passer les bactéries, et par leur aptitude à transmettre expérimentalement la maladie à l'animal, les tissus infectés étant la seule source de virus. En effet, les virus ne peuvent se multiplier sur des milieux nutritifs comme les bactéries car leur réplication se fait uniquement dans des cellules vivantes. Ce sont des parasites intracellulaires stricts. L'isolement in vitro des virus a donc été retardé jusqu'à la mise au point des cultures cellulaires in vitro.

Le premier virus animal identifié fut celui de la fièvre aphteuse des bovidés. En 1898, Friedrich Loeffler (1852-1915) et Paul Frosch (1860-1928) travaillant sur une épidémie en Allemagne montrèrent que l'agent contenu dans les sécrétions contagieuses traversait les bougies de Chamberland et transmettait la maladie aux animaux, ce qui leur fit évoquer le rôle de très petites bactéries ou de virus. Les années suivantes, de nombreux autres agents infectieux à l'origine d'épidémies chez les animaux furent détectées de cette façon. Giuseppe Sanarelli (1864-1940) découvrit le virus de la myxomatose du lapin en 1898, John M'Faydean (1853-1941) celui de la peste équine africaine en 1900, Eugenio Centanni (1863-1942) celui de la peste aviaire en 1901, Charles Nicolle (1866-1936) celui de la peste bovine en 1902. En 1904, le professeur Henri Vallée et Henri Carré (1870-1938) découvrirent à l'institut Pasteur de Paris le virus de l'anémie infectieuse du cheval, le premier lentivirus, une famille de virus d'un grand avenir car apparentée au virus de sida.

En 1901, Walter Reed (1851-1902) et James Carroll (1854-1907) découvrirent le premier virus humain, celui de la fièvre jaune. Suivant les travaux du médecin cubain, Carlos Finlay (1833-1915), ces auteurs montrèrent par des expériences humaines éthiquement contestables que ce virus était présent dans le sang des malades et surtout transmis par les moustiques[7]. Puis, vinrent les découvertes des virus de la rage en 1903 par Paul Remlinger (1871-1964), de la vaccine en 1905 par Adelchi Negri (1876-1912), de la poliomyélite[8] en 1908-1909 inoculé avec succès au singe par Simon Flexner (1863-1946) et Paul A. Lewis (1879-1929), de la rougeole en 1911 par Joseph Goldberg (1874-1929) et John Fleetzelle Anderson (1873-1958).

Cependant, les recherches sur la péripneumonie, une maladie épidémique des bovidés que l'on savait prévenir par inoculation depuis les travaux du Belge Louis Willems (1822-1907) en 1853 (voir chapitre 11), entraînèrent une certaine confusion dans la marche en avant vers la découverte des virus. En effet, on s'aperçut à cette époque que certains agents infectieux ultrafiltrables s'apparentaient à des bactéries. En effet, Edmond Nocard (1850-1903) avait réussi en 1898 à cultiver l'agent de la péripneumonie sur des milieux sans cellules, très enrichis en nutriments, donnant des colonies aisément visibles à l'œil nu, alors que tous les autres virus ne pouvaient croître sur les milieux nutritifs utilisés pour les bactéries. Il s'agissait d'une bactérie très particulière, appelée mycoplasme (*Mycoplasma mycoides*), qui du fait de l'absence de paroi, peut se déformer et ainsi de franchir les filtres de porcelaine. Ceci mit en question la nature même des virus qui auraient pu être en fait de très petites bactéries. De nombreux travaux furent alors entrepris pour découvrir des milieux de culture dépourvus de cellules vivantes permettant d'isoler les virus, mais en vain. A *contrario*, on découvrira par la suite que certaines bactéries nécessitent des cultures cellulaires pour leur multiplication, telles que les *Rickettsia*, agent du typhus exanthématique et les *Chlamydia*, agent de pneumopathies et d'infections génitales. En effet, ces bactéries très particulières ne se multiplient qu'à l'intérieur de cellules vivantes.

Visualiser et cultiver les virus

Purifier les virus fut rendu possible grâce notamment à une technique mise au point en 1926 par Theodor Svedberg (1884-1971), l'ultracentrifugation, qui consiste à faire tourner à très haute vitesse un tube contenant des virus en solution. Par l'action de la force centrifuge, les virus sont concentrés dans un culot au fond du tube. Les protéines virales hautement purifiées peuvent donner des cristaux et être ensuite analysée par diffraction des rayons X, ce qui permet de déduire la structure tridimensionnelle, c'est-à-dire la forme des molécules. Le virus de la mosaïque du tabac a été le premier cristallisé en 1935, suivant de près la cristallisation de deux enzymes, l'uréase en 1926 par James B. Summer (1887-1955) et la pepsine en 1930 par John Northrop (1891-1987). Grâce à la découverte du microscope électronique en 1932 par Ernst Ruska (1906-1988) et Max Knoll (1897-1969), on a pu enfin visualiser les premiers virus, des poxvirus en 1938 (virus de vaccine, de l'ectromélie de la souris[9] et du myxome du chien), puis le virus de la mosaïque du tabac et le virus X de la pomme de terre en 1939, un bactériophage de *Escherichia coli* en 1940, puis le virus de la grippe en 1943.

Montrer le caractère ultrafiltrable et la transmission expérimentale d'un agent ne suffisait pas pour caractériser un virus. Comme les bactéries, il était indispensable d'isoler en culture les virus pour les caractériser, les produire en grandes quantités et fabriquer des vaccins. Cultiver les virus qui requièrent des cellules vivantes pour leur multiplication, nécessitait de pouvoir

---

[7] Ces moustiques étaient alors appelés *Stegomya fasciata*, aujourd'hui *Aedes aegypti*.

[8] Le virus de la poliomyélite antérieure aiguë fut décrit simultanément par deux autres équipes, celles d'une part de C. Leiner et R. von Wiesner, et d'autre part de Karl Landsteiner (1868-1953) et Constantin Levaditi (1874-1953).

[9] L'ectromélie est une variole de la souris à forte mortalité due au virus *mousepox*, non pathogène pour l'homme.

cultiver des cellules animales ou végétales de diverses origines. Ceci fut rendu possible par l'essor, peu avant la guerre de 1914, des cultures tissulaires et cellulaires. À partir de 1908, Alexis Carrel (1873-1945), un jeune chirurgien français émigré aux États-Unis, réussit à cultiver de nombreux tissus, y compris des macrophages, cellules phagocytaires impliquées dans les défenses immunitaires. Constantin Levaditi avait réalisé en 1913 les premiers essais de culture *in vitro* des virus de la poliomyélite et de la rage sur cellules nerveuses maintenues en survie (provenant de ganglion spinal). Cependant, Carrel fut le premier à isoler et propager en culture cellulaire un virus en 1926, en infectant des macrophages humains d'origine sanguine avec un virus responsable de tumeurs chez le poulet, le virus du sarcome de Rous. Ces cultures cellulaires étaient aléatoires et fastidieuses et tenaient souvent de l'exploit du fait de fréquentes contaminations par des bactéries et des champignons. Peu après, en 1928, Hugh et Mary Maitland cultivèrent le virus de la vaccine sur des fragments de tissus frais maintenus vivants en culture dans un milieu nutritif liquide. En 1931, Alice Miles Woodruff et Ernest William Goodpasture (1886-1960) mirent au point la culture des virus sur œuf de poule embryonné, technique simple et peu coûteuse qui fit beaucoup progresser la connaissance des virus. L'œuf contient des tissus embryonnaires particulièrement favorables à la multiplication de nombreux virus. C'est ainsi que Richard Shope (1901-1966) isola en 1931 le premier virus de la grippe chez le porc, menant la voie vers la découverte du virus de la grippe humaine par Christopher Andrewes (1896-1988), Wilson Smith et Patrick Laidlaw en 1933. Ces chercheurs du *National Institute of Medical Research* à Londres réussirent au cours d'une épidémie à transmettre la grippe dont souffrait Andrewes à un animal qui s'est révélé très sensible, le furet. Ils purent ensuite propager le virus de furet à furet, et accidentellement à l'homme (voir chapitre 8). Deux ans plus tard, Wilson Smith réussit à cultiver le virus sur des embryons de poulet, ouvrant la voie au vaccin. En 1936, Albert Sabin (1906-1993) et Peter Olistsky (1866-1964) réussirent à cultiver le virus de la poliomyélite sur tissu nerveux d'embryons humains.

Cependant après la Deuxième Guerre mondiale, un grand progrès fut accompli grâce à l'adjonction d'antibiotiques aux cultures cellulaires, prévenant ainsi les contaminations bactériennes. Ceci impulsa un nouvel élan à l'isolement des virus. À la suite des travaux de John Franklin Enders (1897-1985), on réussit alors à cultiver facilement des cellules provenant de tissus sains (embryons, reins, sang...) ou cancéreux (cellules HeLa et KB), d'origine humaine ou animale. De nouveaux virus furent alors découverts, comme les herpèsvirus, les virus de la rubéole, de la poliomyélite, de la rougeole, les adénovirus, les virus coxsackie, les entérovirus, les coronavirus, les arbovirus... Dans les années 1980, la découverte des « interleukines », nouvelles molécules stimulant spécifiquement la croissance de certains globules blancs, les lymphocytes, permit la découverte de nouveaux virus qui ne se multiplient que dans ces cellules, les rétrovirus, dont le virus du sida.

Il existe des virus qui demeurent incultivables à ce jour sur cellules *in vitro*. Il en est ainsi des virus des hépatites humaines qui ont un impact majeur en santé publique. L'histoire de leur découverte illustre remarquablement l'ingéniosité des chercheurs, soit qu'ils exploitent remarquablement ce qui pourrait être considéré comme un « artefact » heureux dans le cas du virus de l'hépatite B, soit qu'ils déploient des stratégies novatrices à l'aide des outils de la biologie moléculaire pour le virus de l'hépatite C.

La saga des hépatites : de l'ictère des camps à la jaunisse d'inoculation

L'histoire des hépatites commence à l'aube de l'humanité, au moment où les hominidés se séparent des autres primates, emportant le fardeau des virus de leurs ancêtres communs.

Quelle est donc la cause de ce jaunissement des yeux et de la peau qui s'accompagne d'une grande fatigue ? Dans les ruines du palais d'Assourbanipal (668-626 av. J.-C.) à Ninive, capitale de l'Assyrie, on a mis au jour une partie de la bibliothèque de ce roi, constituée de 20 000 tablettes cunéiformes, dont près de 600 décrivaient la médecine de cette époque. Ainsi, dans ce premier « traité » de médecine écrit il y a presque 3 000 ans, on décrivait déjà cette coloration particulière que prennent les yeux et la peau lors de l'accumulation de bile dans les tissus (ictère) : « Si son corps est jaune, son visage jaune, ses yeux jaunes, si ses chairs deviennent flasques : c'est la jaunisse ». La description des hépatites est donc très ancienne. On pense les reconnaître aussi dans certains écrits d'Hippocrate (460-370 avant J.-C.) où la jaunisse est désignée « ictère catarrhal ». Le père de la médecine décrivit la jaunisse d'Hermocrate avec forte fièvre, langue rôtie, urines rouges, tableau grave qui put être une forme grave d'hépatite due à des virus ou d'autres causes infectieuses, telles que la leptospirose ictéro-hémorragique, une infection bactérienne, ou même le paludisme, une infection parasitaire, alors fréquent en Grèce. Ailleurs, Hippocrate dans son ouvrage *Des épidémies* (livre 4, tome II) écrivit que « vers le solstice d'hiver régna le vent du nord : les malades devinrent ictériques, d'un jaune foncé, les uns avec frissons, les autres sans ». Il pourrait s'agir d'une épidémie d'hépatite virale. Il indique que cet ictère « se produit quand la bile mise en mouvement se porte sous la peau » et préconise des bains chauds et des purgations de la tête.

La jaunisse fut d'abord observée comme une maladie épidémique des « camps », qui suit les armées en campagne, sans aucune hygiène, particulièrement fréquente aux lieux de regroupement. C'est au Moyen Âge que fut décrite la première épidémie de jaunisse à Mayence en 751 par l'Archidiacre Saint-Boniface dans une lettre adressée au pape Zacharie. La sage réponse du pape fut de recommander d'isoler les malades. Au XVIIIe siècle, on rapporte des épidémies de « jaunisse des camps » aux sièges de Port-Mahon à Minorque (1756) ou de Saint-Jean-d'Acre (1799). Au XIXe siècle, ces épidémies devinrent fréquentes. Par exemple, on répertoria dans un traité d'épidémiologie paru en 1886 non moins de 21 épidémies entre 1850 et 1865. Pendant la guerre de Sécession (1860-1865), on dénombra près 52 000 cas de jaunisse. Ces épidémies prirent de l'ampleur pendant la Première Guerre mondiale avec de très nombreux cas parmi les troupes françaises et britanniques combattant sur le front oriental aux Dardanelles. C'est à cette époque que l'on commença à fortement soupçonner une transmission de la maladie par les fèces, l'eau et les aliments souillés. On dénombra près de 5 millions de patients dans les armées et la population civile pendant la Deuxième Guerre mondiale de 1939 à 1945 et des épidémies survinrent pendant la guerre d'Algérie.

En 1883, un certain A. Lürman, officier de santé publique, fit une observation importante et longtemps ignorée, qu'il publia en 1885 dans une revue berlinoise. Il y relatait une épidémie de jaunisse particulière, survenue après avoir vacciné contre la variole les ouvriers des chantiers navals de Brême. Il utilisait la vaccination de « bras à bras », un procédé très répandu qui consistait à inoculer le pus (« lymphe vaccinale ») prélevé de la pustule du bras d'un vacciné directement à la peau scarifiée du bras d'un sujet à vacciner. Sur les 1 289 ouvriers, 191 firent une jaunisse après un délai de quelques semaines à 8 mois. Fait surprenant, tous les malades avaient été vaccinés à partir d'un seul et même donneur, ce qui lui fit fortement suspecter une contamination de la lymphe vaccinale par le sang du donneur susceptible de transmettre la jaunisse. Il s'agissait donc d'une épidémie très différente de la « jaunisse des camps » à la fois par sa longue incubation et par son mode de transmission, le sang. Par la suite, on observa de nombreuses jaunisses d'apparition retardée à plus de trois mois après des injections de salvarsan, le dérivé arsenical « 606 », utilisé à partir de 1910 pour traiter la syphilis. Après avoir éliminé une toxicité hépatique du salvarsan qui survient en fait dans les 10 jours suivant le début du traitement, on suspecta fortement un agent infectieux transmis lors de l'injection du médicament par des seringues contaminées. Puis en 1926, un médecin suédois, le Dr Flaum décrivit dans une clinique de Stockholm une épidémie d'hépatites survenant chez des diabétiques après plus de 100 jours d'incubation et transmise par des aiguilles et des seringues souillées. En 1937, l'attention fut à nouveau attirée vers ce mode de transmission par G.M. Findlay et F.O. MacCallum à Oxford. Parmi plus de 2 200 personnes vaccinées contre la fièvre jaune, ils observèrent 48 cas d'hépatites survenant 2 à 7 mois après l'inoculation. Après avoir éliminé une toxicité hépatique du vaccin constitué d'une souche vivante atténuée du virus « amaril » (le virus de la fièvre jaune), on s'aperçut que l'hépatite avait été probablement transmise par l'injection au cours de la vaccination de sérum de sujets immuns riche d'anticorps anti-amaril, administré pour limiter les effets secondaires du vaccin. Au cours de la Deuxième Guerre mondiale, on observa à nouveau de nombreux cas après vaccination anti-amaril utilisant du sérum humain, mais surtout après transfusions de sang ou de plasma frais ou congelé très utilisées chez les blessés de guerre. En fait, l'apparition et la mise en œuvre de nouvelles pratiques médicales au XXe siècle, telles que la vaccination, la transfusion, les injections médicamenteuses à la seringue, toute une série de gestes thérapeutiques ou prophylactiques parfois anodins, pouvaient parfois être à l'origine d'hépatites apparaissant dans les mois suivants. Plus récemment, de nouveaux facteurs de risque ont été observés avec le développement des greffes de tissus ou d'organes, de l'hémodialyse, de l'endoscopie et de la toxicomanie intraveineuse.

Après la Deuxième Guerre mondiale, les données épidémiologiques indiquaient donc clairement qu'il existait deux types d'hépatites présentant le même tableau clinique, l'une parfois appelée « hépatite infectieuse » transmise par voie orale à partir de l'eau ou des aliments contaminés par les selles et d'incubation courte de trois à quatre semaines, l'autre transmise par inoculation, à incubation longue de plus de 3 mois dite « hépatite de la seringue » ou « l'ictère des cent jours ». En 1947, F.O. MacCallum proposa de désigner « hépatite A » l'hépatite épidémique des camps, et « hépatite B", l'hépatite sérique « des seringues ».

Qu'est-ce qui provoquait ces hépatites ? Un même tableau clinique, la jaunisse, recouvrait en fait de nombreuses causes et il fallut des décennies pour y voir clair. À chaque époque, on donna des explications particulières à la jaunisse. Au XVIIIe siècle, on incrimina le temps humide, le manque de nourriture, la peine, la tristesse, les troubles psychiques, de même que les chocs nerveux ou les carences alimentaires, par exemple lors de la famine de 1780 à Göttingen. Au XIXe siècle, Rudolph Virchow (1821-1902), professeur à Würzburg, puis à Berlin, pionnier de l'histologie, développa la théorie de l'ictère catarrhal (1865), expliquant que l'état inflammatoire (catarrhal) de la muqueuse intestinale empêchait l'écoulement normal de la bile expliquant la jaunisse. L'ictère catarrhal serait dû à des poisons putrides formés dans l'intestin, dont la production est déclenchée par des chocs « nerveux», comme le passage de la vie civile à la vie militaire ! D'où la croyance populaire que la jaunisse pouvait être causée par une grande émotion. Cette théorie mécanique du « bouchon muqueux » dominera pendant 50 ans malgré la naissance de la microbiologie et les observations épidémiologiques de Lürman qui pointaient clairement vers une cause infectieuse. Cependant, après la Première Guerre mondiale, tout le monde admit que l'hépatite était d'origine virale. Et on se mit en quête du virus.

Expériences humaines : l'éthique à rude épreuve

Le problème stagna longtemps car on n'arrivait pas mettre en évidence un virus par culture, ni le transmettre à l'animal. Entre les deux guerres mondiales, toutes les tentatives de mise en culture des selles ou du sang sur cultures cellulaires, tous les essais d'inoculation aux œufs de poule embryonnés et aux animaux de laboratoire, par exemple aux cobayes et aux singes rhésus s'avérèrent négatifs. Ces échecs ont incité certains à essayer de transmettre la jaunisse à des « volontaires », objecteurs de conscience, prisonniers, enfants handicapés mentaux... Au cours de ces expériences inacceptables, des progrès sur la connaissance des causes des hépatites ont probablement été réalisés. On inocula par voie buccale ou veineuse des produits sanguins, des urines, du suc duodénal, des selles, des mucosités nasales, provenant de patients ayant une hépatite. Ces expériences de transmission humaine ont été commencées pendant la Deuxième Guerre mondiale en Allemagne par G. Lainer et H. Voegt de 1940 à 1942, et en Palestine sous mandat britannique par l'anglais J.D.S. Cameron en 1943. En Angleterre, F.O. MacCallum et W.H. Bradley en 1944 inoculèrent des prélèvements de patients atteints d'hépatite à des objecteurs de conscience, démontrant ainsi la présence de « virus » ultra-filtrable dans les selles et dans le sang de ces patients. Ces expériences ont aussi permis de confirmer que l'incubation de l'hépatite épidémique était relativement courte, d'environ trois semaines. Cependant, tous les essais de culture restèrent négatifs au cours de ces expériences.

Dans les années 1960, le Pr Saul Krugman (1911-1995), un médecin respecté de l'Université de New York, réalisa une série d'expériences dans la *Willowbrook State School* à Staten Island dans l'État de New York, une institution prenant en charge les enfants handicapés mentaux, surtout les petits mongoliens (trisomiques). De 1949 à 1963, le nombre d'enfants admis dans ce centre d'accueil passa de 200 à plus de 6 000. De 1953 et 1965, on enregistra 1 153 cas d'hépatites chez ces enfants bavant et à l'hygiène précaire. La maladie était surtout observée dans les mois qui suivaient l'admission des nouveaux arrivants. Pratiquement tous les enfants faisaient une hépatite. Certains présentaient des formes inapparentes attestées par une augmentation du taux sanguin d'enzymes hépatiques, les transaminases, un marqueur de la destruction du foie. Fait surprenant pour une maladie virale qui a réputation de ne pas récidiver, à la *Willowbrook State School* environ 5 % des enfants rechutaient l'année suivante ou parfois plus tard, suggérant la présence de deux virus. Malgré les risques de formes mortelles d'hépatite « fulminante », Krugman en 1964 procéda à des expérimentations chez ces enfants, avec l'accord des parents. Il réalisa sept essais entre septembre 1964 et janvier 1967. Tout d'abord, une cinquantaine d'enfants furent inoculés à leur arrivée, puis réinoculés par voie buccale ou veineuse avec des pools de plasmas de malades infectés, des enfants non inoculés servant de témoins. Il observa la survenue chez les enfants inoculés de deux épisodes successifs, correspondant probablement à deux virus différents. De plus, il constata la fréquence importante des formes inapparentes avec seulement une augmentation des transaminases. Il put aussi montrer que l'hépatite sérique pouvait aussi être transmise par voie buccale, ce qui n'était pas connu. Il put donc distinguer deux types d'hépatites, l'une à incubation longue d'au moins trois mois transmise par le plasma, l'autre à incubation courte d'environ trois semaines transmise par les selles. Finalement, contrairement à ce qu'on peut lire sur l'intérêt scientifique de ces expérimentations très choquantes, elles n'ont apporté que peu de choses par rapport à ce qui était connu d'une lecture attentive de la littérature scientifique de cette époque.

L'heureuse découverte du virus de hépatite B

Figure 5. Baruch S. Blumberg (né en 1925), découvreur du virus de l'hépatite B, prix Nobel 1976.
© The Nobel Foundation.

Baruch Blumberg (né en 1925) était un généticien ayant suivi une formation médicale à la *Columbia University* de New York. Il travaillait au *Institute for Cancer Research* de Philadelphie (Pennsylvanie) sur la variabilité de certaines protéines du sérum, des « lipoprotéines », dans diverses populations humaines. Il employait une technique immunologique alors très courante dite d'immunoprécipitation en milieu gélosé[10] qui permet de détecter à l'aide d'anticorps spécifiques les antigènes à étudier, en l'occurrence les diverses lipoprotéines sériques. Il utilisait comme source d'anticorps des sérums de sujets polytransfusés, notamment d'hémophiles. Ces patients produisent des fortes quantités d'anticorps contre les protéines étrangères provenant du sang qu'ils reçoivent lors des transfusions. En 1963, il fit par un heureux hasard (*serendipity*) une observation qui s'avéra essentielle et qu'il sut exploiter. Dans le sérum d'un aborigène d'Australie, il découvrit un antigène lipoprotéique qui ne correspondait à aucune lipoprotéine connue et qui présentait des propriétés distinctes des lipoprotéines sériques. Cet antigène appelé *Australia* était absent des sérums de sujets normaux, mais fut fréquemment retrouvé dans

---

[10] L'immunoprécipitation en milieu gélosé consiste à disposer face à face des puits creusés dans une plaque de gélose solide. Dans un puits, on place le sérum (pur ou dilué) d'un animal immunisé contre des antigènes (protéines, lipoprotéines, glycoprotéines, polyosides...) et on met dans l'autre puits des antigènes connus ou inconnus susceptibles de réagir avec les anticorps du sérum testé. Antigènes et anticorps diffusent dans la gélose et réagissent l'un contre l'autre en donnant un trait de précipitation visible à l'œil nu.

les sérums de malades atteints de leucémie aiguë. En fait, Blumberg prit rapidement conscience que la présence de cet antigène était associé à une atteinte du foie, comme en témoignait l'élévation des transaminases dans le sang des patients chez qui l'antigène *Australia* était détecté. Le 28 juin 1966, Halton Sutnick, un collaborateur de Blumberg, écrivit dans son cahier d'observation : « Les transaminases sont très élevées et le taux de prothrombine [une protéine produite par le foie dont la production s'effondre en cas de graves dommages] est abaissé, peut-être avons-nous une explication pour l'apparition de cet antigène *Australia* » . Dès juillet 1966, Blumberg put montrer que la présence de l'antigène *Australia* était constamment associée à une atteinte hépatique objectivée par ponction-biopsie de foie [11]. Il se mit alors à tester des sérums de patients ayant des transaminases élevées ou ayant présenté une hépatite récente. En 1967, il découvrit que l'antigène était fréquemment présent chez les enfants mongoliens vivant en collectivité, avec une prévalence proche de 30 %. Ces enfants porteurs de l'antigène avaient tous des taux de transaminases élevés et des signes d'hépatite chronique à la biopsie hépatique. Cette année-là, Blumberg et son équipe publièrent que l'antigène *Australia* était fortement associé aux hépatites aiguës, et proposèrent cet antigène comme un marqueur d'hépatite virale : « L'antigène *Australia* est associé à certaines maladies, hémophilie, thalassémie, cependant cette association pourrait être la conséquence d'une infection virale transmise au cours de la transfusion sanguine ».

En 1968, plusieurs groupes de chercheurs, notamment au laboratoire de virologie du centre de transfusion sanguine de New York dirigé par Alfred M. Prince, établirent une relation directe entre l'apparition de l'antigène *Australia* dans le sérum d'un malade et la survenue d'une hépatite B. Dès lors, les porteurs de l'antigène *Australia* furent recherchés systématiquement chez les donneurs de sang, faisant diminuer de façon spectaculaire la fréquence des hépatites post-transfusionnelles aux États-Unis et en Europe. En 1970, D.S. Dane visualisa au microscope électronique le virus de l'hépatite B, sous forme de particules virales d'environ 42 nm de diamètre retrouvées en quantités très abondantes dans le sérum de patients porteurs de l'antigène *Australia*. Cet antigène s'avéra être une lipoprotéine de l'enveloppe d'un petit virus à ADN[12]. Blumberg reçut en 1976 le prix Nobel de médecine pour sa découverte de l'antigène *Australia*. Par la suite, Palmer Beasley réalisant des recherches épidémiologiques à Taïwan s'aperçut en 1981 que le virus B était à l'origine de cirrhose et de cancer du foie en Afrique tropicale et en Asie. On sait qu'il y a aujourd'hui près de 300-400 millions de porteurs de virus de l'hépatite B dans le monde, incluant des pays riches comme les États-Unis avec 1 250 000 porteurs chroniques et la France avec 100 000 à 150 000.

La découverte du virus de l'hépatite B ouvrit la voie à celles des virus A et D. En effet, on constata rapidement que l'antigène *Australia* n'était pas détecté chez les patients atteints d'hépatite épidémique à incubation courte. En 1967, F. Deinhardt réussit à infecter par voie orale avec le sérum de patients atteints d'hépatite sérique des ouistitis, petits singes d'Amérique du Sud. En 1973, Stephen Feinstone visualisa au microscope électronique les particules virales du virus A dans les selles de patients et détecta des anticorps dans le sérum de ces patients. Il s'agit d'un petit virus à ARN très résistant dans le milieu extérieur[13]. On

---

[11] Les ponctions-biopsies du foie consistent à prélever des petits fragments de foie à l'aiguille, ce qui permet d'étudier au microscope les lésions hépatiques.

[12] Le virus de l'hépatite B est un petit virus à ADN circulaire classé parmi les hépadnavirus, possédant une enveloppe lipidique associé à des protéines, dont l'antigène *Australia*. Il se multiplie presqu'exclusivement dans les hépatocytes qui constituent le tissu hépatique. On n'a pas réussi jusqu'ici à le cultiver.

[13] Le virus de l'hépatite A est un petit virus à ARN monocaténaire « nu », c'est-à-dire avec une capside mais sans enveloppe lipidique. Comme les entérovirus (ou picornavirus) tels que le virus de la poliomyélite, il se propage par l'eau de boisson polluée par les selles des patients infectés.

connaissait aussi des malades atteints d'hépatites chroniques qui rechutaient ou développaient des hépatites fulminantes rapidement mortelles. En 1977, un jeune gastro-entérologue italien, Mario Rizzetto, travaillant à l'*Ospedale Molinette* de Turin mit en évidence, dans des noyaux des hépatocytes (cellules constituant le tissu du foie) de certains malades infectés chroniquement par le virus de l'hépatite B, un nouvel antigène qu'il baptisa antigène δ. Cet antigène n'était détecté que chez les patients porteurs de l'antigène *Australia* et n'était transmissible qu'à des chimpanzés préalablement infectés par le virus B. Rizzetto avait découvert un nouveau virus dit « défectif », c'est-à-dire incapable de se développer sans l'aide d'un autre virus, en l'occurrence le virus B. Le virus D est le plus petit virus connu [14].

La découverte du virus de l'hépatite C : le triomphe de la biologie moléculaire

Grâce à la découverte des virus A et B, S. Feinstone et H.J. Alter signalèrent dès 1975, des cas d'hépatites post-transfusionnelles en l'absence de marqueurs signant l'infection par les virus A et B des hépatites. Ces hépatites dites « non-A non-B » étaient très souvent d'évolution chronique. Pour illustrer l'importance du problème, en France par exemple, le risque de contamination était estimé à 2 % par unité de sang transfusée avant 1989, soit plusieurs milliers de patients infectées par le virus de l'hépatite « non-A non-B » sur environ 800 000 personnes transfusées chaque année. On incrimina donc un ou plusieurs virus inconnus pour expliquer ces hépatites. En 1978, E. Tabor et H.J. Alter réussirent indépendamment à transmettre ce virus à des chimpanzés, seul primate sensible au virus, par inoculation du sang ou du plasma de patients ayant présenté une hépatite non-A non-B d'origine transfusionnelle. En 1981, Daniel Bradley avait établi que le sang des chimpanzés ainsi inoculés contenait d'énormes quantités de virus capables de transmettre l'hépatite à d'autres singes. Mais comment identifier ce virus que l'on n'arrivait pas à cultiver et responsable d'hépatite post-transfusionnelle ?

En 1989, les équipes de Michael Houghton de la firme Chiron à Emeryville en Californie et de Daniel Bradley aux CDC d'Atlanta en Géorgie mirent en évidence le virus inconnu par une approche très originale de biologie moléculaire appliquée pour la première fois à la recherche d'un virus non cultivable. Ils inoculèrent le plasma de patients présentant une hépatite non-A non-B à des chimpanzés. Les singes développèrent peu après une hépatite aiguë avec une forte élévation des transaminases, signe de l'atteinte du foie par le virus. Faisant le pari risqué qu'il s'agissait d'un virus à ARN et utilisant une stratégie innovante et complexe de clonage [15], les chercheurs de Chiron purent isoler des acides nucléiques viraux étrangers présents dans le sang des singes infectés. Ils avaient raison, c'était de l'ARN viral ! Il fut appelé le virus de l'hépatite C [16]. C'était la première fois que l'on découvrait un virus par

---

[14] Le virus D est un très petit virus défectif satellite du virus de l'hépatite B et constitué d'un petit ARN monocaténaire de 1 700 nucléotides portant l'information pour une seule protéine et possédant un domaine autocatalytique, c'est-à-dire doué d'une activité enzymatique, de type ribozyme (qui coupe l'ARN), proche des viroïdes des plantes. Il est revêtu de l'enveloppe du virus de l'hépatite B.

[15] De façon simplifiée, le plasma des chimpanzés infectés était centrifugé à grande vitesse pour enrichir en acides nucléiques. Les ARN ainsi obtenus par « ultracentrifugation » étaient ensuite convertis en ADN par une enzyme, la transcriptase reverse. Les fragments d'ADN ainsi produits étaient supposés contenir des fragments de gènes ou des gènes du virus inconnu. G. Kuo et Q.L. Choo les insérèrent par clonage dans le génome d'un bactériophage à l'aide d'enzymes permettant des coupés-collés des molécules d'ADN. Ce virus « vecteur » lui-même porteur de nouveaux gènes viraux, fut ensuite inséré par lysogénie dans le génome d'un colibacille. Cette bactérie pouvait alors transcrire les gènes viraux intégrés dans son génome en protéines exprimées dans la bactérie. Ces protéines pouvaient alors être détectées par le sérum de patients convalescents d'une hépatite non-A non-B, contenant de fortes quantités d'anticorps contre le virus. Des fragments de gènes viraux ainsi repérés purent ainsi être séquencés et identifiés. On put par séquençage de nombreux clones reconstituer entièrement le nouveau virus responsable de l'hépatite post-transfusionnelle.

[16] Le virus de l'hépatite C est un petit virus à ARN, de 10 000 nucléotides, enveloppé, appartenant au groupe des Flavivirus.

une approche de biologie moléculaire, impliquant des étapes de clonage et de séquençage. Le virus de l'hépatite C qui est responsable de la plupart des hépatites non-A non-B post-transfusionnelles, a fait des ravages parmi les transfusés et les hémophiles, induisant souvent des hépatites chroniques invalidantes. Avant 1990, se serait développée en France une épidémie silencieuse d'hépatite C propagée par transfusion, par contamination à l'hôpital, par certaines pratiques assez répandues pratiquées sans précautions suffisantes (acupuncture, tatouage, *piercing*...), ou encore par toxicomanie intraveineuse. En France, il y aurait un peu moins de 1 % de la population contaminée, soit environ 200 000 à 400 000 personnes chroniquement infectées par le virus de l'hépatite C, dont un certain nombre développeront cirrhose et cancer du foie. La découverte du virus C permit la mise au point d'un test sérologique simple de détection du virus dans le sang des donneurs. Une des conséquences bénéfiques de l'affaire du sang contaminé fut la rapidité de la mise en place de ce test de dépistage qui fut utilisé en France dès septembre 1989, puis rendu obligatoire le 1er mars 1990, faisant pratiquement disparaître le risque de transmission du virus par transfusion. On peut dire que la découverte du virus de l'hépatite C en 1989 marque un tournant épistémologique, en révélant un virus non cultivable uniquement à partir de son génome, par une approche totalement *in vitro*, sans culture et sans visualisation au microscope électronique [17].

Enfin, on connaissait un autre type d'hépatite épidémique surtout rencontré dans le Tiers-Monde, qui n'était pas due au virus de l'hépatite A. Ainsi par exemple, en octobre 1955 à Wazirabad, une ville de la banlieue de New Delhi, des pluies diluviennes firent déborder les eaux d'un égout près d'une station de pompage entraînant la pollution de l'eau potable desservant un million d'habitants. On dénombra entre décembre 1955 et janvier 1956, 29 300 cas d'hépatite aiguë, avec une mortalité de 20 % chez les femmes enceintes. En inoculant des « volontaires » ayant fait une hépatite A, on déclencha une seconde hépatite, preuve que l'agent infectieux était différent, puis on réussit à infecter de nombreuses espèces de singe très sensibles au virus, dont le macaque asiatique (*Cynomolgus*). Le virus fut ensuite observé au microscope électronique dans les selles des singes infectés. Gregory Reyes de la firme Genelabs réussira en 1990, par une approche de biologie moléculaire, à cloner et à identifier un petit virus à ARN, appartenant à la famille des calicivirus. Ce virus de l'hépatite E est très répandu dans l'ensemble du Tiers-Monde. Ainsi en quelques décennies de recherche et malgré l'impossibilité de cultiver ces virus, on sait aujourd'hui qu'en dehors de la fièvre jaune ou parfois d'autres maladies infectieuses pouvant atteindre le foie telles que la leptospirose et le paludisme, l'antique jaunisse est due à au moins 5 virus à tropisme hépatique.

---

[17] La stratégie d'identification du virus de l'hépatite C a ouvert la voie à la découverte d'autres virus difficiles ou impossibles à cultiver. Outre le virus de l'hépatite E en 1990, on peut citer les découvertes d'un nouvel hantavirus à l'origine d'une grippe maligne en 1993 et d'un nouvel herpès virus en 1998 responsable du sarcome de Kaposi, le HHV-8.

Burkitt et la découverte du premier virus oncogène humain

Figure 6. Denis Burkitt (1911-1993), le découvreur du lymphome dû au virus Epstein-Barr.
© National Cancer Institute, Bethesda.

On a longtemps cru que les virus « oncogènes », c'est-à-dire capables d'induire des cancers chez les hôtes qu'ils infectent, n'existaient que chez les animaux et épargnaient l'homme et les primates. On avait découvert des virus oncogènes chez les oiseaux, le virus de la leucémie aviaire dès 1908 et celui du sarcome aviaire en 1911, puis divers virus oncogènes pour les mammifères, notamment les souris et les lapins. Malgré tous les efforts déployés pendant des décennies, on n'arriva pas à trouver de virus oncogènes pour l'homme jusque dans les années 1960. C'est alors qu'un chirurgien britannique obscur et curieux, travaillant en Afrique, contribua par ses observations cliniques et épidémiologiques à découvrir le premier virus oncogène pour l'homme.

Denis Burkitt (1911-1993) naquit en Irlande du Nord et débuta sa vie professionnelle sur un bateau voguant vers la Chine. Après la Deuxième Guerre mondiale, il travailla en Ouganda comme chirurgien militaire dans différents hôpitaux de campagnes installés dans des conditions très précaires. En 1957, il vint à examiner un enfant de 5 ans, présentant une énorme tumeur localisée sous la mâchoire, une excroissance maligne que Burkitt n'avait jamais observé auparavant. Minutieusement, il prit des photographies et fit une biopsie. Quelques semaines plus tard, il vit un autre enfant avec le même type de tumeur rarissime à la mâchoire. Burkitt fut frappé par une coïncidence extraordinaire : les deux enfants étaient originaires du même village. Il pensa à une cause infectieuse et démarra une étude rétrospective pour tenter de répertorier des cas antérieurs présentant ces tumeurs rares dans les archives des hôpitaux puis dans la littérature médicale. Consultant des anatomo-pathologistes spécialistes des cancers, il s'aperçut que ces tumeurs présentaient les mêmes caractéristiques microscopiques : il s'agissait toujours de lymphomes, des cancers constitués de lymphocytes tumoraux [18]. Avec deux soutiens financiers gouvernementaux de 10 et 15 livres sterling, Burkitt envoya des questionnaires à la plupart des hôpitaux et des missions d'Afrique en vue d'obtenir des informations sur cette tumeur. Il put ainsi établir la carte de sa distribution géographique. Burkitt en 1958 publia ses résultats dans le *British Journal of Surgery* décrivant la tumeur et son pronostic. Puis, il entreprit un safari africain de 10 000 miles à travers l'Afrique de l'Est en 1961 en vue d'une recherche épidémiologique visant à dénombrer sur le terrain les patients atteints de cette tumeur, un voyage qui coûta 678 livres sterling au gouvernement britannique. La plupart des patients étaient retrouvés dans une bande s'étendant du 10ᵉ degré au nord au 10ᵉ degré au sud de l'équateur, dans des régions semblant requérir certaines conditions de température, d'humidité et d'altitude. Cette zone, la « ceinture des lymphomes », correspondait à des zones infestées par certains moustiques, ce qui fit incriminer de façon erronée un arthropode vecteur.

Au décours d'une conférence qu'il donna en 1961 au *Middlesex Hospital*, il discuta avec Michael Anthony Epstein (né en 1921) qui travaillait au *Bland Sutton Institute*. Ils firent l'hypothèse que le lymphome décrit par Burkitt pouvait être liée à un virus. Epstein demanda des fragments de tumeurs à Burkitt et tenta pendant trois ans sans succès de mettre en évidence un virus dans les tissus tumoraux examinés directement au microscope électronique ou après la mise en culture des cellules lymphoïdes tumorales. Cependant, fin 1963, il réussit avec son assistante australienne Yvonne Barr (née en 1932) et Bert Achong à cultiver un virus sur une lignée cellulaire provenant de cellules issues d'un lymphome de Burkitt. Il s'agissait d'un nouvel herpèsvirus, qui fut appelé virus Epstein-Barr, capable de transformer les lymphocytes B en cellules tumorales. Cependant on allait de surprise en surprise. À Philadelphie, Gertrude et Werner Henle (1910-1987) avaient commencé à cultiver des lignées lymphoïdes issues de lymphome de Burkitt pour étudier le nouveau virus. À la suite d'un accident bénin, un technicien se contamina en manipulant les cultures cellulaires productrices de virus et développa une maladie bénigne bien connue dans les pays développés, la mononucléose infectieuse. On observa avec étonnement une ascension de ses anticorps sériques contre le virus Epstein-Barr suggérant fortement que ce virus était responsable de la mononucléose infectieuse. On soupçonnait une origine virale à cette maladie et voici le virus responsable démasqué par hasard. Autre surprise, on s'aperçut en réalisant des recherches d'anticorps spécifiques dans les sérums de différentes populations qu'il s'agissait d'un virus très répandu. On trouva en effet la présence de ces anticorps témoignant d'une infection virale chez 80-90 % des adultes en Europe et en Amérique du Nord, et quasiment 100 % en Afrique. On s'aperçut que la première exposition au virus était le plus souvent sans grandes conséquences au cours de la petite enfance, mais pouvait induire une mononucléose infectieuse ou « maladie du baiser » chez des sujets n'ayant jamais rencontré le virus, ceci survenant surtout à l'adolescence dans les pays occidentaux. On pense que la forte exposition au virus de façon répétée des enfants en Afrique associée à d'autres stimuli infectieux favoriserait la cancérisation des lymphocytes [19]. Ainsi, un même virus donnait soit une maladie infectieuse bénigne chez des gens jeunes en bonne santé en

---

[18]. Le lymphome de Burkitt est constitué de lymphocytes B tumoraux transformés par le virus Epstein-Barr.

[19]. Le virus s'associe au génome cellulaire dans le noyau des lymphocytes B. Sous l'effet de stimulations répétées par diverses infections aiguës ou chroniques comme le paludisme, ces lymphocytes B peuvent se transformer en cellules cancéreuses chez de jeunes enfants africains (lymphomes).

Europe et aux États-Unis, soit une tumeur maligne chez de jeunes africains vivants dans des conditions précaires. Burkitt continua ses recherches épidémiologiques en Afrique jusqu'en 1966, date de son rapatriement à Londres. Il avait apporté une contribution majeure à la découverte du premier virus cancérigène pour l'homme.

L'histoire ne finit pas là. On raconte que le ministre chinois Chou-En Laï, atteint d'un cancer de l'œsophage, ordonna peu de temps avant de mourir en janvier 1976 une grande enquête épidémiologique sur la distribution des cancers en Chine populaire. Plusieurs dizaines de milliers d'enquêteurs parcoururent chaque ville et village de cet immense pays. Cette enquête épidémiologique unique, sur près d'un milliard d'habitants, a abouti à l'élaboration d'une carte très détaillée de la distribution des cancers en Chine. De façon surprenante, on remarqua une distribution géographique étrange des patients atteints d'un cancer de la partie postérieure des fosses nasales, le carcinome du rhinopharynx ou du cavum. Ce cancer rare était retrouvé le long de la « rivière des perles » qui se jette à Canton. Ceci fit évoquer une hypothèse infectieuse. Des recherches systématiques d'anticorps réalisées chez ces patients ont mis en évidence une augmentation anormale des anticorps contre le virus Epstein-Barr. Par la suite, on put établir un lien de causalité[20]. Comme le lymphome de Burkitt, l'apparition de ces tumeurs était liée à une infection massive et prolongée par le virus Epstein-Barr. Un chercheur de l'institut Pasteur, Guy de Thé, a pu dire que « la tumeur de Burkitt est devenue la pierre de Rosette de la cancérologie ».

On mit en évidence par la suite le rôle de deux autres herpès virus dans la genèse de cancers humains, l'herpès simplex de type 2 (HSV-2) dans le cancer du col de l'utérus (de façon erronée) qui est dû en fait à des papillomavirus, et le HHV-8 dans le sarcome de Kaposi (à juste raison) en 1998. Dans les années 1980, on démontra aussi l'implication du virus de l'hépatite B dans le cancer primitif du foie. Qu'un virus puisse transformer des cellules normales en cellules cancéreuses a stimulé une recherche très féconde sur les mécanismes moléculaires de la cancérogenèse et sur les gènes impliqués dans cette transformation maligne.

---

[20] Les carcinomes du rhinopharynx sont des tumeurs malignes d'origine épithéliale et non des lymphocytes B comme dans la tumeur de Burkitt. On détecte des titres élevés d'anticorps dits « sécrétoires » (immunoglobulines A ou IgA) dirigés contre le virus Epstein-Barr. Des antigènes viraux sont retrouvés dans le noyau des cellules tumorales comme dans les lymphomes. La tumeur peut produire le virus.

Une dernière surprise : les viroïdes

Figure 7. Theodor Diener, découvreur des viroïdes.
©United States Department of Agriculture, Washington.

En 1984, le prix Nobel Howard M. Temin avait écrit que les virus étaient « les organismes vivants les plus petits qui soient. Cette propriété commune ne les rend pas pour autant semblables les uns aux autres et le monde des virus est d'une extrême variété ». Cette extrême variété est illustrée par la surprenante découverte d'étranges objets infectieux, les viroïdes. En 1971, Theodor Diener, un spécialiste des virus des plantes, travaillant sur une maladie des tubercules de pommes de terre (appelée *potato spindle tuber disease*), montra que le suc des feuilles infectées transmettait la maladie après ultrafiltration. À son grand étonnement, le traitement par les protéases, des enzymes qui détruisent les protéines, n'avait aucun effet sur le pouvoir infectieux du jus, alors qu'un tel procédé détruit invariablement le pouvoir infectieux des virus en dissolvant leur coque (« capside ») protéique protectrice. Diener montra que seul le traitement par une enzyme détruisant l'ARN, une « RNAse », réduisait à néant le pouvoir infectieux. À partir d'études biochimiques, il conclut que l'agent de cette maladie était uniquement constitué d'un ARN très petit, dix fois plus petit que le génome des plus petits virus. Cette molécule d'ARN est quasi circulaire, repliée sur elle-même en épingle. À la différence des virus, cette molécule d'ARN, bien que capable de réplication, ne code pour aucune protéine (elle n'a pas de gènes), et se trouve dépourvue de coque protéique : c'est une molécule d'ARN « nue ». Cet agent n'est donc clairement pas un virus, mais il peut, à l'instar des virus, infecter des cellules végétales et détourner la machinerie cellulaire au profit de sa réplication. On a montré par la suite que de nombreuses autres maladies des plantes étaient liées à des viroïdes. On connaît aujourd'hui plusieurs dizaines de viroïdes responsables de maladies des végétaux qui ont de fortes répercussions économiques, entre autres le cadang-cadang aux Philippines qui a détruit 20 millions de cocotiers, l'exocortis du citron, des maladies du concombre, de l'avocat, ou encore le rabougrissement des chrysanthèmes désastreux pour les horticulteurs. Il n'existe pas d'équivalent connu des viroïdes chez les animaux. Diener avait donc découvert une nouvelle classe de parasites moléculaires, les viroïdes clairement distincts des virus. Ces très petites molécules d'ARN « nues » en quelque sorte dépouillés de tout artifice, sont infectieuses et propagent des maladies épidémiques uniquement chez les plantes. Ces étranges et même stupéfiants objets pourraient être des fossiles d'un monde primordial constitué de molécules d'ARN[21] possédant des propriétés enzymatiques et capables d'autoréplication dans les cellules végétales. Partant de l'idée que les phénomènes biologiques sont universels, on peut s'attendre à ce que des viroïdes soient découverts un jour chez les animaux. Ceci est suggéré par la découverte d'un domaine « viroïde » chez un virus strictement humain, le virus δ de l'hépatite. C'est le seul exemple connu à ce jour d'un fragment d'ARN ayant des propriétés viroïdes porté par un virus animal. Le mode de réplication de ce virus ressemble beaucoup à celui décrits chez les viroïdes des plantes.

Épilogue

Les recherches sur les virus ont permis de découvrir des concepts majeurs de la biologie, notamment la lysogénie et ses équivalences chez les virus des cellules végétales et animales, c'est-à-dire l'acquisition de matériel génétique au cours de la vie, la « rétrotranscription » de l'ARN permettant l'intégration de gènes dans les chromosomes, le rôle des virus dans la cancérogenèse, et les extraordinaires viroïdes. La première séquence complète d'un microorganisme pathogène fut celle d'un virus, le bactériophage ΨX174, en 1978, peu après la mise au point des techniques de séquençage de l'ADN. Aujourd'hui, pratiquement tous les virus connus sont séquencés. Certains virus peuvent prendre des tailles gigantesques, comme ce virus géant découvert en 2003 par Didier Raoult à Marseille, un parasite des amibes (*Acanthamoeba*), un « mimivirus » avec un génome d'ADN dont la taille approche celle des plus petites bactéries (environ 800 000 nucléotides). En 2002 après trois ans d'effort, Eckard Wimmer a réalisé la première synthèse complète *in vitro* d'un agent pathogène humain, un poliovirus, en quelque sorte une véritable « reconstruction » d'un virus au laboratoire à partir des « pièces détachées », les nucléotides. Cette même année, une souche du bactériophage ΨX174 fut entièrement synthétisée par l'équipe de Craig Venter à partir de divers fragments d'ADN de ce virus recollés par des enzymes. Il ne lui fallut que deux semaines et le phage s'est avéré lytique pour les bactéries. Très récemment, en octobre 2005, le virus H1N1 de la grippe espagnole a été « ressuscité » par synthèse à partir de sa séquence *in vitro* (13 500 nucléotides) (voir chapitre 8). Tout va trop vite !

---

[21] Les viroïdes sont constitués d'ARN monocaténaires « nus » de 240 à 380 nucléotides capables de se répliquer en utilisant les polymérases des cellules infectées. Ils possèdent un domaine « auto-catalytique » de type ribozyme, c'est-à-dire d'une activité enzymatique associé au seul ARN. Les seuls enzymes connues ont longtemps été des protéines. En 1983, Thomas Cech et Sydney Altman, tous deux prix Nobel de chimie, découvrirent indépendamment que l'ARN pouvait avoir également une activité catalytique : ce sont des « ribozymes ». En 1993, Harry Noller montra que l'ARN catalyse la formation des chaines peptidiques lors de la synthèse des protéines par les ribosomes. Lors de la découverte de l'ARN messager, Crick avait postulé sur une base théorique l'existence d'un monde originel d'ARN, précédant celui des protéines et de l'ADN, car l'ARN pouvait avoir une activité catalytique pour sa propre réplication. Cette prophétie fut par la suite expérimentalement confirmée.

Chapitre 7. Le coup de tonnerre du sida

Il a été avancé que chaque époque de l'histoire de l'Occident était associée à une maladie épidémique. La lèpre est le « *fatum* » de l'Antiquité. La peste est la punition collective de Dieu au Moyen âge. La syphilis est le mal de la Renaissance, l'œuvre des voyageurs et du libertinage. La tuberculose est le mal de vivre de la révolution industrielle. Comme la peste, le sida qui apparut à la fin du XXe siècle sera la maladie du troisième millénaire, décimant riches et pauvres sans distinction. Son émergence semble avoir ravivé dans l'esprit de certains le courant de pensée mésopotamien qui identifie la maladie à une punition divine pour des péchés connus ou supposés. L'histoire du sida trouve en fait ses racines au début du XXe siècle : un virus d'oiseau, une enzyme hérétique, et une maladie nouvelle.

Les premiers rétrovirus

Le début du XXe siècle vit donc la découverte capitale d'un virus à l'origine d'un processus cancéreux. En 1909, Peyton Rous (1879-1970), un jeune médecin de 30 ans décida de s'engager dans une recherche sur le cancer au *Rockefeller Institute for Medical Research* de New York, alors dirigé par Simon Flexner (1863-1946). Il avait été formé à la prestigieuse *John Hopkins University and Medical School* de Baltimore et s'était tourné vers l'anatomie pathologique, discipline pour laquelle il acquerra une solide formation en Allemagne. Un jour, il observa une volumineuse tumeur dans le thorax d'un poulet *Plymouth Rock*. Il diagnostiqua à l'examen de la biopsie un cancer particulier appelé « sarcome fusocellulaire » du fait de la présence de cellules en forme de fuseau et décida d'inoculer des fragments de cette tumeur à de jeunes poulets de même race. Il réussit ainsi à transmettre la tumeur de multiples fois de poulet à poulet. Il réussit également à transmettre le cancer à des poulets de races différentes. Il observa aussi qu'après plusieurs passages, la tumeur devenait plus envahissante et déclenchait des métastases aux poumons, au cœur et au foie. Dès cette époque dans ce même Institut, Alexis Carrel (1873-1945) et M. J. Burrows réussirent à cultiver *in vitro* les cellules de ce sarcome, une des toutes premières tumeurs mise en culture cellulaire. L'année suivante, Rous transmit la tumeur au poulet par inoculation d'un « ultrafiltrat » de tissu cancéreux sans cellules cancéreuses vivantes, montrant ainsi l'origine virale de cette tumeur. Indépendamment en 1908, les chercheurs danois Wilhelm Ellermann et Oluf Bang avaient déjà constaté que la leucémie de la poule appelée aujourd'hui érythroblastose aviaire était infectieuse et transmissible par l'injection d'un jus filtré de broyat de cellules tumorales. Cette leucémie était donc aussi due à un virus. Rous décrivit d'autres sarcomes du poulet transmissibles par des filtrats et put greffer des cellules cancéreuses sur les tissus embryonnaires de poulet. Il fut surtout le premier dès 1911 à isoler et cultiver ces virus par inoculation des filtrats tumoraux sur ces mêmes tissus embryonnaires. Ces observations capitales furent classées pendant des décennies parmi les « curiosités », ignorées ou même méprisées par les cancérologues de l'époque.

Figure 1. Peyton Rous (1879-1970) découvrit le caractère transmissible de certaines tumeurs des oiseaux. Prix Nobel 1966.
© The Nobel Foundation.

Ce que Rous ni les autres ne savaient, c'est qu'ils avaient découvert les premiers représentants de la très vaste famille des rétrovirus, l'un s'appellera *avian leukemia virus*, l'autre *Rous sarcoma virus* (RSV). Par la suite, on isolera de nombreux autres rétrovirus chez l'animal, tels que le virus découvert par John Bittner en 1936 responsable du cancer de la mamelle chez la souris, et de nombreux virus des leucémies chez les mammifères, notamment le virus de la leucémie de la souris découvert en 1951 par le biologiste new-yorkais Ludwik Gross qui put transmettre la maladie à des animaux nouveau-nés, les virus de Maloney, de Friend, de Rauscher, de Graffi... Les rétrovirus sont des petits virus constitués d'ARN, dont l'étude permettra des découvertes majeures, comme celles de la transcriptase reverse, des oncogènes et des anti-oncogènes. De plus, l'un de ces virus est responsable du sida.

Sans se décourager, Rous travailla toute sa vie sur ces virus dits oncogènes. En 1933, un éminent virologue Richard E. Shope (1902-1966) travaillant à Princeton (New Jersey), identifia chez un lapin sauvage nord-américain (*Oryctolagus*) une tumeur bénigne cutanée (papillome), transmissible à d'autres lapins sauvages par un ultrafiltrat sans cellules : c'était la découverte du premier virus oncogène chez un mammifère. Après des passages itératifs chez le lapin domestique, certains animaux présentaient une tumeur, cette fois maligne et envahissante, après 6 mois d'incubation. Peyton Rous travaillera pendant près de 20 ans sur cette tumeur, montrant qu'en dehors des virus, d'autres facteurs notamment chimiques concouraient à produire des tumeurs malignes. Nous savons aujourd'hui que ces tumeurs du lapin sont dues à des papillomavirus, une famille de virus cancérigènes pour l'homme et de

L'enzyme hérétique

Le virus de Rous allait devenir un outil de recherche pour de nombreux laboratoires. C'est à partir du virus de Rous que fut découverte la transcriptase reverse. Dans les années 1950, le virologue américain Renato Dulbecco (né en 1914) qui travaillait au *California Institute of Technology* (*Calthec*) à Pasadena (Californie) s'intéressa aux virus oncogènes, tels que le virus du polyome de la souris et le virus SV40 du singe. Il accueillit dans son laboratoire un jeune étudiant Howard Temin (1934-1994), âgé de 25 ans, qui préparait son *PhD* (thèse de sciences) sur une souche de virus du sarcome de Rous (dite RSV18), sous la direction d'un étudiant post-doctorant Harry Rubin. Temin présenta sa thèse en 1959 puis poursuivit ses travaux sur l'oncogénèse virale à partir de 1960 à l'université de Madison (Wisconsin).

Dès son arrivée à Madison, Temin s'aperçut que l'actinomycine D, un composé chimique inhibant la réplication des virus à ADN, empêchait aussi la croissance du virus du sarcome de Rous, ce qui était très surprenant car il s'agissait d'un virus à ARN. Plutôt que de jeter ces résultats en les mettant sur le compte d'artefacts, Temin fit l'hypothèse que le cycle de multiplication du virus impliquait une étape utilisant l'ADN, étape alors sensible à l'actinomycine D. En 1964, il proposa un modèle de réplication de ce virus comprenant une phase pendant laquelle le virus était transformé en ADN et s'intégrait dans les chromosomes de la cellule infectée sous la forme d'un « provirus » comme dans le phénomène de lysogénie des bactéries infectées par des bactériophages. À partir de là, le virus intégré était transmis aux cellules filles lors de la division cellulaire et pouvait être produit de façon intermittente par lecture de la copie insérée dans le chromosome cellulaire. Temin postula dans son modèle qu'il devait exister une enzyme capable de transformer l'ARN en ADN. Ce modèle qui s'avéra exact impliquait la synthèse d'une molécule d'ADN à partir d'une molécule d'ARN ! Ceci allait à l'encontre du dogme central de la biologie moléculaire où l'ARN est synthétisé à partir de l'ADN puis « traduit » en protéines. En 1970, Temin mit en évidence une enzyme capable d'une telle activité, la transcriptase reverse[1] du virus du sarcome de Rous. David Baltimore (né en 1938), un virologue spécialiste des polymérases cellulaires et virales travaillant au *Salk Institute* de La Jolla (Californie), découvrit indépendamment cette même enzyme sur un autre rétrovirus, le virus de la leucémie murine de Rauscher. Cette découverte fut publiée conjointement dans l'édition du journal *Nature* du 27 juin 1970. Aujourd'hui, on sait que le phénomène de rétro-transcription de l'ARN (synthèse d'ADN à partir de l'ARN) est universel dans le monde vivant. Par ce mécanisme, les rétrovirus s'intègrent définitivement dans le génome des cellules infectées et peuvent ainsi être transmis à la descendance de ces cellules. En 1975, Howard Temin et David Baltimore reçurent avec Renato Dulbecco le prix Nobel de médecine pour leur contribution à la connaissance des virus oncogènes.

---

[1] Temin découvrit par la suite que la transcriptase reverse est constituée de deux sous-unités structurales α et β et présente en fait trois activités enzymatiques, une activité ADN-polymérase synthétisant à partir de l'ARN viral des molécules hybrides ARN-ADN, une activité ribonucléase détruisant l'ARN des hybrides, une activité ADN-polymérase reconnaissant l'ADN simple brin (monocaténaire) ainsi libéré et synthétisant de l'ADN double brin (bicaténaire) ou provirus. Une autre enzyme, une ADN-endonucléase requise pour l'intégration du provirus dans le chromosome cellulaire, fut découverte par la suite.

Figure 2. Les découvreurs de la transcriptase reverse des virus oncogènes par Howard Martin Temin (1934-1994), David Baltimore (né en 1938) et Renato Dulbecco (né en 1914), prix Nobel 1975 (de gauche à droite).
© The Nobel Foundation.

La transformation maligne des cellules infectées était donc probablement liée à l'intégration des virus dans le génome des cellules, mais le mécanisme moléculaire de la cancérogenèse restait inconnu. L'année 1976 fut riche de découvertes. À San Francisco, Dominique Stéhelin, un chercheur français du CNRS, découvrit, en collaboration avec Harold Varmus et Michael Bishop, le premier gène viral responsable de la transformation de cellules saines en cellules cancéreuses. Ce gène « v-src », présent dans le génome du virus du sarcome de Rous fut appelé « oncogène » du fait de sa capacité de cancériser les cellules dans laquelle il est exprimé. Cependant, Stéhelin fut extrêmement surpris de découvrir la présence d'un gène très similaire dans le génome des cellules saines de poulet. Les chromosomes des cellules normales de poulet possédaient donc en dehors de toute infection par le virus du sarcome de Rous des séquences nucléotidiques apparentées à un oncogène viral[2]. Le premier « oncogène cellulaire » appelé « c-src » était découvert, ouvrant une voie nouvelle vers la compréhension des mécanismes d'interactions complexes entre virus et cellules. De fait, on s'aperçut rapidement de l'existence de gènes homologues du gène c-src (désignés « proto-oncogènes ») dans les chromosomes de toutes espèces vivantes, depuis les vers, les mouches jusqu'aux mammifères et à l'homme[3]. En 1989, le prix Nobel de médecine et de physiologie a récompensé Michael Bishop et Harold Varmus pour leur découverte de « l'origine cellulaire des oncogènes viraux », oubliant Dominique Stéhelin.

---

[2] Stéhelin, Varmus et Bishop montrèrent que le provirus portant v-src était intégré au voisinage du gène c-src, induisant ainsi l'expression de c-src normalement silencieux et par voie de conséquence la transformation maligne des cellules infectées par le virus. L'oncogène viral v-src qui provoquait le cancer aurait donc été emprunté par les rétrovirus au patrimoine génétique des cellules infectées et aurait ensuite dérivé lors de sa propagation chez les virus.

[3] Cette forte conservation dans le monde vivant a une signification : ces oncogènes jouent un rôle essentiel au maintien de la vie des cellules saines. Ces « proto-oncogènes » sont responsables d'importantes fonctions, notamment le contrôle de la synthèse de facteurs stimulant la croissance, la multiplication et la différentiation cellulaire. Ces gènes essentiels peuvent donc être « dérégulés » par l'intégration d'un virus ou par l'effet de facteurs physiques (radiations ionisantes) ou chimiques (carcinogènes divers). Le cancer apparaît quand ces gènes sont trop « actifs » entraînant la multiplication incontrôlée des cellules. La protéine « cancérigène » provenant du gène v-src est peu différente de la protéine normale provenant du gène c-src, mais elle est beaucoup plus active et induit la rapide apparition de cellules cancéreuses. En 1983, on découvrit les anti-oncogènes, des gènes « suppresseurs » du cancer.

Figure 3. J. Michael Bishop (né en 1936) et Harold E. Varmus (né en 1939), prix Nobel 1989, découvreurs des oncogènes cellulaires avec le Français Dominique Stéhelin.
© The Nobel Foundation.

Les maladies virales d'évolution lente

Figure 4. L'islandais Björn Sigurdsson (1913-1959), découvreur des maladies virales d'évolution lente.

Le médecin islandais Björn Sigurdsson (1913-1959) après un séjour au *Rockefeller Institute* de Princeton (New Jersey), où il avait travaillé avec les illustres virologues Wendell M. Stanley et Richard E. Shope, décida de se spécialiser en virologie. En 1943, il contribua à créer en Islande un nouvel institut de pathologie expérimentale à Keldur près de Reykjavik, dont il sera directeur et où il effectuera toute sa carrière. Travaillant notamment sur les maladies des moutons et des chèvres, Sigurdsson introduisit en 1954 le concept de « maladies virales d'évolution lente », regroupant dans une nouvelle catégorie des infections transmissibles à incubation longue (plusieurs mois ou années) et à évolution lente et inexorable vers la mort. Il classa ainsi des maladies pulmonaires, et surtout des maladies neurologiques détruisant très lentement le cerveau (encéphalite), telles que la tremblante du mouton (*scrapie* en anglais et *rida* en islandais) et le *visna* (« fatigue » en islandais). Le *visna* était apparu en 1933 en Islande, importé par des moutons venant d'Allemagne. Une grande partie du cheptel ovin fut décimé par une épidémie d'abord insidieuse et tardivement reconnue en 1939, forçant à l'abattage systématique des troupeaux infectés. La tremblante existait à l'état endémique en Islande. Sigurdsson observa que les lésions cérébrales observées au cours de ces deux maladies étaient très différentes. Le *visna* ressemble à une maladie humaine chronique, la sclérose en plaques, associant une destruction des gaines de myéline qui protègent les nerfs, altérant leur fonctionnalité, à une forte inflammation des méninges et du tissu cérébral. En revanche, la tremblante entraînait une destruction des neurones du cerveau sans aucune inflammation du cerveau[4]. Sigurdsson réussit à transmettre expérimentalement le *visna* de mouton à mouton. L'année de sa mort prématurée en 1959, Sigurdsson parvint à isoler en culture cellulaire et à caractériser le virus responsable de cette maladie. C'est un rétrovirus particulier, sans pouvoir cancéreux, un « lentivirus » apparenté au virus du sida.

L'émergence d'une maladie inconnue

Un des tout premiers signes de l'épidémie de sida au cours de l'année 1980 fut la découverte par les services des *Centers for Diseases Control* (CDC) d'Atlanta en Géorgie, d'une demande accrue de pentamidine, un médicament presque exclusivement réservé au traitement des pneumocystoses, infections pulmonaires opportunistes très graves dues à un parasite apparenté aux champignons (*Pneumocystis carinii*). Ces infections n'étaient observées jusque-là que chez des patients aux défenses immunitaires très affaiblies par des chimiothérapies par greffes de rein ou cancers. De 1967 et 1979, le CDC n'avait reçu en provenance de la ville de New York que deux demandes pour des patients adultes, alors qu'en avril 1981 neuf demandes avaient été notées sur seulement un an. Les patients traités étaient tous des adultes jeunes, homosexuels et atteints d'infections pulmonaires graves. L'augmentation de la consommation de pentamidine fut le premier signe d'une pandémie qui allait dévaster le monde.

À la fin de 1979, un praticien de Los Angeles, le Dr Joel Weisman, avait observé chez des hommes jeunes appartenant au mouvement *gay* plusieurs cas de mononucléose infectieuse, avec fièvre, amaigrissement et gros ganglions, souvent associé à une diarrhée et à des infections anales et orales à champignons (candidoses). Cette maladie polymorphe évoluait de façon torpide sans véritable guérison. Un des malades de Weisman présenta une aggravation avec perte importante de poids et des difficultés respiratoires et fut hospitalisé en février 1981 dans le service d'immunologie clinique du Dr Michael Gottlieb, de la *School of Medicine* de l'UCLA (*University of California Los Angeles*). Gottlieb avait observé en

---

[4] La tremblante du mouton (ou *scrapie*) entraîne une destruction de la matière grise du cerveau par mort des neurones, avec une gliose (prolifération des cellules gliales) sans aucune inflammation. Comme la maladie de la « vache folle », cette maladie est due aux prions (voir chapitre 12).

décembre 1980 un autre malade *gay* présentant un syndrome similaire, accompagné par une disparition presque complète de certains globules blancs du sang, les lymphocytes T. Il retrouva cette même immunodépression chez le malade de Weisman atteint lui aussi d'une pneumocystose.

On évoqua d'abord une infection par une souche très virulente de cytomégalovirus, un virus proche du virus Epstein-Barr. Après enquête auprès des autorités de Santé de l'État de Californie, on retrouva 5 patients hospitalisés à Los Angeles présentant un syndrome similaire. Le centre d'épidémiologie des CDC d'Atlanta publia une première alerte le 5 juin 1981 dans son bulletin hebdomadaire, le *Morbidity and Mortality Weekly Report* (MMWR). D'autres malades encore rares furent signalés. Tous étaient des jeunes hommes homosexuels présentant souvent une pneumocystose grave, souvent atteints de candidoses, d'infections à cytomégalovirus, et parfois inhalant du nitrite d'amyle ou de butyle (« *poppers* »). Deux des 5 premiers malades de Gottlieb succombèrent rapidement, l'un étant malade depuis 1978. Les spécialistes américains déclarèrent : « Toutes ces observations suggèrent la possibilité d'une dysfonction de l'immunité cellulaire liée à une exposition commune qui prédispose les individus aux infections opportunistes, telles que la pneumocystose et la candidose ». Conjointement à New York, quelques cas de cette singulière immunodépression acquise furent observés chez de jeunes homosexuels, avec épuisement, amaigrissement, poussées de fièvre et lente dégradation de l'état général sans signes spécifiques. Un jeune homosexuel surnommé Nick qui mourut rapidement d'une infection cérébrale à toxoplasme, un parasite sans danger pour l'homme (sauf pour le fœtus), semble avoir induit chez plusieurs de ses partenaires une maladie tout à fait similaire, faisant suspecter un agent infectieux commun.

Le sarcome de Kaposi

À l'automne 1979, le Dr Linda Laubenstein avait diagnostiqué chez un homosexuel de New York un cancer rarissime de la peau, le sarcome de Kaposi. D'autres cas furent rapidement signalés. En mars 1981, on dénombrait 8 cas de ce sarcome particulièrement agressifs, tous chez des patients de la communauté *gay* de New York dont certains se connaissaient. Quatre de ces 8 patients moururent rapidement. Un cas chez un homosexuel fut également signalé à San Francisco en avril 1981. C'est ce que l'on appela le *gay cancer*. Cette tumeur maligne avait été décrite dès 1872 par Moriz Kaposi (1837-1902)[5] chez cinq patients de sexe masculin et âgés de plus de 40 ans, apparemment sans infection concomitante. C'était un sarcome pigmenté « idiopathique » multiple de la peau[6]. Cette maladie incurable évoluait constamment vers la mort en deux ans. Par la suite, la maladie apparut de façon sporadique affectant des sujets âgés appartenant à des communautés juives ashkénazes et à certaines populations du pourtour méditerranéen. D'évolution plus bénigne que celle des premières observations, il s'agissait de tumeurs localisées, de faible malignité induisant une survie moyenne de 8 à 13 ans. Par la suite, on décrivit la maladie de Kaposi dans des populations d'Afrique équatoriale. Les premiers cas africains furent reconnus au Nigeria entre 1914 et 1934, puis d'autres rapportés en Ouganda et au Congo. La maladie prit un tour épidémique vers 1948. Ce sarcome connu sous le nom de « *lulambo* » au Congo belge

---

[5] Moriz Kaposi était en fait le pseudonyme pris par le médecin viennois Moriz Kohn pour publier son travail. Il était élève du grand dermatologue autrichien Ferdinand von Hebra (1816-1880).

[6] Le sarcome pigmenté « idiopathique » multiple de la peau décrit par Kaposi était caractérisé par de nombreuses taches cutanées noirâtres apparaissant apparemment sans cause déclenchante. À l'autopsie des patients, des tumeurs disséminées étaient retrouvées dans tous les organes.

(Zaïre), bien décrit par les médecins belges dans certaines tribus noires d'Afrique, notamment les Bantous, était très fréquent chez les hommes jeunes et les enfants et évoluait rapidement vers la mort. Ce sarcome d'évolution rapidement mortelle avait été aussi rapporté à partir des années 1970 chez certains patients sous traitement immunosuppresseur pour greffe de rein. On sait aujourd'hui que le sarcome de Kaposi est dû à un virus très répandu dans la population, un herpèsvirus appelé HHV-8 [7].

Les épidémiologistes des CDC ne pouvaient qu'être alertés devant l'émergence d'un cancer si rare, réputé l'apanage de patients de plus de 50 ans, chez des hommes jeunes qui mourraient rapidement dans des conditions atroces. Tout portait à croire que ce sarcome faisait partie d'une nouvelle maladie jusque-là inconnue, peut-être due à un virus nouveau. Le Pr Alvin Friedman-Kien du *New York University Medical Center* fit la synthèse pour les CDC de l'ensemble des observations faites chez les patients atteints de sarcome de Kaposi. Il arriva à la conclusion que sarcome de Kaposi, pneumocystose, muguet (candidose buccale) et toxoplasmose étaient l'expression clinique d'une seule maladie caractérisée par l'effondrement des défenses immunitaires, frappant quasi-exclusivement les homosexuels. Dans le bulletin hebdomadaire du CDC du 4 juillet 1981, il était indiqué que le sarcome de Kaposi avait été diagnostiqué depuis 1979 chez 26 hommes jeunes homosexuels, dont 20 à New York et 6 en Californie. Sur 8 patients décédés, 6 avaient présenté une pneumonie, un autre une toxoplasmose cérébrale, et un autre une méningite à champignon (*Cryptococcus*). Tous les patients présentaient des anomalies des lymphocytes. Qui aurait pu croire alors qu'on assistait à l'apparition des premiers cas d'une pandémie qui allait entraîner des millions de morts dans le monde ?

L'éclosion de l'épidémie

L'apparition soudaine de sarcomes de Kaposi dans une population très exposée aux agents sexuellement transmissibles suggérait fortement l'émergence d'une nouvelle maladie transmissible et l'on commença à évoquer un nouveau virus. Une controverse commença sur l'origine de la maladie. La communauté *gay* parla d'inventions de médecins « homophobes ». On vit des déchaînements médiatiques et de surprenantes prises de position. Les milieux puritains parlaient de juste punition pour des comportements sexuels qu'ils réprouvaient. On vit même, comme au pire temps des antiques épidémies, des médecins refuser de soigner ces malades par crainte de la contagiosité de la maladie. Le Pr Friedman-Kien évoquant l'endémie du sarcome de Kaposi en Afrique suggéra que le *gay cancer* était lié à l'hygiène défectueuse de certains homosexuels américains qui mimaient les conditions sanitaires désastreuses de l'Afrique équatoriale. Selon lui, une meilleure propreté pouvait suffire à mettre fin au problème. Le courant mésopotamien concevant les maladies comme punition divine est toujours prêt à resurgir, comme au Moyen Âge. De peur de la contagion, on refusa bientôt de soigner et même de nourrir les patients démunis mourant à domicile. L'obscurantisme est intemporel, même dans le pays le plus riche du monde, censé être « civilisé » et hautement éduqué.

---

[7] On suspecta que le sarcome de Kaposi devait être lié à un virus distinct de celui du sida pour des raisons épidémiologiques. Il survenait chez des patients africains notamment sans sida, et son mode de transmission était différent de celui du sida. Il épargnait les enfants nouveau-nés contaminés par le sang de leur mère infectée par le HIV, et aussi les hémophiles polytransfusés atteints de sida. Le virus du sarcome de Kaposi fut découvert par l'équipe de P.S. Moore en 1994. Utilisant une méthode de biologie moléculaire appelée hybridation soustractive et PCR, Moore mit en évidence dans les tissus sarcomateux des séquences nucléotidiques d'un nouvel herpès virus, qui est en fait très répandu dans la population mais n'exprime son pouvoir oncogène dans les conditions particulières de l'immunodépression.

Le 28 août 1981, le nombre des patients identifiés était de 108. Presque tous des hommes jeunes, presque tous homosexuels ou bisexuels, et seulement une femme. Près de 40 % d'entre eux était déjà morts. L'épidémie avait démarré à partir des trois foyers initiaux : New York, Los Angeles et San Francisco. Elle touchera de plus en plus des hétérosexuels, souvent toxicomanes (héroïne), des transfusés, des hémophiles. Pour les seuls États-Unis, les chiffres tombent, effarants : 1981, plus de 200 malades ; mi-1982, 450 malades, 15 États touchés ; fin 1982, 750 malades ; 1983, 3 000 malades, 44 états touchés ; 8 000 en 1984 ; 20 000 en 1987... Une catastrophe ! L'hécatombe, tous allaient mourir.

Dès 1981, les enquêteurs des CDC furent convaincus qu'il s'agissait d'un agent infectieux transmis sexuellement et par le sang. Il était clair que cette maladie entraînait une destruction du système immunitaire avec disparition des lymphocytes T « *helper* » (désignés CD4$^+$). La maladie était donc un syndrome d'immunodépression transmissible. On suspecta des infections massives par des virus connus, comme le cytomégalovirus, ou encore un virus nouveau, mais comment l'identifier ? La maladie fut désignée par divers acronymes : *Gay-Related Immune Deficiency* (GRID), *gay compromise syndrome* ... On l'appellera finalement *Acquired Immuno-Deficiency Syndrome* ou AIDS (en français *Syndrome d'Immunodéficience Acquise* ou SIDA). En mai 1982, John Bennett du CDC pensa que la nouvelle maladie était due à une infection virale transmise par contact sexuel, soit due à des virus connus donnant cette nouvelle maladie à cause de nouveaux facteurs de risque d'origine environnementale et comportementale, soit due à un ou plusieurs agents infectieux nouveaux. L'hypothèse virale fut fortement étayée par l'apparition de la maladie en septembre 1982 (toutefois sans sarcome de Kaposi) chez quelques hémophiles perfusés avec des concentrés plasmatiques filtrés, donc exempts de bactéries, champignons et protozoaires, tous éliminés par la filtration. Cette importante observation indiquait aussi que le sang était contaminant et transmettait un virus.

Découverte des premiers rétrovirus humains

Dans les années 1970, on enseignait aux étudiants que les rétrovirus étaient des virus oncogènes des oiseaux et des mammifères, à l'exception de l'homme chez qui, après des décennies de recherche, on n'en avait jamais trouvé par culture et par microscopie électronique, à partir de tissus de nombreux cancers et de leucémies. Et pour cause, on n'avait aucun moyen de les trouver car on ne savait pas cultiver les lymphocytes, qui seuls auraient permis leur multiplication *in vitro*. Robert Gallo, un jeune chercheur ambitieux du *National Cancer Institute* (NCI) de Bethesda aux États-Unis allait avoir l'idée d'utiliser l'activité de la transcriptase reverse, l'enzyme si singulière, découverte en 1970 par Temin et Baltimore chez les rétrovirus de poulet pour détecter un rétrovirus oncogène pour l'homme. Échouant à détecter cette activité transcriptase reverse directement à partir de globules blancs du sang de patients atteints de leucémies, il eut l'idée de rechercher cette activité enzymatique après mise en culture de ces cellules *in vitro* pour améliorer la sensibilité de sa technique. Mais on ne savait pas cultiver ces globules blancs ! C'est à cette époque que Peter Nowell, de l'Université de Pennsylvanie, montra que la phytohémagglutinine, une protéine extraite des plantes, entraînait une prolifération massive des lymphocytes normaux, test qui fut par la suite utilisé très largement en routine par les immunologistes. Étudiant ce phénomène, Doris Morgan et Francis Ruscetti, dans le laboratoire de Gallo, découvrirent en 1976 que la stimulation des lymphocytes T par la phytohémagglutinine produisait dans le surnageant de culture une molécule qui stimulait la multiplication des lymphocytes *in vitro*. Cette protéine, désigné *T-Cell Growth Factor*, est aujourd'hui appelée interleukine-2 (IL-2). En 1980, Bernard Poiesz et Robert Gallo purent grâce à l'IL-2 facilement cultiver les cellules de leucémies humaines et isolèrent le premier rétrovirus humain à partir de cultures de lymphocytes provenant de deux patients souffrant de maladies rares apparentées aux leucémies, un lymphome « agressif » (appelé mycosis fongoïde), et un syndrome de Sézary [8]. Un rétrovirus appelé ATLV avait été isolé indépendamment en 1981 au Japon par deux chercheurs, Isao Miyoshi et Yorio Hinuma, à partir du sang d'un patient présentant une leucémie à lymphocytes T de l'adulte (dite ATL) décrite en 1977 par Kiyoshi Takatsuki, un médecin de Kyoto. Par séquençage, on s'aperçut par la suite que ce virus était très proche de l'HTLV-I décrite par Gallo [9]. Ce nouveau virus n'était apparenté à aucun des rétrovirus animaux connus et fut désigné dans la première publication de Gallo sous l'acronyme HTLV, pour *Human T-Cell Lymphoma Virus* (devenu ensuite HTLV-I) [10], puis au gré du temps *Human T-Cell Leukemia Virus* et *Human T-Cell Lymphotropic Virus* [11]. En étudiant de nombreuses souches de HTLV-I et de rétrovirus proches de singes, on a pu reconstituer la saga de ces rétrovirus qui ont suivi les migrations humaines depuis le néolithique [12]. En 1982, à partir d'une lignée cellulaire permanente dérivée en 1978 par David Golde à Los Angeles des lymphocytes d'un patient atteint d'une leucémie très rare, Gallo isola un deuxième rétrovirus humain, le HTLV-II. Restait à trouver le virus du sida !

La quête du virus du sida

Dans les années 1980, de nombreuses équipes cherchèrent à isoler le virus du sida, sans succès. Les premiers virus suspectés furent le cytomégalovirus, un adénovirus, le virus de l'hépatite B, le virus Epstein-Barr, une souche particulière du virus de la peste porcine. Deux virologues, Donald Francis et Myron Essex firent un rapprochement dès l'été 1981 entre la maladie nouvelle et une leucémie féline due à un rétrovirus. Ce virus appelé *Feline Leucaemia Virus*, découvert en 1966 par un vétérinaire de l'université de Glasgow, William Jarrett, entraîne une leucémie avec une immunodépression grave et peut être transmis dans des conditions de vie normale des chats, en dehors des conditions de laboratoire. En 1982-1983, Essex montra qu'environ 25 % environ des malades du sida étaient porteurs d'anticorps anti-HTLV, témoignant d'une réponse immunitaire contre les rétrovirus, pointait vers un rôle possible de ces virus. Le candidat le plus probable était bien sûr le HTLV-I qui infectait préférentiellement les lymphocytes CD4, un tel tropisme expliquant la destruction des lymphocytes. La piste des rétrovirus oncogènes fut donc suivie par Gallo qui acquit la conviction que l'agent du sida était le HTLV-I lui-même ou un très proche parent.

[8.] Le syndrome de Sézary est une forme cutanée de lymphome à lymphocytes T se manifestant par une éruption cutanée généralisée, un prurit intense et des ganglions périphériques hypertrophiés.

[9.] Le génome de ces rétrovirus est remarquablement stable, comparé à celui de HIV. Cette stabilité serait due au fait que ces virus ont un faible taux de réplication dans les cellules par rapport au virus du sida qui se réplique continuellement.

[10.] Le HTLV-I est répandu dans le monde entier, mais existe à l'état endémique en Amérique, en Afrique Centrale et Afrique de l'Ouest, dans les Caraïbes, certaines régions de l'Amérique Latine, au Japon, en Malaisie et en Australie. Il était associé à une forme rare de leucémie endémique au Japon, aux Caraïbes et en Afrique. Il peut rester longtemps latent et être transmis par contacts sexuels, par le lait maternel, par le sang ou les injections intraveineuses de drogues. Il est aussi responsable d'un syndrome neurologique, la « paraparésie spastique tropicale », une paralysie modérée avec contracture musculaire, par atteinte de la moelle épinière (myélopathie).

[11.] En menant des études phylogéniques, un chercheur français, Antoine Gessain, a décrit la dissémination de HTLV-I et de virus proches des primates (STLV-I et STLV-II), au rythme des migrations humaines à travers le monde.

[12.] Le virus HTLV-II a été isolé à partir d'une leucémie à lymphocytes T dite à « tricholeucocytes ». Il a été par la suite retrouvé chez les Amérindiens, les Pygmées d'Afrique et les héroïnomanes aux États-Unis et en Europe, parfois associé à une atteinte chronique de la moelle épinière (myélopathie).

Figure 5. Luc Montagnier, découvreur du HIV, et Robert Gallo, découvreur des HTLV.
© The Lasker Foundation.

En France, Luc Montagnier vint à s'intéresser au sida à cette époque. Ce médecin virologue, après avoir travaillé sur les virus oncogènes à l'Institut Curie d'Orsay, prit la direction du Département de Virologie de l'institut Pasteur. Il fut rejoint par deux jeunes chercheurs de l'institut Pasteur de Garches, Jean-Claude Chermann et Françoise Barré-Sinoussi. Celle-ci avait travaillé sur les rétrovirus de la souris au *National Institute of Health* (NIH) à Bethesda aux États-Unis et maîtrisait notamment la technique de détection de l'activité transcriptase-réverse, cette enzyme spécifique des rétrovirus. Chermann avait aussi travaillé sur les rétrovirus de la souris, en particulier sur l'action inhibitrice de certains composés chimiques sur la transcriptase-réverse. De son côté, Montagnier travaillait sur le rôle physiologique de l'interféron, une molécule antivirale secrétée par certaines cellules du système immunitaire et cultivait couramment *in vitro* des lymphocytes stimulés par l'IL-2. Ces chercheurs montrèrent que la neutralisation de l'activité de l'interféron par un sérum anti-interféron augmentait considérablement la production de rétrovirus dans des cultures cellulaires. Ils possédaient donc tous les outils requis pour étudier les rétrovirus.

Devant les nouvelles inquiétantes venant des États-Unis, ils furent sollicités à l'automne 1982 pour contrôler l'absence de virus HTLV-I dans des lots importés de plasma servant à la préparation du vaccin contre l'hépatite B. Pour cela, ils recherchaient une activité transcriptase-réverse dans des échantillons de plasma. Parallèlement, Jacques Leibowitch, un immunologiste de l'hôpital Raymond Poincaré à Garches, avait contribué à montrer la présence du HTLV-I chez un malade zaïrois africain présentant un lymphome leucémique et acquis la conviction après une rencontre avec Robert Gallo que le sida devait être dû à un virus présent en Afrique infectant les lymphocytes et transmissible par le sang. Il contribua à sensibiliser un petit groupe [13] qui s'était formé à l'hôpital de la Pitié-Salpêtrière, rassem-

---

[13]. Autour de Luc Montagnier, le groupe rassemblait Jacques Leibowitch, Françoise Barré-Sinoussi, Françoise Brun-Vézinet, Christine Rouzioux, Jean-Baptiste Brunet, Jean Claude Chermann, Jean Claude Gluckman, David Klatzmann, et Willy Rosenbaum.

blant des jeunes cliniciens, immunologistes et virologues, sans moyen mais plein d'idées à l'hypothèse rétrovirale qui voyait le jour outre-atlantique. Il fut proposé de rechercher le virus au tout début de la maladie, avant la période terminale marquée par la disparition des lymphocytes circulants associée à une profonde immuno-dépression et des infections opportunistes sévères. Pour avoir le maximum de chance d'isoler le nouveau virus, il convenait donc de se placer avant la disparition complète des lymphocytes sanguins qui tarissaient la source de virus. La recherche du virus inconnu fut réalisée à partir des ganglions lymphatiques hypertrophiés, siège d'une prolifération de lymphocytes, qui apparaissaient à la phase précoce de la maladie.

Willy Rozenbaum, un infectiologue travaillant à l'hôpital de la Pitié-Salpêtrière, fit réaliser le 4 janvier 1983 l'exérèse d'un ganglion cervical chez un homosexuel de 33 ans, appelé « Bru », qui présentait depuis un mois des adénopathies suspectes. Il avait séjourné à New York en 1979 et avait eu plus de 50 partenaires par an. Il mourra du sida en 1988. Le prélèvement fut apporté le jour même à l'institut Pasteur à Luc Montagnier qui mit en culture les cellules lymphoïdes du ganglion en présence d'IL-2 et de sérum anti-interféron. Dès le 15 janvier 1983, Barré-Sinoussi mit en évidence une faible activité transcriptase-réverse qui augmenta et demeura jusqu'au 26 janvier pour disparaître ensuite en quelques jours. En effet, le virus détruisait les lymphocytes, il était « cytolytique », ce qui expliquait la chute rapide de l'activité enzymatique. Pour ne pas perdre le virus, il fallut en urgence le propager sur des lymphocytes en culture provenant d'un donneur de sang, ce qui restaura l'activité enzymatique témoignant donc de l'infection des lymphocytes frais. Il s'agissait bien d'un rétrovirus mais très différent par son caractère cytolytique des rétrovirus humains connus. En effet, le HTLV-I est un virus oncogène incapable de détruire les cellules infectées et au contraire stimulant la multiplication des lymphocytes en culture. Cette propriété entraîne une augmentation progressive de la production de virus, donc de l'activité transcriptase reverse dans les cultures de lymphocytes infectés par HTLV-I. On sait aujourd'hui que les chercheurs des CDC d'Atlanta avaient tenté sans succès de détecter une activité transcriptase-réverse à partir de cultures de lymphocytes inoculées par le sang de plus de 300 patients atteints de sida. Ils recherchèrent l'activité enzymatique dans les cultures après plus de trois semaines. Ce délai trop long laissait le temps au virus présent dans le sang de ces patients de détruire les lymphocytes en culture, tarissant la source de ce virus très fragile, d'où la disparition de l'activité transcriptase reverse. Par ailleurs, les chercheurs français montrèrent que des anticorps anti-HTLV-I fourni par Gallo ne reconnaissaient pas le rétrovirus isolé à Paris. Il s'agissait donc bien d'un virus différent. Le 4 février 1983, le nouveau virus fut visualisé au microscope électronique par Charles Dauguet à l'institut Pasteur : il s'agissait d'un virus entouré d'une membrane (« enveloppé ») bourgeonnant à la surface des lymphocytes et d'aspect clairement distinct de celui du HTLV-I. En fait, le virus isolé par Montagnier ressemblait à un lentivirus, une famille de rétrovirus non oncogènes responsables d'infections à évolution lente, comme l'anémie équine ou le visna du mouton décrites par Sigurdsson dans les années 1950.

La publication de la découverte de ce nouveau rétrovirus humain appelé « *T lymphotropic retrovirus* » chez un patient en phase prémonitoire de sida, fut soumise le 19 avril 1983 au prestigieux journal *Science* avec Gallo comme « *referee* » (c'est-à-dire jugeant la qualité et la véracité du travail scientifique) et publiée le 20 mai. La publication évoquait l'éventuelle et hypothétique implication du virus comme cause du sida. Très rapidement, on isola dans le laboratoire de Montagnier d'autres souches du même virus chez des patients français, africains et hémophiles atteints de sida avéré. Puis le tropisme pour les lymphocytes CD4 fut démontré par Klatzmann et Gluckman, confirmant la lyse rapide des lymphocytes infectés. Le nouveau virus n'était pas un virus oncogène apparenté à HTLV-I et HTLV-II et fut appelé *Lymphadenopathy-Associated Virus* (LAV), terme critiquable car rappelant uniquement le premier isolat obtenu à partir du patient Bru, alors que le virus avait été isolé de patients atteints de sida avéré. Dans le même numéro de *Science* du 20 mai 1983 qui publiait la découverte de Montagnier, Gallo et Essex annonçait conjointement des résultats préliminaires impliquant clairement le HTLV-I (devenu *Human T-Leukemia virus*) comme cause du sida.

En septembre 1983 à *Cold Spring Harbor*, à Long Island près de New York, Montagnier présenta dans une atmosphère hostile l'isolement des virus du type LAV chez 5 patients souffrant de lymphadénopathies et chez 3 atteints de sida avéré (un homosexuel, un hémophile et un haïtien). Il présentait la preuve du tropisme viral pour les lymphocytes CD4, et celle de la présence d'anticorps contre le LAV par un test sérologique (dit ELISA) mis au point par Brun-Vézinet et Rouzioux à l'hôpital Claude Bernard chez 63 % des patients avec lymphadénopathies et chez près de 20 % des patients atteints de SIDA en phase terminale. Ces taux faibles s'expliquent par la gravité de l'immunodépression au stade ultime de la maladie. Gallo mit en doute l'appartenance du LAV à la famille des rétrovirus et nia son lien avec le sida, rapportant l'isolement du HTLV-I du sang de certains malades atteints de sida (que l'on appellera « sidéens ») et la présence des anticorps anti-HTLV-I chez 10 % des sidéens. Par la suite, Montagnier isola un virus LAV du sang d'un hémophile atteint de SIDA mais aussi de celui son frère hémophile en bonne santé apparente. Pendant ce temps, Gallo pataugeait dans ses préjugés épistémologiques : il cherchait un rétrovirus oncogène de type HTLV et isolait des souches virales identiques ou très proches des HTLV-I et HTLV-II jusqu'en mai 1983. Cependant, dans les comptes-rendus de la réunion de *Cold Spring Harbor* de l'automne 1983 publiés en juin 1984, fut ajoutée une introduction de Gallo où apparaissait pour la première fois le virus HTLV-III, non mentionné auparavant, qui était devenu *Human T-Lymphotropic Virus* au lieu de *Human T-Cell Leukemia Virus*. La controverse se dessinait.

Le LAV est bien un lentivirus. Le groupe de Montagnier montra que certaines protéines (dites p18 et p25) du LAV sont proches de protéines du lentivirus de l'anémie infectieuse équine, le premier lentivirus découvert en 1904. Le 24 avril 1984, Gallo annonça par voix de presse l'isolement d'un virus jusque-là inconnu responsable du sida, le HTLV-III. Il proposait un test sérologique de dépistage de ce nouveau virus. Les caractéristiques du virus seront publiées le 4 mai 1984 dans la revue *Science*. Pour cultiver le virus, Mikulas Popovic, travaillant avec Gallo, réalisa entre 15 novembre 1983 et janvier 1984 une expérience qui restera dans les annales de la rigueur scientifique, un moyen extravagant d'obtenir une souche virale, de l'anti-« Koch » en quelque sorte. Il mit en culture une lignée lymphocytaire leucémique (HUT 78) avec les surnageants de culture d'abord de 3 puis de 7 malades. Cet échantillonnage de virus provenant de 10 personnes avait pour « but » de favoriser la sélection des souches les plus aptes à se multiplier rapidement en culture *in vitro*. Du chapeau sortit une souche HTLV-III responsable du sida dont émanera une technique sérologique [14] avec un taux de positivité de 88 % chez les sidéens. Cette souche à l'époque ne fut pas comparée au LAV de Montagnier, ce qui aurait dû être fait par Gallo.

Le LAV et le HTLV-III sont en fait le même virus. On appela le virus du sida par le double acronyme LAV/HTLV-III, puis en mai 1986 une commission de nomenclature décida de l'appeler *Human Immunodeficiency Virus* (HIV). Le séquençage des premières souches de HIV fut réalisé en 1984 par le groupe de Simon Wain-Hobson à l'institut Pasteur et par des groupes anglais et américains. Il s'agissait d'un rétrovirus proche des lentivirus [15]. La

---

[14]. Il s'agit du *Western Blot*. Il existe en fait deux techniques sérologiques courantes utilisées pour dépister les anticorps anti-HIV, le test ELISA et le *Western Blot*.

[15]. Le HIV est un virus enveloppé, constitué d'ARN monocaténaire dans son organisation génétique avec un petit génome d'environ 8 700 nucléotides (8,7 kb).

séquence du génome de ce virus à ARN est extrêmement variable du fait des nombreuses erreurs commises par la transcriptase reverse lors du cycle de réplication viral. Les souches de virus d'origines indépendantes divergent dans leurs séquences de 10 à 20 %. La souche de LAV de Montagnier isolée à Paris et celle du HTLV-III de Gallo isolée aux États-Unis étaient pratiquement identiques, avec une divergence de seulement 1,8 %. Montagnier avait envoyé par deux fois son virus à Gallo, le 17 juillet et le 22 septembre 1983 à la demande expresse de Mikulas Popovic. *In silico, veritas*. La polémique va commencer et se terminera par un compromis.

Voici l'histoire très résumée d'une découverte qui tient de *Dallas* et du roman policier, avec des rebondissements, des jeunes enthousiastes, de la créativité sans moyen, de l'ambition, de la mauvaise foi, des gens qui se montent du col, et en définitive la vérité qui sort du puits. *Sooner or later*.

Transfusion et « sang impur »

L'histoire du sida est également celle d'une tragédie humaine, celle du massacre d'innocents. Telle sera le drame des infections transmises par transfusion sanguine. Le sang est ce « fluide vital » qui coule dans nos veines, un mythe très ancré depuis l'aube des temps [16]. Le sang a toujours été associé à la vie, à la force et au courage des héros. Les hémorragies entraînent la mort. On a longtemps espéré redonner la santé à des malades, la jeunesse aux vieillards, en leur faisant boire du sang d'animaux ou de sujets en bonne santé. La découverte de la circulation par William Harvey en 1628 permit d'envisager conceptuellement la transfusion de sang par voie veineuse. Les premiers essais de transfusion eurent lieu au cours de la seconde moitié du XVIIe siècle et entraînèrent des retours à la vie de patients exsangues ou au contraire un état de choc rapidement fatal. Entre une menace vitale rapide et un accident grave incertain, on faisait parfois le choix de la transfusion. Par exemple, la transfusion fut largement pratiquée au cours de la guerre franco-prussienne de 1870, sauvant un certain nombre de blessés mais en tuant beaucoup d'autres. À l'orée du XXe siècle, un jeune scientifique viennois Karl Landsteiner (1868-1943) découvrit en 1900 de curieuses propriétés d'agglutination des globules rouges du sang humain qui lui permettent de distinguer les groupes sanguins A, B et O. Dès 1907, on établit un lien entre accidents transfusionnels et incompatibilité du sang dans le système ABO permettant d'envisager des mesures préventives. Ce travail passa totalement inaperçu jusqu'en 1915. Au cours de la Première Guerre mondiale, de multiples transfusions furent réalisées sur les blessés du champ de bataille pendant la campagne d'Orient aux Dardanelles et à Salonique. Blessés et donneurs étaient d'origines très diverses, Français, Anglais, Turcs, Cipayes, Annamites, Sénégalais… Contre toute attente liée aux préjugés raciaux, on fut stupéfait de constater que les mêmes groupes sanguins

---

[16]. Les chasseurs du paléolithique voyaient les animaux blessés se vider de leur sang au seuil de la mort. Les plaies, le sang vomi ou craché étaient prémisses de mort. Cette mort dans un flot de sang sera peinte sur les parois des grottes puis sur les murs de leurs maisons, puis ritualisée en sacrifices. Dans l'Ancien Testament, le sang de l'agneau marque l'alliance de Dieu avec le peuple élu et épargne la vie des enfants hébreux de la colère divine frappant les premiers-nés d'Égypte. De même, l'Aid El Kebir des musulmans est célébrée en versant le sang d'un mouton. Le sang du Christ, représenté symboliquement par le vin, initie une nouvelle alliance entre Dieu et les hommes dans le Nouveau Testament. À Rome, le cheminement de l'âme des défunts quittant le monde des vivants pour rejoindre celui des morts requiert le sang répandu, et l'apaisement des morts viendra du sacrifice de proches ou d'esclaves sur les tombes, rite funéraire qui se perpétuera dans les combats de gladiateurs. Pour les Aztèques, les Dieux se nourrissent de sang humain, symbole de vie, pour que le soleil puisse continuer sa course. Des milliers de victimes, guerriers, prisonniers ou esclaves furent sacrifiés par des prêtres qui leur arrachaient le cœur battant pour en faire don au soleil. Le sang fut aussi associé aux vertus physiques et morales, et même à l'intelligence d'un homme et de sa lignée. Il pouvait transmettre vices et vertus. On ne mêle pas son sang avec n'importe qui. Le sang bleu des princes. Les liens du sang. « Bon sang ne saurait mentir ». Est-il symbole de pureté ou est-il impur ? On le voit. Il fait peur. Il fascine. Les vampires le boivent pour se régénérer.

connus existaient dans toutes les races, permettant des transfusions compatibles entre individus de race très différentes. Landsteiner identifiera par la suite en 1927 les antigènes M, N et P et en 1940 le groupe Rhésus D, ce qui évitera la plupart des accidents d'incompatibilité lors des transfusions. Il reçut le prix Nobel de Médecine en 1937.

Une fois les problèmes d'incompatibilité résolus, la transfusion sanguine devint beaucoup plus sûre et se développa rapidement, devenant largement utilisée pendant la Deuxième Guerre mondiale pour le traitement des grands brûlés et des hémorragies post-traumatiques, sauvant ainsi des milliers de vies humaines. Après la Deuxième Guerre mondiale, se mirent en place un peu partout dans le monde des centres de transfusion de mieux en mieux équipés et performant, souvent évoluant vers une organisation industrielle pour faire face à une demande croissante. En France, le premier Centre de Transfusion Sanguine (CTS) avait été créé en 1923, à l'hôpital Saint-Antoine à Paris, par l'hématologiste français Arnault Tzanck (1886-1954). Les centres de transfusion s'organisèrent progressivement et furent officiellement reconnus par la loi du 21 juillet 1952 établissant un monopole « de la collecte, de la conservation, du fractionnement et de la distribution du sang » et le principe du « don du sang volontaire, gratuit et anonyme ». Autour de ces principes généreux, se mit en place un recrutement des donneurs bénévoles par de multiples amicales de donneurs de sang, ravitaillant plus de 164 centres de transfusion français. De nouveaux besoins virent le jour, notamment celui des concentrés de facteurs de la coagulation comme les facteurs VIII ou IX pour les hémophiles dont la vie quotidienne fut transformée. Cependant, ces concentrés impliquaient de mélanger des échantillons de sang parfois de milliers de donneurs. Cela joua un rôle important dans la propagation du HIV par transfusion.

Le développement de la transfusion sanguine mit progressivement au jour des problèmes liés aux infections. On s'aperçut que certaines maladies infectieuses pouvaient être transmises par transfusion sanguine, du fait de la présence de micro-organismes dans le sang. Tel est le cas du paludisme [17] et de la syphilis [18]. La prévention de ces risques était d'écarter les donneurs potentiellement atteints de paludisme et de dépister systématiquement dans le sang des donneurs la présence d'anticorps contre *Treponema pallidum*, l'agent de la syphilis. Cependant, de nombreux patients transfusés développaient une jaunisse, témoignant d'une hépatite virale [19]. Ces hépatites sont associées à un fort taux de passage à la chronicité évoluant vers des cirrhoses ou des cancers du foie. La découverte en 1963 du virus de l'hépatite B permit le dépistage systématique et réduisit le risque d'hépatite de 90 %. Restait le risque d'hépatites non dépistées, dites non A-non B, qui touchaient encore 10 % des transfusés. Le problème ne sera résolu qu'en 1989 par la découverte du virus de l'hépatite C.

Voici venir l'année 1981 et l'émergence du sida, maladie nouvelle, inconnue et rare à l'époque, toujours mortelle, décimant des hommes jeunes mourant rapidement dans des conditions atroces, s'apparentant en fin de vie à celles des camps de la mort, avec cachexie, misère physiologique, déréliction. C'est véritablement avec l'épidémie de sida que le risque infectieux transfusionnel prit un tour inattendu, entraînant dans le chaos le bel édifice organisé et cossu de la transfusion. L'histoire prit la forme d'une tragédie grecque, où des hommes parfois de bonne volonté furent autant le jouet du destin que de leurs insuffisances et peut-être de leurs ambitions. Oui, le sang, cette source de vie, ce « don volontaire et gra-

---

[17] D'autres parasites peuvent être transmises par transfusion, comme *Trypanosomia cruzi*, le protozoaire responsable de la maladie de Chagas ou trypanosomiase américaine.

[18] La syphilis peut être transmise aux nouveau-nés par le sang de la mère infectée, donnant une syphilis congénitale dont la prévalence reste élevée dans un pays comme les États-Unis (11/100 000 habitants). Aujourd'hui en France, la prévalence des anticorps anti-syphilitiques chez les donneurs de sang en France est de 3 pour 10 000 dons.

[19] Dans les années 1970, on estimait que le nombre de cas annuels d'hépatites post-transfusionnelles aux États-Unis était de 30 000 cas d'hépatites aiguës et de 150 000 cas d'hépatites inapparentes, avec 1 500 à 3 000 décès par an.

tuit », pouvait décimer ceux-là même qui en avaient le plus besoin, les malades exsangues, les blessés, les jeunes accouchées, les hémophiles… Les familles qui chaque semaine enterraient leurs proches morts dans des conditions insoutenables étaient en droit de demander réparation, conduisant devant les tribunaux certains responsables, acteurs et experts souvent respectés qui n'avaient pas pressenti l'ampleur du drame. Suivit une catharsis où l'État et ses représentants durent faire leur *mea culpa*.

Le « scandale du sang contaminé » fut dénoncé à partir de 1987 par une journaliste, Anne-Marie Casteret, qui fit pour l'Express une enquête sur le sida avec beaucoup de perspicacité et de courage. Le détonateur fut le témoignage M. Garvanoff, président de l'Association des polytransfusés. Il lui apprit notamment que, jusqu'en octobre 1985, les hémophiles polytransfusés recevaient des concentrés de facteurs VIII non chauffés et contaminés par le HIV. Or à cette époque, on connaissait l'efficacité du chauffage pour détruire le virus et il existait depuis 1983 des concentrés de facteur VIII chauffés commercialisés. Presqu'un an s'était écoulé entre la prise de conscience du danger extrême que courraient les hémophiles recevant des concentrés sanguins, au vu notamment de publications scientifiques sur l'efficacité du chauffage (fin 1984-début 1985), et l'arrêt de l'utilisation de concentrés non chauffés (1er octobre 1985). De très nombreux hémophiles furent contaminés et allaient mourir. Suivirent des inculpations et un long et douloureux procès des responsables médicaux et politiques. Anne-Marie Casteret eut le mérite de mettre sur la place publique des décisions politiques et économiques qui mettaient en cause les plus hauts responsables du ministère de la Santé et des centres de transfusion. En 1991, elle produisit un rapport du Centre national de Transfusion sanguine (CNTS) où le directeur, le Dr Michel Garetta, refusait de rappeler les lots contaminés non chauffés. De nombreux dysfonctionnements furent découverts, notamment la non-exclusion du don du sang des donneurs à risque, en particulier ceux des collectes en prison où étaient détenus de nombreux toxicomanes [20], les atermoiements et les retards dans la mise en œuvre du dépistage du HIV liés à des enjeux économiques, et enfin les enjeux industriels associés à la production espérée de concentrés chauffés par le CNTS.

Le procès du sang contaminé eut lieu devant la 16e chambre correctionnelle de Paris du 22 juin au 5 août 1992 et défraya la chronique. À l'ouverture du procès, 256 hémophiles étaient morts du sida et 2 200 autres avaient été contaminés par le virus. Ce fut le procès de la tragédie des familles, mais aussi la fin de l'impunité administrative devant des décisions qui arrachèrent des vies innocentes. Le verdict du 23 octobre 1992 condamnant à des peines de prisons certains dirigeants fut contesté par un appel qui provoqua un second procès en juin 1993 confirmant le jugement. Suivra en 1995 le procès des responsables politiques de l'époque, Georgina Dufoix, ministre des Affaires sociales, « responsable mais pas coupable », Edmond Hervé, secrétaire d'État à la Santé, et Laurent Fabius, alors Premier Ministre, et de leurs conseillers. Ces procès eurent des conséquences salutaires pour le pays, en responsabilisant les dirigeants de l'État et en prenant en compte la souffrance humaine et les valeurs de solidarité dans les décisions de santé.

Le rappel à l'ordre du procès du sang contaminé et la prise de conscience de l'opinion publique et des médecins de l'ampleur des problèmes de la transfusion a eu des conséquences importantes : la restriction des indications de la transfusion aux risques vitaux et la pratique des autotransfusions ; le développement des colloïdes de synthèse ou de sang artificiel pour éviter l'usage de plasma humain ; l'utilisation de facteurs anti-hémophiliques plus sûrs issus des biotechnologies ; une amélioration de la sécurité transfusionnelle et de l'hémovigilance ; et la création par le ministre Bernard Kouchner d'une Agence française du Sang (AFS).

---

[20] Ces collectes étaient réalisées en contradiction avec la circulaire du 20 juin 1983 provenant du Pr Roux, Directeur de la Santé.

Origine du HIV

On sait aujourd'hui qu'il existe deux virus du sida. Outre le HIV-1, l'équipe de Luc Montagnier découvrit en 1986 un virus proche mais distinct de HIV-1, appelé HIV-2, isolé de patients atteints de sida provenant de Guinée-Bissau et des îles du Cap-Vert. On a aussi découvert les virus SIV (*Simian Immunodeficiency Virus*), des virus très proches du virus du sida et très répandus chez les primates africains (au moins chez 26 espèces répertoriées). Les virus HIV auraient récemment émergé dans l'espèce humaine à partir de ces primates africains. L'étude du génome de nombreuses souches de rétrovirus de singes et de HIV permet de penser que le HIV-1 proviendrait du chimpanzé (*Pan troglodytes*) chez qui un virus proche devait être présent depuis des siècles. Le HIV-2 est proche du SIV, virus endémique chez le singe Mangabey (*Cercocebus atys*). On pense qu'il y aurait eu au moins sept passages indépendants du singe à l'homme, survenus récemment autour des années 1930, probablement entre 1915 et 1941. Le passage à l'espèce humaine a dû se faire accidentellement par contamination d'une blessure avec le sang d'un singe porteur du virus, ou à l'occasion de repas où l'on consommait de la chair de singe, ce qui serait courant en Afrique sub-saharienne. Ces contaminations ont pu se produire de multiples fois, peut-être depuis des siècles, donnant des cas sporadiques mortels et le virus pourrait même avoir été transmis sexuellement dans des villages africains isolés, sans conséquence épidémique. Et un jour, l'augmentation de la population, les migrations massives de populations vers les villes surpeuplées, la promiscuité sexuelle, la prostitution ont permis l'émergence de l'épidémie. L'introduction du HIV aux États-Unis et en l'Europe est liée probablement à la révolution « gay » avec des pratiques à multiples partenaires et aux techniques médicales utilisant massivement le sang et ses dérivés.

La pandémie de SIDA aujourd'hui

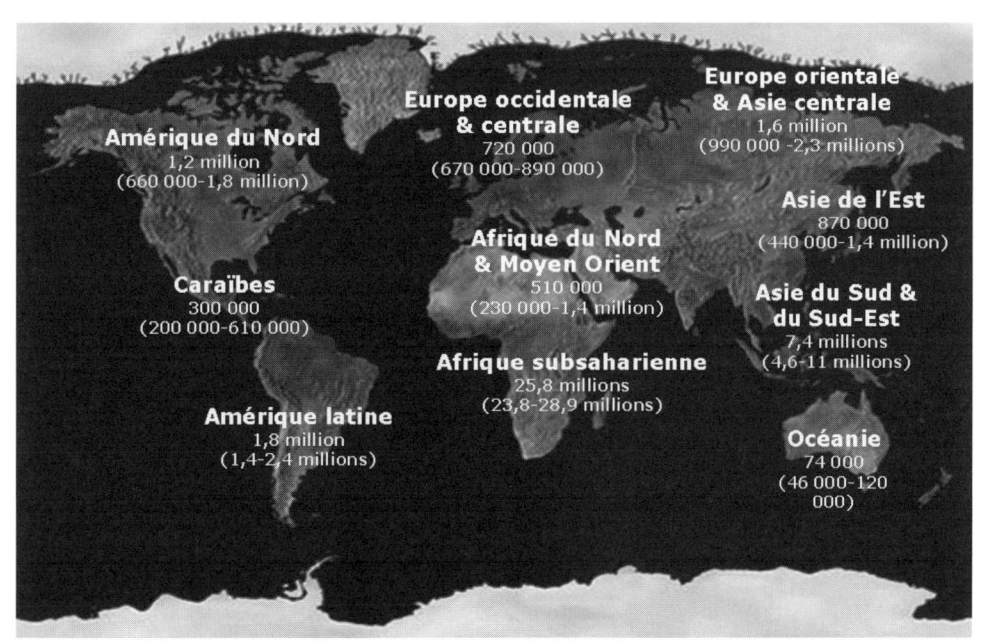

Figure 6. Nombre de personnes adultes et enfants infectées par le VIH en 2005 au total 40,3 millions (36,7-45,3 millions) (d'après le rapport ONUSIDA).

On sait aujourd'hui que le sida commence par une primo-infection survenant dans les 6 mois après la contamination, associant fièvre, fatigue, parfois éruption cutanée, gros ganglions, évanouissements, sueurs nocturnes. Cependant, de nombreuses primo-infections (jusqu'à 70 %) peuvent être asymptomatiques. Le sida survient environ 3 à 15 ans après cette contamination. Les premiers traitements antiviraux ont débuté en 1987 avec un inhibiteur de la transcriptase-réverse, la zidovudine (AZT). Une percée majeure eut lieu 1996 avec la découverte des premiers médicaments anti-protéases qui ont transformé le pronostic du sida à moyen terme. L'incidence du sida a diminué dans les pays industrialisés à partir de cette date. En 2001, les traitements anti-protéases ont pu atteindre certains pays en développement.

La pandémie a frappé durement les pays les plus riches comme les plus pauvres. On estime qu'aux États-Unis, la maladie a tué près de 468 000 personnes de 1981 à 2001. En France, il existerait environ 110 000 personnes vivant avec le virus et on y déplore 40 000 décès depuis le début de l'épidémie de sida. Le sida entraîne actuellement une hécatombe en Asie et en Afrique. En 2002, on comptait dans le monde 42 millions de personnes séropositives infectées par le HIV dont 29,6 millions en Afrique subsaharienne, 6 millions en Asie du Sud et du Sud-Est, 1,5 million en Amérique Latine, 970 000 en Europe Occidentale et 980 000 en Amérique du Nord, 940 000 aux Caraïbes. On estimait à 5 millions le nombre d'adultes et d'enfants nouvellement infectés par le HIV en 2002 et à 3,1 millions le nombre de décès liés au sida dans le monde en 2002. Près de 3,2 millions d'enfants de moins de 15 ans étaient infectés par le HIV en 2002. Près de 95 % de nouveaux patients infectés le sont dans les pays en développement.

Chapitre 8. Le pandémonium des virus émergents

Junin, Machupo, Ebola, Hantaan… Des rivières perdues au fil de la mort, parsemées de fièvres inconnues, de morts incompréhensibles, de destins brisés… Des maladies terrifiantes, les fièvres hémorragiques. Armageddon ! Souvent tout commence par des ulcérations très douloureuses de la gorge avec une fièvre à 40 °C et une sévère déshydratation, des douleurs musculaires, une extrême fatigue. L'état de santé très vite se dégrade aboutissant à une mort rapide avec de multiples hémorragies diffuses, souvent des éruptions hémorragiques associées à des diarrhées et vomissements sanglants.

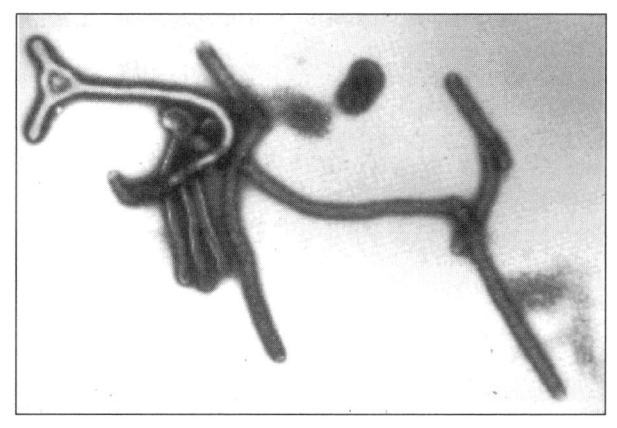

Figure 1. Le virus Ebola (Filovirus) au microscope électronique.

El typho negro et fièvre de Lassa

Soudainement apparut en 1962 une mystérieuse maladie dans la région Est de la Bolivie. Il s'agissait d'une fièvre hémorragique, d'abord appelée « *El typho negro* » par les médecins boliviens, entraînant un syndrome grippal d'allure très sévère, avec fièvre et hémorragies diffuses. L'épicentre de l'épidémie était situé dans les petites villes de San Joaquin et de Magdalena. De 1962 à 1964, environ 40 % des habitants de cette région furent frappés de cette maladie qui entraîna jusqu'à 50 % de mortalité. Près de 10 à 20 % de villageois de la région moururent ainsi pendant cette période. Deux médecins américains, Karl Johnson et Ron MacKenzie, réalisèrent à la demande des autorités boliviennes une longue et minutieuse enquête. Ils pensèrent d'emblée que cette maladie ressemblait à la fièvre hémorragique qui était survenue en Argentine en 1953 près de la rivière Junin. Cette fièvre était due à un arénavirus, un virus propagé par une souris sauvage et de forme circulaire au microscope électronique avec des structures en grain de sable (*arena* en latin). Johnson et MacKenzie confirmèrent rapidement leur intuition initiale en isolant un arénavirus inconnu à partir des prélèvements de patients. L'agent responsable du « *typho negro* » fut appelé le virus Machupo. Karl Johnson faillit d'ailleurs mourir d'une infection à ce virus dont il réchappa en recevant du sérum provenant des rares survivants de cette terrible maladie, contenant de fortes quantités d'anticorps dirigés contre le virus.

Le fil de l'histoire qui mena à cette épidémie put être déroulé. La cause de cette épidémie fut rapportée à un brutal changement écologique dans cette région. La révolution sociale bolivienne de 1952 avait entraîné un important chômage de la population déjà démunie de la région de San Joaquin. Les villageois durent brutalement subvenir à leurs besoins alimentaires en déforestant à la hâte les régions plates le long de la rivière Machupo pour cultiver le maïs. Ceci induisit une brusque prolifération de souris des champs du genre *Calomys*, du fait de l'énorme source de nourriture fournie par le maïs. La pullulation des souris entraîna au début des années 1960 un envahissement de la ville de San Joaquin, d'autant plus facilement que la population de chats de la région avait disparu à la suite d'une intoxication aiguë par le DDT, un insecticide utilisé massivement lors d'une campagne locale d'éradication du paludisme dans la région. C'est à cette date qu'apparurent les premiers cas sporadiques de fièvre hémorragique dans cette région. En fait, les souris étaient naturellement infectées par le virus *Machupo* et l'excrétaient dans leurs urines. On pense que les souris nichées dans les habitations contaminaient la nourriture et la poussière. Ainsi, le virus hautement pathogène pour l'homme aurait été ingéré avec la nourriture, inhalé par aérosols ou encore transmis par contact avec des excoriations cutanées. En juin 1964, les autorités décidèrent d'importer par avion des centaines de chats connus pour être naturellement résistants à ce virus de souris. La maladie disparut très rapidement après la réintroduction des chats dans la région. Cet exemple illustre la complexité des facteurs induisant l'émergence d'une maladie infectieuse : un virus inconnu et l'extrême sensibilité de la population à ce virus jamais rencontré auparavant, l'importance des facteurs écologiques, éthologiques, et du comportement humain...

Quelques années plus tard, le Dr Jordi Casals en charge du laboratoire de référence OMS des arbovirus localisé à l'Université de Yale, dénommé YARD (*Yale Arbovirus Research Department*), identifia un autre arénavirus à partir des prélèvements d'une missionnaire de 69 ans, travaillant dans le petit village de Lassa au Nigeria, en Afrique. Cette patiente était morte le 26 janvier 1969 après une brève et dramatique maladie hémorragique. Ce virus s'avérera très dangereux. Comme Karl Johnson quelques années auparavant, Jordi Casals se contamina en manipulant ce virus et ressentit le 19 juin 1969 une fièvre à 40 °C, des troubles respiratoires avec un état général très dégradé. Il survécut de justesse en recevant du sérum d'une patiente, Lily Pinneo, seule rescapée des trois premiers cas diagnostiqués de fièvre de Lassa. Cependant, un technicien, Juan Roman, qui travaillait dans un autre laboratoire du même institut à Yale fut lui aussi contaminé par le virus de Lassa et mourut en quelques jours plus tard. Ce bilan dramatique allait entraîner la mise en place de mesures draconiennes de protection, les laboratoires de sécurité dits P4 (protection de niveau 4), dans lesquels les expérimentateurs portent des combinaisons étanches ressemblant à celles des « cosmonautes » dans des pièces dont l'air est filtré en permanence.

En 1970, on rapporta en Afrique de l'Ouest 23 cas de fièvre de Lassa, dont 13 décès dans la région de Jos au Nigeria, incluant 4 patients contaminés à l'hôpital. Suivra en avril 1972, une nouvelle épidémie à l'hôpital de Zorzor au Liberia, puis en Sierra Leone (64 cas dont 23 décès). En 1969, la découverte d'anticorps contre le virus de Lassa chez 22 % des 54 membres en bonne santé de l'hôpital de Panguma permit d'entrevoir l'existence de formes cliniques inapparentes ou bénignes de fièvre de Lassa. On prit conscience que la maladie rare et catastrophique décrite chez des missionnaires américains était en fait une maladie assez répandue dans toute l'Afrique de l'Ouest, notamment au Nigeria, au Liberia, en Sierra Leone et en Guinée. On pense aujourd'hui que le nombre de cas annuels de fièvre de Lassa dans cette région serait d'environ 300 000 entraînant quelque 5 000 décès. Cette fréquence est liée au réservoir sauvage animal du virus Lassa. Tom Monath des CDC d'Atlanta l'identifia en 1973 : c'est le « rat à mamelles multiples », un rongeur de l'espèce *Mastomys natalensis* et quelques autres rats d'espèces proches. Ces rongeurs très prolifiques et à activité nocturne vivent dans les villages, souvent à l'intérieur des maisons ou à proximité des stocks de nourriture. Près de 5 à 10 % d'entre eux sont infectés de façon chronique par le virus Lassa de façon inapparente et excrètent le virus dans leurs urines et leurs selles. Ils transmettent le virus à leurs souriceaux nouveau-nés qui présentent eux aussi une infection chronique inapparente. Comme pour le virus Machupo, l'homme est contaminé par contact direct avec les aliments souillés par les déjections ou encore par aérosols. Les patients atteints de fièvre hémorragiques sont très contagieux par leur sang et leurs sécrétions riches de virus.

Par la suite, on a découvert beaucoup d'autres arénavirus, surtout en Amérique du Sud, tels que le virus Guanarito responsable de la fièvre hémorragique du Venezuela et le virus Sabia au Brésil. Tous ces virus sont très pathogènes pour l'homme et sont portés par de petits rongeurs sauvages[1].

Les mystères des filovirus

En août et septembre 1967 à Marburg, à Francfort et à Belgrade, près de 30 techniciens de laboratoire furent frappés d'une fièvre élevée, de violents maux de tête, de douleurs articulaires et d'hémorragies entraînant la mort de 7 d'entre eux. Les patients avaient manipulé des singes « verts » d'Ouganda appartenant à l'espèce *Cercopithecus aethiops*. Vingt-deux patients travaillaient à Marburg pour la société pharmaceutique Behring qui importait massivement des singes africains pour cultiver le virus de la poliomyélite sur cellules rénales pour produire le vaccin contre cette maladie. On isola un virus inconnu, un filovirus ainsi appelé du fait de sa forme filamenteuse extraordinaire. On put par la suite reconstituer la genèse de cette épidémie due au virus de Marburg. En fait, les singes verts qui avaient transmis la maladie étaient tout comme les humains très sensibles au virus et n'en constituaient pas le réservoir. Ils avaient probablement été contaminés peu de temps après leur capture, car à ce moment les singes malades étaient systématiquement abattus. Les singes apparemment sains étaient regroupés à Entebbe, puis remis en liberté dans une île du lac Victoria, où ils auraient pu se contaminer avant leur exportation. Cette concentration d'animaux malades a probablement constitué une source de circulation d'agents infectieux, et peut-être du virus de Marburg. À l'occasion des expéditions vers l'Europe, les chasseurs s'approvisionnaient dans cette île pour compléter leurs envois de singes. Par conséquent, au dernier moment, des singes malades ou en incubation ont pu être incorporés à l'expédition et ainsi contaminer les techniciens de laboratoire. Le virus de Marburg réapparut quelques années plus tard chez un jeune touriste australien venant de Rhodésie (Zimbabwe) qui fut hospitalisé à l'hôpital de Johannesburg pour une fièvre hémorragique gravissime dont il mourut en trois jours le 18 février 1975. Sa compagne et l'infirmière qui s'occupa de lui furent aussi gravement malades et en réchappèrent miraculeusement.

Le 5 septembre 1976, un enseignant de retour de voyage et travaillant à la mission médicale catholique de Yambuku, un petit village du nord-est du Zaïre, tomba gravement malade. Hospitalisé pour une fièvre élevée, de violents maux de tête, des douleurs articulaires et un syndrome hémorragique, il mourut en 3 jours. L'épidémie s'étendit à la maternité où l'on enregistra plusieurs décès, et des cas furent signalés dans les villages

---

[1]. Il existe une exception, le virus Tacaribe retrouvé uniquement chez les chauves-souris.

avoisinants. Dans les jours suivants, 13 autres cas mortels furent observés dans cet hôpital, décimant les membres de la mission médicale. Au total, on déplora 38 décès sur les 300 personnes de la mission catholique de Yambuku, religieux, personnel soignant et enseignant. Le bilan de la première épidémie à virus Ebola sur l'hôpital de Yambuku et dans une cinquantaine de petits villages fut catastrophique : 318 patients avec 280 décès (88 % de mortalité), 85 cas étant consécutifs à des infections nosocomiales transmises par des seringues mal décontaminées. On n'observa aucune transmission interhumaine dans les villages. En fait dès juin 1976, des cas de fièvre hémorragique avaient été observés dans la ville de Nzara, une petite ville agricole du Soudan comptant 20 000 habitants et située à 800 kilomètres de Yambuku. Le premier cas avait été observé chez un des 450 ouvriers d'une usine de coton de cette ville. Il décèdera en quelques jours. D'autres cas suivront, en tout 67 patients furent atteints à Nzara. L'épidémie s'étendit en août 1976 à Maridi à la suite du transfert d'un patient à l'hôpital de cette ville située à 100 kilomètres au sud de Nzara. Le personnel de l'hôpital fut décimé. On dénombra 213 patients à Maridi, et 5 cas dans les villages avoisinants avec une mortalité d'environ 50 %.

Des prélèvements provenant de patients de Yambuku furent adressés au Pr Pierre Sureau à l'institut Pasteur et au Pr Stefan Pattyn, de l'Institut de Médecine Tropicale Prince Léopold à Anvers et transférés au laboratoire de haute sécurité du Dr Ernie Bowen à Porton Down en Grande-Bretagne. Des essais d'isolement en culture furent tentés à Anvers par trois chercheurs qui prirent d'énormes risques, un jeune étudiant Peter Piot, un biochimiste Guido Van der Groen, et par un médecin bolivien René Delgadillo. En examinant les cultures au microscope électronique, Piot montra la présence de particules virales ressemblant au virus Marburg, un filovirus ! Comme pour les arénavirus, un accident de laboratoire fut observé en 1976 au laboratoire de sécurité de Porton Down, chez un chercheur qui en réchappa grâce au sérum d'un convalescent. Cependant, on s'aperçut rapidement que le virus de la maladie de Yambuku était différent car il ne réagissait pas avec le sérum des patients infectés par le virus de Marburg. C'était un nouveau filovirus, appelé virus Ebola du nom d'une rivière proche de Yambuku. En fait, le virus du Soudan fut aussi isolé et il s'avéra qu'il s'agissait d'une souche différente de virus Ebola provenant de Yambuku. Une nouvelle épidémie éclata dans la fabrique de coton de Nzara en 1979 avec 34 cas et 53 % de mortalité. Aucune cause ne fut identifiée. Après 25 ans, la maladie réapparut à nouveau au sud du Zaïre en 1995 dans la ville de Kikwit, infectant 316 personnes dans la région dont 244 moururent (77 % de mortalité), puis à plusieurs autres reprises les années suivantes. Toutes les souches isolées au cours de ces nouvelles épidémies étaient identiques à celles isolées en 1976.

Un épilogue très inattendu des résurgences du virus Ebola eut lieu en octobre 1989. Une centaine de macaques *Cynomolgus* en provenance des Philippines arrivèrent au centre de primatologie de Reston à Hazelton dans les environs de Washington. Une mortalité élevée fut observée au cours de la période de quarantaine. On suspecta une épidémie due au virus de la fièvre hémorragique des singes (*Simian Haemorrhagic Virus*), un virus non pathogène pour l'homme découvert en 1964 à l'occasion d'une épidémie dans un élevage de macaques du New Mexico. Peter Jahrling de Fort Detrick isola effectivement ce virus chez les macaques malades de Preston. Cependant, l'évolution clinique de la maladie et la poursuite de l'épidémie firent suspecter le rôle d'un autre agent pathogène. L'examen au microscope électronique de cellules infectées à partir de certains singes révéla la présence de filovirus ! Stupeur ! Il n'existait pas de filovirus connus en Asie, les filovirus étant exclusivement originaires d'Afrique. L'identification de la souche de filovirus montra à l'aide anticorps spécifiques qu'il s'agissait d'une souche de virus Ebola différente des souches du Zaïre et du Soudan. De nombreuses personnes avaient été exposées au virus. Qu'allait-il survenir ? Aucune contamination ne fut observée ! Cette souche n'était pas pathogène pour

LE PANDÉMONIUM DES VIRUS ÉMERGENTS

l'homme. C'était un nouveau virus Ebola non pathogène provenant d'Asie. Le virus Ebola n'a pas fini de surprendre. C'est un virus fantasque qui peut réapparaître à tout moment et qui garde encore aujourd'hui ses mystères. Son réservoir animal resté longtemps inconnu en dépit d'enquêtes épidémiologiques approfondies semble en fait être des chauves-souris.

Les pandémies de grippe

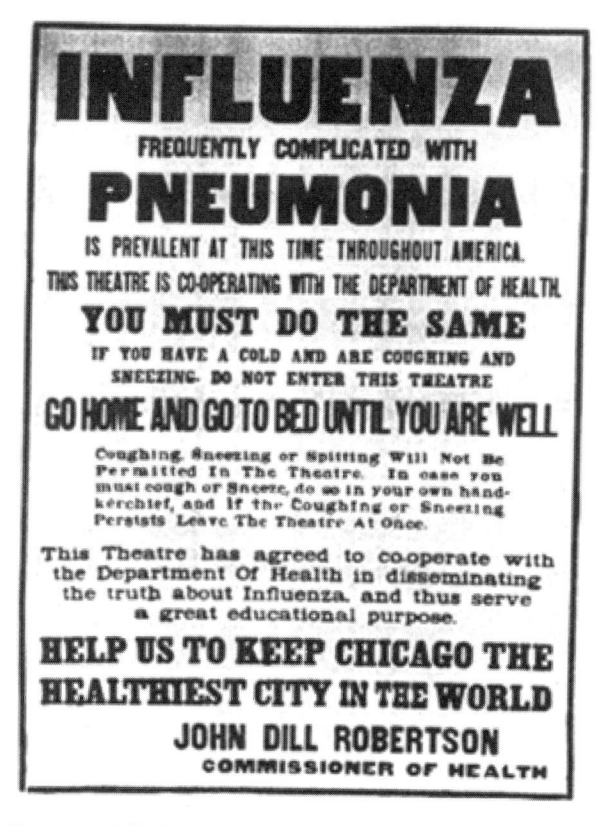

Figure 2. Affiche d'informations sur la grippe espagnole en 1918.

Les aérosols sont certainement le moyen le plus efficace pour transmettre une maladie infectieuse. La grippe en est la plus belle illustration. Appelée depuis le XVIIIe siècle « *influenza di freddo* », en italien « sous l'influence du froid », du fait de sa survenue par temps froid et humide, c'est une maladie très contagieuse transmise par aérosols, pouvant se répandre rapidement dans le monde entier. La grippe serait apparue il y a 6 000 ans. Connue d'Hippocrate qui décrit une épidémie en 412 avant JC, de nombreuses épidémies de grippe ont été rapportées depuis le Moyen Âge jusqu'à aujourd'hui[2] (*Figure* 3). Depuis l'ère pasteurienne, on a vu émerger 4 pandémies. La plus célèbre, la « grippe espagnole » de 1918-1919 fut aussi la plus meurtrière et la plus mystérieuse. Alors que la Grande Guerre avait fauché plus de 20 millions d'êtres vivants, militaires et civils, la grippe entraîna 20 à 40 millions de morts dans le monde, peut-être même 50 à 100 millions pour certains du fait des sous-estimations systématiques. Avec la peste noire du XIVe siècle, ce fut une des plus grandes catastrophes que l'Humanité eut à connaître. Au contraire des autres pandémies contemporaines, celles de 1889-1890, de 1957, de 1968, où la grippe frappait mortellement surtout les jeunes enfants, femmes enceintes et vieillards, la grippe espagnole tua surtout des adultes jeunes de 20 à 40 ans, dégénérant rapidement en pneumonie mortelle, avec une mortalité jamais observée, atteignant de 2 % à 4 % des patients, au lieu des taux de 0,1 % observés dans les autres pandémies. On estime que la pandémie de 1918 toucha au moins 25-30 % de la population mondiale, n'épargnant aucun lieu ni aucune latitude, atteignant esquimaux ou populations des zones tropicales.

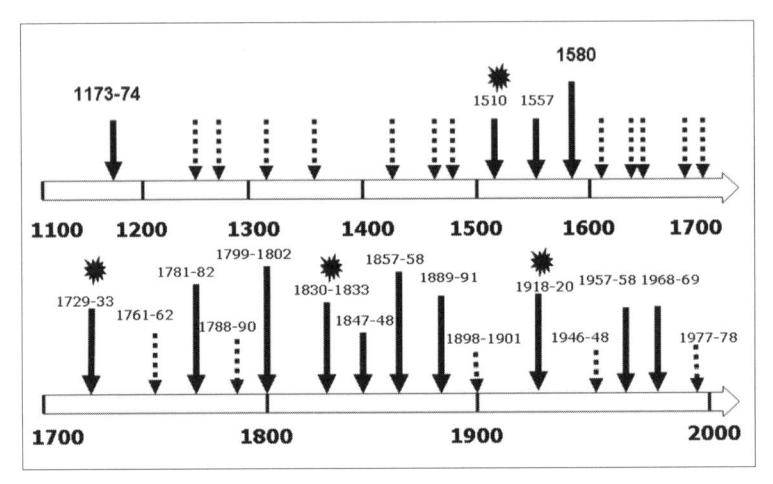

Figure 3. Historique des pandémies de grippe (les étoiles désignent les pandémies à très forte mortalité).

[2.] La première épidémie fut décrite en Europe en 1173-1174. Par la suite, de nombreuses pandémies de grippe ont été rapportées depuis tout le Moyen Âge. La première pandémie documentée date du XVIe siècle. Partie en 1580 d'Asie Mineure et d'Afrique du Nord, la grippe diffusa à la péninsule italienne, à l'Espagne, aux Pays-Bas espagnols, et frappa plusieurs ports d'Afrique du Nord. Au cours du XVIIIe siècle, plusieurs pandémies ont été répertoriées (1729-1730, 1732-1733, 1761-1762, 1780-1782, 1788-1789). La pandémie 1729-1730 est la première pour laquelle des données sont disponibles. L'épidémie avait démarré en avril 1729 en Russie, frappant Moscou et Astrakhan sur la mer Caspienne, atteignant en septembre la Suède et l'Autriche, en novembre la Hongrie, la Pologne, l'Allemagne, la Grande-Bretagne et l'Irlande. En 1732, l'épidémie réussit à franchir l'Atlantique, frappant la Nouvelle-Angleterre le long de la côte de Boston. Comme les dernières pandémies du XXe siècle, la pandémie de 1781 est partie de Chine pour se propager vers l'Europe et le bassin méditerranéen.

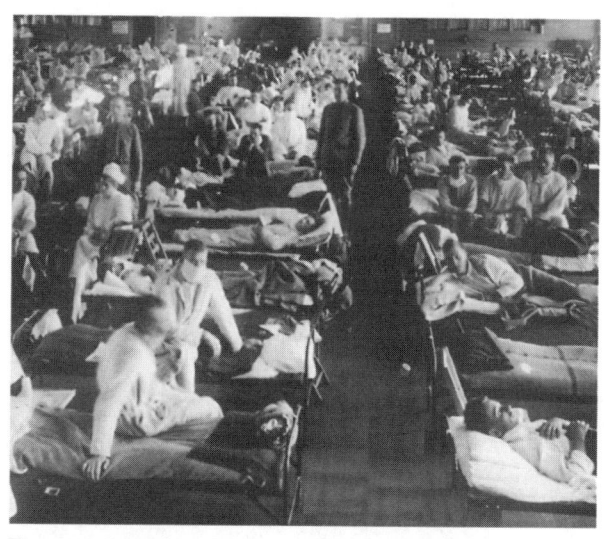

Figure 4. L'épidémie de grippe espagnole dans une caserne de l'armée américaine en 1918 (Camp Funston, Kansas).
©National Museum of Health and Medicine, Washington.

On observa au cours de l'année 1918 deux vagues épidémiques qui se propagèrent à travers les États-Unis et l'Europe pendant les 6 mois suivants. La première vague débuta le 11 mars 1918 au camp Funston aux États-Unis (*Figure 4*). Ce jour-là un cuisinier, Albert Mitchell, fut hospitalisé pour des symptômes typiques de grippe. Dans les heures suivantes, 107 autres soldats présentèrent les mêmes symptômes. En deux jours, près de 522 soldats furent malades dans ce camp puis dans de nombreux autres camps militaires à travers le pays. Aucune région des États-Unis n'échappa à l'épidémie. Le mal toucha les soldats français en avril 1918, puis s'étendit à l'ensemble de l'Europe, à la Chine, au Japon, puis en mai à l'Afrique et à l'Amérique du Sud. La première vague fut très contagieuse avec une forte morbidité de 20-50 % mais une faible mortalité. Une seconde vague débuta en septembre 1918 avec la même morbidité élevée mais fut associée à une mortalité jamais revue depuis, probablement du fait de surinfections bactériennes à pneumocoques et à *Haemophilus influenzae*. La maladie ressemblait à celle de la première vague, mais suivait rapidement une évolution catastrophique rarement observée au cours de la première vague. Les malades étaient brutalement cloués au lit par une forte fièvre, des frissons, des maux de tête, des courbatures, des vertiges et une toux incessante. Très vite, ils n'arrivaient plus à respirer, crachaient du sang, devenaient bleus (on parlait de « cyanose héliotrope »). Beaucoup mourraient d'une pneumonie hémorragique fatale. Le pic épidémique fut atteint en quelques semaines au cours des deux vagues. Le pire fut observé aux mois d'octobre et de novembre, au moment même de l'Armistice du 11 novembre 1918. Nul ne fut épargné, les personnalités militaires et politiques, comme le général Pershing, commandant en chef des forces américaines, le président des États-Unis Woodrow Wilson, le premier ministre britannique David Lloyd George, et le premier ministre français Georges Clemenceau, des écrivains, des poètes, des journalistes, tout le monde. À titre d'exemple, on déplora 35 000 morts dans le corps expéditionnaire américain durant la guerre, auxquels il faut ajouter 9 000 morts de grippe. Environ 18 mois après son apparition, la maladie disparut. Aux États-Unis, les taux de mortalité furent évalués à 16 % à Philadelphie, 15 % à Baltimore, et 11 % à Washington. Le nombre de victimes aux États-Unis fut estimé à 650 000 morts. Dans certaines populations, les taux de mortalité furent très élevés, jusqu'à 60 % chez les Inuits en Alaska. Les taux d'attaque, c'est-à-dire le pourcentage de malades dans la population, oscillaient entre 20 % chez les Inuits et 80-90 % dans les populations des îles Samoa. Dans beaucoup d'endroits, on observa une troisième vague dévastatrice au début de 1919. L'existence de ces trois vagues très proches différencie aussi cette pandémie des autres, où les vagues étaient beaucoup plus espacées, comme au cours de la pandémie de 1889-1891 ou celle de 1957-1958. Par la suite, la grippe devint endémique avec des petites épidémies hivernales, comme pour les autres pandémies (*Figure 5*).

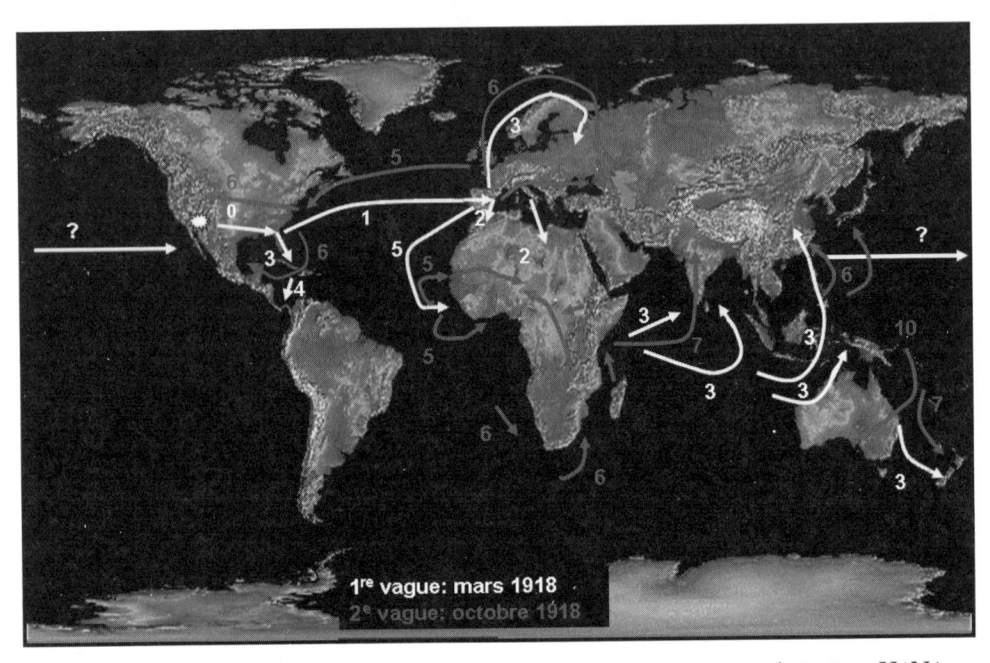

Figure 5. La propagation des deux vagues de la pandémie de grippe espagnole à virus H1N1 en 1918-1919 (les chiffres indiquent le nombre de mois nécessaires pour atteindre la région correspondante après le début de la vague).

L'origine de la grippe espagnole reste inconnue. Cependant, il semble que les prémisses de la pandémie aient pu être observées en France et en Angleterre dès 1915-1917. Dans l'énorme camp militaire situé au port d'Etaples dans le Pas-de-Calais, qui logeait plus de 100 000 soldats britanniques en transit pour le front et vivants dans des conditions très précaires, une épidémie de bronchite purulente fut rapportée en 1916 avec tous les signes de la grippe, incluant la fameuse « cyanose héliotrope » et une mortalité élevée. En mars 1917, une épidémie tout à fait similaire survint dans le camp d'Aldershot en Grande-Bretagne. S'agissait-il de la grippe ?

Les causes de la forte mortalité restent inconnues. On peut penser qu'ont pu favoriser cette mortalité le stress de la guerre, les privations, la malnutrition, les irritants respiratoires tels que le chlore ou le phosgène largement utilisés entre 1916 et 1918, les concentrations humaines dans les camps militaires, le contact éventuel avec des élevages de porcs et de volailles... Cependant, il est possible que cette forte mortalité soit aussi due à des propriétés particulières de la souche de virus émergeant en 1918. Il y a tout lieu de penser que c'est le même virus qui fut responsable des deux premières vagues car les personnes frappées au printemps de 1918 ne retombèrent pas malades lors de la deuxième vague. La forte mortalité pourrait être due à des mutations qui exacerbent la virulence du virus à l'instar de ce qu'on observe au cours des épidémies des élevages de volailles. Il fallut attendre les années 1930 pour identifier le virus de la grippe (*Figure 6*).

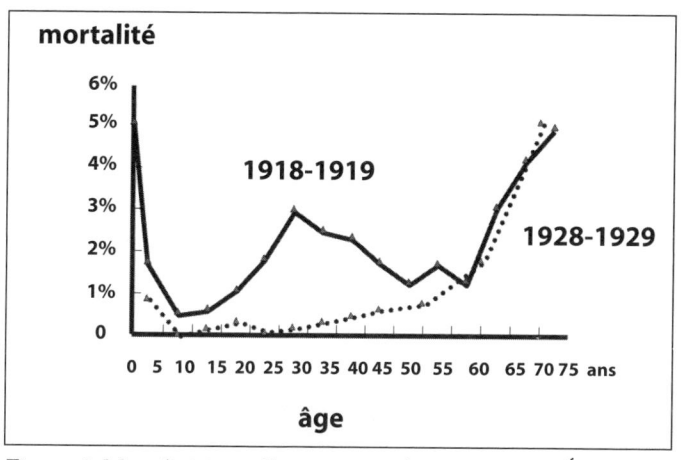

Figure 6. Mortalité annuelle par grippe dans 8 états des États-Unis en 1918-1919 et en 1928-1929. La grippe espagnole a entraîné une très forte mortalité dans la tranche d'âge des 20-40 ans et chez les jeunes enfants.

La découverte de l'agent de la grippe commença par une erreur. Au décours de la pandémie de 1889, Richard Pfeiffer (1858-1945) avait retrouvé en 1892 avec une grande fréquence dans les crachats des malades atteints de grippe, une bactérie croissant uniquement sur milieu enrichi de sang, le « bacille de l'*influenza* », *Haemophilus influenzae*. On crut jusque dans les années 1930 qu'il s'agissait de l'agent de la grippe. Cependant, cette hypothèse restait fragile. On s'aperçut rapidement, dès le début du XXe siècle, que cette bactérie causait des méningites purulentes, des otites et des sinusites aiguës, des pathologies très variées en dehors de toute épidémie. Tout cela ne collait pas avec un agent pathogène donnant une maladie stéréotypée.

Des observations au cours du désastre de la grippe espagnole stimulèrent une nouvelle recherche sur les causes de la maladie. En 1919, un vétérinaire américain du *Federal Bureau of Animal Industry*, J.S. Koen observa des épidémies d'une maladie très semblable à la grippe humaine décimant les élevages de porc. Ces épizooties coïncidaient avec des vagues épidémiques de grippe humaine. Il déclara : « La similitude entre les épidémies humaines et celles des porcs est telle et il est si fréquemment rapporté qu'une épidémie familiale est immédiatement suivie d'une épidémie dans l'élevage et *vice versa* […], que cela suggère une étroite relation entre les deux maladies. » Cette concordance entre épidémies humaines et porcines fut aussi signalée en Europe et en Chine.

Richard Shope (1902-1966), un jeune médecin américain (*Figure 7*), fut le témoin d'une épidémie meurtrière dans les élevages de porcs dans sa région, l'Iowa, avec une mortalité de 4 % proche de celle de la grippe espagnole. Travaillant au *Rockefeller Institute for Comparative Pathology* de Princeton (New Jersey), il décida d'orienter sa recherche en 1928 vers la grippe. Par instillations intranasales de mucus respiratoire ou d'extraits de tissus pulmonaires de porcs malades, il réussit à transmettre la grippe à des porcs sains. Mieux, il réussit à inoculer la maladie après filtration de ces produits pathologiques sur des bougies de Chamberland. Il avait ainsi démontré que la grippe était due à un virus, contredisant la croyance ancrée depuis un demi-siècle du rôle d'une bactérie. Les poumons fragilisés par l'infection virale étaient en fait très souvent surinfectés par le « bacille de l'*influenzae* », une bactérie commensale de la flore pharyngée. Le virus du porc était proche du virus humain, car Shope retrouva des anticorps contre le virus porcin chez des patients survivant de grippe. Il publia l'ensemble de ses résultats en 1931 dans trois articles parus dans le *Journal of Experimental Medicine*.

La découverte par Shope du virus de la grippe porcine ouvrait une voie royale à celle du virus de la grippe humaine. Il fallait une occasion qui se présenta en 1933 à Londres au cours d'une résurgence épidémique. Des chercheurs anglais travaillant au *National Institute for Medical Research*, Wilson Smith, Christopher Andrewes et Patrick Laidlaw, réussirent à transmettre à partir des sécrétions pharyngées de patients[3] la grippe au furet.

Figure 7. Richard E. Shope (1901-1966), le découvreur du virus de la grippe porcine.
© U.S. Army Medical Department, Washington.

LE PANDÉMONIUM DES VIRUS ÉMERGENTS

Cet animal de laboratoire était utilisé depuis peu pour étudier la maladie de Carré[4], une maladie aiguë respiratoire du chien d'origine virale. Ils purent ensuite propager la grippe de furet à furet, jusqu'au jour où Wilson Smith lui-même, examinant un furet, fut contaminé par les éternuements de ce petit mammifère albinos et contracta deux jours plus tard une grippe qui le cloua au lit. La chaîne de transmission était bouclée et le 3ᵉ postulat de Koch rempli (chapitre 3) : reproduire la maladie chez l'homme. En 1935, Wilson Smith réussit à propager le virus chez les souris sensibilisées par l'anesthésie et aux embryons de poulet. En 1940, le virologiste australien MacFarlane Burnet (1899-1985) réussit à cultiver le virus de la grippe dans la cavité amniotique de l'œuf de poule[5]. Cette méthode de culture est toujours utilisée dans les laboratoires de recherche et pour la production de masse du vaccin antigrippal. Le virus fut observé pour la première fois au microscope électronique en 1943. On l'appela *Myxovirus influenzae*. On sait aujourd'hui qu'il existe de multiples souches[6].

Des recherches jusque-là difficilement imaginable sur l'origine de la souche de 1918 ont été réalisées à partir de 2001 grâce au développement d'une technique particulière par l'équipe de Jeffrey Taubenberger (*Armed Force Institute of Pathology, USA*) permettant l'amplification (par PCR) et le séquençage du génome du virus à partir de tissus conservés depuis plus de 80 ans ! Ainsi, la séquence du génome de ce virus si meurtrier put ainsi être reconstituée à partir de tissus pulmonaires fixés dans des blocs de paraffine provenant de quatre soldats américains et anglais et à partir des tissus congelés d'une femme Inuit inhumée dans le permafrost[7]. La souche responsable de la grippe espagnole est de type H1N1, une souche possédant des facteurs de virulence probablement différents de ceux du virus qui circulait depuis la précédente pandémie de 1889, expliquant le caractère explosif de l'épidémie[8]. L'émergence d'une souche nouvelle se

---

[3.] La grippe fut transmise au furet avec des prélèvements d'Andrewes lui-même et de quelques-uns de ses collègues.

[4.] Après la Grande Guerre, Patrick Laidlaw et George Dunkin, travaillaient sur une maladie contagieuse décimant les jeunes chiens, la maladie de Carré, due un virus proche de celui de la rougeole et apparenté de celui de la grippe. Ils remarquèrent que les furets dans les campagnes contractaient la maladie de Carré au cours des épidémies survenant chez les chiens. En 1926, ils purent transmettre au furet le virus de la maladie de Carré. Le furet devint alors répandu dans les laboratoires de recherche.

[5.] L'inoculation sur œuf embryonné est une technique d'isolement des virus décrite par A.M. Woodruff et E.W. Goodpasture en 1931.

[6.] Le virus de la grippe, *Myxovirus influenzae*, est formé de 8 segments séparés d'ARN monocaténaire (de 0,8 kb à 2,3 kb) d'une taille totale de 13,5 kb codant pour 11 protéines. Cette organisation originale facilite les recombinaisons de souches, c'est-à-dire l'échange de segments d'ARN entre souches, et donc l'émergence de souches pandémiques nouvelles. Il existe trois groupes de virus de la grippe dits A, B, C et de nombreux variants antigéniques. Toutes les souches pandémiques appartiennent au type A et présentent des différences majeures dans la structure des hémagglutinines et des neuraminidases. En revanche, les virus B et C sont génétiquement stables. Le virus B est responsable cycliquement (tous les 4 ans environ) d'une bonne partie des petites épidémies hivernales de grippe. L'infection par les virus C ne donne que peu ou pas de symptômes. Le virus de la grippe est entouré d'une enveloppe hérissée de spicules formés de glycoprotéines appelées hémagglutinine (HA) et neuraminidase (NA), qui jouent un rôle important dans sa propagation et sa virulence. L'hémagglutinine et la neuraminidase ancrées dans l'enveloppe du virus suscitent la production d'anticorps protecteurs chez les patients qui deviennent résistants à toute nouvelle infection. En fonction des anticorps produits au cours des infections, on classe les hémagglutinines en H1, H2, etc. et les neuraminidases en N1, N2, etc. Cependant, au fil des saisons, le taux d'anticorps a tendance à diminuer et le virus modifie par mutations la structure de ses protéines de surface, amoindrissant progressivement l'immunité. Ceci explique la possible survenue de réinfections et donc la nécessité de revacciner chaque année.

[7.] On a aujourd'hui séquencé le virus de la grippe espagnole à partir de 5 patients morts entre le 26 septembre 1918 et le 15 février 1919 : deux jeunes soldats américains morts à Camp Upton (État de New York) et à Fort Jackson (Caroline du Sud) ; une jeune femme Inuit mort dans un village de la péninsule Seward en Alaska ; deux patients anglais morts au *Royal London Hospital*. Les 5 séquences de plusieurs milliers de nucléotides sont strictement identiques, à 3 nucléotides près, montrant l'homogénéité extrême du génome viral.

[8.] Le virus de la grippe asiatique apparue brusquement en 1957 en Chine continentale était de sous-type H2N2, complètement différent de la souche H1N1 circulant alors dans le monde. Le virus de la grippe de Hong-Kong de 1968 était H3N2, celui de la grippe de 1977 était à nouveau de sous-type H1N1.

propageant dans une population très réceptive explique en partie les effets dévastateurs de cette pandémie. La différence de mortalité entre les deux vagues de l'épidémie de 1918 pourrait être due à des mutations ponctuelles dans certains gènes du virus[9]. D'après les données de séquences du génome viral[10], la souche de 1918 est plus proche des souches aviaires que toutes les autres souches pandémiques humaines connues et pourrait donc être une souche aviaire adaptée à l'homme par accumulation de mutations qui lui aurait conféré une forte contagiosité. Jouant les apprentis sorciers, Terrence Tumpey a réussi en octobre 2005 à synthétiser le virus H1N1 de 1918 à partir de sa séquence, ressuscitant ainsi un virus d'une extrême virulence.

On pense que l'apparition des nouvelles souches pandémiques de *Myxovirus influenzae* serait liée à un processus complexe d'adaptation des souches aviaires à l'homme. On sait que les oiseaux sauvages sont porteurs naturels de très nombreuses souches de virus. À partir des volailles contaminées par des oiseaux migrateurs dans des régions de forte concentration d'élevages en plein air comme en Chine, les virus seraient propagés aux canards et aux porcs chez lesquels ils s'adapteraient par mutations et recombinaisons avec des souches porcines qui sont contagieuses pour l'homme. Les porcs en effet portent des virus très proches de ceux retrouvés chez l'homme. La souche de 1918 serait donc une souche aviaire adaptée et particulièrement virulente pour l'homme. En fait, les volailles élevées en plein air sont surtout infectées par des souches de type H5 et H7 qui déclenchent des épidémies parfois très meurtrières dans les élevages. Du fait d'une barrière d'espèce importante, ces souches peuvent très difficilement infecter l'homme en contact direct avec les volailles malades, entraînant une forte mortalité mais ne sont pas contagieuses d'homme à l'homme. Par exemple, une souche H5N1 a décimé les élevages de volailles en 1997 à Hong-Kong, puis a resurgi en 2004-2005 en Chine et dans l'ensemble de l'Asie, et l'épizootie s'est propagée vers l'Europe et l'Afrique. Jusqu'à la fin 2006, on a dénombré environ 300 patients infectés par cette souche lors de contacts prolongés avec les volailles, avec une forte mortalité (> 50 %). De même en 2003, une souche H7N7 responsable d'épidémies chez des centaines de milliers de volailles aux Pays-Bas, en Belgique et en Allemagne n'induisit chez l'homme que 79 conjonctivites, 13 grippes et 1 mort. L'adaptation à l'homme de telles souches sera à l'origine de la prochaine pandémie, qui émergera inéluctablement après plus de 40 ans de silence.

Mystérieuses maladies disparues

Il y eut dans le passé des maladies épidémiques, souvent associées à une forte mortalité, qui ont émergé puis disparu sans qu'on ait pu identifier leurs causes. Tel fut par exemple le cas de l'encéphalite léthargique de von Economo et celui de la suette miliaire. En mai 1917, un baron autrichien d'origine grecque, le Dr Constantin von Economo (1876-1931) décrivit une maladie nouvelle de cause inconnue, apparue à Vienne à la fin de 1916, une encéphalite léthargique qui entraînait notamment une somnolence, des manifestations dépressives ou des troubles du comportement avec délire, des mouvements oculaires anormaux. À l'autopsie, il retrouvait de nombreux petits foyers inflammatoires disséminés dans le cerveau. En réalité, les premiers cas de la maladie semblent être apparus en Roumanie en 1915. En quelques mois, la maladie fit rage dans toute l'Europe, aux États-Unis, en Australie et au Japon. De 1917 à 1927, l'épidémie fit en tout 250 000 victimes, dont près de 130 000 cas en Europe, avec une forte mortalité et de nombreuses séquelles, notamment des syndromes

---

[9] Par analogie, on a observé en 1983 une souche de virus H5N2 responsable d'un syndrome respiratoire modéré chez des poulets en élevage intensif en Pennsylvanie, qui a brutalement muté en une nouvelle souche donnant une infection pulmonaire rapidement létale pour la quasi-totalité des poulets. Ceci était dû à l'apparition d'une mutation ponctuelle dans le gène codant l'hémagglutinine, faisant apparaître un site de clivage aux protéases de l'hôte infecté, rendant ainsi la souche virale hautement pathogène.

[10] En 2005, on a pu comparer les séquences de 209 génomes (au total 2 821 103 nucléotides) du virus grippal.

parkinsoniens caractérisés par des tremblements au repos, une raideur musculaire et un visage figé. Les derniers cas furent observés en 1940 puis la maladie disparut totalement. Il fait peu de doute qu'il s'agissait d'une infection du cerveau (encéphalite) due à un virus. Certains croient que l'encéphalite de von Economo est une conséquence de la grippe espagnole. Des épidémies limitées d'encéphalites léthargiques avaient été décrites du XVIe siècle au XIXe siècle, en particulier dans les années 1890-1891 en Italie où une épidémie d'encéphalites avec somnolence et stupeur appelée *nona*, coïncida avec une pandémie de grippe. D'autres pensent qu'il s'agit d'une maladie virale complètement indépendante de la grippe. Le mystère de l'encéphalite de von Economo reste aujourd'hui entier.

Un autre exemple de maladie mystérieuse est celui de la suette miliaire, une maladie très contagieuse qui reste énigmatique. Apparue en 1480 en Grande-Bretagne, elle déclencha une première épidémie en 1485, décimant le pays déjà épuisé par la guerre des Deux-Roses. Ses symptômes très particuliers permirent tout de suite de la distinguer des autres pestilences. D'apparition très soudaine, la suette débutait par une prostration, une angoisse, des douleurs pharyngées et des frissons glacés. En 3 à 4 heures, la fièvre atteignait 40 °C avec des sueurs profuses malodorantes, un symptôme considéré comme spécifique. La mort survenait dans la majorité des cas en 24 heures. La « suette anglaise » gagna le continent à partir de 1529 où elle déclencha des épidémies limitées puis disparut rapidement. Elle sévit surtout en Angleterre jusqu'en 1551 avec 4 autres épisodes épidémiques et fut très meurtrière entraînant au moins 20 000 morts.

La suette n'est jamais réapparue en Grande-Bretagne, mais ne réémergea en 1718 en Italie du Nord et en Picardie. La « suette picarde » était caractérisée par une éruption cutanée en grains de mil (« suette miliaire ») et fut moins meurtrière. On admet que ces deux entités sont une seule et même maladie. On a dénombré par la suite plus de 200 petites épidémies localisées en France, en Allemagne et en Italie, survenant à intervalles plus ou moins longs. La suette inspirait à juste titre la crainte et faisait fuir les populations au cours des épidémies souvent courtes (une semaine) toujours localisées à certaines régions rurales. La dernière épidémie eut lieu en Charente en 1906, suivie de rares cas sporadiques jusqu'à la période précédant la Deuxième Guerre mondiale. Il est probable que la suette soit due à un virus. Certains ont émis l'hypothèse que l'apparition en Grande-Bretagne de la suette anglaise était liée au déboisement massif des forêts du Shropshire, sur les frontières occidentales de l'Angleterre. Les bûcherons auraient été mis en contact avec un virus présent dans un réservoir sauvage inconnu. Le virus aurait ensuite diffusé aux populations ainsi exposées. Mais le mystère reste entier. L'émergence de la « suette anglaise » après une vaste déforestation rappelle celle d'un virus inconnu jusque-là, le virus Oropouche au Brésil en 1961 lors de la construction de l'autoroute trans-amazonienne ouverte vers Brasilia. Une épidémie entraînant près de 11 000 cas d'une encéphalite ressemblant à la dengue (une maladie virale endémique en Amérique latine) survint à la suite de la déforestation qui favorisa la prolifération de moucherons transmettant le virus par piqûre aux sujets exposés. D'autres importantes épidémies sont apparues en Amazonie en 1989, 1994 et 1998.

Grippes malignes et nouveaux virus

En mai 1993, une maladie nouvelle apparut aux États-Unis dans une réserve d'Indiens navajos de la région des « *Four Corners* », à la limite de l'Utah, de l'Arizona, du Colorado et du Nouveau Mexique. Le premier patient fut une jeune femme de 21 ans qui présenta le 4 mai une grippe mortelle en quelques heures. Quelques jours plus tard, son compagnon Michael, âgé de 19 ans, ressentit des douleurs thoraciques et mourut très rapidement d'une détresse respiratoire. Quatre autres décès survinrent, entraînant un vent de panique dans la région. Les prélèvements d'autopsies furent envoyés à Clarence J. Peters aux CDC d'Atlanta. Les sérums de 6 patients décédés et de 2 convalescents furent testés vis-à-vis des principaux virus responsables d'infections grippales et des fièvres hémorragiques. On découvrit une réaction faible contre le virus Hantaan, un virus découvert en 1951 parmi les troupes combattantes au cours de la guerre de Corée. Ce virus avait déclenché une fièvre hémorragique avec insuffisance rénale aiguë chez près de 3 000 soldats des troupes de l'ONU avec une mortalité de 15 %. Cette fièvre hémorragique de Corée était connue en fait depuis longtemps en Extrême-Orient, en Asie centrale, en Union Soviétique et même en Scandinavie. Le virus Hantaan fut découvert aux États-Unis par Ho Wang Lee (né en 1928) qui le mit en évidence chez un rongeur sauvage, la souris *Apodemus agrarius*, puis réussit à le transmettre à ce rongeur. On put ensuite le propager en cultures cellulaires. On l'appela virus Hantaan du nom de la rivière séparant les deux Corée. On découvrit par la suite le virus Puumala, un virus très proche responsable de complications rénales en Scandinavie mais en fait largement répandue en Europe et transmis par un campagnol (*Clethrionomys glareolus*). Ce virus fut isolé par Tom Kziazek en 1989 parmi les militaires américains engagés dans le conflit des Balkans.

Le virus des navajos fut identifié par Stuart Nichol en utilisant une technique de biologie moléculaire, la PCR, en tirant avantage du fait que la séquence du génome de plusieurs hantavirus était déjà connue. Il s'agissait d'un nouveau Hantavirus appelé *sin nombre virus*, « virus sans nom ». Sachant que les autres hantavirus sont transmis par des rongeurs, on trouva rapidement que le réservoir de ce virus était une souris sauvage (*Peromyscus maniculatus*) très répandue dans la région des navajos. Les malades s'étaient en fait contaminés par contact avec ces rongeurs. On pense que, du fait d'une pluviosité inhabituelle en 1992-1993 liée au phénomène météorologique *El Nino*, l'herbe était devenue abondante dans les régions désertiques de l'Arizona avec une prolifération anormale de rongeurs trouvant une nourriture abondante, d'où une probabilité accrue de contact avec l'homme. On dénombra 52 cas de syndrome pulmonaire à Hantavirus en 1993 et 1994, puis une nouvelle recrudescence en 1997 en rapport avec une nouvelle augmentation des chutes de pluies. Aujourd'hui, on a découvert près de 20 hantavirus, sur tous les continents, chacun étant associé à une espèce particulière de rongeur [11].

En Australie en 1994, 1995 et 1999, on rapporta trois épidémies d'encéphalites associées à un syndrome de détresse respiratoire dans des élevages de chevaux, entraînant 3 cas humains par contact avec les chevaux malades, dont 2 décès. Ces flambées étaient dues à un paramyxovirus proche du virus de la rougeole, appelé virus Hendra. Indépendamment, entre 1998 et 1999, on observa une importante flambée d'infections cérébrales gravissimes (encéphalites) en Malaisie (265 cas, 105 décès) et à Singapour (11 cas, 1 décès). Après une période d'incubation de 4 et 18 jours, la maladie avait débuté par un syndrome grippal avec forte fièvre, myalgies et des signes d'encéphalite. L'agent causal était aussi un paramyxovirus inconnu, le virus Nipah[12]. Le virus était transmis par contact avec des porcs, mais probablement aussi avec des chiens et des chats. Heureusement, ces deux virus ne donnent pas de transmission interhumaine. Les réservoirs sauvages de ces virus sont certaines espèces de chauves-souris vivant dans une zone englobant le nord, l'est et le sud-est de l'Australie, l'Indonésie, la Malaisie, les Philippines et certaines îles du Pacifique.

---

[11] D'autres virus à l'origine de fièvres hémorragiques et apparentés au virus Hantaan furent découverts, tels que le virus Séoul transmis par le rat (*Rattus norvegicus*), le virus Dobrova décrit dans les Balkans ou encore le virus *Prospect Hill* découvert en 1982 chez des rongeurs (la souris *Microtus pennsylvanicus*) dans le Maryland, les virus Andes, Rio Mamore, Laguna Negra, Maciel en Amérique du Sud.

[12] Les virus Nipah et Hendra sont des morbillivirus proches du virus de la rougeole. Un autre paramyxovirus a été isolé récemment des chauves-souris en Australie, le virus Menangle.

Récemment est apparue en novembre 2002 et durant les premiers mois de 2003 dans la province de Canton une pneumonie atypique aiguë (syndrome respiratoire aigu sévère ou SRAS) entraînant une épidémie à diffusion mondiale qui resta finalement limitée (plus de 8 000 cas), s'accompagnant d'une forte mortalité (6 %). Le SRAS est une pneumopathie survenant après environ 7 jours d'incubation et débutant par une fièvre avec frissons, syndrome grippal avec toux, essoufflement, myalgies, maux de tête et parfois douleurs abdominales, vomissements et diarrhée. Un nombre important de patients (< 10 %) présenta une détresse respiratoire. Les enfants présentaient des formes bénignes. Cette pneumopathie a permis d'identifier un coronavirus inconnu[13], surtout transmis par aérosols. Ce virus, à la différence du virus de la grippe, est en fait peu contagieux, car sa transmission nécessite un contact prolongé avec les patients expliquant les nombreux cas de SRAS chez le personnel soignant. L'origine de ce virus émergent serait liée à sa présence chez certains animaux sauvages d'Asie, tels que la civette et des animaux proches. Le virus serait capable d'évoluer du fait de fréquentes mutations et réarrangements de son génome, faisant craindre une adaptation à l'homme et une plus forte contagiosité. L'épidémie s'est éteinte en juin-juillet 2003.

Fièvres hémorragiques, grippes malignes, suette miliaire et SRAS, nous voici amenés loin dans l'univers en pleine expansion des virus pathogènes d'une diversité insoupçonnée et encore riche de surprises.

---

[13]. Les coronavirus sont des virus à ARN enveloppé, en forme de couronne au microscope électronique. Ils sont très nombreux et sont responsables chez l'homme d'infections respiratoires et de diarrhées.

Chapitre 9. L'intimité des microbes

Connaître les mécanismes intimes du fonctionnement des microbes et de tous les organismes vivants, comprendre ce qui les fait réagir à des environnements hostiles ou favorables, comment ils évoluent, comment ils transmettent leurs caractéristiques propres à leur descendance, tout cela ne pouvait être atteint sans entrer dans l'intimité « moléculaire » des êtres vivants. Un physicien autrichien spécialiste de mécanique quantique, Erwin Shrödinger (1887-1961) publia en 1944 un petit ouvrage dans lequel il présentait une nouvelle vision de la biologie qui impressionna vivement toute une génération de biologistes, souvent des physiciens récemment convertis. La Vie était conçue comme un système complexe de stockage et de transmission de quantités énormes d'informations qui devaient être compactées en un « code héréditaire » inscrit dans les molécules qui constituent les chromosomes. C'en était fini de la force vitale, il fallait comprendre les stratagèmes moléculaires de la Vie pour traiter les informations qui parviennent aux cellules vivantes. La question de la nature des molécules du vivant devenait donc cruciale.

Tout commença en 1928, lorsqu'un *medical officer* du Ministère de la Santé de Londres, Frederick Griffith (1881-1941), travaillant sur un vaccin contre le pneumocoque[1], une bactérie responsable de pneumonie, découvrit un phénomène qui allait avoir d'immenses répercussions sur la connaissance du vivant. Isolées en culture à partir des crachats des patients, les bactéries apparaissent toujours entourées d'une capsule constituée de sucres qui les protègent d'être « mangées » (phagocytées) par les cellules du système immunitaire. Ces bactéries capsulées sont très pathogènes et tuent la souris expérimentalement infectée. En cultivant ces bactéries capsulées, on peut facilement isoler des bactéries « variantes » sans capsule, donnant en culture des colonies « rugueuses ». De façon étonnante, ces variants étaient totalement inoffensifs pour les souris, même inoculées avec de fortes doses. Griffith eut alors l'idée de mélanger des extraits de bactéries capsulées tuées par la chaleur avec des bactéries vivantes sans capsule (avirulentes) et d'inoculer directement ce mélange à des souris. À sa grande surprise, cette mixture se révéla très virulente et il put même isoler des bactéries vivantes capsulées à partir des organes des souris mourantes[2]. Cette expérience était facile à reproduire. Les bactéries sans capsule avaient donc acquis une propriété nouvelle, celle de produire une capsule et de devenir ainsi virulentes. Cette acquisition, qu'on appelle « transformation », était donc liée à l'addition d'extraits de bactéries capsulées tuées par la chaleur contenant un « principe transformant ». C'était la première fois qu'on réussissait à transmettre par une « substance » chimique contenue dans des bactéries mortes des caractères génétiques, à savoir ceux nécessaires à la fabrication d'une capsule sucrée conférant la virulence aux bactéries. Cette découverte était tellement incroyable que Griffith attendit quatre ans pour publier ses résultats en 1932.

---

[1]. Les pneumocoques (*Streptococcus pneumoniae*) sont des bactéries en forme de coques, souvent par deux (diplocoques), entourés d'une capsule constituée de polymères de sucres (polyosides), qui les protègent de la phagocytose par les globules blancs du pus qui entraîne l'ingestion et la dégradation des bactéries. En 24 heures de culture sur boîtes de gélose nutritive, les bactéries provenant de crachats purulents forment des colonies lisses (*smooth*) de 1-2 mm, cet aspect reflétant la présence de bactéries capsulées qui sont très virulentes pour la souris. Par repiquages des colonies lisses, on observe l'apparition spontanée de quelques colonies d'aspect rugueux (*rough*), qui ont perdu à la fois leur capsule et leur virulence.

[2]. En fait, les extraits de bactéries capsulées tuées contiennent des fragments d'ADN portant des gènes codant pour la synthèse de la capsule polyosidique. Ces fragments d'ADN pénètrent dans les bactéries receveuses sans capsule et les « transforment » en bactéries capsulées par insertion de gènes dans le chromosome bactérien. Les rares bactéries « transformées » devenues capsulées sont ensuite sélectionnées en infectant des souris qui, en détruisant les bactéries sans capsule, voient croître dans leurs organes uniquement les « transformants » capsulés. Ces bactéries peuvent ensuite être isolées par culture.

Le DNA support de l'hérédité

Figure 1. Oswald Avery (1877-1955), Colin MacLeod (1909-0972) (©U.S. National Library of Medicine, Bethesda), et Maclyn MacCarty (1911-2005) (© Rockefeller Archive Center, NY), découvreurs du rôle de l'ADN comme support de l'hérédité.

Quelle est la nature de cette substance ? Depuis le début du XXe siècle, l'ensemble du monde scientifique était convaincu que l'information génétique était contenue dans les protéines. Ce « support » permettait la transmission des caractères héréditaires (taille, morphologie, couleur des cheveux...) d'une génération à l'autre selon des lois définies en 1869 par le moine tchèque Gregor Mendel (1822-1884). Oswald Avery (1877-1955) travaillant au *Rockefeller Institute* à New York avec Colin MacLeod (1909-1972) et Maclyn McCarthy (né en 1911), s'acharna à trouver la nature du « principe transformant » de Griffith. Ces auteurs purent facilement reproduire les expériences de Griffith *in vitro*, sans recourir aux souris. Pour déterminer la nature chimique de ce qui porte les caractères génétiques, ils traitèrent les extraits de bactéries capsulées par diverses enzymes. Après plusieurs années d'efforts, ils constatèrent en 1944 que les pneumocoques réacquièrent la capsule malgré le traitement des extraits par des protéases détruisant les protéines, des enzymes dégradant la capsule sucrée et des enzymes lysant l'ARN (des « ARNases »). Seuls les enzymes dégradant l'acide désoxynucléique (ADN) inhibaient la transformation. Le « principe transformant » était donc l'ADN des bactéries. Quelques années plus tard, les résultats d'Avery furent confirmés en 1952 par Alfred Hershey (1908-1976) et Martha Chase (1930-2003). Ceux-ci montrèrent que c'est l'ADN des phages et non leur coque protéique, qui permet à ces virus d'infecter les bactéries et de s'y multiplier. L'évidence était là : l'ADN est le support des gènes.

Qui aurait misé sur cette substance acide, cette « nucléine » découverte en 1869 par le biochimiste Friedrich Miescher (1844-1895) ? À l'époque, ce jeune médecin suisse fraîchement diplômé de Bâle avait décidé d'étudier la composition chimique du noyau des cellules vivantes. Pour cela, il disposait d'une source abondante et quotidienne de cellules, les globules blancs (leucocytes) du pus « louable » obtenus en abondance à partir des plaies suppurantes des patients opérés dans un hôpital proche. Il purifia ces globules blancs et put en extraire les noyaux, dans lesquels il mit en évidence une substance acide, riche de phosphore et de sucre et résistante aux protéases. On montrera par la suite que la « nucléine » (ou « acides nucléiques ») est constituée d'acide déoxyribonucléique (ADN), formant de très longues chaînes constituées d'une succession de quatre « briques » appelées nucléotides, l'adénine, la guanine, la thymine et la cytosine, chacune contenant un sucre, le désoxyribose, et du phosphore. L'ADN était donc la substance surtout retrouvée dans les noyaux de toutes les cellules vivantes. On découvrit par la suite que cet acide nucléique est « enroulé » de façon très compacte pour former les chromosomes et que les gènes[3] sont repartis le long de ces chromosomes. On sut en 1941 que les gènes sont associés à la production de protéines d'où l'aphorisme célèbre : « un gène, une enzyme »[4]. Cependant, jusqu'à l'expérience d'Avery, personne ne pressentait le rôle de l'ADN.

C'est pourquoi la découverte d'Avery fut à l'époque un séisme conceptuel qui substituait aux protéines l'ADN comme support de l'hérédité. Cela suscita une myriade de travaux d'où proviennent les avancées technologiques de la biologie moléculaire permettant une meilleure compréhension du monde vivant. La découverte de l'ADN a aussi permis d'entrevoir une réponse à l'incroyable paradoxe qui existe entre la diversité extrême des espèces vivantes depuis l'aube des temps il y a 3,5 milliards d'années et l'unicité du vivant : sa composition chimique, ses structures morphologiques et cellulaires, et ses mécanismes physiologiques, universellement retrouvés depuis la bactérie la plus simple jusqu'à l'homme.

La double hélice et le dogme de la biologie moléculaire

On savait depuis 1912 grâce à un physicien allemand, Max von Laue (1879-1960) que les cristaux diffractent les rayons X, qui peuvent être visualisés sur une plaque photographique par des taches symétriques. Ceci permet après de longs et compliqués calculs de déduire la structure tridimensionnelle, c'est-à-dire la forme des molécules cristallisées[5]. Dès 1914, la structure du sel (chlorure de sodium) fut résolue par deux physiciens anglais, père et fils, Lawrence Bragg (1862-1942) et William Bragg (1890-1971), tous deux prix Nobel de physique en 1915, qui créèrent à Cambridge un laboratoire spécialisé dans l'étude des molécules biologiques. Évidemment, cette technique de « radiocristallographie X » fut rapidement étendue aux protéines et aux acides nucléiques. Le physicien britannique Willliam Astbury (1898-1961) établit que la structure de l'ADN présente la forme d'un long filament comportant une succession d'unités répétitives empilées (les bases), régulièrement espacées de 0,34 nm (moins d'un demi-milliardième de mètre !).

[3.] En 1902, Theodor Boveri (1865-1915) et Edward Sutton avaient montré que les caractères génétiques étaient portés par les chromosomes. Cette même année, Archibald Garrod (1857-1937) décrivit la première maladie génétique, l'alcaptonurie, due à une erreur du métabolisme et de transmission mendélienne. Puis, le prix Nobel Thomas Morgan (1866-1945) découvrit en étudiant la mouche du vinaigre (drosophile) de 1908 à 1935, que les gènes sont des unités « discrètes » (1913), physiquement liées et siège de mutations. En 1924, R. Feulgen (1884-1955) et H. Rossenbeck montrèrent que les chromosomes contiennent de l'ADN associé à des protéines (appelées nucléoprotéines).

[4.] Les travaux de George Beadle (1903-1989) et Edward Tatum (1909-1975) chez un champignon (*Neurospora crassa*) ont permis de montrer en 1941 que certaines mutations étaient liées à la perte d'une enzyme spécifique.

[5.] Les rayons X ont des longueurs d'onde très petites, du même ordre de grandeur que les distances entre atomes, de l'ordre de quelques Angstroems (Å), soit 1/10 000 de microns).

Figure 2. William Henry Bragg (1862-1942) et son fils William Lawrence Bragg (1890-1971) prix Nobel 1915, pionniers de la cristallographie par diffraction des rayons X. À droite, Linus Pauling (1901-1994), prix Nobel 1954, découvreur de la structure hélicoïdale des protéines.
© The Nobel Foundation.

Ces travaux sur la structure de l'ADN furent poursuivis dans les années 1950 par Maurice Wilkins (né en 1916) et Rosalind Franklin (1920-1958) au *King's College* de Londres. Ces chercheurs obtinrent des données importantes mais ne purent proposer des structures compatibles avec les données expérimentales. En 1951, le Britannique Francis Crick (1916-2004), un physicien de formation travaillant sur la structure des protéines, et James Watson (né en 1928), un jeune post-doctorant américain récemment arrivé dans le prestigieux laboratoire Cavendish à Cambridge, s'intéressèrent à la structure de l'ADN. L'un et l'autre avaient été impressionnés par une découverte sensationnelle publiée en 1951 par le chimiste américain Linus Pauling (1901-1994), prix Nobel 1954, qui travaillait au Cal Tech (*California Institute of Technology*) : les protéines peuvent prendre une forme hélicoïdale, dite en hélice α. Utilisant les données cristallographiques de Rosalind Franklin et de Maurice Wilkins, Crick et Watson proposèrent en 1953 un modèle de structure de l'ADN où les deux brins d'ADN étaient enroulés en spirale, formant une sorte d'escalier en colimaçon, qu'ils reconstituèrent avec une maquette métallique haute de deux mètres. Cette organisation « en double hélice » de l'ADN s'avéra compatible avec les données cristallographiques expérimentales publiées. Ce modèle permettait notamment d'expliquer l'observation des biochimistes Erwin Chargaff (1905-2002) et James Norman Davidson (1911-1972), qui avait montré en 1949 que dans les molécules d'ADN, les bases étaient en quantités égales par groupes de deux : autant de thymine que d'adénine et autant de guanine que de cytosine. Ceci suggéra à Crick l'idée d'un appariement des bases deux à deux, adénine-thymine et guanine-cytosine permettant ainsi la jonction entre les deux brins enroulés en double hélice. La revue *Nature* du 25 avril 1953 publia les résultats de Crick et Watson sous forme d'un très court article, accompagné de deux autres articles de Franklin et de Wilkins publiant les données cristallographiques de l'ADN. La double hélice d'ADN éclairait d'un jour totalement nouveau la réplication de l'ADN lors des divisions cellulaires et permettait de supposer l'existence d'un code génétique, dont l'alphabet était composé de ces quatre bases, pour expliquer la transmission conservée des caractères héréditaires à la descendance. Ce fut un coup de tonnerre qui expliquait l'hérédité par la structure des molécules. James Watson et Francis Crick partagèrent le prix Nobel avec Maurice Wilkins en 1962 pour cette découverte. Rosalind Franklin était morte prématurément d'un cancer en 1958 à l'âge de 37 ans, trop tôt pour recevoir le prix. La structure en double hélice de l'ADN imposait des conclusions logiques formulées en 1958 par Crick. Ce fut le « dogme central de la biologie moléculaire » : l'information génétique est transmise à partir des acides nucléiques vers les protéines, l'ADN étant le support moléculaire d'une information qui s'exprime à travers les protéines, telles que les enzymes. Mais comment cela se passait-il ?

Figure 3. Francis Crick (1916-2004) et James Watson (né en 1928), prix Nobel 1962, découvreurs de la structure hélicoïdale de l'ADN (© The Nobel Foundation) **avec Rosalind Franklin (1920-1958)** (© U.S. National Library of Medicine, Bethesda)**.**

Il fallait d'abord comprendre le fonctionnement de la machinerie enzymatique qui permettait la synthèse des acides nucléiques et des protéines. La parole aux biochimistes. En 1956, les Américains Severo Ochoa (1905-1993) et Arthur Kornberg (né en 1918), prix Nobel en 1959, isolèrent des enzymes appelées polymérases qui synthétisaient l'ADN et l'ARN. Cette découverte ouvrit la voie à la synthèse *in vitro* des acides nucléiques puis à leur « traduction » en protéines. C'est ainsi que l'on en vint en 1961 à décrypter le code génétique, à la suite d'une expérience réalisée par Marshall W. Nirenberg (né en 1927) et son étudiant Heinrich Johann Matthaei, qui eut un grand retentissement[6]. En moins de cinq ans, le code génétique permettant la traduction de l'ADN en protéines fut entièrement décrypté. Toutes les protéines sont constituées de 20 « briques » ou acides aminés, organisées en chaînes plus ou moins longues. L'ADN est constitué de seulement quatre nucléotides (bases), la thymine, l'adénine, la guanine et la cytosine, qui forment en quelque sorte les lettres du texte à lire. Il fut déterminé qu'il fallait « trois lettres à la suite les unes des autres », un triplet de bases, pour former un mot « codant » pour un acide aminé. Le livre de l'ADN écrit pour chaque cellule vivante et variant selon les individus et selon les espèces était composé d'une succession ordonnée de trois nucléotides, formant des « codons » qui correspondent chacun à un acide aminé donné. La lecture des codons de l'ADN était ainsi traduite en acides aminés

---

[6]. En 1954, le biochimiste américain Paul Zamecnik (né en 1912) mit au point un système de synthèse des protéines *in vitro*, en mélangeant des ribosomes et de l'ATP « donneur d'énergie » provenant d'extraits hépatiques et les 20 acides aminés. Ce système fut ensuite étendu à des extraits bactériens. En 1961, Marshall W. Nirenberg (né en 1927) et un étudiant H. J. Matthaei découvrirent que, dans un tel système acellulaire préparé avec des extraits bactériens, l'ajout d'un ARN synthétique, polymère constitué uniquement d'uridine (polyU), induisait la synthèse d'une protéine « monotone » constituée uniquement de phénylalanine. Le codon UUU reconnaissait la phénylalanine. Nirenberg et Matthaei étendirent cette observation à d'autres ARN synthétiques. Le code fut déchiffré par ces deux chercheurs, et par Har Gobind Khorana (né en 1922) et Robert Holley (né en 1922), prix Nobel en 1968.

séquentiellement ordonnés[7]. Il fut merveilleux de s'apercevoir que le code génétique était universel dans le monde vivant, le même code étant retrouvé chez les bactéries, les champignons, les végétaux et les animaux. Cette universalité du code montre l'unicité du vivant, apparentant l'homme à toutes les espèces vivantes et permettant d'entrevoir la possibilité d'exprimer des gènes de végétaux ou d'animaux dans des bactéries ou des champignons.

Restait à déterminer la nature de l'intermédiaire entre l'ADN et les protéines. On savait depuis 1934 que la synthèse des protéines avait lieu dans un compartiment cellulaire différent du noyau où se trouve l'ADN. Dans ce compartiment appelé le cytoplasme, on trouvait en abondance de l'ARN, une molécule assez proche de l'ADN[8]. On avait remarqué que l'ARN est surtout concentré dans de très nombreux petits grains, les ribosomes, visualisés au microscope électronique dans le cytoplasme par le roumain George Palade (né en 1912, Prix Nobel 1974). En prouvant en 1956 qu'un virus constitué exclusivement d'ARN, le virus de la mosaïque du tabac, était directement infectieux et que son ARN permettait donc à lui seul la synthèse protéique, Heinz Fraenkel-Conrat (1911-1999) et Gerhard Schramm ouvrirent la voie à la découverte de l'ARN intermédiaire entre l'ADN et la protéine synthétisée. En 1961, François Gros (né en 1925) travaillant dans le laboratoire de James Watson montra l'existence d'une nouvelle famille d'ARN de taille variable, bien distincte de l'ARN des ribosomes. En même temps, François Jacob (né en 1920) et Sydney Brenner (né en 1927) dans le laboratoire de Mathew Meselson (né en 1930) en Californie apportèrent la preuve directe qu'un ARN dit « messager » s'associait aux ribosomes pour synthétiser les protéines. Ainsi, l'ARN messager était l'intermédiaire entre l'ADN et les protéines. Le « dogme de la biologie moléculaire » devenait : l'ADN est le « modèle », recopié (transcrit) en ARN messager qui permet la lecture séquentielle des codons « traduits » en une séquence d'acides aminés ordonnés en protéine. Dans les années 1970, toute la signalétique de la lecture de l'ADN en ARN (« transcription » des gènes), puis de l'ARN en protéines (« traduction ») fut dévoilée, ouvrant la voie aux manipulations génétiques avec des perspectives immenses et inquiétantes [9].

À la même époque, on commença aussi à comprendre les mécanismes qui régissent l'expression des gènes avec le concept « d'opéron » qui émergea des travaux pionniers de Jacques Monod (1910-1976) qui avait débuté ses recherches à la Sorbonne en décrivant le phénomène de « diauxie » : dans un bouillon de culture contenant deux sucres, les bactéries utilisent d'abord préférentiellement l'un des deux sucres, puis après une phase de latence reprenne leur croissance en consommant l'autre sucre. Ceci indiquait une adaptation des systèmes d'utilisation des nutriments. Il étudia ce phénomène avec François Jacob. Entre 1959 et 1961, en travaillant sur le contrôle de la synthèse d'une enzyme impliquée dans l'utilisation d'un sucre, la β-galactosidase, ces chercheurs montrèrent l'existence de gènes dits « régulateurs » contrôlant finement l'expression d'autres gènes [10]. Pour ces travaux, Monod et Jacob reçurent le prix Nobel en 1965, conjointement avec André Lwoff (1920-1994).

---

[7]. Le système de codons de 3 nucléotides à partir des 4 bases (ATCG) autorise 64 combinaisons différentes pour 20 acides aminés. Ceci signifie que le code génétique est « dégénéré », c'est-à-dire que plusieurs codons reconnaissent un même acide aminé. Chaque acide aminé est reconnu par un à 5 codons maximum, et il existe 3 codons stop, qui ponctuent la lecture à la fin des gènes.

[8]. L'ARN (acide ribonucléique) est une molécule proche de l'ADN. Il existe deux différences : l'ARN possède un sucre qui sert de « squelette » à la molécule associé aux bases, le ribose, alors que l'ADN contient du désoxyribose ; l'ARN possède une base, l'uracile à place de la thymine pour l'ADN. En 1939, le suédois Torbjörn Caspersson et en 1942 le Belge Jean Brachet avaient montré une relation entre le taux de synthèse des protéines et la quantité d'ARN dans le cytoplasme. Brachet montra en 1955 que des cellules énuclées continuent à synthétiser des protéines pendant plusieurs jours sans ADN.

[9]. Ce dogme est certes universel, mais souffre une exception notable relevée en 1970 : l'ARN peut être aussi transcrit en ADN par la transcriptase reverse, une enzyme découverte par Temin et Baltimore en 1970, expliquant l'insertion des rétrovirus dans les chromosomes.

[10]. À partir du système d'utilisation du lactose, Monod et Jacob introduisirent le concept d'opéron qui est un ensemble de gènes dits « de structure », codant par exemple pour des enzymes nécessaires à la survie des bactéries dans certaines conditions, et agissant sous la dépendance de gènes « répresseurs » ou « activateurs » qui sont actifs ou non en fonction de l'environnement (par exemple la présence d'un certain nutriment active la synthèse des enzymes impliquées dans l'utilisation de ce nutriment). Il existe aussi des protéines « répresseurs ». La protéine « répresseur » de l'opéron lactose fut isolée en 1962 par le biochimiste Walter Gilbert (né en 1932).

Figure 4. Jacques Monod (1910-1976), François Jacob (né en 1920) et André Lwoff (1920-1994), prix Nobel 1965, découvreurs des mécanismes de régulation des gènes.
© The Nobel Foundation.

La lecture et la synthèse des molécules de la vie

En 1828, Friedrich Wölher (1800-1882) avait, à partir d'acide cyanhydrique et d'ammoniac, fabriquer l'urée, une molécule très largement et exclusivement répandue dans le monde vivant. Cette découverte capitale fut à l'origine de la révolution des synthèses organiques qui permettaient de synthétiser de très nombreuses substances chimiques. Cependant, la « chimie organique » resta longtemps éloignée de la biologie car on ne connaissait pas la composition des molécules du vivant et l'on ne pouvait donc pas envisager la synthèse des constituants complexes du vivant, comme les protéines, les acides nucléiques (ADN et ARN) ou les polyosides (polymères de sucres). Ce n'est que dans la première moitié du XXe siècle que l'on commença à comprendre la composition et la structure des protéines et des polyosides puis de l'ADN grâce aux progrès techniques permettant leur purification, leur analyse et l'étude de leur forme par cristallographie.

On savait que les protéines étaient constituées d'une suite de briques, les acides aminés, mais l'ordre dans lequel ils étaient agencés restait un mystère. Au lendemain de la Deuxième Guerre mondiale, un chimiste anglais de génie Frederick Sanger (né en 1918), deux fois prix Nobel en 1958 et en 1980, mit au point une technique pour « décrypter » les protéines[11]. Après dix ans d'effort, il détermina en 1954, la séquence de la première protéine, l'insuline, une hormone pancréatique de 51 acides aminés. Cette technique permit de séquencer des milliers de protéines, de corréler les données de séquences aux données cristallographiques et surtout de comprendre la fonction des protéines. En 1977, en se basant sur le même principe de fragmentation, il devint possible d'ordonner la séquence des bases constituant l'ADN. Le séquençage de l'ADN devint possible[12]. Dès 1978, on

---

[11] La méthode de Sanger consistait à fragmenter les protéines par des enzymes (des protéases), puis à séparer par chromatographie les fragments et les acides aminés. La chromatographie est un procédé physique de séparation des molécules selon leur taille, utilisant divers support, du papier-filtre, des résines, des gels d'agar ou de silice.

[12] Il existe deux méthodes de séquençage de l'ADN, l'une enzymatique mise au point par Sanger et l'autre chimique décrite par Walter Gilber' (né en 1932) et son étudiant Allan Maxam.

Figure 5. Frederick Sanger (né en 1918), deux fois Prix Nobel en 1958 et 1980.
© The Nobel Foundation.

séquença les premiers gènes et des petits virus à ADN[13]. Grâce aux séquences d'ADN, on allait comprendre comment des changements (substitutions), des pertes ou des additions de quelques nucléotides dans un gène[14] pouvaient entraîner des maladies.

Ces progrès rendirent les molécules du vivant accessibles aux techniques de synthèse de la chimie organique. Grâce à la technique dite « en phase solide »[15], on commença à synthétiser d'abord des petites protéines (peptides) comme l'insuline qui fut la première protéine synthétisée en 1965, puis de courts fragments d'ADN (« oligonucléotides »). En 1979, Har Gobind Khorana réussit à synthétiser le premier gène de 207 nucléotides[16]. Cette technique fut ensuite automatisée cette synthèse, permettant la synthèse et l'assemblage de fragments d'ADN, reconstituant des génomes. Cette recherche aboutit à la synthèse complète de virus, en 2002 celui de la poliomyélite (7 500 nucléotides) par Eckard Wimmer, en 2003 celui du phage ΨX174 (5 386 nucléotides) par Craig Venter, et en octobre 2005 celui d'un beaucoup plus gros virus par Terrence Tumpey, celui de la grippe espagnole (virus H1N1) (environ 13 500 nucléotides). Venter a récemment mis en œuvre un programme de recherche pour synthétiser une bactérie artificielle avec un génome minimum d'environ 200 gènes.

---

[13] Le virus ΨX 174 fut le premier à être séquencé par B.G. Barel en 1978.

[14] En 1949, Linus Pauling (1901-1994) travaillant sur une maladie héréditaire affectant les globules rouges, l'anémie falciforme (drépanocytose) découvrit l'existence d'anomalies spécifiques de l'hémoglobine, une protéine de transport de l'oxygène du sang, montrant ainsi qu'une anomalie moléculaire peut expliquer une maladie génétique. À l'instigation de Crick, le britannique Vernon Ingram montra à Cambridge en 1956 que l'anomalie était due à une substitution d'un seul acide aminé sur la chaîne β de l'hémoglobine. Ces observations suggéraient que les gènes intervenaient directement dans la structure des protéines.

[15] C'est un procédé de chimie organique mis au point par 1963 par Robert Bruce Merrifield (né en 1921), permettant la synthèse de polymères (peptides ou oligonucléotides) à partir d'amorces fixées sur un support solide.

[16] Ce gène est celui codant pour un ARN de transfert (*tyrosine tranfer tRNA*).

Les outils du génie génétique

Les biologistes moléculaires utilisent largement les microbes comme outils, des bactéries comme les colibacilles (*Escherichia coli*) et *Bacillus subtilis*, et des champignons comme la levure de boulanger (*Saccharomyces cerevisiae*). Ils se sont transformés en couturiers des acides nucléiques, coupant l'ADN et le raccommodant pour étudier les gènes. Pour cela, il fallait des enzymes qui coupent l'ADN (les endonucléases) à des endroits précis, et d'autres qui collent les fragments d'ADN entre eux (les ligases), ouvrant la voie aux techniques de « clonage » qui permettent l'isolement et l'étude fine des gènes. Après la découverte des polymérases, ces enzymes qui synthétisent l'ADN et l'ARN dans les années 1950, le suisse Werner Arber (né en 1929), Daniel Nathans (né en 1928) et Hamilton Smith (né en 1931) étudiant le phénomène de « restriction », une sorte d'immunité des bactéries capables d'éliminer certains ADN viraux étrangers, découvrirent en 1965 des enzymes nouvelles dites « endonucléases de restriction »[17]. Ces enzymes sont synthétisées par les bactéries en réponse à l'infection par un phage et reconnaissent très spécifiquement des séquences d'ADN courtes (souvent de 3 à 6 nucléotides), contrairement aux enzymes connues jusque-là, les DNAses, qui coupent l'ADN au hasard. Cette découverte valut le prix Nobel en 1978 à ces chercheurs. On put alors découper spécifiquement l'ADN pour isoler des fragments contenant des gènes pour les étudier.

Il existait cependant des limites à ces techniques. La synthèse chimique de l'ADN était alors compliquée et onéreuse et ne permettait que la création de petits fragments d'ADN. Il fallait trouver un moyen pour produire ces fragments (gènes) en grande quantité. Pour cela, on utilisa des plasmides, molécules d'ADN circulaire présentes souvent en grand nombre dans certaines bactéries, dans lesquelles on réussit à insérer des gènes à étudier. On appela « vecteurs » ces plasmides, car on pouvait les transférer dans des bactéries, des cellules animales ou végétales et ainsi amplifier ainsi la production du gène d'intérêt. Dès 1972, les premiers vecteurs portant un gène étranger furent fabriqués[18] par Herbert Boyer (né en 1936), Paul Berg (né en 1926) et Stanley Cohen (né en 1922) et une véritable ingénierie génétique put alors se développer. Le premier gène cloné dans une bactérie, un colibacille, par Cohen et Boyer furent un gène d'un crapaud africain à griffes. La découverte en 1970 d'une nouvelle enzyme, la transcriptase reverse, qui permet de recopier les ARN messagers en ADN, facilita fortement le clonage des gènes des animaux et des plantes, qui sont fragmentés sur les chromosomes[19]. En 1977, Herbert Boyer et Stanley Cohen travaillant pour la société Genentech introduisirent le gène humain de la somatostatine, une hormone de croissance, dans un colibacille qui produisit l'hormone alors facile à purifier. Ce fut la première protéine humaine produite par génie génétique. Par la suite, on put faire produire en routine par des colibacilles ou des levures de nombreuses protéines humaines utilisées comme médicaments, telles que l'insuline, l'érythropoïétine, des facteurs de la coagulation, l'hormone de croissance ou d'autres hormones peptidiques. Suivra la création de plantes et d'animaux « transgéniques » exprimant des gènes étrangers pour le meilleur ou pour le pire.

---

[17] Werner Arber découvrit que la bactérie qui produit des enzymes de restriction protège son propre ADN de l'auto-destruction par ces enzymes par une méthylase, qui ajoute un groupement méthyl à certains nucléotides des sites de restriction de ces enzymes empêchant alors la coupure.

[18] Stanley Cohen avait mis au point en 1971 un procédé pour introduire un plasmide étranger à des colibacilles par « transformation » comme pour les pneumocoques de Griffith. Avec Herbert Boyer, il réussit d'abord à construire un plasmide hybride, en collant deux plamides portant chacun un gène de résistance à un antibiotique.

[19] Richard Roberts (né en 1943), Philip Sharp et Pierre Chambon en 1970 montrèrent que les gènes de l'homme, des animaux et des végétaux, à la différence des gènes bactériens, sont fragmentés sur le chromosome, avec des segments codant des séquences d'acides aminés (les exons) et des segments non codant interrompant la lecture (les introns). Le gène est donc lu en un long ARN messager qui est ensuite débarrassé des introns par « épissage » enzymatique. L'ARN final permet la lecture cohérente de la protéine. Cet ARN épissé peut être transcrit par une transcriptase réverse pour être ensuite clonée dans un vecteur.

Récemment a débuté le premier essai de thérapie génique chez des enfants atteints de déficits immunitaires dus à l'altération d'un seul gène, réalisés à l'hôpital Necker-Enfants-Malades à Paris par l'immunologiste Alain Fischer en 2001. On peut espérer d'autres succès dans les prochaines années. La découverte et l'utilisation des techniques de biologie moléculaire ont donc fait progresser de façon spectaculaire notre connaissance des mécanismes de la vie au cours des dernières décennies.

Dès leur découverte, ces nouvelles techniques de manipulations génétiques posèrent le problème de leur utilisation. On ne tarda pas à mettre en question les nouvelles technologies de l'ADN recombinant. En 1974, une douzaine de biologistes célèbres signèrent avec Paul Berg, prix Nobel 1980, une lettre publiée dans la revue *Science* demandant un moratoire sur les manipulations génétiques. Ceci fut suivi en 1975 par la conférence d'Asilomar en Californie rassemblant plus de 150 biologistes où l'on proposa des règles pour encadrer les manipulations génétiques, règles reprises l'année suivante par les *National Institutes of Health* aux États-Unis et par les autorités de contrôle dans les pays européens. Ce débat est aujourd'hui loin d'être clos avec, notamment, la rapide extension de la production et de la culture des plantes transgéniques.

Naissance de la bio-informatique

Connaissant le code génétique et ses codons de 3 nucléotides correspondant chacun à un acide aminé particulier, la détermination rapide des séquences d'ADN permit de déduire immédiatement la séquence correspondante des protéines sans être obligé de les purifier et de les séquencer, ce qui était une très grande simplification. Les données de séquences d'ADN commencèrent rapidement à s'accumuler dès 1979 et ceci prit une allure exponentielle grâce à l'automatisation des techniques de séquençage en 1986 par Leroy Hood avec la société *Applied Biosystems*. Cette accumulation de données fit naître une nouvelle discipline, la bio-informatique, qui est aujourd'hui un outil majeur de la biologie moderne. Dans les années 1960, la pionnière dans ce domaine fut Margaret Dayhoff (1925-1983) qui commença à colliger les données de séquences des protéines. Elle réalisa le premier *Atlas des séquences protéiques* en compilant toutes les séquences publiées ou connues. En comparant systématiquement les séquences des protéines pour analyser leur degré de ressemblance, elle créa le concept de familles de protéines pour désigner des protéines « apparentées » provenant vraisemblablement d'un unique ancêtre commun. Il faut imaginer la façon dont on comparait les séquences à cette époque héroïque : on examinait à l'œil les séquences de lettres imprimées figurant les acides aminés d'une protéine, et souvent on les découpait à la main sur le papier pour mieux les aligner et on les dactylographiait à nouveau ! Rapidement, ce travail s'avéra impossible à mesure que le nombre de séquences grandissait et s'accumulait rapidement. Dès 1978, ces données furent digitalisées pour un usage informatique qui se généralisa très vite. Dayhoff développa alors les premiers logiciels de comparaison de ces séquences. À partir de 1988, de nombreux programmes informatiques apparurent, encore utilisés aujourd'hui[20].

En 1983, le *National Institute of Health* (NIH) fonda une banque de données appelée PIR (*Protein Information Ressource*), le successeur de l'Atlas de Dayhoff, suivi en Europe de la création d'une autre banque appelée Swiss-Prot. La première banque de séquences d'ADN appelée GenBank fut créée au Laboratoire National de Los Alamos en 1982, puis reprise en 1986 par le *National Center for Biotechnology Information* (NCBI). Les chercheurs purent rapidement envoyer et mémoriser leurs séquences par l'Internet, indépendamment

---

[20] De nombreux programmes sont encore utilisés aujourd'hui, comme FASTA (1988) et BLAST (1990).

de leurs publications. D'autres banques de données pour les séquences de virus, de bactéries, ou pour le génome humain, sont apparues, puis des banques colligeant les données tridimensionnelles des protéines obtenues par cristallographie et des banques de « motifs structuraux », c'est-à-dire de fragments de séquences associés à une fonction, une activité catalytique par exemple. Aujourd'hui, ces banques de données de séquences de protéines et de gènes aident à la construction d'arbres de l'Évolution (dits « phylogéniques ») permettant de déterminer l'identification et le degré de parenté entre les espèces vivantes. Le 15 décembre 2002, une base de données comme GenBank contenait 28 milliards de paires de nucléotides dans 22 millions d'entrées différentes. En dix ans, on a séquencé le génome complet de plus de 200 organismes vivants, incluant virus, bactéries, champignons, protozoaires, vers, plantes, insectes, et l'homme.

La course aux génomes des microbes

La découverte des techniques de séquençage a rapidement été appliquée aux microbes pathogènes et d'abord aux plus petits d'entre eux, les virus des bactéries. La première séquence complète connue d'un organisme vivant fut celle du phage ΨX174, de 5 368 nucléotides, déterminée par Bart Barrel en 1978. Peu après, Sanger séquença ensuite le bactériophage 1 (48 502 nucléotides) en découpant au hasard l'ADN en petits fragments qu'il séquença, avant de les rabouter ensuite par chevauchement en recherchant les homologies des séquences [21]. Aujourd'hui, pratiquement tous les virus connus sont entièrement séquencés des plus petits comme le virus δ de l'hépatite (1 680 nucléotides), le virus de l'hépatite B (3 000 nucléotides), le virus de la poliomyélite (7 500 nucléotides), le VIH du sida (~ 8 400 nucléotides), le virus de la grippe (13 500 nucléotides), le coronavirus du SARS (30 000 nucléotides), aux plus gros comme le virus de la variole (186 000 nucléotides), de la vaccine (192 000 nucléotides), le cytomégalovirus (229 000 nucléotides). On séquença aussi l'ADN des mitochondries (entre 6 000 et 200 000 nucléotides) et des chloroplastes des cellules végétales (> 100 000 nucléotides), montrant leur origine bactérienne. Le séquençage d'organismes plus complexes comme les bactéries, les champignons, les plantes, les vers, l'homme, a été facilité par plusieurs facteurs. Tout d'abord, on mit au point de nouveaux outils permettant de cloner des fragments d'ADN de grande taille (250 000 à 2 millions de nucléotides)[22]. À cela, il faut ajouter le développement rapide de la bio-informatique et l'automatisation du séquençage. Enfin, cette recherche a été soutenue par d'importants financements publics et surtout industriels, du fait des enjeux commerciaux, notamment la prise très contestable de brevets sur les séquences du vivant.

La course aux génomes fut lancée par un visionnaire, l'américain Craig Venter qui travaillait au NIH. Après avoir participé au séquençage du virus de la variole, il s'intéressa à celui des bactéries. En 1992, il quitta le NIH pour créer la société TIGR (*The Institute for Genomic Research*) obtenant 70 millions de dollars du financier Wallace Steinberg. Travaillant avec sa femme Claire Fraser et le prix Nobel Hamilton Smith, il fut le premier à séquencer en quelques mois le génome complet d'une bactérie en 1995, un pathogène humain *Haemophilus influenzae* comprenant 1 830 137 nucléotides et codant 1 743 gènes, devançant les équipes qui tentaient de séquencer le colibacille depuis plusieurs années. Suivirent les publications par l'équipe de Venter des génomes de nombreuses autres bactéries[23]. Le génome de *Escherichia coli* (> 4 000 000 de nucléotides) ne fut publié qu'en 1997. Aujourd'hui, on

---

[21]. Cette technique dite du « *shotgun* » est toujours très utilisée pour le séquençage des grands génomes.

[22]. Ce sont des chromosomes artificiels de levure mis au point par Maynard Olson et David Burke en 1989.

[23]. Notamment les génomes du tréponème de la syphilis (*Treponema pallidum*), de l'agent de la maladie de Lyme (*Borrellia burgdorferi*) et des mycoplasmes, qui ont les plus petits génomes bactériens connus (517 gènes pour *Mycoplasma genitalium*).

connaît la séquence complète des génomes de la plupart des bactéries pathogènes à l'origine de grands fléaux, comme la lèpre, la tuberculose, la peste, le choléra, le typhus, la syphilis, la typhoïde, le trachome, de la méningite cérébro-spinale, la dysenterie bacillaire, et de nombreuses autres infections, la listériose, les staphylococcies, l'ulcère duodénal, la fièvre puerpérale ! Parallèlement, on a obtenu les séquences de nombreuses bactéries commensales ou de l'environnement d'intérêt industriel, comme celles des bactéries « extrêmophiles »[24]. On a aussi séquencé les génomes d'organismes modèles, la levure de boulanger en 1997, un petit ver rond en 1998, le modèle le plus simple d'un animal utilisé par Stanley Brenner (*Coenorhabditis elegans*), la mouche du vinaigre (*Drosophila melanogaster*) et une plante modèle, l'arabette des dames (*Arabidopsis thaliana*) en 2000. Enfin, Venter épata le monde en achevant la séquence complète du génome de l'homme en 2002 avec plusieurs années d'avance sur les prévisions faites au début des années 1980 lors du lancement du programme international de séquençage du génome humain.

En 2003, on connaissait 118 génomes complets d'organismes, incluant de nombreux microbes, et 588 sont en cours de séquençage. Les capacités de séquençage d'aujourd'hui sont illustrées, par exemple, par l'obtention en quelques semaines, pour ne pas dire en quelques jours, des génomes (environ 30 000 nucléotides) de près de 20 souches humaines et animales du coronavirus responsable de l'épidémiologie de pneumonie atypique qui frappa la Chine de mars 2003. Devant cette accumulation de données, on reste étonné et convaincu que le plus dur reste à faire pour comprendre la diversité et la complexité du vivant, et pour entrevoir le rôle des séquences dites non codantes, c'est-à-dire qui ne codent pour aucun gène, qui représente plus de 95 % du génome humain !

Figure 6. Craig Venter, pionnier du séquençage des génomes.
© Oxford University Press, Oxford.

---

[24] Les bactéries « extrêmophiles » sont des micro-organismes vivant dans des conditions extrêmes, à plusieurs milliers de mètres au fond des océans, dans l'eau brûlante des geysers, dans la haute atmosphère… Ces micro-organismes appartiennent le plus souvent au monde des « archées ».

La découverte de la PCR

Figure 7. Kary B. Mullis (né en 1945), prix Nobel de chimie 1993 pour la découverte de la *Polymerase Chain Reaction* (PCR).
© The Nobel Foundation.

Une nuit d'avril 1983, Kary Mullis (né en 1945), un scientifique travaillant pour la Société *Cetus*, conduisait sa voiture sur une route montagneuse du nord de la Californie. Travaillant pour cette firme depuis 1979, il synthétisait manuellement avec l'ADN polymérase des courts fragments d'ADN qui étaient utilisés pour identifier des séquences identiques dans le génome d'organismes vivants. En 1983, l'automatisation de cette technique mit au chômage les chimistes de la société. Très préoccupé, il eut cette nuit-là une idée lumineuse pour amplifier l'ADN dans des proportions illimitées, ce qui aura des conséquences inespérées pour sa compagnie. Il raconte : « Mon programme était clair : d'abord je séparerai les deux brins d'ADN cible en chauffant ce dernier ; puis, j'hybriderai un oligonucléotide [une courte séquence d'ADN ou amorce] à une séquence complémentaire présente sur l'un des brins ; je répartirai ce mélange dans quatre tubes différents qui contiendraient les quatre types de nucléotides [adénine, thymine, guanine, cytosine constituant l'ADN] […]. Puis j'ajouterais l'ADN polymérase qui fixerait une seule des bases [nucléotide] à l'oligonucléotide lié à l'ADN cible… ». En réitérant cette opération de chauffage et de synthèse à l'aide de deux amorces (chauffage, ajout de l'enzyme, synthèse), la matrice d'ADN peut être amplifiée à l'identique. Facile !

Cette technique appelée *polymerase chain reaction* (PCR) permet d'obtenir des quantités quasi illimitées d'acides nucléiques à partir de la matrice moléculaire originelle, à la limite d'une seule molécule d'ADN. Tandis que le microscope amplifie l'image d'un micro-organisme par un facteur de 10^3 (microscope optique) à 10^5 (microscope électronique), la PCR mime en quelque sorte la croissance des micro-organismes en culture en permettant l'amplification exponentielle *in vitro* des molécules d'ADN. Elle permet d'amplifier l'ADN (gènes ou fragments de gènes) par un facteur de 10^{12} (soit mille milliards de fois) à partir de tissus vivants ou surtout de tissus morts. C'est à la fois un microscope moléculaire et une machine à remonter le temps puisqu'on peut exhumer les secrets de tissus provenant de bactéries ou d'organismes morts depuis des dizaines de millions d'années, comme par exemple les insectes piégés dans l'ambre du carbonifère.

Au printemps 1984, Mullis déposa un brevet où cette technique était adaptée et simplifiée grâce à l'utilisation de la *Taq* polymérase, une ADN polymérase stable à haute température provenant d'un micro-organisme « extrêmophile », *Thermus aquaticus*, vivant à 100 °C, ce qui évitait d'ajouter la polymérase détruite par la chaleur après chaque cycle de chauffage. Il présenta en 1984 ses résultats sous forme d'un poster aux journées scientifiques de la Société Cetus. La PCR est aujourd'hui un outil quotidien très puissant et universellement utilisé pour la recherche et le diagnostic. Cette découverte valut le prix Nobel à Kary Mullis en 1993, un exemple unique de distinction d'un scientifique solitaire travaillant sans équipe. Il faut dire que sa découverte déclencha un essor considérable de tous les champs de la biologie, comme un second souffle, notamment en archéologie, médecine légale, écologie, médecine, génétique, infectiologie… Par exemple, combinée à d'autres techniques, la PCR a facilité la détermination des empreintes génétiques en médecine légale à partir de 1987 grâce aux travaux d'Alec Jeffreys (né en 1950). Dans le domaine des microbes, on a pu aussi caractériser de nombreux agents infectieux, virus, bactéries ou parasites impossibles à cultiver, et réaliser facilement un suivi épidémiologique des pathogènes. La PCR a permis aussi d'accélérer les clonages et les séquençages des génomes complets.

L'énigme des pétunias et l'interférence virale

Dans les années 1980, Richard Jorgensen de l'université de Tucson (Arizona) s'était mis en tête de modifier la couleur des fleurs de pétunias. Souhaitant obtenir des fleurs plus mauves, il introduisit des copies supplémentaires du gène responsable de la pigmentation mauve des pétales dans le génome de la fleur. Au lieu d'accentuer la couleur, contre toute attente, les fleurs devinrent blanches ou mauves tachetées de blanc. L'addition du gène de la coloration mauve entraînait la perte de la pigmentation des pétales ! Que s'était-il passé ? Cet étrange phénomène resta à une énigme jusqu'à la découverte d'Adrew Fire (né en 1959) et de Craig Mello (né en 1960). Travaillant sur *Coenorabditis elegans*, un minuscule ver très utilisé comme modèle en biologie du développement, ils injectèrent au ver des ARN purifiés simple ou double brin complémentaires du gène *unc-22* qui est impliqué dans le fonctionnement des muscles de l'invertébré. Cette expérience remarquable publiée en 1998 montra que seul l'ARN double brin inhibait l'action du gène correspondant entraînant un dysfonctionnement musculaire avec de violentes convulsions. Ils découvrirent ensuite les mécanismes moléculaires de cette « interférence »[25] ou « ARN silencing »[26]. Cette découverte leur valut le prix Nobel en 2006.

---

[25] L'ARN double brin introduit dans les cellules du ver est coupé en petits fragments de 25 paires de bases par l'enzyme Dicer. Ces petites molécules appelées ARNsi (*Small Interferent*) interagissent ensuite avec un complexe protéique appelé Risc qui permet la dégradation uniquement du brin « sens », le brin « anti-sens » étant dirigé par le complexe Risc jusqu'à l'ARN messager complémentaire qui sera alors dégradé, bloquant l'expression du gène correspondant (*RNA silencing*).

[26] L'interférence de l'ARN a été observée dans une grande variété d'espèces vivantes, les plantes, les vers, les organismes unicellulaires, les insectes, les vertébrés, y compris l'homme. Ce mécanisme n'est pas retrouvé chez les bactéries et semble être donc une innovation des eucaryotes qui sont apparus il y a 1,6 milliard d'années. L'interférence protège le génome des espèces vivantes. Il est un moyen de lutte plus efficace dont disposent les eucaryotes pour rendre inactifs le matériel génétique des agents infectieux (parasites, bactéries ou virus), qui pourrait s'introduire dans les cellules. Il joue en quelque sorte le rôle d'un véritable système immunitaire intracellulaire. Ce phénomène aurait un rôle important dans la régulation de l'expression génétique lors du développement.

La classification moléculaire des microbes

Aristote au IVe siècle avant notre ère avait distingué dans le monde vivant les plantes des animaux caractérisés par leur mobilité, mais aucune classification claire des êtres vivants n'exista jusqu'au XVIIIe siècle. Le suédois Carl von Linné (1707-1778), médecin, botaniste, naturaliste, élabora un système de classification descriptive de l'ensemble des êtres vivants, basé sur les ressemblances morphologiques. À l'âge de 28 ans, il publia en 1735 un ouvrage intitulé *Systema naturae*, puis de nombreux autres ouvrages où il classait les plantes, notamment *Bibliotheca botanica* et *Fundamenta botanica* en 1736, *Genera plantarum* en 1737 et *Classes plantarum* en 1738. Il donnait des règles de la classification des êtres vivantes où chaque individu, qu'il s'agisse d'un animal ou d'une plante, fait partie d'une espèce et peut se reproduire avec les individus de son espèce. Les espèces proches sont regroupées en genres, puis en familles, en ordres, en classes, en phylums et enfin en royaumes, qui constituent le regroupement le plus général qui soit. Il inventa alors la nomenclature « binomiale » toujours utilisée aujourd'hui, qui désigne les êtres vivants par leurs noms latins de genre et d'espèce, en quelque sorte le nom de famille et le prénom. Par exemple, aujourd'hui dans ce système, l'homme est désigné *Homo* (genre) *sapiens* (espèce), la souris *Mus musculus* ou le colibacille *Escherichia coli*. Son système de classification distinguait seulement deux royaumes, les animaux et les plantes.

La découverte des microbes posa d'emblée le problème difficile de leur classification dans le monde vivant. Où classer les champignons, les protozoaires, les bactéries découvertes par Leeuwenhoek ? On hésita longtemps à les classer entre les animaux, du fait de la mobilité de certains protozoaires et de certaines bactéries, ou les végétaux du fait de la ressemblance de certaines bactéries avec les algues microscopiques. Linné les avait d'abord classées en 1735 dans un groupe sous le nom de *Microcosmus*, puis il inclura en 1758 les *animalcula* dans la classe des *Vermes*, composée d'individus privés de forme propre. Bien que Linné fut « fixiste » et nia l'évolution, ce qui fut un frein à la propagation d'idées nouvelles comme celles de Buffon et de Darwin, son œuvre garde une place majeure dans la connaissance du vivant. Buffon disait que « l'erreur vaut mieux que la confusion ». Il fallut attendre 1866 pour voir Ernst Heinrich Haeckel (1834-1919), un zoologiste allemand, créer le groupe des protistes, qui rassemblait les organismes unicellulaires, algues, bactéries, champignons et protozoaires. Surtout, influencé par les travaux sur l'Évolution du vivant de Charles Darwin (1809-1882), Haeckel fut le premier à dresser un arbre généalogique ou phylogénique du vivant avec trois royaumes, les animaux, les plantes et les protistes, descendant d'une seule et même origine. Les microbes furent entre-temps inclus dans l'ordre des *Infusoria*, incluant protozoaires et bactéries, les bactéries étant considérés comme un groupe parmi les champignons[27]. En 1857, Carl von Nägeli (1817-1891) créa le groupe des *Schizomycetes* où étaient rassemblés les microbes (*Nosema, Bacterium, Spirillum, Sarcina*…). Cependant, la découverte de la structure des bactéries a révélé de très grandes différences par rapport aux autres organismes. Alors que les cellules des animaux, des plantes, des protozoaires et des champignons ont un noyau bien différencié avec une membrane nucléaire, et presque toujours des mitochondries, les bactéries n'ont pas de noyau différencié ni membrane nucléaire et présentent une paroi rigide lui conférant de multiples formes (bacilles, coques, spirilles). On les classa alors dans un groupe à part, les *Monera* ou procaryotes, par opposition aux autres cellules appelées eucaryotes. Un groupe de bactériologistes de la *Society of American Bacteriologists* dirigé par David H. Bergey (1860-1937) fit évoluer le groupe des *Schizomycetes* et entreprit une classification systé-

---

[27.] À l'exception des cyanobactéries que l'on considérait comme des algues bleues, c'est-à-dire des végétaux.

matique du monde bactérien aujourd'hui universellement acceptée et sans cesse remise à jour. Les bactéries furent d'abord classées de façon empirique sur des séries de caractères morphologiques, culturaux et métaboliques choisis plus ou moins au hasard.

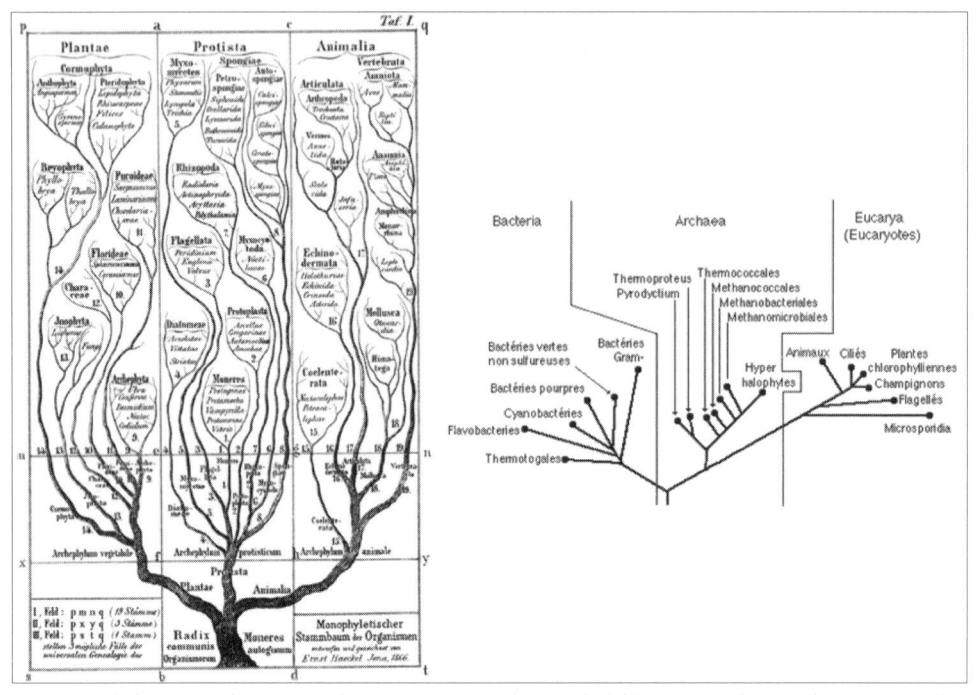

Figure 8. (A) Le monde vivant selon Ernst Heinrich Haeckel (1834-1919), avec les protistes, les animaux et les plantes ; (B) Le monde du vivant selon Carl Woese avec les eucaryotes (protozoaires, plantes, animaux), les bactéries et les archées.

À partir des années 1970, l'explosion des données de séquences et la constitution des banques de données favorisa une nouvelle approche pour classer le monde vivant. On s'aperçut rapidement en examinant les séquences nucléotidiques de nombreux gènes, que certains d'entre eux étaient très variables et d'autres très conservés. Sous l'impulsion de Linus Pauling émergea en 1965 le concept d'« horloge moléculaire ». Une molécule d'ADN dont la séquence change par mutations au hasard au cours du temps peut être considérée comme un chronomètre. Si les mutations surviennent de façon lente et régulière, on peut calculer les distances évolutives entre les molécules (c'est-à-dire le nombre d'année écoulées entre un ancêtre commun et ces molécules) et par voie de conséquence celles des espèces vivantes. Les meilleures horloges moléculaires sont des gènes très conservés comme ceux codant l'ARN ribosomique 16S et 23S et les gènes métaboliques essentiels à la survie des êtres vivants[28].

---

[28] Chez les bactéries, les ribosomes sont constitués de près de 60 protéines associées à deux molécules d'ARN désignées par leur taille 16S et 23S, codées par deux gènes chromosomiques distincts. Ces gènes servent d'horloge moléculaire pour classer les bactéries. D'autres gènes très conservés sont souvent utilisés pour classer les espèces, tels que les gènes codant des ADN polymérases, des superoxydes dismutases ou encore des protéines de stress.

Figure 9. Carl Woese (né en 1928),
découvreur d'un 3ᵉ monde du vivant,
celui des archées.
© University of Illinois.

Cette nouvelle approche qui permet d'identifier, de classer et de localiser les espèces vivantes dans un arbre phylogénique de l'Évolution en perpétuelle recomposition[29], fut très vite appliquée au classement « moléculaire » des bactéries et d'une façon générale des espèces vivantes. Ce fut une révolution due au travail de Carl Woese (né en 1928) qui séquença systématiquement les gènes codant les ARN des ribosomes. Il put ainsi reclasser de nombreuses bactéries et surtout faire en 1987 une découverte capitale, qui avait échappé à tous : le monde vivant n'était pas séparé en eucaryotes (animaux, plantes, champignons) et procaryotes (bactéries) mais en trois. Il existe un nouveau monde vivant, clairement distinct des deux autres, celui des « archées », comprenant notamment les « extrêmophiles ». L'approche de Woese confirma l'origine commune du monde vivant et l'origine bactérienne des mitochondries et donna une base phylogénique solide aux classifications empiriques jusqu'ici utilisées. Sous l'impulsion de David Relman et Lucy Tomkins aux États-Unis, on put découvrir et situer dans le monde vivant des microbes pathogènes jusque-là inconnus[30].

Les outils de la biologie moléculaire ont permis de réaliser d'importants progrès en microbiologie clinique et en épidémiologie bactérienne en caractérisant par leurs empreintes génétiques les diverses souches responsables d'épidémies. Ils permirent aussi l'identification des facteurs de virulence de nombreuses bactéries, virus et parasites. Avant 1970, on connaissait certaines toxines et quelques facteurs de virulence comme la fameuse capsule des pneumocoques. Sous l'impulsion de pionniers, notamment Stanley Falkow (né en 1934) aux États-Unis, Philippe Sansonetti et Pascale Cossart en France et de bien d'autres, on décrivit le rôle de nombreux facteurs de virulence de pathogènes majeurs, comme ceux responsables des fièvres typhoïdes, de la dysenterie, des colibacilles responsables de diarrhée, des bactéries responsables de la listériose, de la tuberculose, de la lèpre… On précisa de façon fine le rôle des

---

[29]. Les premiers arbres phylogéniques des êtres vivants furent établis en 1967 par Walter Fitch et Emmanuel Margoliash en comparant les séquences protéiques de cytochromes c de nombreuses espèces animales.

[30]. On découvrit à partir de 1990, notamment la bactérie responsable de la maladie de Whipple (*Tropheryma whippelli*), une infection digestive chronique, et celle d'angiomatose bacillaire et de la péliose hépatique (*Bartonella henselae*).

gènes de virulence dans les processus pathologiques. On précisa aussi les interactions de ces facteurs de virulence avec des molécules présentes à la surface des cellules animales (des récepteurs) qui furent identifiés. On peut désormais connaître les secrets intimes de la plupart des pathogènes humains et animaux, comprendre pourquoi le bacille de la peste peut tuer un patient en quelques heures, pourquoi la puce est contagieuse, pourquoi le choléra entraîne une diarrhée cataclysmique... Les outils de la biologie moléculaire ont ainsi profondément transformé à la fois la compréhension des mécanismes moléculaires des infections et l'approche diagnostique et épidémiologique des maladies infectieuses.

Chapitre 10. « *Magic Bullets* »

Dans toutes les civilisations dès l'Antiquité, on a utilisé des extraits de plantes pour leurs vertus thérapeutiques contre certaines maladies, par exemple les graines de courge contre certains vers parasites trouvés dans les selles (*Tænia*) ou aussi probablement des moisissures pour traiter certaines infections. Cependant, peu d'extraits de plantes se révélaient réellement efficaces contre les infections. Seuls deux extraits de plantes d'Amérique du Sud donnaient des effets spectaculaires, l'émétine, extrait des racines d'ipéca, actif sur la dysenterie amibienne et surtout l'écorce de quinquina dont on extraira la quinine active contre le paludisme.

Le secret de « l'écorce sacrée »

On peut dire qu'une des premières drogues réellement utilisées et active contre un agent infectieux pour l'homme est la quinine qui guérit et prémunit très efficacement contre la malaria, une maladie due à un protozoaire, le *Plasmodium*. On raconte qu'un Indien brûlant de fièvre s'était perdu dans la forêt des Andes. Assoiffé, il trouva une mare au pied d'un arbre de quinquina (« *quinaquina* » en langue quichua). Malgré l'amertume de l'eau qu'il crut empoisonnée par l'écorce de l'arbre, il ne put s'empêcher de boire à satiété et, à sa grande surprise, il survécut. Sa fièvre disparue, revigoré, il put regagner son village. L'efficacité de l'écorce de quinquina sur les fièvres avait ainsi été remarquée depuis des siècles par les Indiens d'Amérique du Sud. Il existe plusieurs espèces d'arbres de quinquina qui croissent sur les hauts plateaux andins à plus de 3 000 mètres d'altitude entre la Colombie et la Bolivie. Les Indiens du Pérou ont confié au XVIIe siècle le secret de « l'écorce sacrée » aux missionnaires jésuites, dénommée *cinchona* à cause de la comtesse d'El Chinchon, femme du vice-roi du Pérou, qui avait guéri des fièvres en absorbant des extraits de cette écorce. La comtesse aurait facilité l'usage de ce médicament en 1638 en Espagne où on l'appela « la poudre de la comtesse », puis « la poudre des Jésuites ». En effet, les jésuites fortement installés en Amérique, en particulier au Paraguay où ils fondèrent un État, obtinrent le très lucratif monopole du commerce du quinquina. L'écorce de quinquina fut donc importée en Europe dès 1630 par Don Lopez et dès 1657 en Inde. Au XVIIe siècle, le paludisme était très répandu dans toute l'Europe, y compris en Angleterre et en France. Thomas Sydenham (1624-1689) et Robert Talbot furent les tout premiers à introduire le quinquina en Angleterre. Le paludisme n'épargnait pas la région marécageuse de Versailles et Louis XIV et sa famille, Colbert et bien d'autres prendront de la poudre des jésuites prescrite par son médecin Gui Fagon (1638-1718). Jean de La Fontaine exalta même les mérites du quinquina dans un poème.

On découvrit par la suite que l'on pouvait extraire de l'écorce de quinquina une substance végétale toxique à très haute dose, la quinine, efficace contre la malaria. Deux pharmaciens français, Joseph Pelletier (1788-1842) et Joseph Caventou (1795-1877) réalisèrent un travail d'extraction et de purification des principes actifs des plantes dans une officine sise rue Jacob à Paris et découvrirent de nombreuses molécules appartenant à la classe chimique des alcaloïdes, dont la strychnine (1818) et la brucine (1819) à partir de la noix vomique, ou encore la vératrine (1819) à partir de l'ellébore. À partir de l'écorce de quinquina, ils isolèrent en 1829 plusieurs alcaloïdes de l'écorce du quinquina, dont la quinine et la cinchonine actives contre les fièvres ainsi que la quinidine, une substance efficace pour traiter les palpitations cardiaques rebelles. Pelletier fabriqua industriellement la quinine dès 1824 et

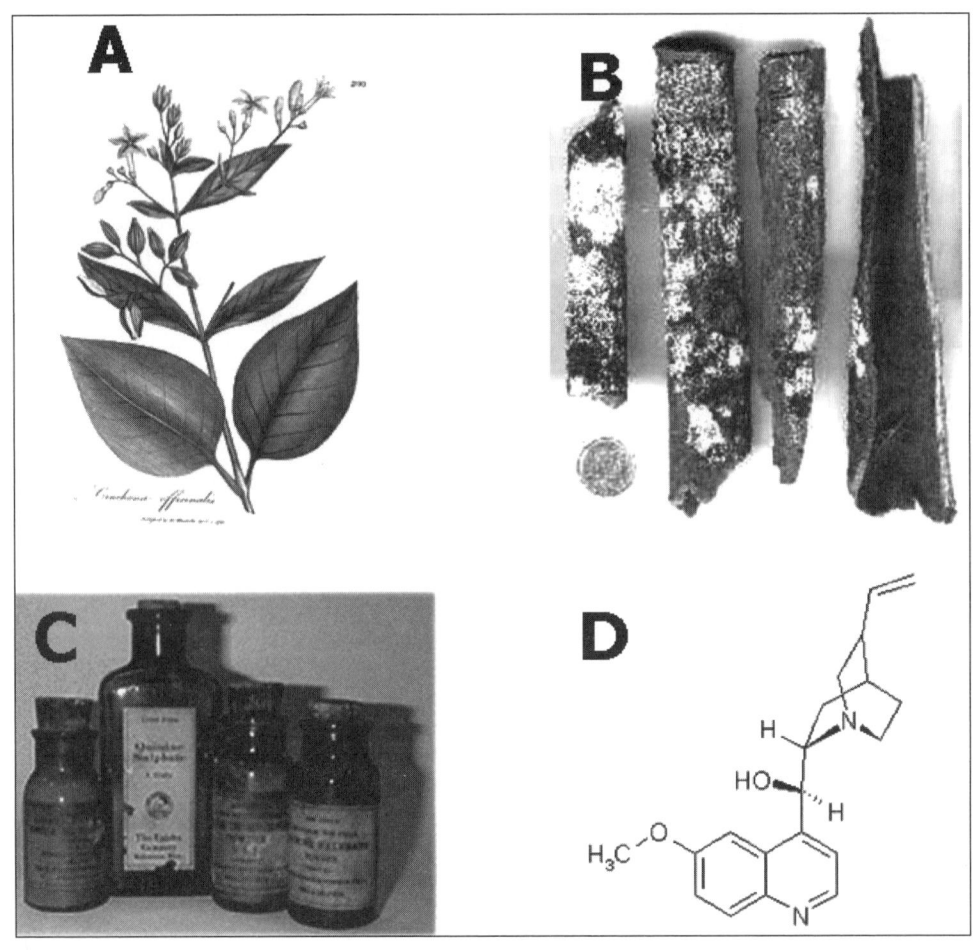

Figure 1. (A) Branche de l'arbre de quinquina ; (B) l'écorce « sacrée » de quinquina ; (C) la quinine comme médicament ; (D) formule chimique de l'alcaloïde, la quinine.

fonda une maison de produits chimiques en 1830. L'efficacité de la quinine fut alors prouvée par le Dr Chomel qui publia un essai clinique où il guérissait 10 des 13 patients présentant des fièvres intermittentes et traités par le sulfate de quinine à la dose de 6 à 8 grains, pris à jeun dans les heures précédant l'accès. D'autres patients avaient reçu le reste des matières résineuses et ligneuses contenues dans le quinquina, sans aucun effet thérapeutique. Une commission de l'Académie des Sciences put déclarer que « ces observations autorisent à croire que parmi les principes qu'on extrait des quinquinas, la quinine et la cinchonine sont les seules auxquels est véritablement attachée la propriété fébrifuge (contre la fièvre) des écorces qui la fournissent. »

Au XIXe siècle, le monopole de l'écorce de quinquina tomba entre les mains des Hollandais qui avaient établi des plantations à Java après avoir dérobé des graines de quinquina en Amérique du Sud. Au XXe siècle, ce monopole stimula la recherche de produits synthétiques de substitution. La formule chimique de la quinine ne fut élucidée qu'en 1908 et la synthèse partielle de la quinine fut réalisée en 1918 par l'allemand Paul Rabe. Privés de leurs approvisionnements en quinine au cours de la Première Guerre mondiale, l'industrie allemande travailla sur la synthèse chimique de la quinine. La société pharmaceutique allemande *Winthrop* découvrit la quinacrine (ou atabrine) et surtout en 1934 la chloroquine (résochin). Durant la seconde Guerre Mondiale, Java fut occupée par les Japonais, tarissant les sources de quinine pour les alliés. Les Américains possédaient la formule de la quinacrine fabriquée par la filiale américaine de la société allemande *Winthrop*, mais cette molécule beaucoup moins active que la chloroquine contre le paludisme donnait une coloration jaune de la peau. La fréquence des effets indésirables expliquait que ce médicament ne fut pas ou peu utilisé par les soldats. Par exemple, lors du débarquement américain en Nouvelle-Guinée, près de 95 % des troupes américaines contractèrent le paludisme en 2 semaines. Décidés à fabriquer en urgence un antipaludéen de synthèse, ils capturèrent en Afrique du Nord des soldats italiens qui possédaient des comprimés qui furent soigneusement examinés par les chercheurs américains qui identifièrent la chloroquine. Les chimistes américains mirent rapidement au point dès 1943 un procédé original de synthèse de la chloroquine, légèrement modifiée rebaptisé « sontochin », qui leur permit d'en fabriquer des tonnes pour les troupes américaines. Robert Doering (né en 1917) et Robert B. Woodward (1917-1979) réussirent la synthèse totale de la quinine en 1944 sous une forme ayant une structure chimique très proche, la méfloquine. Au milieu des années 1950, l'Organisation mondiale de la Santé (OMS) lança des programmes d'éradication du paludisme à l'échelle mondiale avec des projets pilotes de pulvérisation de DDT, pour tuer le principal vecteur de la maladie, le moustique, qui furent des échecs. De plus dans les années 1960, émergèrent des souches de *Plasmodium falciparum*, l'agent causal de formes graves du paludisme, résistantes à la chloroquine du fait de son utilisation excessive et à trop faibles doses. Depuis, de nouveaux anti-paludiques ont été découverts et une recherche active sur les vaccins s'est développée. Le traitement efficace de dernier recours du paludisme reste cependant encore la quinine.

De l'industrie des colorants aux antibiotiques
Paul Ehrlich et le salvarsan

Au début de l'ère pasteurienne, très peu de médicaments d'antibactériens étaient disponibles. Les sels de mercure étaient utilisés depuis le XVIe siècle pour traiter la syphilis, avec l'aphorisme « une nuit avec Vénus, toute la vie avec le mercure ». L'huile de chaulmoogra[1] était utilisée en Inde pour traiter la lèpre. On connaissait aussi quelques antiseptiques comme le phénol et les sels concentrés de mercure à usage externe car beaucoup trop toxiques pour être ingérés ou utilisés par voie veineuse. De fait, on était pratiquement désarmés devant les grands fléaux au début du XXe siècle. Un jeune médecin allemand Paul Ehrlich (1854-1915) changea le cours des choses. Venu rejoindre l'équipe de Robert Koch dans les années 1880, Ehrlich était hanté par le problème thérapeutique que posait la syphilis depuis le début de ses études médicales à Francfort. À cette époque, ce fléau était uniquement traité par le mercure, souvent très toxique. Sous l'impulsion de Koch, Ehrlich s'intéressa aux colorations des bactéries en culture et dans les tissus infectés et mit au point une coloration permettant de distinguer parfaitement au microscope le bacille de la tuberculose invisible par les colorations usuelles. Il observa que certains colorants pénétraient parfaitement dans les bactéries qui devenaient bien visibles au microscope, alors que les

---

[1.] L'huile de chaulmoogra provient des graines de *Hydnocarpus*.

Figure 2. À gauche, Paul Ehrlich (1854- 1915), prix Nobel 1908, découvreur du salvarsan, premier médicament actif contre la syphilis; à droite, Gerhard Domagk (1895-1964), prix Nobel 1939, découvreur des sulfamides.
© The Nobel Foundation.

cellules constituant les tissus restaient peu ou pas colorées. Il fut dès lors convaincu que certains colorants pouvaient avoir une affinité élective pour les bactéries en épargnant les tissus. Déjà en 1884, le bactériologiste danois Christian Gram (1853-1938) avait montré les affinités variables des bactéries pour certains colorants, séparant en deux le monde bactérien, les bactéries dites à « Gram négatif » qui ne retenaient pas le colorant et celles à « Gram positif ». L'observation de ces différences d'affinité des colorants incita Ehrlich à penser qu'il devait être possible de synthétiser des composés chimiques toxiques inhibant les bactéries sans entraîner de dommages tissulaires. Cette idée avait d'ailleurs été testée par F. Mesnil et C. Nicolle qui tentèrent de traiter des maladies parasitaires, les trypanosomiases animales avec des colorants dérivés de l'aniline, comme le bleu trypan et le bleu de méthylène. En vain. Par la suite, Ehrlich devint directeur à l'Institut de thérapie expérimentale à Francfort où était installée la firme *Hoescht Dye Works*, dont la partie pharmaceutique était dirigée par August Laubenheimer, un ancien Professeur de Chimie de Giessen. Ehrlich réussit à convaincre les scientifiques de cette firme de consacrer une partie importante de leurs ressources à la recherche d'agents antibactériens. Il commença à étudier les propriétés antibactériennes du bleu de méthylène, un colorant synthétisé par Hoescht en 1885. Il travailla durant cinq ans sur ce colorant en faisant de nombreux essais chez le rat et la souris, sans succès. Mais une nouvelle piste allait s'ouvrir à lui et réorienter sa recherche.

Au cours de l'année 1905, à Liverpool, Thomas et Breinl démontrèrent qu'un sel d'arsenic, l'atoxyl, avait une remarquable action sur les trypanosomes, protozoaires responsables de la maladie du sommeil. Ehrlich connaissait aussi un travail publié en 1901 dans lequel Alphonse Laveran avait essayé de traiter par l'atoxyl des souris inoculées par des trypanosomes de la maladie du sommeil. Survint alors la découverte de Fritz Schaudinn montrant que la syphilis était due à un micro-organisme ressemblant à un trypanosome[2]. Cette fausse analogie entre le tréponème de la syphilis et les trypanosomes avait fait alors utiliser l'atoxyl pour traiter la syphilis, reprenant une ancienne indication de l'arsenic. Cependant, l'atoxyl fut rapidement abandonné du fait de sa toxicité pour le système nerveux. Ehrlich reprit cette idée et, abandonnant ses recherches sur les colorants, chercha à partir de 1906 de nouveaux dérivés arsenicaux beaucoup moins toxiques obtenus par synthèse. Il trouva après 5 ans d'effort le composé 592, qui inhibait fortement le tréponème, puis son dérivé solide le 606 (il s'agissait de la 606e expérience) commercialisé sous le nom de « salvarsan » rapidement utilisé pour traiter la syphilis par injection veineuse. Dans les années qui ont suivi sa découverte en 1910, le produit fut largement utilisé pour combattre la syphilis dont l'incidence, en Angleterre et en France, diminua de moitié. Cependant ce produit avait une certaine toxicité. Il devait être donné dans des conditions assez précises par voie veineuse une fois par semaine, et en évitant toute fuite hors des veines qui entraînait des nécroses tissulaires. Malheureusement, le salvarsan fut parfois mal utilisé et finit par avoir mauvaise réputation parmi les médecins du fait de cette toxicité, en particulier s'il était utilisé à fortes doses, en dépit des recommandations de Ehrlich. Quelques années plus tard, il découvrit en 1914 le « néosalvarsan » (ou novarsenolbenzole après 914 expériences), un dérivé soluble dans l'eau contenant beaucoup moins d'arsenic, donc moins toxique et d'emploi plus facile.

Il y eut d'autres incursions thérapeutiques parfois hasardeuses. En 1921, Levaditi et Sazerac découvrirent l'activité bactéricide du bismuth sur les tréponèmes. Le neuropsychiatre autrichien Julius Wagner von Jauregg (1857-1940) utilisa le parasite du paludisme pour traiter la syphilis, approche utilisée jusqu'à l'apparition de la pénicilline. Il inoculait les *Plasmodium* d'origine humaine ou provenant de singe pour détruire les tréponèmes réputés sensibles à la température élevée. Après 3 ou 4 accès de fièvre, il administrait de la quinine pour éliminer les parasites. Il reçut le prix Nobel de médecine en 1927 pour cette « innovation ». Avec les arsenicaux, le bismuth et les *Plasmodium*, les médecins pensaient pouvoir lutter efficacement contre la syphilis. Après la découverte de l'extraordinaire efficacité de la pénicilline sur les tréponèmes, ces traitements furent abandonnés dans les années 1945.

La découverte du salvarsan, un sel d'arsenic efficace sur certaines bactéries pathogènes, fut très importante car elle démontrait qu'il était possible de synthétiser spécifiquement des produits actifs contre les bactéries. Cela stimula une recherche empirique sur les dérivés métalliques actifs contre les parasites. Par cette approche, on a pu montrer l'efficacité des sels d'antimoine sur de nombreux parasites comme les leishmanies, protozoaires responsables du kala-azar, et sur les vers de la bilharziose. Ehrlich eut des épigones.

Gerhard Domagk et les sulfamides

Au cours du XIXe siècle, les progrès de la chimie organique permirent la naissance d'une industrie des colorants synthétisés à partir des goudrons de houille. Les colorants naturels utilisés pour teindre les textiles produits par une industrie en plein essor, tels que le pourpre, le pastel, l'indigo, la gentiane, la garance provenaient le plus souvent de pays lointains du Moyen-Orient, d'Asie ou d'Amérique du sud et leur importation était très coûteuse. En 1840, on avait réussi à synthétiser l'aniline, initialement obtenu par distillation de l'indigo, à partir des goudrons de houille. Les recherches sur les dérivés de l'aniline du chimiste alle-

---

[2] En fait, la ressemblance était très vague, puisque l'agent de la syphilis est une très fine bactérie spiralée, *Treponema pallidum*, et les trypanosomes des protozoaires beaucoup plus grands et d'aspect très différent.

mand August Wilhem von Hofmann (1818-1892) firent rapidement progresser la chimie des colorants synthétiques qui allait bouleverser l'industrie textile. La mauvéine fut le premier colorant mauve synthétisé par hasard à partir de l'aniline par William Perkin (1838-1907) à Londres en 1856. De nombreux autres colorants synthétiques seront découverts dans les années suivantes[3]. Des industries prospères et dynamiques spécialisées dans les colorants synthétiques vont alors naître le long du Rhin et du Rhône, d'abord en Allemagne, puis en Suisse et en France, notamment les firmes allemandes *Friedrich Bayer* créées à Eberfeld en 1863, *Meister Lucius u. Brüning* (MLB) à Hoescht, *Kalle*, et *Badische Anilin und Soda Fabrik* (BASF) créée en 1865 à Ludwigshafen. On substitua aux anciens comptoirs d'importation, une industrie chimique puissante, ruinant le commerce prospère des colorants naturels. Ces firmes déposèrent de nombreux brevets[4] et eurent la clairvoyance de s'adjoindre des équipes de chercheurs chimistes. Par exemple, Carl Duisberg (1861-1935), un successeur du fondateur de la firme Friedrich Bayer (1825-1880), avait pressenti dès la fin du XIXe siècle l'importance de créer dans sa firme un département de recherche, qu'il peupla des meilleurs chimistes. De nombreux prix Nobel de médecine et de chimie seront distingués parmi ces chercheurs, notamment Paul Ehrlich, Fritz Haber, Karl Bosch, Friedrich Bergius et Gerhard Domagk. Les chimistes s'intéressèrent très tôt à certaines propriétés des dérivés synthétiques de leurs colorants : certains diminuaient la fièvre (antipyrétiques), stérilisaient (antiseptiques), d'autres faisaient dormir (hypnotiques) ou calmaient les douleurs (antalgiques). Alors qu'en 1870 on ne comptait qu'une dizaine de médicaments obtenus par synthèse chimique, une explosion de découvertes allait suivre dans les trois décennies suivantes. Les premiers médicaments découverts par les indudtriels des colorants furent en 1883 par *Hoescht*, l'antipyrine (ou phénazine), un médicament contre la fièvre, puis le sulfonal, un hypnotique en 1884, la phénacétine en 1886, l'antifébrine (phénylacétamide) par la firme *Kalle* en 1888, et surtout l'aspirine par *Bayer* en 1896, dont restera un monopole mondial de *Bayer* jusqu'en 1945[5]. C'est de cette industrie chimique des colorants que naquit une industrie pharmaceutique de taille mondiale qui découvrira les sulfamides.

Le travail de recherche sur les colorants à activité antibactérienne initié par Ehrlich fut repris par l'*IG* (*Interesse Gemenschaft*) *Farben Industrie*, un trust géant de l'industrie des colorants, créé en Allemagne en 1925, rassemblant les principales firmes de l'industrie chimique allemande. En 1927, *Bayer* au sein de ce trust décida d'établir un programme de recherche dans le domaine de la chimiothérapie antibactérienne. C'était un acte courageux à une période où régnaient le scepticisme et la résignation, du fait de la toxicité du néosalvarsan, et des récents échecs de plusieurs médicaments qui semblaient prometteurs. Julius Morgenroth (1871-1924) avait synthétisé en 1911 un dérivé de la quinine, l'optochine[6] qui fut avec le salvarsan un des tout premiers antibiotiques utilisés chez l'homme, actif sur le pneumocoque mais très toxique. De même, les dérivés de l'acriflavine avaient donné des effets décevants chez l'homme, ainsi que les sels d'or, tels le thiosulfate d'or et la sanocrysine, qui avaient suscité de grands espoirs en 1925 pour le traitement de la tuberculose.

[3.] La mauvéine remplaçait le pourpre extrait de cochenilles, minuscules mollusques de la mer Méditerranée utilisés depuis l'Antiquité. L'alizarine naturelle fut ensuite synthétisée par Carl Graebe et Carl Liebermann en 1868, un dérivé rouge de l'anthracène, remplacant les extraits de racines de garance produites par certaines régions comme l'Alsace. Puis le bleu indigo produit à Java et aux Indes fut synthétisé par Carl von Baeyer en 1883 à partir du naphtalène et bien d'autres colorants.

[4.] Par exemple, *Bayer* déposa le premier brevet pour un colorant, la crocéine en 1881 et la *BASF* dut sa prospérité à la production industrielle d'alizarine synthétique à partir de 1869, puis d'indigo en 1893.

[5.] La consommation d'aspirine reste encore aujourd'hui de plusieurs milliards de comprimés chaque année dans le monde.

[6.] L'optochine (éthylhydroxycopréine) actif sur le pneumocoque *in vitro* et chez l'animal dut être rapidement abandonné du fait de graves effets secondaires chez l'homme survenant avec une fréquence d'environ 10 %.

Tous ces composés se révélèrent extrêmement toxiques et ne purent être commercialisés. Donc en 1927, Heinrich Hörlein, directeur scientifique de *Bayer* embaucha pour développer un nouveau programme de recherche Wilhelm Roehl, un chimiste, fidèle collaborateur de Paul Ehrlich, et un médecin Gerhard Domagk (1895-1964) pour fonder à Elberfeld un département de pathologie expérimentale pour tester les propriétés antibactériennes des composés synthétisés. Après la Première Guerre mondiale, Domagk fut obsédé par l'idée de retrouver des substances antibactériennes capables de guérir les infections. À la tête d'une petite unité, il jeta les bases de ses futurs succès en mettant au point une série de tests pour l'essai de nouveaux composés. Il réalisa un travail de pionnier qui lui permit de cribler un grand nombre de molécules chimiques avant d'en trouver quelques-unes actives. Il utilisa en particulier des tests *in vivo* chez les souris, alors que les composés n'avaient aucune activité *in vitro* sur les bactéries en boîte de Petri. De son côté, Wilhelm Roehl, convaincu de la véracité de l'hypothèse de Ehrlich sur l'existence d'un rapport entre les propriétés colorantes et l'activité anti-parasite, recherchait des substances actives sur les bactéries. Ainsi, un tout petit groupe de trois chimistes et un médecin allait réaliser un travail intense de recherche de 1927 à 1932 qui permit d'aboutir à une découverte sensationnelle qui allait sauver des millions de vies, les sulfamides [7].

Roehl partit de composés dits azoïques dont on connaissait l'action sur certains protozoaires, les trypanosomes. Sur le noyau « benzénique » de la molécule, il pouvait facilement « greffer » de nombreux groupes chimiques actifs permettant ainsi de produire de très nombreux dérivés synthétiques. Deux de ses collaborateurs chimistes Fritz Mietzsch (1896-1958) et Josef Klarer (1898-1953) à la suite d'une publication de la firme concurrente *Hoescht*, s'intéressèrent à l'activité de dérivés de la nitro-acridine. Ils synthétisèrent une vingtaine de dérivés et s'aperçurent qu'un colorant azoïque possédait d'une efficacité *in vivo* sur des souris infectées par des souches de streptocoque pathogène. Toutes les recherches se concentrèrent alors sur la voie des colorants azoïques. Ils en testèrent plus de 300 avant de trouver le bon. À l'automne 1932, Domagk reçut un colorant rouge vif, le dérivé KL695 (sulfamidochrysoïdine). Dans une expérience datée du 20 décembre 1932, ce produit s'avéra être remarquablement efficace pour guérir les souris infectées par un streptocoque hémolytique virulent. On l'appela « protonsil » et un brevet sur l'activité antibactérienne de ce colorant fut déposé dès le 25 décembre 1932 ! En fait, des chercheurs de l'institut Pasteur, Daniel Bovet (1907-1992), Jacques Tréfouël (1897-1977) et Federico Nitti (1903-1947) s'aperçurent rapidement que le principe actif sur les bactéries n'était pas le colorant mais était en fait un produit de dégradation du prontosil libéré dans les tissus, le p-aminophénylsulfamide. Ce métabolite avait été en fait synthétisé en 1908 par un chimiste autrichien, Paul Gelmo (1879-1961).

Le premier essai clinique avec le colorant sulfamidé de *Bayer* d'abord appelé « streptozon » aboutit à la guérison éclatante d'un nourrisson de 10 mois agonisant, couvert de plaies et d'abcès avec une fièvre à 40 °C et un pouls à 180. Il s'agissait d'une septicémie à staphylocoques d'origine cutanée de pronostic toujours fatal. En quatre jours, la température redevint normale et le bébé guérit. Le prontosil sauva ensuite des patientes atteintes de fièvres puerpérales dont la mortalité passa de 25 % à 5 % et se révéla remarquablement actif sur un très large nombre d'infections bactériennes. Trois ans plus tard en 1935, le prontosil fut largement commercialisé. Ce premier sulfamide à activité antibactérienne et bien toléré épargna des millions de vie. À partir de 1938, de nouveaux composés apparurent, les composés M et B 693 (sulphapirédinine) qui se révélèrent également très efficaces. Les sulfamides

---

[7] Outre les sulfamides, la recherche sur les colorants permit la synthèse de médicaments actifs contre le paludisme (la mépacrine, la primaquine, et surtout la chloroquine), et contre les trypanosomiases et l'onchocercose (la suramine dérivée du bleu trypan).

furent largement administrés pendant la guerre sur des millions de personnes, à raison de plusieurs milliers de tonnes. On dit aussi que Winston Churchill lors de la conférence de Téhéran développa une pneumonie sévère et que, hésitant entre l'utilisation de la pénicilline, découverte anglaise, et le protonsil, découverte allemande, son médecin utilisa finalement le prontosil du fait du plus grand recul qu'il avait sur l'utilisation de ce produit chimique chez l'homme. Cette molécule allemande a probablement sauvé la vie de Sir Winston à un moment crucial de la guerre. Gerhard Domagk, découvreur du protonsil avec les chimistes de Bayer, a reçu en 1939 un prix Nobel que Hitler lui interdît d'accepter. Il continua son travail de recherche jusqu'en 1960 et mourut en 1964.

Serendipity et la pénicilline

Figure 3. Alexander Fleming (1881-1955), Ernst Chain (1906-1979) et Howard Florey (1898-1968) prix Nobel 1945, découvreurs de la pénicilline.
© The Nobel Foundation.

Alexander Fleming (1881-1955), le découvreur de la pénicilline, est né près de Darvel en Écosse d'une famille presbytérienne de 8 enfants. Il vécut 14 ans dans la ferme familiale de Lochfield jusqu'à la mort de son père. La famille s'installa alors à Londres où le jeune Alexander suivra des études de médecine à la *St. Mary's School of Medicine*. Il obtint en 1905 sa qualification en chirurgie. Le *St. Mary's Hospital* fondé en 1845 était le plus jeune des 12 hôpitaux de Londres et allait devenir le centre de recherche le plus prestigieux d'Angleterre, sous l'impulsion de Almroth Edward Wright (1861-1947), qui y travailla de 1902 à 1946, prenant sa retraite à l'âge de 85 ans ! Wright était un personnage hors du commun. Après des études de droit et de médecine, il opta pour la recherche sur l'immunité et les vaccins alors sur les fonds baptismaux. Curieux de tout, imaginatif, parlant sept langues et en lisant onze, d'une mémoire extraordinaire, il allait réunir un groupe de jeunes chercheurs autour de lui. Il mit au point notamment un vaccin contre la typhoïde, travailla sur les phagocytes et la réponse anticorps. Il découvrit les propriétés « opsonisantes » des anticorps, c'est-à-dire leur capacité de recouvrir les bactéries pour faciliter leur phagocytose et leur destruction, et développa toutes sortes de tests pour le diagnostic sérologique des infections. Surtout il développa un des tout premiers centres de recherche clinique au monde, le

« service d'inoculation » où il testait ses vaccins. Fleming baigna dans cette atmosphère d'émulation et d'enthousiasme qu'avait su créer Wright à l'hôpital *St Mary's*. C'est presque naturellement qu'il accepta de travailler dans le service de Wright en 1906, renonçant à l'exercice de la chirurgie. Il deviendra bactériologiste dans cet hôpital. Jusqu'à la guerre 1914-1918, il partagea son temps entre le service clinique et le laboratoire de recherche de Wright, traitant des patients pour toutes sortes d'infections, utilisant des vaccins divers et traitant avec succès les patients syphilitiques par le salvarsan découvert par Ehrlich en 1910. Il fit des recherches sur les anticorps, les vaccins, les antiseptiques et les blessures. Pendant la Première Guerre mondiale, il travailla comme bactériologiste à Boulogne en France et fut confronté impuissant aux infections souvent mortelles des plaies de guerre. Il prit alors conscience de l'intérêt d'éventuels traitements anti-infectieux pour limiter les effroyables ravages de ces blessures.

De retour dans le service de Wright après la guerre, il fit une première observation importante. Il découvrit en 1922 le lysozyme, une enzyme bactéricide retrouvée dans les sécrétions comme les larmes et présente dans tous les tissus. Cette découverte ressemble en tout point à celle de la pénicilline, alliant un sens de l'observation, une curiosité aiguë et une bonne part de chance. Bactériologiste très méticuleux, Fleming avait le don de s'étonner de choses qui auraient paru sans intérêt pour la plupart de ses contemporains. À la suite d'un rhume, il mit en culture son mucus nasal et observa aux alentours du mucus une zone d'inhibition de croissance et une lyse des colonies bactériennes. Le coup de chance est que ces colonies appelées « A.F. coque » puis désignées *Micrococcus lysodeikticus* étaient exceptionnellement sensibles au lysozyme, beaucoup d'autres bactéries étant peu ou pas sensibles à cette enzyme. Il put mettre au point des tests *in vitro* avec cette souche unique et démontrer expérimentalement le rôle protecteur du lysozyme dans les infections oculaires et sa présence dans les phagocytes et dans le blanc d'œuf. Le lysozyme est une des enzymes concourrant à la résistance aux infections des muqueuses et des phagocytes.

Dans la continuité de ses recherches sur le lysozyme, Fleming au *St. Mary's Hospital* travaillait sur des « variants » d'une bactérie, le staphylocoque, qui donnait des colonies de différentes couleurs, dorée, blanche, citrin, que l'on pouvait corréler avec leur virulence. Ces couleurs apparaissaient mieux après une incubation de 24 heures à 37 °C puis de quelques jours à température ambiante. Fleming étudia des souches de staphylocoques provenant de furoncles, d'abcès, d'infections variées de la peau, du nez, de la gorge. Ces colonies étaient rondes, opaques et lisses, d'un diamètre de 1 à 2 millimètres. De retour de vacances, le matin du 3 septembre 1928, Alexander Fleming examina comme à l'accoutumée les boîtes de culture accumulées pendant les vacances et laissées à température ambiante. En jetant ces boîtes au fur et à mesure dans un bain de lysol, un antiseptique pour les décontaminer après usage, il observa sur l'une d'elle une colonie de moisissure au bord de la boîte qui allait révolutionner la médecine. Aux alentours de cette moisissure, les colonies de staphylocoques étaient clairsemées et transparentes, et avaient même totalement disparu à son contact. Cela ressemblait aux plages de lyse provoquées par le lysozyme, cette substance antibactérienne trouvée dans les sécrétions (larmes, salives) sur lequel il avait longtemps travaillé. La première idée fut donc que le champignon produisait du lysozyme ! Il montra sa boite à plusieurs visiteurs, dont Wright, qui ne s'en émurent guère, tout bactériologiste ayant observé ce type de moisissures un jour ou l'autre. Fleming photographia la boîte, la fixa à la vapeur de formol et surtout repiqua ce champignon sur un bouillon de culture. La boîte qui allait avoir une renommée mondiale est toujours conservée au *British Museum*.

Fleming se mit très vite à travailler sur ce champignon. Il put facilement reproduire l'effet de son champignon contre les staphylocoques et montra qu'un extrait de moisissure chauffé à 45 °C pendant 3 heures lysait les staphylocoques. Cependant, cet effet était perdu après incubation à 56 °C. La culture de moisissure semblait contenir une substance bactériolytique à l'égard des staphylocoques. Il prépara du « jus de moisissure » à partir d'un bouillon de culture filtré dont il testait l'activité in vitro contre un grand nombre de bactéries pathogènes. Il montra que les streptocoques, staphylocoques, pneumocoques, gonocoques, méningocoques et bacilles de la diphtérie étaient fortement inhibés, alors que les bacilles de la typhoïde, les hémophiles et les bactéries « coliformes » ne l'étaient pas. Ceci étonna Fleming qui avait travaillé pendant 12 ans sur l'effet des antiseptiques qui tuent sans discrimination toutes les bactéries. Le « jus » incubé avec des leucocytes sanguins, ne présentait aucune toxicité et s'avérait bien plus efficace que le phénol, une substance antibactérienne très utilisée à l'époque, car il pouvait être dilué 800 fois avant de perdre son activité. De plus, à la différence des antiseptiques qui détruisaient les microbes en quelques minutes, le « jus » agissait lentement en quelques heures. Un antiseptique sans toxicité, le rêve d'Ehrlich allait prendre vie.

Il devint urgent d'identifier la moisissure. Charles J. Latouche, un mycologue, identifia une souche banale d'une espèce très répandue de champignon, appelé Penicillium rubrum. En fait, il s'agissait d'une erreur car la souche appartenait à l'espèce Penicillium notatum. Fleming appela « pénicilline » son jus de moisissure, extrait brut non purifié obtenu en février 1929. Il testa ensuite une collection de moisissures fournies par La Touche provenant de diverses origines. Excepté une moisissure identique à celle isolée à l'origine, aucune ne produisait l'effet antibactérien ! Deux assistants, F. Ridley et S.R. Craddock furent chargés d'étudier les meilleures conditions de production de la pénicilline et la nature chimique du produit actif présent dans le jus bactérien. La pénicilline était produite de façon optimale à 18 °C en 10 jours. Ils filtrèrent l'extrait et le concentrèrent en le débarrassant de son eau. Partis de l'idée fausse que le principe actif était une protéine, ils précipitèrent les protéines du jus à l'alcool. Surprise, seul le surnageant, ne contenant aucune protéine était actif. La pénicilline était soluble dans l'alcool. Ce n'était pas une protéine ! Après évaporation de l'alcool, ils purent fournir un extrait partiellement purifié très actif mais qui se révéla très instable à température ambiante et se conservant mieux à faible acidité.

Fleming testa ces extraits concentrés sur des bactéries et constata leur absence de toxicité pour les animaux de laboratoire. Il observa que la présence de sang et de sérum faisait perdre une grande partie de son activité à la pénicilline in vitro ce qui était apparemment de mauvais augure pour un usage thérapeutique. Injecté au lapin par voie veineuse, l'activité antibactérienne du sérum disparaissait en une demi-heure. Le fait que la pénicilline agissait lentement en 4 heures in vitro, et qu'elle perdait très rapidement son activité in vivo incitèrent Fleming à arrêter ses expériences, pensant que ce produit serait inefficace pour traiter des infections chez l'homme par voie générale. S'il avait testé la pénicilline dans un modèle animal à cette époque, onze années eussent été gagnées pour l'usage courant de la pénicilline ! Il envisagea cependant de l'utiliser comme antiseptique à usage local et traita avec des succès mitigés une sinusite chronique de son assistant Craddock, une infection après amputation chez un malade dans un état désespéré qui mourut de septicémie et une conjonctivite à pneumocoque du Dr K. B. Rogers.

La première communication sur la pénicilline date du 13 février 1929. Fleming présenta devant le Medical Research Club dans l'indifférence générale un milieu à base de pénicilline qui permettait d'isoler le bacille de Pfeiffer (hémophile) que l'on croyait encore à cette époque être l'agent de la grippe. Il soumit un article résumant l'ensemble de ses résultats sur l'action de la pénicilline le 10 mai 1929 au British Journal of Experimental Pathology. L'article était intitulé « De l'action antibactérienne de cultures d'un Penicillium et plus particulièrement leur utilisation dans l'isolement du bacille influenzae »[8]. L'article fut publié dans le numéro 3 (volume X) de juin 1929 de ce journal. Fleming y décrivait les principaux résultats de ses recherches avec Craddock et Riddley et forgea le nom de « pénicilline », concluant son article en indiquant que « la pénicilline appartient au groupe des antiseptiques à action lente ». Il écrivit dans le résumé : « Tout montre que [la pénicilline] peut constituer un antiseptique efficace si on l'injecte ou si on l'applique sur les plaies infectées par les microbes sensibles à la pénicilline ». Cet article demeura inaperçu pendant des années avant de devenir un « classique » de la littérature scientifique, malgré certaines inexactitudes et erreurs sur l'identification du champignon et sur certaines propriétés de solubilité de la pénicilline. Certes Fleming était un excellent bactériologiste qui sut voir et s'acharner sur un phénomène que des centaines de bactériologistes avaient probablement observé depuis 1870. Il eut aussi de la chance. Quand on sait aujourd'hui que de très nombreux antibiotiques produits par des champignons ou des bactéries sont toxiques, il tomba du premier coup sur un antibiotique totalement dépourvu de toxicité. De plus, la souche de *Penicillium notatum* productrice de pénicilline était également exceptionnelle. Pratiquement aucune autre espèce de *Penicillium* ne produit de la pénicilline et beaucoup d'autres souches de *Penicillium notatum* ne produisent pas de pénicilline.

Fleming avait quelques prédécesseurs comme Joseph Lister (1827-1912), qui avait remarqué que la moisissure *Penicillium glaucum* inhibait la croissance bactérienne, et qui écrivait à son frère en 1872 : « Si le cas se présente, j'essaierai le *Penicillium glaucum* et j'observerai s'il inhibe la croissance des organismes dans les tissus humains. » En 1877, Louis Pasteur et Jules Joubert (1834-1914), dans leurs expériences sur le charbon, avaient observé l'effet d'un *Penicillium* et envisagèrent une potentielle utilisation thérapeutique. En 1897, un jeune médecin aux Armées, Ernest Duchesne (1874-1912), décrivit dans une thèse de doctorat en médecine restée célèbre l'action protectrice de *Penicillium glaucum* injecté à des animaux au même moment que des doses mortelles de bactéries virulentes. Il entrevit les possibilités thérapeutiques du produit, mais il mourut prématurément à 38 ans de tuberculose. Fleming convaincu de l'utilité de la pénicilline comme réactif de laboratoire envoya des échantillons de *Penicillium notatum* au *Lister Institute*, à la *George Dreyer's School of Pathology* d'Oxford, à la *Sheffield University Medical School* et à de nombreux bactériologistes qui lui demandaient. Ceci permit de conserver la moisissure d'origine que l'on n'aurait eu aucune chance de redécouvrir car elle s'est avérée être une souche si rare, seule produisant la pénicilline ! Quelques années plus tard, Fleming montra la très forte activité de la pénicilline sur les bactéries responsables des gangrènes gazeuses. Il fit des essais sur les plaies infectées qu'il publia en 1932 en utilisant la pénicilline comme antiseptique local, montrant une efficacité supérieure aux plus puissants antiseptiques connus. L'obstacle essentiel pour l'utilisation de la pénicilline était la difficulté de sa purification et son instabilité. Plusieurs chimistes s'y cassèrent les dents, bien qu'ils fussent proches de la solution. C'est le groupe d'Oxford qui y parviendra, stimulé par la découverte par les Allemands des sulfamides qui permettaient de guérir des infections mortelles comme la fièvre puerpérale.

L'Australien Howard Florey (1898-1968) allait jouer un rôle majeur dans l'utilisation thérapeutique de la pénicilline. Né à Adélaïde en 1898, il fit de brillantes études de médecine dans cette ville (1921). Boursier, il arriva en 1922 à Oxford où il travailla dans le laboratoire du Pr John Burdon-Sanderson (1892-1964), un pionnier de la neurophy-

---

[8]. « *On the antibacterial action of cultures of a Penicillium, with a special reference to their use in the isolation of Bacillus influenzae* ». Alexander Fleming, *British Journal of Experimental Pathology*, 1929.

siologie. Il s'intéressa à la circulation cérébrale et au rôle des plaquettes dans l'hémostase des capillaires cérébraux. C'était un expérimentateur rigoureux, tenace, et surtout un grand organisateur. Le hasard allait l'amener à la pénicilline. Il participa comme médecin à une expédition au Spitzberg dans le grand Nord, au cours de laquelle il souffrit de troubles gastriques persistants qui l'amenèrent à s'intéresser au lysozyme. Il préleva lui-même avec une sonde un peu de liquide dans son estomac et s'aperçut que l'inflammation gastrique était associée à une trop forte acidité et à une diminution de la sécrétion de mucus protecteur de la muqueuse gastrique. Il n'existait pratiquement rien dans la littérature scientifique de l'époque sur cette question, hormis les publications sur le lysozyme. Tout en travaillant sur d'autres sujets de physiologie (respiration artificielle, action du curare dans le tétanos…), il s'intéressa à partir de 1929 au lysozyme, persuadé de son rôle primordial dans les défenses naturelles contre les infections des muqueuses. Nommé en 1935 professeur à l'Université d'Oxford, il fonda un groupe de recherche attirant de nombreux jeunes chercheurs, s'adjoignant des biochimistes qui purifièrent et cristallisèrent le lysozyme. C'est à cette époque qu'il recruta un jeune biochimiste d'origine juive Ernst Chain (1906-1979), fils d'un russe et d'une allemande fuyant le régime nazi en 1933. Sous l'égide de Florey, Chain créa un laboratoire de biochimie très performant à *Dunn School*. Son objectif était d'identifier le mécanisme d'action du lysozyme sur les bactéries. Il montra qu'il s'agissait d'une enzyme agissant sur la paroi des bactéries et en travaillant sur *Micrococcus lysodeikticus*, il identifia la chaîne de sucres (polysaccharide) qui était coupée par l'enzyme empêchant ainsi la prolifération des bactéries. Le lysozyme fut l'une des tout premières enzymes cristallisée par Edward P. Abraham et R. Robinson en 1937. À la suite d'une méningite bactérienne survenue chez sa petite fille de 5 ans en 1936 et traitée avec succès par le protonsil, Florey acquit la conviction qu'il fallait trouver de nouveaux médicaments du fait des limites et des dangers des sulfamides. À partir de 1938, Florey et Chain dirigèrent leurs efforts sur la recherche de nouveaux antibactériens naturels. Chain en revoyant l'ensemble de la littérature trouva environ 200 articles scientifiques montrant l'inhibition des bactéries par d'autres bactéries ou des moisissures. Parmi toutes ces substances, la pénicilline allait retenir leur attention. Dans le laboratoire de Florey, Chain se mit à la fin de l'année 1938 à purifier la pénicilline. Rapidement il rencontra tous les obstacles connus, instabilité et faiblesse de la production à partir du jus de *Penicillium*. Il s'aperçut qu'il s'agissait d'une très petite molécule, ce qui signifiait qu'il ne pouvait s'agir d'une enzyme. Déception.

Malgré ces difficultés, Florey acquit la conviction que la pénicilline était du plus haut intérêt thérapeutique et avec son enthousiasme communicateur, il décida en 1939 de tout miser sur ce produit, à un moment où la guerre menaçait et où il n'avait pratiquement pas de crédits de recherche. Il demanda 100 livres au *Medical Research Council* pour travailler sur les substances antibactériennes, notamment l'une d'elle « appelée pénicilline par celui qui la découvrit, Fleming, agent particulièrement efficace contre les staphylocoques, qui témoigne aussi d'une activité sur les pneumocoques et les streptocoques. […] Nous proposons de préparer ces substances sous une forme purifiée convenant à des injections intraveineuses pour que nous puissions étudier leur action antiseptique *in vivo* ». Il obtint 25 livres sterling du gouvernement anglais ! Sans se décourager, il adressa en novembre 1939 une demande de subvention pour travailler 3 ans sur la pénicilline aux responsables de la *Rockefeller Foundation* qui lui donnèrent une subvention de 1 670 livres pour 5 ans. On peut dire que c'est cette fondation privée qui a réellement permis le développement de la pénicilline. Chain avec d'autres biochimistes du groupe d'Oxford, N.G. Heatley et Edward P. Abraham, obtinrent en 1940 une poudre brune de pénicilline partiellement purifiée contenant une activité antibiotique arbitrairement titrée à 2 unités dite « Oxford » par mg. Ils disposaient alors de 100 mg. La pénicilline ne fut vraiment purifiée qu'en 1943 : elle titrait alors 1 800 unités par mg. Florey pouvait commencer l'expérimentation animale. Le produit n'était pas toxique. Malgré le délai d'action *in vitro* sur les bactéries, malgré la disparition en moins d'une heure du produit dans le sang des animaux, Florey fit l'expérience que Fleming n'avait pas réalisée 11 ans en plus tôt. Le 25 mai 1940, il traita des souris infectées par des streptocoques. Toutes les souris traitées par 5 mg ou 10 mg de pénicilline survécurent malgré la faiblesse des doses injectées. Après avoir répété les expériences, il publia ses résultats sur la purification de la pénicilline et les essais sur les animaux, dans un article du *Lancet* du 24 août 1940 intitulé : « *Penicillin as a chemotherapeutic agent* ».

Florey s'adressa alors aux laboratoires pharmaceutiques pour l'aider à produire en masse la pénicilline. *Wellcome* ? non. Partout, non. L'industrie avait d'autres préoccupations et sollicitations en temps de guerre. Fait incroyable, Florey décida alors de transformer la *Sir William Dunn School of Pathology* en usine de production de la pénicilline. Début 1941, il avait assez de pénicilline pour réaliser un essai clinique avec un produit titrant 50 unités par mg. Le 17 janvier 1941, on testa sa toxicité sur une patiente cancéreuse à un stade terminal avec son accord, puis sur des volontaires sains. Vint le 12 février 1941 le premier patient Albert Alexander, un policeman de 43 ans, atteint d'une septicémie gravissime à staphylocoques et streptocoques d'origine cutanée. Moribond, ayant subi une énucléation pour fonte purulente de l'œil gauche, il fut traité par le Dr Charles Fletcher et son état s'améliora de façon spectaculaire en 10 jours par l'administration de 100 mg toutes les 3 heures par voie veineuse. Mais les stocks furent rapidement épuisés et on dut extraire la pénicilline de son urine pour la lui réinjecter ! Il mourut le 15 mars faute de pénicilline. Un garçon de 15 ans traité le 22 février pour une septicémie à streptocoque toujours mortelle guérit en quelques jours. Puis les succès se multiplièrent. En août 1941, l'équipe d'Oxford publia les résultats cliniques dans le *Lancet* dans un article intitulé « *Further observations on Penicillin* ». Du sensationnel.

Malgré cela, pas d'aide en Angleterre. Il fallait 2 000 litres de filtrat de moisissure pour traiter un malade. Florey alla avec Heatley aux États-Unis en juin 1941, et convainquit le Dr R.D. Coghill, chef du service de fermentation à Peoria dans l'Illinois, spécialisé dans la fermentation de la levure de bière pour la brasserie, de réaliser une culture à grande échelle de *Penicillium* en collaboration avec le chimiste Heatley. Conjointement, il réussit à convaincre aux États-Unis les industriels des laboratoires *Merck*, *Pfizer*, *Squibb*, et *Lederlé* de l'intérêt de la pénicilline. Le 7 décembre 1941, *Pearl Harbor* ! Entrée en guerre de l'Amérique. La production de pénicilline devient une priorité nationale pour les pays en guerre. La production atteindra en juin 1943, 425 millions d'unités par mois, de quoi traiter 170 patients. Revenu en Angleterre, il intensifia ses efforts à Oxford pour renforcer la production de pénicilline. Tandis que Florey continuait ses essais cliniques, il était utile pour l'hagiographie de Fleming qu'il traita lui-même un patient avec la pénicilline. Harry Lambert atteint d'une méningite à streptocoques sensibles à la pénicilline fut hospitalisé en juin 1942 au *St Mary's Hospital*. Fleming obtint de Florey de la poudre de pénicilline pour traiter lui-même ce patient par voie veineuse et intra-rachidienne. Le malade guérira sans séquelles. Enfin, en Angleterre, les industriels *Glaxo* et *Wellcome* finirent par produire la pénicilline purifiée à partir de 1943 : 20 millions d'unités par mois. Les rendements furent par la suite fortement augmentés par la sélection de mutants hyperproducteurs de *Penicillium notatum* et d'une souche d'une espèce proche, *Penicillium chryseogenum*. La grande aventure de la pénicilline prenait une dimension mondiale. Le 10 décembre 1945, Fleming, Florey et Chain reçurent le prix Nobel de médecine et de Physiologie pour la découverte de la pénicilline[9]. La structure de la pénicilline en effet fut découverte après plusieurs années d'efforts en 1944 indépendamment par Chain et par G. Folkers qui travaillait pour la firme *Merck Sharp and Dohme*. Ceci permit de créer des pénicillines semi-synthétiques[10].

En 1945, Giuseppe Brotzu (1895-1976), professeur de bactériologie à Cagliari en Sardaigne, eut l'idée que les micro-organismes producteurs d'antibiotiques devaient être abondants dans les eaux d'égouts, car les bactéries pathogènes telles que le bacille de la typhoïde, sont rapidement éliminées des effluents. Il réussit à isoler à partir de ces eaux un champignon appelé *Cephalosporium acremonium* qui inhibait la croissance de nombreuses bactéries. À partir d'un filtrat de culture, il prépara par précipitation à l'alcool un extrait brut qui avait une forte activité bactéricide. Il l'utilisa pour traiter des brûlures et des abcès avec succès. Il l'injecta même à des patients atteints de typhoïde et de brucellose, avec d'apparents succès. Ceci se passait dans l'Italie de l'après-guerre, un pays complètement démuni. Brotzu entra en contact avec Florey et envoya sa souche au groupe d'Oxford. E. P. Abraham, Kathleen Crawford et H.S. Burton, puis Guy Newton travaillèrent sur ce champignon et isolèrent à partir du filtrat de ce champignon trois substances antibiotiques, la céphalosporine P, antibiotique de structure ressemblant aux stéroïdes, la céphalosporine N, composé très proche de la pénicilline, et surtout la céphalosporine C qui s'avéra d'un grand intérêt du fait de sa résistance aux pénicillinases, des enzymes bactériennes qui détruisent la pénicilline. Comme les pénicillines, cet antibiotique allait être à l'origine d'une vaste famille d'antibiotiques semi-synthétiques, les céphalosporines, obtenues par synthèse à partir de la molécule d'origine.

Les premiers antibiotiques contre la tuberculose

Il n'existait en 1945 aucun antibiotique actif contre la tuberculose. Les sulfamides et la pénicilline demeuraient totalement inefficaces. C'est Selman Abraham Waksman (1888-1973), un bactériologiste spécialisé dans les micro-organismes du sol qui découvrit en 1943 avec Albert Schatz (1920-2005), un étudiant en thèse, le premier antibiotique antituberculeux, la streptomycine.

Il y eut un prologue, la découverte du premier antibiotique utilisé chez l'homme, la tyrothricine. Le Français René Dubos (1901-1976), était ingénieur agronome et avait travaillé de 1924 à 1927 à l'Université du New Jersey à Rutgers sous l'égide de Selman Waksman, un spécialiste des bactéries du sol. Rejoignant le *Rockefeller Institute* de New York, il vint à s'intéresser aux antibiotiques à la suite de discussions avec Oswald Avery qui cherchait une enzyme capable de détruire la capsule constituée de polymères de sucres des pneumocoques, bactéries donnant des pneumonies. Dubos pensa que le sol si riche de microbes pouvait être une excellente source de micro-organismes producteurs d'enzymes capables de digérer la capsule des pneumocoques. Il trouva une souche bactérienne produisant une telle enzyme mais son extrait brut était très toxique. Il développa alors un programme destiné à tester de nombreuses bactéries du sol pour leur capacité à produire des antibiotiques (criblage). Après deux ans d'effort, il isola une souche de *Bacillus brevis* productrice d'un antibiotique très actif sur les strep-

---

[9] Le groupe d'Oxford allait encore s'illustrer par ses contributions au développement des pénicillines semi-synthétiques et à celui des céphalosporines, une classe d'antibiotiques proche de la pénicilline.

[10] Les pénicillines semi-synthétiques sont obtenues par substitutions d'une chaîne latérale du noyau « pénicilline » de la molécule. Ainsi, naquit une vaste famille d'antibiotiques très largement utilisée aujourd'hui, comme la méthicilline, l'ampicilline, la pipéracilline, la carbénicilline et bien d'autres.

Figure 4. René Dubos (1901-1976) et Selman Waksman (1888-1973), découvreurs des antibiotiques produits par les microorganismes du sol. S. Waksman eut le prix Nobel en 1952 pour la découverte d'un anti-tuberculeux majeur, la streptomycine.
© Rockefeller University Press, New-York
© The Nobel Foundation

tocoques et les staphylocoques. Cet antibiotique, la tyrothricine[11] était efficace mais très toxique chez l'animal, ce qui ne lui laissa pas d'avenir. Il ne fut utilisé que pour le traitement local des plaies infectées ou pour des désinfections superficielles. En fait, Dubos n'avait pas eu de chance, car il avait choisi de rechercher les bactéries du sol et on sait aujourd'hui que ce sont surtout les champignons et certaines bactéries du sol, les actinomycètes, qui produisent des antibiotiques. Mais il avait été le premier à imaginer que les microbes du sol pouvaient créer des antibiotiques. Dubos présenta sa découverte en septembre 1939 à un congrès de microbiologie où étaient présents Warksman, Fleming et Florey.

Selman Waksman connaissait bien Dubos qui avait travaillé quelques années plus tôt dans son laboratoire. Né en Ukraine, il émigra à 22 ans aux États-Unis pour fuir l'antisémitisme. Il fit ses études scientifiques à l'Université du New Jersey à Rutgers, où il poursuivit toute sa carrière scientifique. Il s'intéressa aux bactéries du sol et tenta de comprendre les mécanismes de leurs interactions, inhibition ou stimulation de croissance, dans des écosystèmes complexes. En 1932, l'*American Tuberculosis Society* lui demanda de tester la survie du bacille de la tuberculose dans le sol. Il confia ce travail à son assistant Chester Rhines qui constata que les bacilles survivent très bien dans le sol et que leur croissance est même stimulée par la présence d'autres bactéries, observations publiées en 1934. Cependant, s'il ajoutait des champignons ou du fumier, les bacilles disparaissaient en 17 jours. Il existait donc des micro-organismes ou des substances toxiques dans le fumier qui détruisaient le bacille de la tuberculose. Cette observation passa inaperçue, même pour Waksman qui ne

---

[11]. La tyrothricine fut d'abord appelé « gramicidine » par Dubos, en l'honneur du bactériologiste danois Christian Gram.

donna aucune suite. Quelques années plus tard, devant les résultats de Dubos et ceux du groupe d'Oxford, Waksman décida en 1939 de réorienter toutes ses recherches vers la découverte d'antibiotiques, en mettant sur pied un programme de criblage systématique des microbes du sol.

Le sol contient des milliards de microbes, bactéries, champignons, protozoaires. Comment sélectionner ceux qui produisent des antibiotiques ? Quelle bactérie pathogène étudier ? Voilà les questions que se posaient en 1939 Waksman après avoir écouté la présentation de Dubos sur la tyrothricine. Il choisit de trouver des microbes actifs contre la bactérie à l'origine de la fièvre typhoïde très fréquente encore à l'époque. Avec son assistant, H. Boyd Wooddruff, il testa l'activité inhibitrice d'échantillons de sol sur la croissance de ces bactéries[12]. Les premiers résultats permirent d'isoler une souche de *Pseudomonas aeruginosa* et une autre d'*Actinomyces*, un micro-organisme sur lequel Waksman avait travaillé depuis 1915. Sur 500 souches d'*Actinomyces*, une seule s'avéra intéressante, produisant un antibiotique qu'il appela l'actinomycine. Très actif mais très toxique pour l'animal, l'actinomycine sera utilisé par la suite comme drogue immuno-suppressive pour éviter le rejet de greffe. Il trouva ensuite une souche de *Streptomyces* produisant la streptothricine, antibiotique actif sur de nombreuses bactéries mais également très toxique pour les reins. Déception.

Le 1er juin 1941, Waksman rencontra au *Pennsylvannia Hotel* à New York un petit groupe de médecins et bactériologistes, qui voulaient discuter de nouvelles approches pour le traitement de la tuberculose. Le Dr William C. White lui rappela avec enthousiasme les expériences de survie dans le sol décrites par Rhines. Waksman décida le même mois d'entreprendre un travail sur ce sujet qu'il confia à un jeune étudiant en thèse, Albert Schatz. L'hypothèse était que les *Actinomyces* étaient de bons candidats pour expliquer les résultats de Rhines. Dans le sous-sol du bâtiment de recherche, Schatz travailla jour et nuit, repérant les colonies d'*Actinomyces* et les testant frénétiquement vis-à-vis du bacille de la tuberculose. Au bout de seulement deux mois, il trouva des souches d'*Actinomyces* inhibant faiblement le bacille de la tuberculose ! Bonne piste. Le 19 octobre 1943, il trouva deux colonies séparées « gris vert » d'*Actinomyces*, appartenant à une espèce décrite par Waksman 28 ans plus tôt, *Actinomyces griseus*[13]. L'une des souches provenait de la gorge d'un poulet, l'autre d'un échantillon de fumier ! Ces colonies étaient entourées d'une large zone d'inhibition de croissance vis-à-vis des germes pathogènes testés et produisaient donc une substance qu'ils appelèrent la streptomycine. L'antibiotique était actif sur de nombreux pathogènes, staphylocoques, bacilles à Gram négatif. Avec Betty Bugie, Schatz définit les meilleures conditions de croissance des *Streptomyces* pour optimiser la production de l'antibiotique. Premiers tests sur embryons de poulet infectés par des salmonelles. Ça marche ! Schatz décida alors de tester l'antibiotique sur le bacille de la tuberculose, ce qui était le but de sa thèse. Il ensemença des milieux de culture spécifiques dits de Lowenstein-Jensen avec des bacilles provenant d'une souche avirulente[14] du bacille de la tuberculose et ajouta différentes dilutions de streptomycine. Une attente de trois semaines, temps de croissance des bacilles de la tuberculose. Incroyable, les bacilles furent détruits. Joie, exultation !

Il fallait maintenant tester l'activité de cette substance contre des bacilles virulents fournis par un vétérinaire William Feldman. Un vide se fit autour de Schatz qui avait accepté de réaliser lui-même ces expériences à une époque où la tuberculose n'avait aucun traitement

---

[12] Ils mirent au point un ingénieux moyen de criblage. L'échantillon de sol était dilué dans l'eau et une micro-goutte déposée sur une boîte de gélose recouverte ensuite par une couche de gélose contenant la bactérie à tester. La production d'antibiotique était visualisée par une zone inhibition de croissance des bactéries.

[13] *Actinomyces griseus* avait été rebaptisée *Streptomyces griseus* quelques mois auparavant par Waksman.

[14] Il s'agissait de la souche avirulente H37Rv de *Mycobacterium tuberculosis*.

réellement efficace. Succès complet. En janvier 1944, parut l'article résumant le travail dans *The Proceedings of the Society For Experimental Biology and Medicine*: « Streptomycin, a substance exhibiting antibiotic activity against Gram positive and Gram negative bacteria », signé par Albert Schatz, Betty Bugie et Selman Waksman. Il y est mentionné discrètement dans un tableau que la streptomycine est active sur *Mycobacterium tuberculosis*. Waksman avait décidé d'entreprendre une collaboration avec William Feldman et H. Corwin Hinshaw de la Mayo Clinic à Rochester (Minnesota). Schatz fournit en avril 1944 10 grammes de streptomycine brute pour les premiers essais chez le cobaye. Les animaux infectés furent guéris ! Des essais cliniques furent immédiatement envisagés. Mais il fallait produire l'antibiotique. Appel à l'industrie. Waksman, Feldman et Hinshaw convainquirent George Merck (1894-1957) en personne d'engager sa compagnie dans l'aventure sur les résultats d'une seule expérience sur 8 cobayes. George Merck mit 50 chercheurs au travail sur l'étude et la production de la streptomycine. Feldman confirma l'efficacité chez le cobaye. Hinshaw, impatient, l'utilisa chez des patients atteints de méningite tuberculeuse, une maladie connue pour être toujours mortelle. D'abord un enfant de 2 ans guérit d'une méningite tuberculeuse en septembre 1944 ! Puis le 20 novembre 1944, un adulte avec cette méningite fut très fortement amélioré mais finalement succomba. L'autopsie révéla qu'il ne mourut pas de tuberculose mais d'une embolie pulmonaire. Point besoin de tests statistiques pour ces essais cliniques : on guérissait la méningite tuberculeuse et des tuberculoses graves. Au point que certains médecins restèrent incrédules devant les succès obtenus avec la streptomycine, mettant en doute le diagnostic de méningite tuberculeuse. En 1952, Selman Waksman reçut le prix Nobel pour la découverte de la streptomycine[15].

Presque simultanément, un autre antituberculeux fut découvert en Suède d'une façon radicalement différente. Un chercheur travaillant à l'hôpital Sahlgren de Göteborg, Jorgen Lehmann (1898-1989), travaillant sur les anticoagulants, fut impressionné par la lecture d'un article de la prestigieuse revue *Nature* en 1940. Un certain Bernheim montrait dans ce travail que l'aspirine stimulait la consommation d'oxygène par les bacilles de la tuberculose en culture. Lehmann eut l'idée qu'en modifiant légèrement la molécule d'aspirine, celle-ci pourrait bloquer la respiration des bacilles après pénétration dans les bactéries. Regardant la structure de la molécule, il conçut, par analogie avec les sulfamides, de manipuler le noyau de l'acide salicylique [16]. En mars 1943, il contacta la firme *Ferrosan* de Malmö pour qu'elle réalise la synthèse. Sans aucune expérience préalable, par son seul pouvoir de conviction, il réussit à intéresser Ryné, le directeur de *Ferrosan* à son projet. La synthèse, qui s'avéra délicate, fut réalisée par un jeune chimiste, Karl-Gustav Rosdahl. Lehmann reçut le précieux produit en décembre 1943 et montra rapidement son activité sur le BCG puis sur des cultures de *Mycobacterium tuberculosis* ! La drogue guérissait les cobayes inoculés avec le bacille de la tuberculose, et, chance suprême, n'avait aucune toxicité sur les lapins, les rats et les souris. Lehmann contacta le Dr Gylfe Vallentin, chef d'un sanatorium de Gothenburg. Après quelques essais encourageants en application locale, l'utilisation du produit par voie buccale puis par injection permit d'obtenir à partir de février 1944 des succès spectaculaires sur des tuberculoses pulmonaires et des méningites tuberculeuses par injections intrarachidiennes. Lehmann tarda à publier du fait des difficultés pour la firme Ferrosan de déposer les brevets de cet antibiotique. La publication fut d'abord refusée par *Nature* en avril 1945, puis acceptée en novembre 1945 et ne parut qu'au printemps 1946. La découverte fut rendue publique en

---

[15] Cette attribution entraîna une controverse et un procès avec Albert Schatz, qui a eu indubitablement une contribution majeure dans la découverte de la streptomycine.

[16] La première approche de Lehmann fut l'addition d'un groupe aminé en « para » d'un atome de carbone du noyau benzol de l'acide salicylique.

novembre 1945 lors d'un congrès à Stockholm et les résultats cliniques publiés le 5 janvier 1946 dans le *Lancet*. Avant même sa disponibilité pour une utilisation de routine, cet antibiotique aura encore à surmonter le conservatisme, les sarcasmes infondés et le scepticisme de certains leaders d'opinion suédois, mais il eut un fort soutien des journaux et du public.

La grande course aux antituberculeux était démarrée. Suivront l'isoniazide, un dérivé synthétisé dès 1912 par des chimistes tchèques dont l'activité antituberculeuse ne sera découverte qu'en 1952, puis en 1963 la découverte de la rifampicine produite par *Streptomyces mediterranei* découverte par la firme *Lepetit*, la pyrazinamide, l'ethambutol en 1967, l'éthionamide... Le traitement de la tuberculose nécessitera d'associer plusieurs antibiotiques pour obtenir des guérisons complètes. Les années 1990 verront l'émergence des souches multirésistantes de *Mycobacterium tuberculosis*.

L'approche de Waksman mena les chercheurs de l'industrie pharmaceutique dans les années 1950-1960 à la découverte de plusieurs milliers de substances antibiotiques produits par les micro-organismes du sol, la plupart très toxiques, appartenant aux grandes familles actuellement utilisées en clinique : les aminosides, le chloramphénicol, les tétracyclines, les macrolides, les synergistines... Depuis plus de 30 ans, aucune nouvelle famille d'antibiotiques n'a été découverte, les progrès majeurs venant de dérivés semi-synthétiques d'antibiotiques connus, améliorant leur activité sur des bactéries devenues résistantes. L'émergence de nombreuses souches bactériennes multirésistantes stimule aujourd'hui une nouvelle recherche sur les antibiotiques, notamment pour trouver de nouvelles cibles bactériennes à inhiber. À la recherche empirique, fruit d'un travail acharné et d'heureux hasards, va se substituer une recherche systématique fortement facilitée par le séquençage complet des génomes bactériens. Des cibles nouvelles seront ainsi identifiées, telles que des enzymes de voies métaboliques ou des facteurs de virulence, et seront testées avec des centaines de milliers de molécules collectionnées par les industriels[17].

La découverte des médicaments antiviraux

Contrairement à la quête empirique des antibiotiques, la découverte des médicaments antiviraux a bénéficié d'approches plus raisonnées. Commencée avec retard dans les années 1950, cette découverte naîtra en fait de la recherche sur les médicaments anti-cancéreux. La mise au jour du mécanisme d'action des sulfamides eut une grande importance conceptuelle dans la mise au point d'anti-cancéreux et d'antiviraux, en introduisant l'idée « d'analogues métaboliques inhibiteurs ». En effet, il fut établi que la structure du sulfamide ressemblait à l'acide p-amino-benzoïque, substrat indispensable à la synthèse du dihydrofolate, une vitamine indispensable à la survie des bactéries. Ceci amena en 1940, Donald Woods (1912-1964), biochimiste à Oxford, à proposer la théorie des anti-métabolites, substances qui pourraient entrer en compétition avec les substrats naturels requis pour les synthèses des micro-organismes et entraîner ainsi leur mort. On pouvait donc espérer interférer avec des biosynthèses essentielles, notamment celles des acides nucléiques.

La recherche d'antiviraux fut à la fois plus complexe et plus simple que celle sur les antibiotiques. Les virus sont des parasites qui ne se multiplient qu'à l'intérieur des cellules, et qui possèdent des génomes de petite taille, codant quelques gènes, tout au plus 200 ou 300

[17.] On utilise aussi d'autres approches recherchant la production d'antibiotiques à partir des microbes de la mer ou des peptides antibactériens de la peau de grenouille.

pour les plus gros virus, comparativement aux milliers de gènes des bactéries. L'essor de la biologie moléculaire joua un rôle décisif dans le développement des antiviraux, notamment grâce au séquençage des petits génomes des virus qui identifia un petit nombre de cibles potentielles. L'inhibition des enzymes virales permettant la biosynthèse des acides nucléiques apparaissait à coup sûr la façon radicale de stopper la réplication virale. Malheureusement, des enzymes très similaires sont très souvent présentes dans les cellules animales et donc inhibent la multiplication de ces cellules, expliquant la grande toxicité des premières drogues antivirales à l'origine des drogues anticancéreuses. Les grandes avancées furent liées à la mise en évidence d'enzymes virales absentes ou différant suffisamment de celles des cellules infectées pour être inhibées sans léser ces cellules. Le principe de la recherche des antiviraux fut de purifier les enzymes des virus et de tester leur activité en présence de diverses substances potentiellement inhibitrices.

Les premières recherches sur les antiviraux commencèrent par de timides essais dans les années 1950. À cette époque, D. Hamre s'était aperçu de l'intérêt des thio-semicarbazones pour le traitement des infections graves survenues après vaccination avec des virus atténués et éventuellement de la variole. Dans les années 1960, D.J. Bauer, chercheur au département de pathologie tropicale du laboratoire *Wellcome* à Londres, avait montré l'intérêt du dérivé 1-méthylé ou méthisazone qui allait, peu après, être commercialisé par la firme anglaise sous le nom de Marboran (thiosemicarbazone de la N-méthyl-isatine). Ce médicament était efficace sur les « accidents » du vaccin vivant anti-variole, la vaccine, tels que l'eczéma ou la gangrène vaccinale des immunodéprimés, mais aussi dans la prévention de la transmission de la variole et même dans le traitement très précoce de cette maladie. Puis vint l'amantadine, un médicament utilisé dans la maladie de Parkinson, dont on découvrit en 1964 une action inhibitrice sur la croissance du virus de la grippe en cultures cellulaire[18]. En pratique, aucun antiviral ne fut disponible avant 1960. Jusqu'à cette date, on assistait impuissant à l'évolution naturelle des maladies virales sans possibilité thérapeutique. Le diagnostic virologique était souvent rétrospectif, parfois post mortem et donc de faible d'intérêt pour les patients.

Les analogues de nucléosides et Gertrude Elion

En fait, ce sont des analogues de nucléosides, ces « briques » qui constituent l'ADN, qui furent à l'origine des principaux antiviraux actuels découverts à partir des années 1960, et dérivant d'une recherche sur les drogues anticancéreuses. Des nucléosides modifiés par incorporation d'atomes d'iode ou de fluor, ou par ablation d'une portion de la molécule (analogues « acycliques ») peuvent être incorporés aux acides nucléiques par les ADN ou ARN polymérases virales. Ces acides nucléiques « dégénérés » ne sont plus fonctionnels et bloquent la multiplication virale dans les celllules infectées. Cette recherche fut dominée par la personnalité de Gertrude Belle Elion (1918-1999). Née à New York, cette chimiste formée à l'université de New York, fut embauchée en 1944 par le laboratoire *Wellcome* pour rejoindre l'équipe de recherche de George H. Hitchings (1905-1998) à Tuckahoe. C'est là qu'elle réussit en 1950 la synthèse de la 6-mercaptopurine (purinethol) puis de l'azathioprine (imuran) en 1957, deux médicaments anti-cancéreux majeurs. L'imuran sera aussi utilisé pour prévenir le rejet de greffe d'organe. En 1967, elle devint chef du département de thérapeutique expérimentale de la firme *Burroughs-Wellcome*. Travaillant dans le *Research Triangle Park* en Caroline du Nord, Gertrude Elion synthétisa en

---

[18]. L'amantadine inhibe la pénétration du virus de la grippe A dans les cellules et serait efficace dans la prévention de cette maladie. On utilise actuellement un dérivé moins toxique, la rimantadine (roflual).

Figure 5. Gertrude Belle Elion (1948-19999), prix Nobel 1988, a découvert un des premiers anti-viraux efficace et non toxique, l'acyclovir.
© The Nobel Foundation.

1977 un analogue d'un nucléotide, la guanosine, l'acycloguanosine ou acyclovir[19], d'une remarquable sélectivité d'action sur le virus de l'herpès, un virus très courant à l'origine de lésions vésiculeuses buccales ou génitales. On peut presque dire qu'il s'agit du premier antiviral réellement efficace et parfaitement toléré. Ce médicament guérit les infections herpétiques graves souvent mortelles, telles que l'encéphalite herpétique et l'herpès néonatal disséminé mais aussi les varicelles malignes et les formes graves du zona des immunodéprimés qui entraînaient une mortalité importante (jusqu'à 70 %). Gertrude Elion montra que la bonne tolérance de l'acyclovir était due au fait que cette drogue nécessitait d'être « activée » par une enzyme virale. Elle n'était donc toxique que pour les cellules infectées[19] ! Certes, d'autres analogues nucléosidiques avaient précédé la découverte de l'acyclovir : l'iodoxuridine (analogue de la thymine) en 1962, la vidarabine ou Ara-A (analogue de la guanosine), composés actifs sur les herpèsvirus, et la ribavirine (virazole) en 1972, analogue de la guanosine actif sur le virus de la grippe[20]. Ces drogues étaient toutes très toxiques et d'usage délicat. C'est pourquoi l'acyclovir est vraiment apparue comme une drogue miraculeuse qui a sauvé des centaines de milliers de vies.

---

[19] L'acyclovir est un analogue « acyclique » de la guanosine, plus connu actuellement sous son nom pharmaceutique de Zovirax. L'acyclovir n'est active qu'après phosphorylation (addition de phosphates). La drogue est en fait phosphorylée par une thymidime-kinase virale uniquement dans les cellules infectées, épargnant donc les cellules non infectées. Incorporé dans l'ADN viral, l'acyclovir-triphosphate inhibe alors fortement la synthèse du virus. Ce ciblage des seules cellules infectées explique la très faible toxicité de l'acyclovir.

[20] La ribavirine est active sur de nombreux autres virus, le virus respiratoire syncytial, les paramyxovirus, les virus de la rougeole et de l'hépatite A, et même sur les arénavirus des fièvres hémorragiques.

La découverte de l'acyclovir en 1977, la première drogue antivirale réellement efficace, stimula le développement des laboratoires de virologie. Le diagnostic virologique devenait désormais important pour une prise en charge thérapeutique efficace. On passa en quelques années d'un diagnostic virologique basé sur la sérologie (recherche d'anticorps attestant d'une infection passée) et souvent rétrospectif à un diagnostic virologique rapide utilisant les anticorps monoclonaux pour rechercher des protéines virales signant l'infection et des techniques de biologie moléculaire évitant les fastidieuses cultures cellulaires. L'émergence du sida viendra fortement renforcer cet élan. En 1988, Gertrude Elion reçut le prix Nobel de Médecine conjointement avec son ancien patron, George H. Hitchings, et James Black, des Laboratoires *Smith, Kline et French*. Trois chimistes de l'industrie pharmaceutique, dans la lignée d'Ehrlich et de Domagk… Suivront d'autres analogues des nucléosides qui connaîtront des fortunes diverses. Le ganciclovir (cimévan) est un analogue acyclique de la guanosine synthétisé dans les années 1980, actif sur un virus opportuniste, le cytomégalovirus. Synthétisé par les laboratoires *Wellcome* en 1964, l'azidothymidine (AZT ou zidovudine) est un analogue de la thymidine connu pour son activité contre les rétrovirus animaux, car il bloque la transcriptase reverse. En dépit d'une certaine toxicité, on l'emploie depuis 1984 avec une certaine efficacité contre le sida.

D'autres familles d'antiviraux se développèrent. Tout d'abord, des analogues du pyrophosphate, notamment l'acide phosphonoformique (foscarnet), qui agit directement en inhibant les ADN-polymérases de plusieurs virus à ADN dont les herpès virus, et le cytomégalovirus. Puis plus récemment, des inhibiteurs des protéases du HIV qui ont considérablement réduit et retardé la mortalité du sida. À partir de la structure tridimensionnelle de cette enzyme du VIH obtenue par cristallographie, on a pu repérer la poche catalytique de l'enzyme et concevoir un peptide inhibiteur bloquant spécifiquement le site catalytique[21]. La recherche des antiviraux est moins romanesque que celle des antibiotiques mais elle est plus réfléchie et on lui promet bon vent pour l'avenir.

---

[21] La protéase du HIV clive les grands peptides traduits à partir de l'ARN viral, produisant ainsi les enzymes de réplication. L'inhibition de la protéase prévient ce clivage, bloquant ainsi la réplication virale. D'autres approches sont aujourd'hui envisagées pour inhiber la réplication du HIV : inhibiteurs de protéines « transactivatrices » virales, utilisation d'ARN anti-sens inhibant la lecture des ARN messagers viraux…

Chapitre 11. Imiter la nature

On a du mal à imaginer aujourd'hui ce qu'était la variole. Voici le récit de la mort du roi Louis XV à l'âge de 64 ans. Le 26 avril 1774, le « bien-aimé » eut un frisson au petit Trianon, puis des accès de fièvre, des maux de tête et un profond malaise. Le roi était prostré, courbatu et se mit à vomir. On décida alors une saignée. Le 30 avril, une éruption avec des boutons vésiculeux apparut sur le corps du roi. C'était la petite vérole. Les vésicules très nombreuses donnèrent rapidement des pustules confluentes et suintantes de pus. Le roi présentait une forme grave de variole : « les pustules se touchent et sont entassées de façon qu'elles forment une croûte… L'éruption est ordinairement compliquée avec le pourpre et le charbon ». Le 5 mai, les pustules atteignirent la bouche et s'étendirent à l'ensemble du corps qui devint tout noir et dégagea une odeur pestilentielle. Le roi commença à délirer et mourut le 10 mai après deux jours de coma. Ainsi meurt-on de la petite vérole dans des conditions atroces, sans distinction, que l'on soit roi ou le dernier des sujets. Les survivants gardaient des lésions cicatricielles roses indélébiles (appelées *pockmarks*). La variole est une maladie très contagieuse qui n'atteint que l'homme et entraîne une mortalité de 20 à 40 %. En fait, il existe deux maladies distinctes, la variole majeure (asiatique ou classique), et la variole mineure (*alastrim* ou variole africaine) associée à une faible mortalité (1 %). Au sein des varioles majeures, il existe des formes particulièrement meurtrières, comme la forme confluente de Louis XV (mortalité de 50 à 75 %) et la forme hémorragique (près de 100 %). Aujourd'hui, on sait que la maladie est due au virus de la variole dit *smallpox*, transmis par aérosols et résistant dans l'environnement. Il n'existe pratiquement aucun traitement antiviral, et seule une vaccination précoce dans les 4 jours suivant l'exposition au virus peut prévenir efficacement l'apparition de la maladie.

La variole existe depuis plusieurs millénaires en Inde, en Chine et en Égypte et des descriptions ont été retrouvées dans les anciens écrits de ces civilisations. Le plus ancien cas documenté de variole est celui du pharaon Ramsès V mort à 40 ans en 1157 avant notre ère, comme cela est attesté par la découverte de pustules évocatrices sur sa momie. En Chine, elle est décrite dès 1122 avant J.C., sous la dynastie des Chou. La maladie n'est pas rapportée dans le monde grec et latin qu'elle semble avoir épargné. Elle aurait atteint l'Europe occidental durant le haut Moyen Âge au VIe siècle où elle ravagea la Gaule, comme l'ont rapporté Marius, évêque d'Avranches, et Grégoire de Tours. Au VIIe siècle, sa propagation suivit en partie la conquête arabe et elle est retrouvée en Syrie, Chaldée, Mésopotamie, Lycie, Cilicie, Chine, Tartarie, et en Afrique puis en Espagne, Sicile et Narbonnaise. Rhazès (865-932), « le prince des médecins arabes » vivant au IXe siècle consacra un traité entier à la petite vérole qu'il décrivit remarquablement. La maladie connut une forte recrudescence épidémique à l'époque des croisades du fait de l'intensification des échanges avec l'Orient aux XIe et XIIe siècles. Au XVIe siècle, les Espagnols amenèrent la maladie jusque-là inconnue aux populations amérindiennes très sensibles, entraînant une mortalité très élevée. Par exemple, on rapporte que, entre 1520 et 1522, 3,5 millions d'Aztèques seraient morts de variole lors de la conquête du Mexique par le conquistador Hernan Cortès. Du Mexique, la maladie se propagea en l'Amérique latine et en l'Amérique du Nord aux XVIIe et XVIIIe siècles. Évoluant durant des siècles de façon endémique avec des vagues épidémiques meurtrières, la variole, plus qu'aucune autre maladie infectieuse, a décimé et défiguré des millions d'êtres humains de tous âges, toutes classes et toutes races. Par exemple au XVIIIe siècle en Europe, cette maladie a régulièrement tué entre 200 000 et 600 000 personnes chaque année. La variole se répandit ainsi dans le monde entier au XVIIIe siècle, n'épargnant pas les lieux les plus reculés, l'Australie, le Groenland, l'Islande, les Îles Féroé ! Jusqu'à récemment, le nombre de cas de variole dans le monde est resté élevé. Ainsi entre 1924 et 1947, près de 69 pays rapportèrent la présence de la maladie, dont les pays d'Europe et les États-Unis (rapport OMS juin 1947). Pour des raisons inconnues, la variole mineure avait remplacé au début du XXe siècle la variole majeure en Europe et en Amérique où elle sévit jusque dans les années 1950. Aux États-Unis, par exemple, on observa encore en 1930 une épidémie de variole de 49 000 cas faisant 173 morts et à nouveau en 1939 une autre de 9 875 cas. La variole majeure continuait à sévir à l'état endémique dans le Tiers-Monde avec de grandes épidémies régulières, comme par exemple en Inde en 1944 où plus d'un million de cas ont été officiellement rapportés faisant 230 849 morts, puis une autre vague en 1950 avec 157 322 cas et 14 092 morts, chiffres largement sous-estimés.

La variolisation

Comme beaucoup d'autres maladies infectieuses, on savait depuis très longtemps qu'une personne survivant à la variole était toujours épargnée lors d'épidémies meurtrières, même après des décennies. Cette constatation fit naître des pratiques empiriques de prévention « du mal par le mal ». On imagina qu'il était possible de prévenir la maladie en inoculant des individus sains avec du matériel provenant des lésions cutanées de variole en phase de guérison, présumant que le « principe infectieux » devait alors être atténué. La pratique de « l'inoculation » a probablement été d'abord un procédé populaire, utilisé dans de nombreux pays d'Asie et d'Afrique pour la variole et probablement pour d'autres maladies comme la rougeole. Ce procédé préventif contre la variole apparaît dans un texte sanscrit très ancien dit « Sacteya » de Dhanwantari. Cependant, la pratique de la variolisation en Chine n'est réellement documentée qu'à la fin du XVIe siècle, sous la dynastie des Ming[1]. La variolisation se faisait par différentes méthodes. On utilisait du pus de pustules de varioleux, des squames de croûtes brutes ou pulvérisées par broyage ou encore desséchées et traitées par des herbes médicinales pour inoculer les narines d'un sujet sain. Il fallait prélever les pustules à maturité, ni trop tôt, ni trop tard, en évitant que le pus soit trouble. On faisait aussi porter à un enfant sain les vêtements d'un malade. En résultaient dans le meilleur des cas une forme bénigne et atténuée de variole et une forte protection. La variolisation fut d'abord introduite à la cour impériale de Chine par la nouvelle dynastie Mandchou au XVIIe siècle, à la suite de la mort prématurée de Shunzi, le premier empereur Mandchou qui succomba de variole en 1662 à l'âge de 23 ans malgré les précautions draconiennes prises pour protéger la famille royale de la contagion. Le procédé semble s'être propagé vers l'Empire Ottoman où il était pratiqué au début du XVIIIe siècle. La variolisation fut introduite ensuite en Grande-Bretagne par la femme de l'ambassadeur d'Angleterre à Istanbul, Lady Mary Wortley Montagu (1689-1762) en 1721. Elle eut vent de la pratique de l'inoculation pour prévenir la variole lors d'un séjour dans cette ville où la méthode en vogue était une variante « à la turque » décrite par deux médecins ottomans, Emmanuel Timoni et Jacob Pylarini. Cette pratique consistait à perforer l'épiderme à l'aiguille puis à introduire du pus de varioleux. Très inquiète, Lady Montagu fit inoculer son fils en 1715 avec succès par le chirurgien de l'ambassade suivant cette méthode, puis de retour à Londres sa fille en 1721. La personnalité hors du commun de cette femme contribua pour beaucoup à la popularisation de l'inoculation en Angleterre au XVIIIe siècle. Soutenue par les encyclopédistes, cette pratique s'est rapidement répandue dans toute l'Europe pour y être poursuivi jusqu'au milieu du XIXe siècle. Le roi Louis XVI fut inoculé en 1774 après la mort de son grand-père Louis XV. Malgré les précautions enjoignant de choisir des cas de variole non confluentes, « bénignes », des pustules matures en fin de maladie, cette pratique très efficace restait dangereuse car elle entraînait un cas de variole grave sur 200 personnes « variolisées ».

---

[1] On a longtemps cru à tort que la variolisation datait de la dynastie des Song au Xe siècle.

Edward Jenner et la vaccination

Figure 1. Edward Jenner (1749-1823), découvreur de la vaccination contre la variole.
Tableau de J. R. Smith, 1800, © Collections of the Hunterian Society, Londres.

Un savoir populaire en Angleterre disait que les trayeurs de vaches ayant présenté des pustules après un contact avec une vache atteinte d'une infection des mamelles (une mammite que l'on appelait cowpox) étaient toujours épargnés par la variole. Edward Jenner (1749-1823) eut le mérite de démontrer le rôle effectivement protecteur de cette « variole » des bovins qui donnait une maladie bénigne chez l'homme. Cet ancien apprenti du célèbre John Hunter à l'hôpital St George de Londres était un apothicaire chirurgien de campagne établi à Berkeley dans le Comté de Gloucester et pratiquait couramment des variolisations. On raconte qu'encore enfant, Jenner avait entendu une jeune paysanne lui dire qu'elle ne pouvait pas attraper la variole car elle avait eu la « maladie des trayeurs »[2]. Cette observation connue d'autres médecins, Jenner put la confirmer au cours de son exercice de médecin de campagne. Par exemple, une de ses patientes refusa de cesser d'allaiter son enfant atteint de variole, considérant qu'elle était protégée par le cowpox contracté 27 ans plus tôt. Jenner commença par étudier le cowpox, maladie mal connue, et colligea soigneusement 28 cas de cowpox chez l'homme, confirmant sa constante bénignité. Force fut de

---

[2] Un pasteur protestant Jacques-Antoine Rabaut-Pomier (1744-1820), avait remarqué que les paysans du Languedoc croyaient que la variole, le claveau du mouton et les pustules de la vache étaient des manifestations de la même maladie qu'ils appelaient la « picotte ». La maladie des vaches donnait chez l'homme une affection bénigne qui rendait insensible à la variole.

constater que les personnes ayant contracté le cowpox sont « dès lors et pour toujours réfractaires à la petite vérole et incapables de l'attraper soit par contagion naturelle, soit par inoculation ». D'où l'idée d'utiliser cette maladie pour prémunir contre la variole.

Plus de 20 ans après ces premières observations sur le cowpox, Jenner tenta la première vaccination en inoculant le 14 mai 1796 le jeune James Phipps, 8 ans, avec le pus d'une pustule de la main d'une fermière, Sarah Nelmes. Celle-ci avait contracté le cowpox en trayant « Blossom », une vache laitière brun acajou du Vieux Gloucester. Jenner pratiqua deux incisions superficielles longues chacune d'environ un demi-pouce au bras, et l'enfant n'eut qu'une réaction fébrile vers le 7-10e jour, avec une vésicule au point d'inoculation. Le 1er juillet, Jenner lui inocula la variole par plusieurs piqûres et incisions superficielles, puis à nouveau réitera la « variolisation » quelques mois plus tard, sans aucune réaction. À son ami Edward Gardner, il écrivit : « À présent écoute la meilleure partie de mon histoire. Depuis, le garçon a été inoculé par la variole qui, comme je m'étais risqué à le prévoir, n'a produit aucun effet. Je vais poursuivre mes expériences avec une ardeur redoublée ». Il chercha à publier en 1797 ses résultats auprès de la *Royal Society* qui jugea à juste titre les données insuffisantes et peu rigoureuses. Au printemps 1798, Jenner inocula 10 personnes de bras à bras avec succès, sans perte d'efficacité. Il publia en 1798 ses résultats dans un ouvrage intitulé : *An inquiry into the causes and effects of the variolae vaccinae, a disease discovered in some of the western counties of England, particularly Gloucestershire, and known by the name of the cow pox* (« Recherches sur les causes et les effets de la vaccine, maladie découverte dans quelques Comtés de l'Ouest de l'Angleterre, particulièrement le Gloucestershire, et connu sous le nom de cowpox »). Du fait de l'innocuité relative du procédé par rapport à la variolisation, Jenner entrevit dès cette époque l'éradication de la variole par la vaccination. Il reçut la reconnaissance officielle de sa découverte et devint membre de nombreuses sociétés savantes.

Contrairement à la variolisation, la vaccination ne nécessitait ni isolement, ni interruption du travail, mais était d'utilisation délicate, avec des lymphes provenant de pustules parfois inefficaces ou contaminées, pouvant transmettre accidentellement certaines maladies comme la syphilis. Elle donnait lieu à des accidents rares mais graves survenant avec une fréquence de 1 pour 100 000 vaccinés et une mortalité de 1 pour 1 million (encéphalites vaccinales, infections généralisées dues au virus vaccinal…). Mais ces inconvénients étaient mineurs en regard de l'extrême gravité de la variole. Le succès de la vaccination fut précoce et progressif. La vaccination traversa la Manche et Napoléon y soumit l'armée dès 1805, promulguant un décret en 1809. Le roi de Rome fut vacciné en 1811, faisant dire à Jean-Nicolas Corvisart (1755-1821) que « l'exemple impérial fit plus pour la vaccine qu'aucune loi ». La vaccination devint pratique courante en France dès 1820, mais ne fut rendue obligatoire que par une loi du 19 février 1902, qui ne fut appliquée qu'à partir de 1907. La pratique de la vaccination s'est rapidement répandue en Europe. Légale et obligatoire en Dalmatie (1807), Bavière (1807), au Danemark (1810), au Hanovre, en Norvège et en Suède (1816), la vaccination ne sera obligatoire qu'en 1853 en Grande-Bretagne, en 1874 en Allemagne et en 1888 en Italie. Malgré ses aléas, cette pratique induisit une baisse régulière et importante de l'incidence de la variole en Europe et en Amérique du Nord au cours du XIXe siècle.

Déjà souhaité par les philanthropes du XIXe siècle, le projet d'éradication de la variole est toujours resté sans lendemain car on ne savait pas conserver la pulpe vaccinale (lymphe vaccinale provenant des pustules de la vache). La vaccination de bras à bras entraînait des surinfections et des vaccins « dégénérés », en l'absence de technique de conservation d'un fluide qui ne résistait ni à la chaleur ni aux voyages. Il fallait régulièrement retrouver du pus de cowpox. L'utilisation de la génisse comme source vaccinale, prévenant la transmission de la syphilis, débuta sous l'impulsion du Dr Ernest Chambon (1836-1910) vers 1864 en France. Cela permit d'avoir des souches vaccinales stables. Se promenant d'hôpital en hôpital avec sa génisse pour vacciner, Chambon créa le premier institut de la vaccine produisant la pulpe vaccinale glycérinée[3]. Après plusieurs échecs, une campagne d'éradication de la variole fut décidée formellement par une résolution de la 20e Assemblée de l'Organisation mondiale de la Santé (OMS) en janvier 1967. L'éradication globale de la variole commença, à une époque où plus de 40 pays étaient encore atteints par la variole de façon endémique. Cette année-là, 131 697 cas de variole furent officiellement recensés mais on estime que le nombre réel de patients était proche de 10 à 12 millions de cas annuels avec 2 millions de décès. On pratiqua d'abord une vaccination de masse pour s'apercevoir que 80 % de couverture vaccinale ne suffisait pas à arrêter la propagation de la maladie. La stratégie de vaccination de masse fut donc renforcée par celle de la « *ring* » vaccination (vaccination en « anneau »), c'est-à-dire la vaccination de tous les sujets ayant été au contact avec un varioleux. Le dernier patient présentant une variole contractée de façon naturelle fut un Somalien, Ali Maow Maali, qui survécut à sa maladie en octobre 1977. L'OMS annonça officiellement l'éradication mondiale de la maladie le 8 mai 1980. La campagne n'avait coûté que 112 millions de dollars et avait impliqué plus de 200 000 personnes sur le terrain pour éradiquer un des pires fléaux pour l'espèce humaine. La vaccination cessa d'être pratiquée aux États-Unis dès 1972 et dans la plupart des pays à partir de 1985. Actuellement la majorité de la population du globe n'est plus vaccinée, à l'exception de la population la plus âgée qui a été vaccinée dans l'enfance et garde probablement une certaine protection. La présence de stocks de virus licites et illicites fait qu'il demeure une menace que le virus de la variole puisse être utilisé comme arme biologique et réapparaître.

La création des premiers vaccins par Louis Pasteur

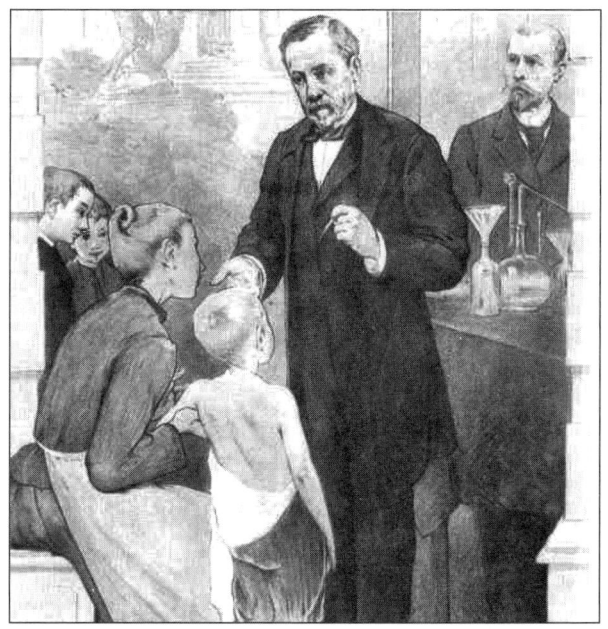

Figure 2. Représentation d'une vaccination d'un enfant contre la rage par Louis Pasteur.

---

[3] Dès 1894, Chambon mit au point avec Saint-Yves-Ménard un vaccin desséché sous cloche à vide en présence d'acide sulfurique ou de chlorure de calcium, puis Lucien Camus et André Fasquelle en 1909 définirent un procédé de dessiccation de la pulpe congelée, dont l'usage permettra l'éradication de la variole en 1977.

Au milieu du XIXe siècle, les succès de la vaccination incitèrent certains à vouloir appliquer des méthodes similaires pour prévenir les maladies infectieuses. Pratiquement toutes les tentatives échouèrent à cette époque, à une exception près. Un jeune médecin belge, Louis Willems (1822-1907), réussit à vacciner contre la péripneumonie du bétail. Après d'inlassables expériences commencées en 1845 dans la ferme de son père à Hasselt en Belgique, il mit au point une méthode de vaccination contre cette maladie bactérienne[4]. Il inocula par toutes les voies possibles et imaginables les sécrétions pulmonaires infectées provenant de vaches malades à des animaux sains, ce qui entraînait invariablement une maladie mortelle. Seule, l'injection à l'extrémité de la queue n'entraînait aucune mortalité. Cette technique de vaccination protégeait très efficacement les bovins contre cette maladie. Il publia ses résultats en 1853 et cette vaccination fut désormais utilisée avec succès dans toute l'Europe et dans le monde entier. D'autres furent moins chanceux. Le Dr Joseph-Alexandre Auzias-Turenne (1812-1870) avait acquis la conviction, fausse au demeurant, que l'ulcération génitale, le chancre mou, était l'équivalent du cowpox pour la syphilis. Dans une conférence devant l'Académie de Médecine en 1865, il préconisa l'inoculation de substances de chancre mou aux jeunes pour prévenir la syphilis ! Il résuma ses vues dans un traité de 1878 intitulé « La syphilisation », où il proposait de généraliser cette approche aux « virus des maladies » qui sont transmissibles d'un individu à l'autre et entraînent la protection. Selon lui, cette protection était liée à l'épuisement chez les patients de substances requises pour ces « virus ». Pour conforter ses hypothèses, il présenta des résultats expérimentaux sur la péripneumonie des bovidés : « Nous venons [...] d'établir que l'inoculation est le moyen préventif de la péripneumonie contagieuse. Nous allons démontrer qu'elle est aussi un moyen curatif. Entrons dans une étable en puissance de péripneumonie contagieuse [...]. Nous pouvons diviser les animaux en trois catégories, celle des malades chez lesquels les symptômes de l'affection sont évidents [...] ; celle des sujets chez lesquels la maladie existe à l'état latent ou d'incubation [...] ; les animaux que l'influence virulente n'a pas encore impressionné [...]. Inoculons le virus dans le poumon [...] sur la première catégorie [...], l'inoculation sera généralement sans effet bien appréciable. Sur les sujets de la seconde [...], l'inoculation aura des résultats curatifs [...]. Enfin, sur les animaux de la troisième division, l'influence de l'opération sera incontestablement préventive. » Il suggérait clairement la possibilité de variations de virulence des agents infectieux et l'utilisation de ces « virus » dans un but préventif et curatif. On ne connaissait à cette époque que deux vaccinations efficaces, la vaccination jennérienne et celle de Willems. Pasteur étudia très soigneusement l'ouvrage d'Auzias-Turenne et devint persuadé que l'on pouvait immuniser contre les maladies infectieuses dont on peut cultiver le germe.

Pasteur vint à aborder ce sujet par hasard en 1879. L'année précédente, il avait débuté une étude sur le « choléra des poules », une maladie épidémique qui décimait de façon fulgurante les élevages de volailles. Les poules agonisaient par milliers dans les poulaillers, au milieu de leurs déjections. Il isola facilement en culture sur un bouillon stérilisé de muscle de poule, la bactérie responsable, aujourd'hui appelée *Pasteurella multocida*. Inoculées expérimentalement par absorption d'aliments contaminés ou par ingestion de cultures pures, les poules mourraient en 24 à 48 heures. De retour des vacances de l'été 1879, Pasteur observa de façon inattendue qu'à la suite d'un oubli de Chamberland qui devait repiquer les cultures, les cultures conservées quelques semaines au laboratoire ne déclenchaient plus la maladie après inoculation aux poules : les cultures « vieillies » avaient perdu leur virulence. Il utilisa donc une nouvelle culture d'origine naturelle (virulente) qu'il inocula à la fois à des poules achetées sur le marché et à celles qui avaient déjà reçu les cultures non virulentes. Le résultat sur-

---

[4] La péripneumonie du bétail est due à une bactérie sans paroi, un mycoplasme, *Mycoplasma mycoides*.

prit Pasteur et ses collaborateurs, Émile Roux (1853-1933) et Charles Chamberland (1851-1908), qui eurent un important rôle dans cette découverte. Tandis que les poules du marché mourraient rapidement, les poules ayant reçu les cultures vieillies survécurent. Les bactéries exposées à l'air perdaient progressivement leur virulence. C'était une importante découverte, puisqu'on avait réussi pour la première fois à moduler au laboratoire la virulence d'un agent pathogène. L'analogie avec la vaccination jennérienne parut évidente à Pasteur. Ainsi, l'homme ayant reçu un peu de pulpe vaccinale ou les poules inoculées par une culture bactérienne « atténuée » en portent la marque indélébile qui les protège spécifiquement contre ce même agent infectieux. Pasteur appela d'emblée ce phénomène « vaccination » en l'honneur de Jenner. La vaccination était devenue un concept universel applicable à toutes les maladies infectieuses. On peut dire que l'année 1879 est la date de naissance de l'immunologie, une science qui cherche à comprendre les mécanismes de cette protection.

Pasteur allait réorienter toutes ses recherches vers les vaccinations et il allait faire en quelques années des découvertes remarquables sur le choléra des poules, le charbon, le rouget du porc et la rage. Il chercha d'abord à définir les conditions qui permettaient d'atténuer *in vitro* la bactérie du choléra des poules. Avec ses collaborateurs, il montra rapidement que cette atténuation était liée à l'exposition à l'air : les cultures en tubes scellées gardaient leur virulence, alors que celles exposées à l'air dans des tubes bouchés au coton perdaient progressivement leur virulence en fonction du temps d'exposition. Cette virulence atténuée était ensuite conservée en cultures de génération en génération. Il découvrit aussi que des cultures « atténuées » demeuraient virulentes pour des petits oiseaux comme des moineaux et pouvaient après plusieurs passages sur moineaux recouvrer leur complète virulence pour les poules. Pasteur observa que certains animaux portaient des germes virulents sans être malades et qu'il existait une sensibilité variable des espèces animales à la bactérie virulente. Il introduisait ainsi les concepts de barrière d'espèce et de porteurs sains de germes. Ainsi, Pasteur avait apporté la preuve expérimentale que la virulence d'un germe n'était pas un caractère constant et permanent mais pouvait être perdue ou recouvrée au gré de l'expérimentateur, en fonction de l'hôte et des conditions utilisées pour les cultures. Pasteur reconnut que le dogme de la fixité des espèces microbiennes qu'il avait défendu était faux. En février 1880, il présenta à l'Académie des Sciences une note intitulée « Sur les maladies virulentes et en particulier sur la maladie appelée vulgairement choléra des poules ».

Pour tester ses hypothèses sur les vaccins, Pasteur décida d'utiliser la bactérie du charbon (*Bacillus anthracis*), qui donnait une redoutable maladie infectieuse du bétail occasionnellement transmise à l'homme. Il avait rapporté en juillet 1880 qu'un groupe de 8 moutons maintenus dans un champ où avait été enterré un animal mort de charbon, pouvait résister à l'inoculation du bacille du charbon, alors que des animaux contrôles mouraient. Il suggéra que ces moutons avaient acquis une protection à la suite d'une maladie inapparente. Un vétérinaire de Toulouse, Jean-Joseph Toussaint (1847-1890) annonça un peu hâtivement qu'il pouvait vacciner contre le charbon en chauffant une culture de bacilles 10 minutes à 55 °C et en la traitant par l'acide phénique, pensant protéger avec des bacilles tués. Malheureusement pour lui, Pasteur ne put reproduire cette expérience, montrant que les cultures bactériennes contenaient des spores (formes « dormantes » très résistantes de la bactérie) et restaient toujours virulentes dans de telles conditions. Toussaint dut reconnaître son erreur et la faible fiabilité de ses données. Pasteur décida de mettre au point le vaccin en cherchant à atténuer la virulence de la bactérie. Il partit de l'idée qu'il faut prévenir la formation de spores en maintenant la bactérie vivante et atténuée par l'oxygène. Reprenant l'idée de Toussaint, il chercha la température qui prévenait la formation de spores sans tuer la bactérie. Les conditions optimales étaient une incubation à 42-43 °C pendant 8 jours en faisant barboter de l'air dans la culture. Pendant cette incubation, comme pour le bacille du choléra des poules, les cultures perdaient progressivement leur virulence et devenaient inoffensives pour le cobaye, le lapin et le mouton[5]. Pasteur montra que la vaccination contre le charbon était plus efficace si on la pratiquait en deux temps, en inoculant d'abord une culture de virulence très atténuée puis 12 jours plus tard une culture de plus forte virulence. Ce protocole assurait une parfaite protection des cobayes, des lapins et des moutons contre le charbon. Ces résultats furent publiés en mars 1881.

Un vétérinaire de Melun, Hippolyte Rossignol, rédacteur de la *Revue Vétérinaire*, incita Pasteur à faire des expériences publiques sur le terrain pour mettre en pratique au plus vite ses découvertes. Le protocole expérimental fut communiqué par Pasteur le 28 avril 1881 : un groupe de 25 moutons reçut le vaccin en deux inoculations à 12 jours d'intervalles, comparativement à un autre groupe de 25 moutons ne recevant aucun traitement. On lui imposa d'ajouter 10 vaches. En fait, Pasteur était inquiet car les expériences avec le protocole d'atténuation par l'oxygène chez les cobayes n'étaient pas toujours reproductibles[6]. Roux et Chamberland avaient mené des expériences d'atténuation plus fiables en utilisant le bichromate de potasse ou l'acide phénique préconisé par Toussaint, ce qui empêchait la sporulation. Poussé par le temps et la pression énorme qui était sur ses épaules, Pasteur utilisa, sans l'indiquer clairement, dans sa fameuse expérience de Pouilly-le-Fort un procédé d'atténuation utilisant le bichromate de potasse et trois passages de souris en souris pour « renforcer » la souche atténuée. Chamberland et Roux publièrent le procédé en 1883 sans mentionner que c'était là le protocole utilisé à Pouilly-le-Fort. C'est pourquoi certains ont pu dire que Roux fut « le vrai vainqueur de Pouilly-le-Fort ». Toujours est-il qu'aidé par Émile Roux, Charles Chamberland et Louis Thuillier (1856-1883), un jeune physicien et biologiste au destin tragique, les animaux furent vaccinés le 5 mai 1881 par la souche « avirulente » et le 17 mai par la souche de plus forte virulence, en présence d'une foule énorme et de nombreux journalistes. Le 31 mai, on inocula le bacille du charbon hautement pathogène à tous les animaux. Le 2 juin, le succès fut éclatant : 22 animaux non vaccinés étaient morts, les 3 autres agonisants mais aucun animal vacciné n'était mort. Pasteur fut acclamé par la foule. Roux et Chamberland furent pour beaucoup dans ce succès, et quelque part aussi Toussaint, ce que Pasteur reconnut par la suite. Dès 1882, 85 000 animaux avaient été vaccinés et en 1894 près de 3 400 000 réduisant la mortalité par charbon en France à 0,3 %.

Pendant cette même période, Pasteur s'intéressa aussi en 1882 au « mal rouge » ou rouget du porc, à l'occasion d'une épidémie désastreuse dans le Vaucluse, qui décimait des milliers de porc couverts de taches rougeâtres. Avec son neveu Adrien Loir et le jeune normalien Louis Thuillier, Pasteur étudia la maladie à Bollène et isola en mars 1883 la bactérie responsable. Il prépara avec difficulté un vaccin atténué en infectant de façon itérative une espèce animale éloignée, le lapin[7]. Le vaccin fut ensuite largement utilisé. Entre 1886 et 1892, on vaccina plus de 100 000 porcs en France. Malgré les critiques et les sarcasmes parfois très blessantes de certains savants et académiciens français et allemands, dont le grand Robert Koch qui ne croyait pas à l'atténuation du bacille du charbon, on ne peut qu'être admiratif du bilan de trois ans de recherche sur les vaccins qui ont fait faire à la science des progrès considérables. Pasteur et ses collaborateurs avaient mis au point plu-

---

[5] On sait aujourd'hui que *Bacillus anthracis* contient deux plasmides de virulence codant l'un pour la capsule et l'autre pour la synthèse d'une toxine à trois composantes, un facteur létal (LF), l'antigène protecteur PA, et le facteur œdémateux (EF), une adénylcyclase. L'incubation à 42-43 °C induit la perte plus ou moins rapide de ces plasmides et la baisse de virulence.

[6] Les difficultés de reproduire ces expériences étaient probablement liées au fait que le procédé thermique de préparation des cultures atténuées entraînait un mélange en proportions variables selon les conditions de préparation de bactéries avec et sans plasmides de virulence, les bactéries virulentes étant minoritaires. Les souches du vaccin de Pasteur n'ont pas été retrouvées.

[7] La bactérie du rouget du porc est appelée *Erysipelotrix rhusiopathiae*. Elle peut rarement infecter l'homme. En s'adaptant à un nouvel hôte, des mutations surviennent sur plusieurs gènes de la bactérie. Après de nombreux passages, la bactérie n'est plus adaptée et donc moins pathogène pour son hôte naturel, le porc.

sieurs procédés d'atténuation : l'oxygène pour le choléra des poules, la température et le phénol pour le bacille du charbon, et le passage sur une espèce éloignée pour le rouget du porc. Leurs vaccins étaient utilisés en pratique sur le terrain. Mais ce qui conférera l'immortalité à Pasteur allait venir avec la vaccination contre la rage, une maladie humaine.

Pourquoi s'intéresser à la rage ? À l'époque, la rage ne faisait « que » quelques centaines de victimes tous les ans. On raconte qu'un jour un loup enragé avait vagabondé dans la région d'Arbois, mordant aux mains et à la tête de nombreuses personnes. Pasteur enfant aurait vu cautériser la plaie d'une victime dans une forge proche de la maison familiale. Au moins 8 victimes moururent dans des souffrances épouvantables. Ce souvenir d'enfance l'aurait marqué. L'étude de la rage était aussi un défi l'obligeant à innover sur le plan technique. C'était aussi une maladie humaine qui frappait l'imagination populaire et pour laquelle il existait des modèles expérimentaux. Pasteur commença son travail sur la rage en décembre 1880 par une expérience ratée. Le Dr Odilon Lannelongue (1840-1911) accueillit à l'hôpital Trousseau un enfant de cinq ans mordu un mois plus tôt au visage et qui était atteint de rage. Il mourut dans les 24 heures. Pasteur appelé recueillit quelques heures après la mort de la salive de cet enfant avec laquelle il inocula des lapins. En effet, Pierre-Victor Galtier (1846-1908), un professeur à l'école vétérinaire de Lyon, avait montré que la rage pouvait être transmise par la salive des chiens enragés et que les lapins étaient des animaux très sensibles à cette maladie. Les lapins inoculés par Pasteur moururent en 36 heures. C'était trop rapide pour être la rage. Le même phénomène fut reproduit avec la salive de personnes malades ou saines. Pasteur en fait avait inoculé un pneumocoque, une bactérie virulente présente dans la salive de nombreuses personnes et responsable de la mort rapide des animaux. Cette bactérie décrite pour la première fois par Pasteur s'avéra par la suite être le principal agent responsable des pneumonies.

Pressé de publier ses résultats en compétition avec Pasteur, Galtier affirma à l'Académie de Médecine en 1881 que la salive transmettait la rage, mais pas le tissu cérébral, ce qui était faux. Pasteur porta alors ses efforts sur la mise en évidence du virus dans le cerveau, comme le suggérait la symptomatologie clinique. Dès mai 1881, il montra que, chez le chien, l'inoculation intracérébrale après trépanation et dépôt de broyat de substance cérébrale infectée était un moyen sûr de transmettre la rage avec une incubation d'une à deux semaines, au lieu de plusieurs semaines ou mois après les morsures. La source de virus étant maintenant disponible, il fallait préparer un vaccin atténué. Pasteur chercha d'abord à obtenir un virus de virulence exacerbée en réalisant des passages successifs sur cerveaux de lapin. Il réussit ainsi à raccourcir le temps d'incubation de la rage de 12 à 6 jours, donnant de façon très reproductible une maladie d'évolution très rapide chez le chien. Il chercha alors à atténuer cette souche virale qu'il appela « virus fixe ». Ne pouvant le cultiver, il utilisa une stratégie « jennérienne » consistant à changer d'espèce animale. Le passage du chien au singe affaiblit la virulence du virus, ce qui était attesté par une augmentation de la durée de l'incubation pour les chiens, les lapins et les cobayes. Les animaux inoculés par le virus du singe étaient protégés. Pasteur communiqua ces résultats en août 1884.

Pasteur eut une intuition géniale. Il conçut d'utiliser un vaccin dans un but curatif et non préventif, en profitant de la longue période d'incubation de la maladie pour stimuler les défenses immunitaires des patients et empêcher la survenue de la rage. À partir d'un procédé imaginé par Roux avec qui il eut alors des rapports très tendus, Pasteur utilisa en 1885 un procédé d'atténuation basé sur la dessiccation des moelles épinières de lapins infectées par le virus « fixe » dans des flacons de verre. L'exposition lente à l'air entraînait l'atténuation progressive de la virulence du virus. Après 15 jours, le virus perdait presque complètement sa virulence. A contrario, à l'abri de l'air et en atmosphère humide, sa virulence était préservée. En inoculant quotidiennement à des chiens des émulsions de moelle épinière de lapins de moins en moins atténuées, il réussit à les protéger contre un virus fixe très virulent, y compris après inoculation intracérébrale. Miracle, la protection contre la rage pouvait être induite en 15 jours ! L'incubation chez l'homme de la rage étant souvent d'un mois et plus, la vaccination pouvait être envisagée pour traiter la maladie toujours mortelle. Quels dangers d'inoculer ces extraits de moelle aux patients ? Ne sont-ils pas condamnés ? Quelle angoisse pour franchir le pas !

Après un premier essai de 2 injections de vaccin à une fillette de 12 ans déjà atteinte de la rage, hospitalisée à l'hôpital de St Denis en juin 1885 et morte 2 jours plus tard, voici que se présenta le 6 juillet 1885 le petit Joseph Meister. Âgé de 9 ans, il arrivait d'Alsace où il a été gravement mordu aux mains, aux jambes et à la hanche par un chien enragé. Comment se dérober ? Le Dr Jacques-Joseph Grancher (1843-1907) en charge de l'enfant affirma à Pasteur que l'enfant avait de fortes chances de contracter la rage et qu'il était prêt à assumer la responsabilité médicale du traitement administré par Pasteur. Une condamnation à mort contre un traitement jamais utilisé chez l'homme, tel était le dilemme. Le traitement démarra le 7 juillet, soit 60 heures après l'accident. L'enfant reçut 12 injections successives de moelle épinière de lapin atténuée par 14 jours de dessiccation. Le 16 juillet 1885, il reçut de la moelle d'un lapin mort la veille après inoculation par le virus « fixe » très virulent. Joseph ne développa pas la rage et retourna en bonne santé en Alsace. Suivra Jean-Baptiste Jupille, 15 ans, pâtre dans le Jura, gravement mordu par un chien enragé. Il survécut. Les victimes se pressentaient à la porte de la rue d'Ulm. En octobre 1886, plus de 2 490 patients avaient été vaccinés. Sur les 1 726 patients français, seuls 10 moururent. Encore un triomphe ! Pasteur fut l'objet de vives attaques, comme toujours. Inefficacité, dangerosité. Certains affirmaient notamment que la probabilité de développer la rage après morsure était très faible. Il demeure qu'une enquête officielle réalisée au temps de Pasteur révéla que sur 320 patients mordus par des animaux enragés, près de 40 % étaient morts de la rage. Après vaccination, la mortalité était de 0,5 %. Le seul problème était les réactions allergiques causées par les multiples injections d'extraits bruts de tissus nerveux[8].

Les locaux de la rue d'Ulm ne suffirent plus à l'équipe rassemblée autour de Pasteur pour pratiquer les vaccinations des nombreux patients qui se présentaient. L'Académie de Médecine proposa alors de créer par souscription un établissement destiné à traiter la rage après morsure. La souscription rapporta 2 600 000 francs de l'époque, et Pasteur put faire acheter un terrain de onze hectares rue Dutot (devenue rue du Dr-Roux). L'inauguration des bâtiments eut lieu le 14 novembre 1888. Pasteur le dirigea jusqu'à sa mort, le 28 septembre 1895. De nombreux instituts Pasteur seront par la suite installés en France et dans le monde entier.

---

[8]. Les vaccins d'aujourd'hui sont préparés avec des souches très peu virulentes propagées de nombreuses fois sur embryons de poulet de 10 jours, notamment la souche dite HEP, et cultivées sur cellules amniotiques humaines. Ils sont donc beaucoup moins allergisants que les vaccins à base de cerveau de mouton. Contrairement au vaccin de Pasteur, le vaccin dit HDCV mis au pont en 1973 par l'équipe de Hilary Koprowski utilise un virus tué par un antiseptique, la β-propiono-lactone, et ne nécessite que 5 injections.

La découverte des toxines : le premier vaccin « moléculaire »

Figure 3. Émile Roux (1853-1933), collaborateur de Louis Pasteur et découvreur avec Alexandre Yersin de la toxine diphtérique.
© Institut Pasteur, Paris.

Un jeune étudiant en médecine, l'homme qui plus tard découvrira le bacille de la peste, Alexandre Yersin (1863-1943) entra le 1er janvier 1887 comme étudiant dans le service du Pr Grancher à l'hôpital des Enfants-Malades. « Préparateur » et aide d'Émile Roux au nouvel institut Pasteur de la rue Dutot l'après-midi, Yersin connaissait bien les bases de la bactériologie naissante. Le service comportait 58 lits accueillant beaucoup d'enfants atteints de diverses maladies contagieuses, tuberculose, méningite, fièvre typhoïde, broncho-pneumonie, diphtérie… Yersin fut frappé par le spectacle insupportable des enfants décimés par la diphtérie. À cette époque, des épidémies de diphtérie étaient particulièrement meurtrières. Par exemple, on observait à l'hôpital Trousseau des taux de mortalité atteignant 60 %. En ces temps de misère, l'hôpital résonnait des plaintes désespérées des enfants à la figure cyanosée, au cou enflé, pris de crises de suffocation et de toux spasmodique. Les mères horrifiées et désespérées voyaient mourir dans des conditions atroces leurs enfants parfois paralysés, la gorge obstruée de « pseudo-membrane » blanchâtre et douloureuse. C'était le *croup*, signe annonciateur de la mort que seule pouvait parfois sauver la trachéotomie salvatrice [9].

La diphtérie avait connu une forte expansion au XIXe siècle. Alors qu'elle avait totalement disparu d'Europe au cours du haut Moyen Âge, elle était réapparue au XVIe siècle en

---

[9]. La trachéotomie était déjà pratiquée par l'Ecole d'Alexandrie au IIe siècle avant notre ère, puis pratiquée épisodiquement par des médecins byzantins au VIIe siècle. La technique avait été utilisée avec succès lors d'une grave épidémie de diphtérie à Naples vers 1610 par Marco-Aurelio Severino (1570-1646), puis à Londres par le Dr André vers 1782. La trachéotomie fut mise en œuvre à Tours depuis 1825 par Pierre-Fidèle Bretonneau (1778-1862), puis généralisée par son élève Armand Trousseau (1801-1867).

Hollande, puis en France et surtout en Espagne et en Italie. Après une disparition momentanée au XVIIe siècle, elle resurgit à nouveau au XVIIIe siècle à travers toute l'Europe. Cependant planait un doute sur le caractère contagieux de l'angine diphtérique jusqu'aux observations faites par Pierre-Fidèle Bretonneau (1778-1862), lors de l'épidémie de 1818 et publiés en 1823. Il considérait l'angine diphtérique comme une maladie contagieuse, bien distincte des autres angines car mortelle dans 5-10 % des cas. Il proposa en 1855 la notion qu'à chaque maladie infectieuse correspondait un germe : « Un germe spécial, propre à chaque contagion, donne naissance à chaque maladie contagieuse. Les fléaux épidémiques ne sont engendrés, disséminés que par leur germe reproducteur ».

Pour sa thèse de médecine, Yersin choisit donc de travailler sur la diphtérie sous l'égide d'Emile Roux. On venait de découvrir que cette maladie était due à des bacilles. En effet, quelques années auparavant, en 1883, un professeur de Marburg, Edwin Klebs (1834-1913), avait observé des bacilles fourmillant dans les fausses membranes. Ces petits bâtonnets furent isolés en culture l'année suivante par Friedrich Loeffler (1852-1915). Ce modeste assistant de Robert Koch à l'Office Impérial de Berlin préleva des fausses membranes obstruant les gorges d'enfants morts de diphtérie et montra la présence de bacilles rayés en forme de massue chez presque tous les patients. Il parvint à cultiver ces étranges bacilles, qu'il inocula en culture pure à des lapins et des cobayes. Les animaux moururent en deux à trois jours comme les enfants. Des fausses membranes grouillant de bacilles apparaissaient au point d'inoculation, mais il ne retrouvait jamais de bactéries dans les organes des animaux morts. Loeffler conclut de façon prémonitoire : « Il [le bacille] doit sécréter un poison, une toxine, qui, elle, ne reste pas *in loco*, mais envahit tous les organes vitaux du corps… ». Ce microbe fut appelé bacille de Klebs-Löffler (*Corynebacterium diphtheriae*). Cependant, son rôle dans la diphtérie restait encore incertain, car de nombreux bacilles inoffensifs de la flore commensale du pharynx lui ressemblaient[10].

Yersin et Roux se mirent au travail. Ils confirmèrent la présence des bacilles dans les fausses membranes de 15 enfants décédés à l'hôpital des Enfants-Malades. Fait capital, ils montrèrent que le bacille n'était jamais isolé dans le sang, l'urine et les organes, ni chez les patients décédés ni chez les animaux inoculés. Ceci leur fit poser la question de Loeffler : « Comment une culture, en un point si restreint du corps, donne-t-elle lieu à une infection générale et à des lésions vasculaires de tous les organes ? On a pensé qu'au lieu de la culture, un poison très actif est élaboré et que, de là, il se répandait dans tout l'organisme. […]. Le bacille doit sécréter un poison dans le bouillon où nous le cultivons, tout comme il doit émettre cette toxine dans la gorge de l'enfant et par voie sanguine la faire passer dans son corps ». À l'aube de l'ère pasteurienne, on connaissait des animaux et des plantes produisant des venins et des poisons alcaloïdes. Roux et Yersin recherchèrent donc un poison mortel en filtrant des bouillons de culture de 4 jours à travers des bougies de porcelaine « dégourdie » sous pression d'air comprimé. Le filtrat ne contenait donc plus aucune bactérie. Ils furent désespérés de voir que ces filtrats étaient inoffensifs pour les cobayes et les lapins, sauf à très fortes doses. Après de très nombreux essais, ils s'aperçurent qu'un long temps d'incubation des cultures (42 jours en milieu alcalin) permettait d'obtenir un filtrat très toxique pour l'animal. La toxine fut alors concentrée, précipitée, desséchée et analysée : quelques microgrammes de toxine pouvaient tuer des centaines d'animaux, cobayes, lapins, pigeons, qui mourraient rapidement avec des signes de diphtérie. Ils montrèrent aussi que l'urine des enfants diphtériques recueillie peu avant la mort, bien que stériles, contenait des quantités suffisantes de « toxine » pour tuer des cobayes avec des signes similaires à ceux obtenus avec les filtrats de

---

[10] Ces bactéries non pathogènes dites « corynéformes », notamment l'inoffensif bacille décrit par Hermann Hoffmann, sont fréquemment retrouvées dans la gorge.

culture[11]. Roux et Yersin avait découvert la première toxine bactérienne. C'était un concept complètement nouveau à une époque où l'on croyait que seule la prolifération bactérienne pouvait déclencher les altérations tissulaires. Ils en virent immédiatement les conséquences pour prévenir et mieux comprendre le mécanisme d'autres maladies bactériennes : « Est-il possible d'accoutumer les animaux au poison diphtérique et de produire, par ce moyen, l'immunité contre la diphtérie ? […] Beaucoup de néphrites ou de maladies nerveuses, dont on ignore l'origine, sont peut-être la suite d'une infection microbienne passée inaperçue ». Ces travaux furent rapportés dans la thèse de médecine d'Alexandre Yersin soutenue le 26 mai 1888 et dans les trois célèbres mémoires intitulés « Contribution à l'étude de la diphtérie » publiés avec Roux en 1888 et 1889 dans les Annales de l'institut Pasteur. On sait aujourd'hui que de très nombreuses bactéries pathogènes produisent des toxines qui sont à l'origine des symptômes de l'infection. À la suite des travaux de Roux et Yersin, on découvrit rapidement de nombreuses toxines, notamment celles du tétanos[12] et du botulisme[13].

Elie Metchnikoff et les phagocytes

Elie Metchnikoff (1845-1916) naquit dans le sud de la Russie en 1845. Passionné de science, conteur, séducteur, charmeur, cyclothymique, il sortait d'un roman de Dostoïewski. Suivant des études à l'Université de Kharkov, il fut enthousiasmé par la lecture de « l'origine des espèces » de Darwin et devint naturaliste. Il débuta ses recherches par l'étude de l'évolution des vers. Expérimentateur maladroit mais très ingénieux, parfois peu rigoureux, il entretenait souvent des rapports tumultueux avec son entourage. Déprimé, il avait des tendances suicidaires et fut épisodiquement morphinomane. Tout cela lui fit mener une vie itinérante à travers l'Europe, voyageant en Russie, en Allemagne, en Italie, en France. En 1883, il partit avec sa famille travailler en Sicile et installa un petit laboratoire dans sa villa de bord de mer pour étudier la faune pélagique et le développement embryonnaire des micro-organismes marins. C'est là qu'il fit en 1884 une découverte qui le rendit célèbre. Il avait décidé d'étudier la digestion des éponges et des étoiles de mer. Examinant des larves d'étoile de mer, il observa d'étranges cellules se déplaçant dans le corps de ces animaux comme des amibes. Un jour, il décida d'injecter des particules de carmin dans une de ces larves. À travers le corps transparent de ces animaux minuscules, il vit à la loupe que les cellules migratrices rampaient vers les particules carminées et les dévoraient ! Ce théoricien invétéré aux intuitions géniales en conclut que de telles cellules vagabondes devaient aussi dévorer les microbes. Il extrapola immédiatement à l'homme sans aucune preuve (et il avait raison) : les globules blancs du sang qui migrent et s'accumulent dans le pus, qui apparaît après une blessure, ressemblent à ces cellules migratrices. Intuition fulgurante. Transperçant le corps de ces larves avec des épines de rosiers, il observa que les cellules migratrices s'accumulaient au contact des épines. Il en

---

[11.] On sait que la dose létale du matériel soluble préparé par Yersin devait être d'au moins un demi-milligramme par kg, alors que la dose létale de toxine purifiée actuellement est estimée entre 100 et 130 nanogrammes (10^{-9} g) par kg de poids chez l'homme.

[12.] Le tétanos est une maladie souvent mortelle, survenant souvent après une plaie souillée de terre, et caractérisée par des crises de contractures musculaires des mâchoires (*trismus*) et des membres, provoquant des raideurs généralisées (attitude en « opisthotonos »). En 1884, le bactériologiste allemand Arthur Nicolaier (1862-1945) découvrit que le tétanos était associé à certaines bactéries anaérobies du sol, postulant que la maladie était due à un poison diffusant à partir de blessures contaminées de terre. En 1889, Kitasato isola le bacille en culture pure (*Clostridium tetani*) grâce à sa résistance à la chaleur et put transmettre le tétanos chez des cobayes. Un médecin danois, Knud Faber (1862-1956) démontra en 1890 l'existence d'une toxine en reproduisant les signes de tétanos par injection d'un filtrat de culture au cobaye. Très récemment en 1992, l'italien Cesare Montecucco de l'Université de Padoue démontra que la neurotoxine tétanique est une métalloprotéase qui bloque les vésicules cholinergiques transmettant l'influx nerveux. La toxine botulinique est aussi une métalloprotéase.

[13.] Le botulisme est caractérisé par des paralysies flasques dues à l'absorption d'une neurotoxine très puissante produite dans certains aliments avariés contaminés par une bactérie anaérobie de l'environnement, *Clostridium botulinum*, découvert en 1896 par Émile Van Ermengem (1851-1932). C'est le plus violent des poisons connus qui peut être aussi une arme redoutable.

conclut dès lors que c'était là le mécanisme qui permettait aux animaux de résister aux infections. Présentant ses résultats à Vienne, il déclara : « Nous sommes réfractaires aux germes parce que nos corps contiennent des cellules migratrices qui dévorent les microbes… ». Il appela ces cellules des « phagocytes », en grec « cellules dévoreuses ».

Cherchant à confirmer sa théorie des phagocytes, il travailla sur des daphnies, minuscules crustacés des étangs. Examinant à la loupe ces puces d'eau au corps transparent, il put un jour observer le cheminement de spores de champignons dans le corps de ces créatures. Après absorption, les spores traversaient la gorge et l'estomac puis pénétraient l'intérieur du corps, où elles étaient avalées et digérées par des cellules vagabondes, les phagocytes. Cependant, chez certaines daphnies, les spores de levure bourgeonnaient et pullulaient, ce qui entraînait la mort de ces puces d'eau. Les phagocytes ne faisaient pas leur travail. Ainsi, il avait mis au jour un des mécanismes fondamentaux de l'immunité naturelle contre les agressions microbiennes, impliquant les phagocytes. Il publia ces expériences sur les daphnies qui confortaient sa théorie des phagocytes. Metchnikoff avait découvert le phénomène de la phagocytose, un des piliers fondamentaux de la résistance aux infections, ce qu'on appelle l'immunité. Les phagocytes parcourent les tissus à la recherche d'intrus étrangers (bactéries, virus…) et ont la capacité de les « manger et les digérer ». Après une rencontre avec Louis Pasteur qui se rallia immédiatement à sa théorie, il rejoignit le tout nouvel institut Pasteur en 1888 pour y poursuivre ses travaux sur la phagocytose. Il soutint le reste de sa vie cette théorie comme le seul mécanisme de résistance aux infections, multipliant les expériences chez des crapauds, des lapins, des cobayes, parfois des volontaires (!), inoculés par diverses bactéries. Il reçut le prix Nobel en 1908. Il fallut près de 20 ans pour réconcilier la théorie de l'immunité cellulaire avec celle de l'immunité humorale liée aux anticorps découverts par Behring.

Emil Behring et la découverte des anticorps

Figure 4. De gauche à droite : Elie Metchnikoff (1845-1916), prix Nobel 1908, découvreur de l'immunité cellulaire ; Emil von Behring (1854-1917), prix Nobel 1908,
(© The Nobel Foundation),
et Shibasaburo Kitasato (1852-1931), découvreurs des anticorps dans le sérum.

La découverte des anticorps du sérum fut l'œuvre d'un grand précurseur, Emil-August Behring (1854-1917). Cette découverte fut la conséquence de celle de la toxine diphtérique par Roux et Yersin. Aussi rigoureux dans ses expériences que Metchnikoff était fantasque, Behring était un austère médecin militaire, barbu, à l'œil sévère. Il avait rejoint à l'âge de 30 ans le laboratoire de Robert Koch, travaillant dans le fameux « *Triangel* », un immeuble vétuste de la rue Schumann à Berlin. Il s'était mis en tête qu'il pouvait traiter la diphtérie par des produits chimiques. Il infecta donc des cobayes avec le bacille de la diphtérie et les traita en leur injectant plus de 30 composés chimiques, comme le naphtylamine ou des sels d'or. Si parfois quelques animaux guérissaient de leur infection, ils étaient décimés par la toxicité des produits chimiques. Il mit tous ses espoirs dans le trichlorure d'iode qui semblait permettre la survie des animaux, bien qu'entraînant des escarres au point d'inoculation. Dans son enthousiasme, Behring osa alors procéder à des essais désastreux et rapidement abandonnés chez des bébés diphtériques. Poursuivant ses expériences chez l'animal, il observa que les rares cobayes qui survivaient au traitement par l'iode devenaient très résistants au bacille de la diphtérie, même après l'inoculation de doses massives. Cette résistance était transférable à des animaux sains par le sérum des animaux qui avaient survécu à l'infection : il protégeait contre les bactéries inoculées et contre l'effet létal de la toxine. Cependant l'effet du sérum était éphémère et ne durait pas plus de deux semaines. Le sérum contenait donc des substances, des antitoxines qui pouvaient neutraliser spécifiquement les toxines présentes dans les filtrats de cultures. Behring avait découvert les anticorps sériques, le premier traitement efficace contre un fléau ancestral. Il publia ses résultats dans un journal médical allemand le 4 décembre 1890 avec ceux de Shibasaburo Kitasato (1852-1931) sur les anticorps contre la toxine du tétanos. La nouvelle fit le tour du monde.

Behring réussit par la suite à produire de grandes quantités de sérum en immunisant des moutons. Il tenait un nouveau traitement efficace contre la diphtérie. À la fin de 1891, les enfants diphtériques qui agonisaient à la clinique Berkmann de la rue Brick à Berlin furent traités par le sérum antidiphtérique et en trois ans près de 20 000 enfants reçurent ce traitement en Allemagne. Pratiquement à la même époque en 1891, Roux aidé d'Edmond Nocard (1850-1903) et de Louis Martin (1864-1946) réussit à produire en grandes quantités du sérum antidiphtérique, en immunisant des moutons et de chevaux résistants naturellement à la toxine. Avec Auguste Chaillou (1866-1915), Roux traita avec succès près 300 enfants de l'hôpital des Enfants-Malades et la sérothérapie entra dans la pratique courante à partir de 1895. La sérothérapie fit chuter la mortalité par diphtérie à Paris de 147 à 35 pour 100 000 malades en 1896. Ce fut le premier traitement réellement actif contre une maladie bactérienne, qui reste aujourd'hui encore la base du traitement de cette maladie. La découverte des anticorps par Behring dévoilait un secret intime du monde vivant, expliquant pourquoi on restait toute sa vie spécifiquement réfractaire à une maladie contractée dans l'enfance (rougeole, variole, varicelle, diphtérie…). Ce phénomène connu depuis l'Antiquité est aujourd'hui appelé résistance acquise ou mémoire immunitaire. Des travaux de Pasteur, Metchnikoff et Behring naquit une discipline nouvelle appelée à un grand avenir : l'immunologie.

Les vaccins idéaux : les anatoxines

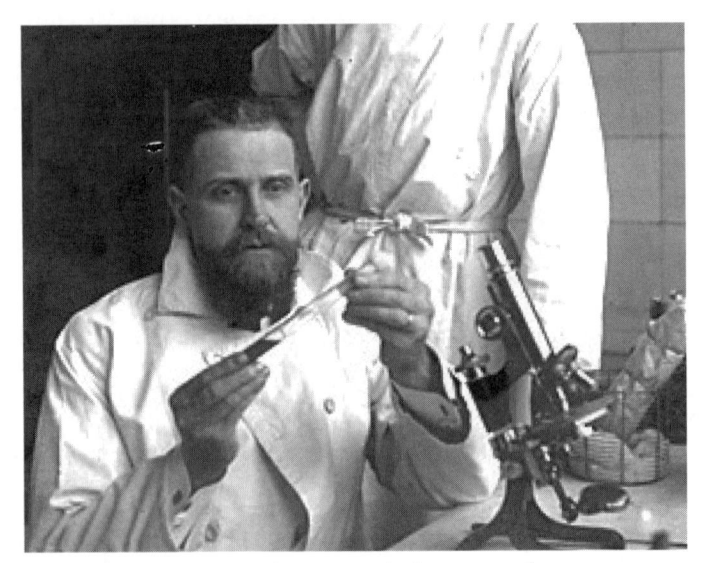

Figure 5. Gaston Ramon (1886-1963), découvreur des anatoxines.
© Institut Pasteur.

Behring avait réussi à immuniser des cobayes avec les injections itératives de doses croissantes de toxine diphtérique, mais le procédé était dangereux et inadéquat pour envisager une vaccination[14]. On chercha alors à atténuer la toxine pour l'utiliser comme vaccin. Après divers atermoiements[15], Gaston Ramon (1886-1963) mit au point en 1923 un procédé permettant d'obtenir une toxine inoffensive et protectrice : la toxine diphtérique purifiée était incubée plusieurs semaines à 37 °C en présence de formol. Cette toxine inoffensive fut appelée anatoxine. C'était la découverte d'un vaccin d'une efficacité remarquable et pratiquement sans danger. La vaccination sera utilisée à grande échelle à partir de 1945 dans de nombreux pays industriels. Le procédé de Ramon fut rapidement appliqué à d'autres toxines dont la toxine tétanique. Il est toujours utilisé dans le monde entier. On s'aperçut dans les années 1950 qu'un virus lysogène présent chez le bacille de la diphtérie portait le gène codant la toxine et que la production de toxine était contrôlée par la concentration en fer[16]. Restait à comprendre le mécanisme d'action de la toxine. En 1970, John Collier, Alwin Max

---

[14] La toxine a ensuite été utilisée en 1913 pour des études épidémiologiques par Béla Schick (1877-1967). En inoculant des doses infimes de toxine par voie intra-dermique, il déclenchait une réaction inflammatoire chez les sujets non immuns, alors que le test restait négatif chez les sujets qui avaient été en contact avec le bacille, et donc porteurs d'anticorps. On pouvait ainsi détecter la résistance individuelle à la diphtérie.

[15] On utilisa jusqu'à 1924 un procédé de vaccination anti-diphtérique assez risqué consistant à immuniser avec succès des enfants avec un mélange de toxine et d'antitoxine. En 1914, l'allemand Loewenstein eut l'idée de traiter la toxine tétanique par le formol à 0,2 % incubé à 34 °C, puis en 1923 les Anglais Glenny et Hopkins firent de même avec la toxine diphtérique. Cependant, ils ne produisaient pas une substance immunogène car il devait ajouter des anti-toxines pour obtenir une protection.

[16] On montra en 1931 que l'absence de fer dans le milieu de culture induisait une forte production de toxine alors que sa présence l'inhibait. Ceci expliquait les difficultés rencontrées par Ramon pour produire la toxine en cultures avec des résultats aléatoires, certaines cultures produisant de grandes quantités de toxine, d'autres de très faibles quantités car il ne maîtrisait pas la concentration en fer des milieux de culture, qui variait selon les conditions de préparation des milieux. Les souches productrices de toxine étaient toutes porteuses d'un virus particulier inséré dans leur chromosome, le phage β (souches lysogènes), alors que les souches sans virus ne produisent pas la toxine. Le gène de la toxine est contrôlé par un gène répresseur actif uniquement en présence de fer. La découverte qu'un virus véhiculant un gène de virulence fit émerger le concept « d'îlots de pathogénicité ».

Pappenheimer (1908-1995) et Michael Gill montrèrent que cette toxine était en fait une enzyme qui inhibait la synthèse protéique des cellules de tous les tissus, une ADP-ribosylase[17]. Ce concept fera florès dans le domaine des toxines qui sont très souvent des enzymes.

La vaccination contre la diphtérie fit disparaître la maladie des pays développés où la vaccination systématique des enfants a été rendue obligatoire. Il existe une exception notable dans les pays développés, les États-Unis où la vaccination n'est pas obligatoire. La maladie y persiste à l'état endémique à un taux de 3 pour 100 000 habitants. La diphtérie reste une maladie très répandue dans le Tiers-Monde. Près de 50 000-100 000 cas sont déclarés officiellement chaque année à l'OMS. Chaque année, de nombreuses épidémies sont déclarées en Asie, en Afrique et en Amérique Latine. L'exemple de la résurgence de la diphtérie en Russie en 1990 montre la fragilité de l'immunisation de la population et illustre le fait qu'aucune situation n'est définitivement acquise. En 1955, au moment où la vaccination fut rendue obligatoire, 104 138 cas de diphtérie étaient déclarés en URSS, soit une incidence supérieure à 30 pour 100 000 habitants. Très vite, le nombre de cas chuta à 4 691 en 1965, à 1 609 en 1984 (incidence < 2), et à 839 en 1989 (incidence 0,4). En 1990, les premiers cas de diphtérie réapparaissaient dans une caserne de Moscou, marquant le début d'une épidémie portant le nombre de victimes à 47 808 en 1994, soit une incidence de 25 pour 100 000 habitants. La Russie, l'Ukraine et treize autres états furent touchés de 1990 à 1994. Les victimes étaient des jeunes enfants et des personnes de plus de 40 ans. L'origine de cette épidémie est probablement multi-factorielle. On pense qu'elle est liée, en partie, au retour des 100 000 soldats russes d'Afghanistan en 1989, pays où la diphtérie sévissait à l'état épidémique. De plus, il a été montré que la couverture vaccinale était incomplète (68-79 %), alors que le vaccin produit localement était parfaitement efficace. À cela, il faut ajouter les mouvements de population (urbanisation, misère sociale, malnutrition…), entraînant un nouvel état de précarité pour une frange importante de la population. Enfin, il est probable que des souches toxinogènes virulentes de *Corynebacterium diphtheriae* aient été importées. La vaccination massive de la population a fait rapidement disparaître l'épidémie à partir de 1994.

La course aux vaccins contre les grands fléaux

Sous l'influence des idées et des travaux de Pasteur, une course aux vaccins suivit l'époque héroïque de la découverte des principaux pathogènes dans les années 1890-1900. Deux stratégies furent choisies. Une première voie reposant sur la préparation des vaccins à partir de bactéries vivantes atténuées ou tuées, se heurtait à de nombreuses difficultés, notamment du fait de la diversité des souches de germes pathogènes, le vaccin ne protégeant souvent que contre une seule souche. Une seconde voie utilisait des facteurs de virulence purifiés comme des toxines inactivées (anatoxines) ou des polymères sucrés de capsules, une voie très fructueuse permettant le contrôle et la disparition de maladies comme la diphtérie et le tétanos.

Un des tout premiers vaccins utilisé chez l'homme avec succès fut dirigé contre un terrible fléau, la fièvre typhoïde[18]. Cette maladie strictement humaine connue depuis Hippocrate ne fut individualisée et décrite avec précision qu'en 1659 par le célèbre médecin anglais Thomas Willis (1621-1675). La contagiosité de la typhoïde fut pressentie en 1856 par le

---

[17] En 1992, Senyon Choe a ensuite déterminé la structure cristalline de la toxine diphtérique et Leon Eidels identifia son principal récepteur cellulaire, un récepteur hormonal.

[18] Débutant par une phase d'invasion d'une semaine avec fièvre, maux de tête, nausées et crampes abdominales, la maladie évolue vers un état de prostration avec faiblesse musculaire extrême (tuphos), fièvre à 40 °C et diarrhée, et peut entraîner la mort par perforations et hémorragies intestinales ou par collapsus (choc septique). Les lésions intestinales furent signalées en 1829 à l'autopsie des patients par Armand Trousseau en 1826 et précisément décrites par Pierre-Charles Louis (1787-1872). La fièvre typhoïde induit l'hypertrophie de la rate (splénomégalie), des ganglions lymphatiques intestinaux et des plaques de Peyer (petits ganglions disséminés dans la muqueuse intestinale), parfois associées à des perforations intestinales.

Dr William Budd (1811-1880), qui incrimina l'eau de boisson, le lait ou les mains des patients contaminés par les selles des malades sur des arguments épidémiologiques, comme le fit John Snow pour le choléra. À la fin du XIXe siècle, la typhoïde était, avec la diphtérie, une des causes majeures de mortalité dans la population des moins de 30 ans, ceci du fait notamment de l'urbanisation sauvage qu'a connu cette époque de révolution industrielle. La mortalité à Paris entre 1865 et 1885 oscillait entre 40 et 143 décès pour 100 000 habitants. En France, on évalue entre 20 000 et 30 000 le nombre de morts de typhoïde, dont 5 000 pour la seule ville de Paris en 1900. Pasteur lui-même perdit deux de ses enfants de typhoïde.

En 1879, Karl Joseph Eberth (1835-1926) observa des bactéries dans la rate et les ganglions lymphatiques chez 12 sur 33 patients morts de typhoïde. Il rapporta sa découverte en 1880, appelant cette bactérie *Bacillus typhosus*, aujourd'hui appelée *Salmonella typhi*. Ce qui ouvrit la voie au vaccin fut l'isolement en 1884 en culture pure de cette bactérie par Georg Gaffky (1850-1918), qui démontra aussi sa transmission par l'eau de boisson et les aliments contaminés. En 1892, le médecin français Fernand Widal (1862-1929) réussit à transmettre la maladie au cobaye. Il montra par la suite le rôle des anticorps dans la protection des cobayes et mit au point en 1896 un test diagnostique encore utilisé aujourd'hui, basé sur la recherche des anticorps dans le sang des patients. La même année, Almroth Wright (1861-1947) et Richard Pfeiffer (1858-1945) mirent au point indépendamment un vaccin antityphique efficace préparé avec des bactéries virulentes tuées par l'alcool et conservées dans une solution de phénol et injectées par voie sous-cutanée. Cette vaccination fut rapidement généralisée dans les armées anglaises et allemandes, entraînant une chute spectaculaire de la typhoïde chez les militaires. Conjointement, la typhoïde régressa rapidement en France et en Europe surtout du fait du traitement de l'eau de boisson distribuée aux citadins par javellisation dans les années 1910. Au début de la Grande Guerre, on déplora encore en 1914-1915 parmi les troupes françaises encore non vaccinées près de 65 748 cas de typhoïde, dont environ 11 000 morts, ce qui entraîna une campagne de vaccination de tous les militaires réduisant ces chiffres à 615 cas en 1918 (dont 50 morts), malgré les conditions déplorables d'hygiène des poilus. Ce premier vaccin contenait des quantités importantes de toxines bactériennes (« endotoxines ») qui pouvaient entraîner des réactions allergiques sévères chez les vaccinés. En 1972, K.H. Wong et J.-C. Feeley mirent au point un vaccin remarquable très efficace et bien toléré contenant un polymère sucré purifié de la capsule bactérienne, l'antigène Vi[19], injecté par voie sous-cutanée. Devenue très rare dans les pays développés, la typhoïde reste un terrible fléau aujourd'hui, répandu dans le monde entier et faisant d'après l'OMS 17 millions de victimes chaque année, dont 600 000 morts. La maladie ne régressera réellement qu'avec un traitement efficace de l'eau de boisson.

Les recherches furent moins fructueuses pour la vaccination contre le choléra. Travaillant à l'institut Pasteur sur ce vaccin, le zoologiste russe Waldemar Haffkine (1860-1930) développa en 1892, un vaccin vivant atténué par la chaleur, qu'il testa, après se l'être administré, sur le terrain à Calcutta dès 1893. Ce vaccin était peu efficace. On utilisa par la suite d'autres vaccins préparés avec des bactéries tuées par la chaleur ou associés à de la toxine inactivée, ou encore plus récemment avec des bactéries génétiquement manipulées dans lesquelles le gène de la toxine cholérique a été inactivé. L'efficacité de ces vaccins reste modeste ou à démontrer.

La découverte du bacille de la tuberculose, *Mycobacterium tuberculosis*, en 1882 par Robert Koch avait induit une recherche intense sur la mise au point d'un vaccin contre cette maladie. Koch avait décrit dès cette époque un étrange phénomène. Les cobayes infectés par le bacille meurent inéluctablement de tuberculose mais, s'ils sont réinfectés par une seconde inoculation sous-cutanée durant la maladie, ils guérissent rapidement des lésions locales. Ils

---

[19]. Un autre vaccin utilisant un polyoside capsulaire purifié mis au point en 1987 par John B. Robbins et Rachel Schneerson s'est révélé remarquablement efficace contre la méningite à *Haemophilus influenzae*.

deviennent « sensibilisés » au bacille et acquièrent une résistance contre une surinfection. Il semblait donc possible de concevoir un vaccin contre la tuberculose. En 1890, Koch pensa avoir découvert ce vaccin. Après un enthousiasme échevelé qui attira un afflux massif de patients à Berlin, le vaccin s'avéra inefficace et même dangereux. D'abord de composition tenue secrète, le vaccin était un extrait glycériné de surnageants bruts de cultures du bacille de la tuberculose. On appellera par la suite « tuberculine » cet extrait qui sera utilisé d'abord pour dépister les animaux tuberculeux en 1895 puis les patients dès 1907 après la mise au point de la cuti-réaction[20] par l'Autrichien Clemens von Pirquet (1874-1929).

Après l'échec cuisant de la tuberculine, on s'orienta vers des vaccins constitués de bacilles non pathogènes, atténués ou tués, de diverses origines, bovine, équine ou humaine. Deux méritent d'être mentionnés : Koch prépara un autre vaccin appelé « Tauruman », mélange de bacilles humains et bovins obtenus à la suite de passages successifs sur des bouillons glycérinés suivis d'une dessiccation sous vide, qui s'est révélé peu efficace et fut vite abandonné. L'ancien collaborateur de Koch, Behring travailla lui sur un vaccin vétérinaire. On avait découvert le bacille responsable de la tuberculose bovine, appelé *Mycobacterium bovis*, très proche parent mais distinct de *Mycobacterium tuberculosis*. Les bovins semblaient très résistants au bacille humain. On avait aussi constaté que le bacille bovin était plus rarement rencontré chez l'homme. Cela donna l'idée à Behring en 1902 de préparer un vaccin pour lutter contre la tuberculose bovine avec une souche humaine de virulence atténuée, en maintenant les cultures « vieillies » pendant une longue période, puis en les desséchant sous vide. Ce « bovovaccin » fut le premier vaccin largement employé contre la tuberculose des bovins. Cependant la résistance induite était faible et de courte durée et les animaux vaccinés inoculés avec le bacille bovin finissaient par mourir après une longue phase de latence. Surtout, l'atténuation du bacille (d'origine humaine) était réversible risquant de contaminer les éleveurs. Le vaccin fut vite abandonné.

Figure 6. Albert Calmette (1863-1933) et Camille Guérin (1872-1961), découvreurs du BCG.
© Institut Pasteur.

---

[20] Un patient préalablement exposé au bacille de la tuberculose présente au point d'injection de la tuberculine une réaction inflammatoire avec une large induration rouge.

C'est alors qu'intervint Albert Calmette (1863-1933). De retour d'Indochine en 1895, il travaillait à Lille, une ville industrielle du Nord où la mortalité par tuberculose était effrayante atteignant près de 43 % des causes de décès. Calmette se voua entièrement à la lutte contre cette maladie et créa en 1898 un deuxième institut Pasteur à Lille et le premier dispensaire antituberculeux pour l'accueil des patients. Ses travaux de recherche nécessitant une expérimentation animale, Calmette s'adjoignit en 1897 un vétérinaire, Camille Guérin (1872-1961). Calmette et Guérin firent de nombreuses expériences sur l'animal, en faisant varier les doses de bacilles et en testant la voie buccale pour vérifier l'hypothèse de Behring qui avait évoqué une transmission orale de la tuberculose [21]. Partant de l'idée qu'une souche bovine serait moins virulente pour l'homme, à l'instar du « bovovaccin » et des résultats rapportés de quelques exemples d'auto-inoculations [22], Calmette choisit d'utiliser une souche de *Mycobacterium bovis* isolée par Nocard à partir du lait d'une génisse présentant une tuberculose mammaire. Les bacilles de la tuberculose bovine (et humaine) ont fortement tendance à s'agréger en culture sur le milieu utilisé à l'époque, la pomme de terre glycérinée. Calmette devait les dissocier pour ajuster les doses infectieuses dans le but d'injecter les animaux de laboratoire. N'arrivant pas à les homogénéiser au mortier, il ajouta quelques gouttes de bile de bœuf qui dissocia rapidement les bacilles. Calmette et Guérin mirent ainsi au point un milieu de culture fortement alcalin à base de pomme de terre glycérinée et de bile de bœuf. Ils réalisèrent alors sur ce milieu des passages successifs de la souche de Nocard tous les 25 jours. Au départ, les cultures avaient un aspect dur, riche, écailleux. Ils constatèrent après plusieurs passages des modifications de l'aspect des cultures prenant un aspect lisse, luisant et pâteux. Ils vérifiaient régulièrement la dose infectieuse chez le cobaye. Ils virent la virulence progressivement décroître mais il fallut attendre le 39e passage pour que les bactéries deviennent incapables de tuer les cobayes. Devant l'Académie des Sciences, Calmette et Guérin rapportèrent le 28 décembre 1908 l'obtention d'une souche atténuée du bacille de la tuberculose, dérivée de *Mycobacterium bovis*, qu'ils appelèrent le « bacille tuberculeux bilié », qui devint le « bacille de Calmette et Guérin » ou BCG. Continuant leurs passages sur pomme de terre biliée pendant 13 ans et réalisant ainsi 230 passages, ils montrèrent que le bacille devenu avirulent ne recouvrait plus sa virulence. Inoculé à l'animal, il conférait après 30 jours une résistance contre les bacilles virulents bovin et humain chez de nombreux animaux (cobaye, bœuf, souris, cheval, singe rhésus, chimpanzé…). L'état de résistance associé à l'hypersensibilité à la tuberculine[23] survenait uniquement avec les bacilles vivants capables de se propager au système lymphatique et de persister chez l'hôte permettant une stimulation continue et efficace de la réponse immunitaire.

Après la Première Guerre mondiale, Calmette et Guérin avait bien démontré l'innocuité et la protection par le BCG chez l'animal. Il fallait commencer les essais humains. En 1921, Dr Benjamin Weill-Hallé (1875-1958) médecin à l'hôpital de la Charité à Paris vint solliciter Calmette pour vacciner un nourrisson dont la mère venait de succomber à la tuberculose et confié à sa grand-mère phtisique. À l'époque, ses chances de survie étaient très faibles. On lui fit absorber par la bouche 240 millions de bacilles en trois fois en une semaine. Dix ans plus tard, il était en bonne santé. Suivit la vaccination de 30 bébés par le Dr Weill-Hallé et Raymond Turpin (1895-1988). La vaccination par le

---

[21] En 1902, Behring émit l'idée que la voie de contamination de la tuberculose était digestive et non pulmonaire, l'atteinte des poumons étant la conséquence d'une dissémination lymphatique du bacille à partir du tube digestif.

[22] Plusieurs médecins se sont inoculés le bacille de la tuberculose bovine, notamment le Dr Garnault en 1901 et le Dr Klemperer. Ils ne présentèrent que des lésions sans gravité.

[23] Calmette et Guérin montrèrent que l'hypersensibilité retardée à la tuberculine survenait avant l'acquisition de la résistance, montrant que l'immunité et l'hypersensibilité étaient des phénomènes distincts et indépendants chez les animaux vaccinés ou infectés. Par la suite les immunologistes étudièrent pendant des décennies les mécanismes immunologiques de ce phénomène, basés sur l'émergence de différentes « sous-populations » de lymphocytes T.

BCG se propagea en France et en Europe. En 1924, les premiers résultats présentés par Calmette à l'Académie de Médecine étaient très encourageants. Sur 217 nourrissons vaccinés très exposés au bacille, 169 restèrent en bonne santé après 18 mois de suivi, 39 furent perdus de vue et 9 moururent d'autres causes. Puis, Calmette rapporta en 1928 que sur plus de 50 000 enfants vaccinés entre 1921 et 1926, le taux de mortalité des enfants vaccinés exposés à la tuberculose en milieu familial était de 1,8 % contre 25-32,6 % chez des témoins non vaccinés à Paris. La vaccination se révélait parfaitement bien tolérée et inoffensive.

Mais l'histoire du BCG prit un cours dramatique en 1929. Voici qu'à Lübeck, en Allemagne, à la suite d'une vaccination par un BCG préparé localement, 73 enfants sur 252 vaccinés moururent de tuberculose et 136 présentèrent des tuberculoses chroniques. En fait, des experts allemands montrèrent que le vaccin avait été accidentellement contaminé lors de sa préparation par une souche humaine très virulente de *Mycobacterium tuberculosis*, la souche Kiel du fait d'une erreur de manipulation du Dr Deyke. Cette catastrophe ébranla la confiance du public dans le vaccin et le long procès qui s'ensuivit, meurtrit profondément Calmette bien qu'il fut totalement blanchi de toute responsabilité. Il mourut épuisé en octobre 1933, quelques jours avant Roux. Après la Deuxième Guerre mondiale, le BCG fut très largement utilisé mais son efficacité souvent contestée. La distribution de la souche de BCG à travers le monde a eu pour conséquence d'entraîner une « dérive » (mutations à bas bruit) des souches de BCG à la suite des multiples repiquages, observées dès 1948. Aujourd'hui, plus de six souches servent à préparer la plupart des vaccins BCG dans le monde et il existe des différences importantes dans le pouvoir protecteur conféré par ces souches notamment à cause des divers modes de production du vaccin. Tout porte à croire que le BCG protège contre les formes sévères de tuberculose comme la miliaire (infection diffuse des poumons) et la méningite tuberculeuse. Le taux de protection contre les formes pulmonaires classiques serait plus modeste, de l'ordre de 50 %. L'émergence de souches multirésistantes aux antibiotiques fait penser que le BCG est un vaccin qui gardera une grande utilité à l'avenir.

Le vaccin contre la rougeole

À la fin de l'année 1874, Thacombau, le chef du peuple des Fiji, se rendit à Sydney en Australie pour entériner un traité avec le gouvernement colonial britannique. Voici ce qu'a rapporté William Squire, un médecin travaillant dans la région. Pendant le retour à bord du Dido, le bateau royal, le 6 janvier 1875, un des fils du chef et un de ses compagnons tombèrent malades, la rougeole. C'est une maladie très stéréotypée débutant par une fièvre élevée avec perte d'appétit et faiblesse rapidement suivie de toux, de larmoiement et de rhinite (catarrhe). Puis apparaît une éruption caractéristique commençant derrière les oreilles, sur le front et la face pour progressivement s'étendre au tronc et aux membres. La maladie peut évoluer favorablement, mais peut souvent entraîner la mort du fait de surinfections pulmonaires (pneumonie) et digestives (diarrhée). Les deux patients furent mis en quarantaine et guérirent. Le bateau arriva le 12 janvier au port de Levuki. Le 14 janvier, un autre fils de Thacombau eut la rougeole, ce qui n'empêcha pas les fêtes prévues les 24 et 25 janvier avec tous les chefs et leurs familles et amis des îles alentours. Puis tout le monde se dispersa. Le 12 février, une épidémie de rougeole éclata dans toutes les îles de la région. Treize jours, c'est le temps d'incubation de la rougeole. Pratiquement toute la population des îles Fidji fut malade et il y eut 20 000 morts, soit 40 % de cette population. Le même scénario dévastateur avec une mortalité similaire eut lieu à chaque fois que ce virus atteignait une population sans immunité préalable. Par exemple, la rougeole, en plus de la variole, a décimé les populations indiennes du Nouveau monde, notamment les Aztèques et les Incas après la découverte de l'Amérique en 1492, ou encore les habitants des Îles Féroé en 1846 ou ceux au Groenland en 1951. Le taux d'attaque de la rougeole, maladie hautement contagieuse transmise par aérosols, est proche de 100 % sur les populations sensibles. On sait aujourd'hui que la rougeole induit une immunodépression transitoire durant la phase éruptive pendant laquelle le virus se multiplie dans les tissus respiratoires et digestifs. Cela se traduit par une négativation de la réaction cutanée à la tuberculine (signe classique d'immunodépression), éventuellement par une réactivation d'une tuberculose ancienne... Cette phase d'immunosuppression explique les surinfections bactériennes des voies respiratoires entraînant une forte mortalité.

La rougeole est connue depuis l'Antiquité et évolue par épidémies dès que la population atteint une certaine densité. Les premières épidémies seraient survenues dans la vallée du Tigre et de l'Euphrate en Mésopotamie il y a plus de 6 000 ans. Des épidémies semblent avoir sévi par la suite en Grèce et dans l'Empire romain, en Chine dès le IIe siècle, puis à Tours en France au VIe siècle. La description clinique de la rougeole a été faite au Xe siècle par le grand médecin arabe Rhazès qui la distingua clairement de la variole. La rougeole fut par la suite parfaitement décrite en Europe par le médecin anglais Thomas Sydenham (1624-1689) au XVIIe siècle. C'est à partir de cette date que l'on a des données épidémiologiques précises sur cette maladie. La mortalité par rougeole fut considérable jusqu'à la découverte des antibiotiques qui permettait de traiter les surinfections bactériennes. Dans les années 1960, il y avait encore aux États-Unis près de 4 millions de cas de rougeole par an, essentiellement chez les enfants, avec une mortalité abaissée grâce aux antibiotiques à 500 morts annuels. On dénombrait dans ce pays 4 000 encéphalites rougeoleuses dont 1 000 gardaient des séquelles cérébrales définitives et des surdités. Un vaccin était nécessaire.

En 1911 John F. Anderson (1873-1958) et Joseph Goldberger (1874-1929) identifièrent un agent ultrafiltrable à partir des sécrétions respiratoires d'un patient et purent transmettre la maladie aux singes, bien que le virus de la rougeole soit très spécifique de l'espèce humaine et ne donne pas de maladie spontanée chez les primates [24]. Reprenant les travaux d'Alexis Carrel et de Hugh Maitland, John Franklin Enders (1897-1985) fut un des pionniers de la recherche en virologie et fit faire d'importants progrès aux cultures cellulaires facilitant ainsi l'isolement des virus (*Figure 7*). Enders et son étudiant Thomas Peeble ensemencèrent en 1954 des cellules épithéliales provenant d'humains ou de singes (cellules rénales, amniotiques...) avec le sang [25] et les sécrétions respiratoires d'un grand enfant rougeoleux. Ils purent ainsi isoler et caractériser le virus de la rougeole [26].

---

[24] Seules certaines espèces de primates sont sensibles à l'infection expérimentale.

[25] En 1759, Francis Home, un médecin écossais, avait tenté de prévenir la rougeole, à l'instar de la variolisation, en inoculant le sang d'un patient atteint de rougeole sous la peau de sujets sains, réussissant à infecter 10 des 12 personnes inoculées.

[26] Le virus de la rougeole est un morbillivirus à ARN proche de la famille des paramyxovirus. On pense qu'il proviendrait de virus de maladies des voies respiratoires du chien et du bétail, transmis à l'homme au néolithique. Les complications neurologiques de la rougeole sont des encéphalites aiguës et une maladie chronique appelée panencéphalite sclérosante subaiguë de van Bogaert. Il faut atteindre une couverture vaccinale de 80 % de la population pour voir pratiquement disparaître la rougeole.

Figure 7. John Franklin Enders (1897-2003), prix Nobel 1954, découvreur du virus de la rougeole et de son vaccin.
© The Nobel Foundation.

Enders mit au point en 1961 un vaccin très efficace en partant d'observations épidémiologiques. Peter Panum (1820-1885), un jeune officier de santé danois, avait étudié en 1846 une épidémie de rougeole aux îles Féroé et observé que dans les mois suivant l'arrivée d'un charpentier de Copenhague en incubation de rougeole, près de 6 000 des 7782 habitants de ces îles avaient contracté la maladie. La rougeole épargna tous les sujets de plus de 65 ans. Panum expliqua cette résistance par le fait que ces personnes avaient dû être exposées à la précédente épidémie qui datait de 1781. On pouvait donc espérer immuniser les enfants par un virus atténué. Enders réalisa de multiples passages d'une souche de rougeole sur cultures cellulaires et suivait chez le singe la baisse de la virulence. Il obtint une souche inoffensive de rougeole, même par voie intracérébrale, et conférant une bonne protection chez le singe. Suivront les premiers essais humains. La mise en place systématique de la vaccination a permis de faire régresser considérablement la rougeole et de voir disparaître ses complications neurologiques. Grâce aux antibiotiques utilisés pour prévenir les surinfections, la mortalité est devenue très faible dans les pays développés. Dans les années 2000, l'OMS estimait à 40 millions le nombre de patients atteints de rougeole chaque année avec un million de morts. On espère éradiquer cette maladie entre 2010 et 2020.

Éliminer la « paralysie infantile »

Bien qu'il n'existe aucune description de cette maladie dans les textes, la poliomyélite est une maladie très ancienne qui semble avoir exister dès l'antiquité égyptienne. On peut identifier sur une stèle de la XIXe dynastie l'atrophie de la jambe droite de Ruma, gardien de la porte du temple d'Ashtart. Il faut cependant attendre le XVIIIe siècle pour voir apparaître les premières descriptions de la « paralysie infantile » et surtout les descriptions détaillées de l'allemand Jacob von Heine (1800-1879) en 1840 et de l'anglais Charles West (1816-1889) en 1843, puis la description des premières épidémies en France par le Dr Cordier en 1887 et à Stockholm en Suède par Karl Oskar Medin (1847-1928) en 1890. C'est pourquoi la poliomyélite fut d'abord appelée maladie de Heine-Medin. La poliomyélite survenait chez des enfants de moins de 5 ans, avec une fièvre plus ou moins élevée, des troubles intestinaux et après quelques jours des paralysies d'un ou plusieurs membres ou des muscles respiratoires. Les survivants gardaient des séquelles définitives avec des atrophies musculaires très invalidantes condamnant souvent les patients dans les pays du Tiers-monde à la mendicité. Suivirent de nombreuses autres épidémies de plus en plus fréquentes au cours du XXe siècle en Europe et en Amérique du Nord, qui ne seront stoppées que par la généralisation de la vaccination. À l'orée du XXe siècle, on croyait établi qu'il s'agissait d'une maladie contagieuse transmise par contact interhumain.

Dès 1909, l'Autrichien Karl Landsteiner (1868-1943) et son assistant allemand Erwin Popper montrèrent que la maladie était due à un virus ultrafiltrable transmissible au singe, seule espèce animale sensible à ce virus en dehors de l'homme. Le virus était détectable dans la moelle épinière mais aussi dans les ganglions lymphatiques intestinaux des singes infectés. Arnold Netter (1855-1936) et Constantin Levaditi (1874-1953) découvrirent en 1910 l'apparition d'anticorps contre ce virus chez les singes infectés et chez les patients, mais aussi chez de nombreux sujets en bonne santé et sans paralysie, attestant de la fréquence des formes bénignes de la maladie et finalement de la rareté des paralysies au cours du processus infectieux. L'affection particulière du virus pour le tissu nerveux retarda de plusieurs décennies les recherches en concentrant les essais de cultures sur des cellules nerveuses. Il faut attendre 1929 pour que Kling, Levaditi et Lépine montrent la transmission digestive du virus et sa survie dans l'eau de boisson contaminée par les selles de malades ou de porteurs sains. C'est aussi l'époque où l'on mit en évidence l'existence de plusieurs virus distincts sans immunité croisée. On sait aujourd'hui qu'il existe trois poliovirus pouvant infecter de façon itérative les sujets exposés car les protéines exposées à la surface de leur enveloppe sont suffisamment différentes. À partir des années 1930, on prit conscience de l'extension mondiale de la maladie présente dans la plupart des pays du Tiers-Monde et de l'aggravation de la situation dans les pays d'Europe et d'Amérique du Nord avec des épidémies de plus en plus nombreuses et graves dans des pays où les conditions d'hygiène ne cessaient de s'améliorer. C'était l'époque où le président Franklin Roosevelt fut atteint de poliomyélite à 39 ans, l'époque des « poumons d'acier » et des piscines pour handicapés moteurs...

La mise au point d'un vaccin fut retardée par le fait que le virus ne pouvait être cultivé *in vitro* sur cellules nerveuses et nécessitait l'inoculation à des singes. La situation fut débloquée à partir de 1949 grâce aux progrès des cultures cellulaires sous l'impulsion de chercheurs de l'École de médecine de Harvard à Boston. On commença donc à cultiver des cellules de rein de singe, des fibroblastes, des cellules cancéreuses comme les cellules de type « HeLa » et « KB ». John Enders, Thomas Weller et Frederick Robbins réussirent alors à cultiver notamment le poliovirus et le virus de la rougeole, ouvrant la voie aux vaccins. Ces découvertes leur valurent le prix Nobel en 1954. Par des études sérologiques systématiques, on détecta avec une grande fréquence la présence d'anticorps spécifiques du poliovirus chez des sujets sains sans antécédents de poliomyélite, suggérant une forte exposition au virus et la fréquence des formes asymptomatiques. Partant donc de l'idée que le poliovirus dissémine après ingestion à de nombreux tissus où il se multiplie et n'atteint qu'exceptionnellement la moelle épinière, Weller et Robbins en 1948-1949 brisèrent le dogme du neurotropisme exclusif du virus[27].

---

[27] Utilisant d'abord la souche Lansing adaptée à la souris (le singe est le seul animal sensible), ils réussirent à cultiver ce virus sur des cellules humaines de divers tissus (intestin, muscles, fibroblastes...) et à le propager chez la souris puis le singe.

Ici vont s'affronter les approches de deux personnages hors du commun, Jonas Salk (1914-1995) et Albert Sabin (1906-1993). L'un et l'autre développèrent un vaccin contenant les trois sérotypes (1,2 et 3) du poliovirus, obtenus par culture sur cellules de rein de singe, selon deux conceptions différentes de la physiopathologie de la maladie. Jonas Salk était un médecin formé à New York, travaillant à Pittsburgh quand il mit au point son vaccin en 1953. Son idée était que le virus atteignait le tissu nerveux après dissémination sanguine et que les anticorps circulants devraient neutraliser le virus et protéger le système nerveux. Il mit au point un vaccin inactivé par le formol. Ce vaccin très bien toléré mais peu immunogène nécessitait l'adjonction d'un adjuvant (substance stimulant le système immunitaire) et au moins 3 injections sous-cutanées et un rappel à 5 ans. De plus, il n'était pas utilisable chez les tout-petits. Ce fut le premier vaccin, utilisé largement aux États-Unis à partir de 1956. Des vaccins similaires furent mis au point en France en 1956 par Pierre Lépine (1901-1989) et en Suède en 1955 par le Pr Sven Gard. L'incidence de la maladie chuta rapidement au cours des années qui suivirent les campagnes de vaccination, démontrant son efficacité[28].

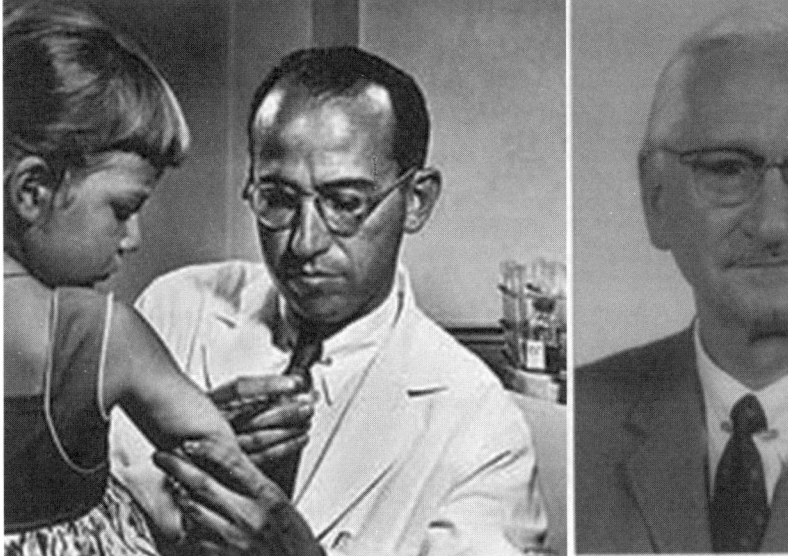

Figure 8. Jonas Salk (1914-1995)
(© National Gallery of Australia)
et Albert Sabin (1906-1993) découvreurs des vaccins contre la poliomyélite.

Albert Sabin naquit en Pologne et émigra à 15 ans aux États-Unis et fit ses études de médecine à New York. Confronté en 1931 à une épidémie de poliomyélite, il s'orienta vers la recherche sur les virus à l'Institut Rockefeller. Après la Deuxième Guerre mondiale où il fit de nombreuses découvertes sur divers virus et parasites, il travailla sur un vaccin atténué contre le poliovirus et présenta dès 1951 les premiers résultats cliniques. L'idée d'administrer un vaccin vivant par voie

---

[28] En 1951, on dénombrait aux États-Unis 28 386 cas de poliomyélite, 57 879 en 1952, 35 592 en 1953, 38 476 en 1954, 28 985 en 1955, 15 140 en 1956, 5 485 en 1957, 5 787 en 1958, 8 425 en 1959, 3 190 en 1960, 1 312 en 1962, date de l'arrêt du vaccin inactivé pour utiliser le vaccin de Sabin.

buccale permettait de mimer le processus infectieux naturel du virus et de conférer ainsi une immunité solide. À partir d'une observation d'André Lwoff montrant en 1959 que l'infection du système nerveux par le poliovirus est liée à sa capacité de multiplication à 40 °C, Sabin isola des mutants thermosensibles des 3 souches de poliovirus, ne se multipliant efficacement qu'à 30 °C et ayant perdu leur neurotropisme chez le singe. Ce vaccin était très bien toléré et facile à utiliser pour les campagnes de masse, pouvant être donné dès la naissance. Il est cependant à l'origine de cas de poliomyélite vaccinale du fait de mutations entraînant une restauration partielle de la neurovirulence (1 pour 500 000 vaccinations). Le vaccin Sabin est aujourd'hui utilisé pour la campagne d'éradication de la poliomyélite commencée en 1988 sous l'égide de l'OMS. La maladie disparaît pour un taux de couverture vaccinale de 80 % de la population. Parti de 350 000 cas en 1988 dans de nombreux pays, on est arrivé en 2002 à 1918 cas répartis dans sept pays. En septembre 2003, on dénombrait seulement 332 cas de poliomyélite dans le monde localisés en Inde, au Nigeria et au Pakistan. Après éradication complète de cette maladie strictement humaine prévue dans les prochaines années, il est envisagé pour éviter la circulation des seules souches vaccinales de poliovirus avec un potentiel de réversion, d'arrêter l'utilisation du vaccin vivant et de reprendre la vaccination de Salk pour maintenir l'immunité dans la population jusqu'à complète disparition des virus des selles de la population. Salk aura peut-être le dernier mot sur Sabin pour éliminer ce fléau. Réconciliés.

La vaccination demeure aujourd'hui un enjeu majeur pour la maîtrise des maladies infectieuses. La mise au point d'un vaccin contre le sida, dont certains doutent, reste un des grands défis du XXIe siècle.

Chapitre 12. « Trembler de peur et de froid »

L'histoire des prions ressemble à un roman d'aventure, avec ses coups de théâtre, ses invraisemblances, ses peurs et à la fin, la lumineuse clarté du dénouement d'une intrigue complexe. Qui aurait pu croire que l'étude du kuru, une maladie de peuplades cannibales vivant à l'âge de pierre en Papouasie, aurait porté un jeune médecin vers le prix Nobel, et qu'une maladie similaire puisse faire planer le spectre d'une épidémie menaçant des populations mangeant du steak provenant de vaches rendues folles par l'engrenage infernal du rendement intensif des sociétés industrielles. En prime, le dénouement sera une découverte sensationnelle qui ouvre des horizons immenses : les protéines en changeant de forme peuvent donner des maladies.

Figure 1. Le Dr Vincent Zigas soignant un enfant atteint de Kuru.

Le kuru et Carleton Gagducek

Un médecin allemand de Santé Publique, le Dr Vincent Zigas, rejoignit en 1955 une mission médicale australienne de surveillance sanitaire des populations « primitives » disséminées sur des distances considérables en Papouasie-Nouvelle-Guinée. En parcourant les montagnes inhospitalières de la Nouvelle-Guinée orientale, il observa une curieuse maladie affectant un groupe ethnique vivant encore à l'âge de pierre dans les monts Fore de Papouasie. La population des Forés qui n'excédait pas au total 35 000 personnes était victime d'une maladie inconnue qu'ils appelaient *kuru*, ce qui signifie « trembler de peur et de froid » ou « frissons ». La maladie commençait par une perte de l'équilibre obligeant les malades à prendre appui sur un bâton. Ils n'arrivaient plus ensuite à coordonner leurs mouvements volontaires, puis s'installaient des tremblements du tronc, de la tête et des extrémités, souvent associés à des difficultés d'élocution. Tous ces troubles s'aggravaient progressivement et les malades incapables de se mouvoir devenaient grabataires. Ils tombaient dans le coma et mouraient le plus souvent de pneumonie gravissime. La maladie était toujours mortelle, le plus souvent en moins d'un an. Cet étrange mal semblait évoluer de façon épidémique, atteignant jusqu'à 10 % de la population de certains villages.

Figure 2. Carleton Gajdusek (né en 1923), prix Nobel 1976 pour ses recherches sur la transmissibilité du kuru.
© The Nobel Foundation.

Zigas, impuissant et pensant à une maladie virale, requit l'aide des autorités australiennes, écrivant sans succès à divers médecins australiens notamment au Dr Franck MacFarlane Burnet, un éminent virologiste, futur prix Nobel. C'est alors qu'il rencontra en 1955 un jeune médecin américain de passage lors de son voyage de retour aux États-Unis. Daniel Carleton Gajdusek est un personnage hors du commun. Né en 1923, fils d'émigrés d'Europe de l'Est, originaire de New York, il était diplômé de la prestigieuse *Harvard Medical School* et avait acquis une formation de pédiatre, de virologue et d'épidémiologiste, travaillant notamment au Walter Reed Institute à Washington et à l'institut Pasteur de Téhéran en 1952-1953. En 1954, Gajdusek alors boursier de la *National Foundation for Infantile Paralysis* avait effectué un stage post-doctoral dans le laboratoire de Burnet à Melbourne. Gajdusek débarqua donc à Port Moresby au sud de la Papouasie-Nouvelle Guinée, dans la région inhospitalière d'Okapa encore incontrôlée des autorités australiennes, au milieu de tribus primitives dont il ignorait la langue et qui pratiquait un cannibalisme rituel. Zigas l'emmena dès le jour suivant, un 14 mars, en voyage à Okapa, au cœur du pays Foré pour lui montrer les étranges patients atteints de kuru. Étudier cette maladie était une entreprise périlleuse. Il fallait partager la vie de tribus subsistant dans des conditions très archaïques au contact de malades atteints de kuru dans le but d'identifier l'origine de la maladie. Mais c'était sans compter sur l'incroyable capacité d'adaptation de Gajdusek. Doué pour les langues, courageux, patient, curieux de tout, s'intéressant à l'anthropologie et à l'épidémiologie, il partagea pendant dix mois la vie quotidienne des Forés dont il étudia les coutumes, la vie quotidienne, les pratiques funéraires, l'alimentation et la prise en charge des enfants. Il effectua aussi quelques rares incursions auprès des tribus voisines. Gajdusek et Zigas firent des observations épidémiologiques importantes. Ils constatèrent d'abord que le kuru n'atteignait pratiquement que les femmes adultes qui représentaient plus de 60 % des cas, les enfants des deux sexes composant le dernier tiers. Les hommes adultes étaient habituellement épargnés. Ils décrivirent soigneusement les symptômes cliniques d'une centaine de malades, femmes et enfants, disséminés dans 169 villages de Papouasie. De toute évidence, la maladie restait strictement confinée à l'ethnie des Forés ou de groupes génétiquement apparentés (Keiagana, Kanite, Kimi, Usuzufa et Aniyana), mais n'atteignait pas les tribus voisines. Gajdusek réalisa des prélèvements de cerveau qui permirent de révéler un aspect en éponge du tissu cérébral (on parle de « spongiose ») avec destruction des neurones, expliquant le tableau clinique de démence observé [1]. Fait surprenant, le tissu cérébral des patients ne présentait aucune réaction inflammatoire, ce qui semblait éliminer *a priori* une cause infectieuse. Le kuru était ce qu'on appellera par la suite une encéphalopathie spongiforme. Toutes les recherches de virus ou de bactéries à partir de prélèvements de sang et de fragments de cerveau demeurèrent négatives. Zigas et Gajdusek publièrent leurs premières observations cliniques, épidémiologiques et sur le kuru, dans l'édition du 14 novembre 1957 du *New England Journal of Medicine*. Sans avoir une idée claire sur l'origine de la maladie, ils évoquèrent diverses causes, infectieuses, toxiques, diététiques, et surtout génétiques.

Par la suite, Zigas et Gajdusek suspectèrent que le kuru était en fait une maladie transmise lors de rites funéraires très particuliers des Forés. Pour honorer les proches parents morts, on dépeçait leurs cadavres avec des outils rudimentaires en pierre ou en os pour consommer leurs chairs. Ces rites étaient effectués par les femmes et les enfants qui mangeaient le cerveau et les viscères, alors que les muscles, symboles de force et de virilité, étaient exclusivement réservés aux hommes. Étrangement, le kuru ne frappait le peuple des Forés que depuis seulement une vingtaine d'années, alors que le cannibalisme rituel était beaucoup plus ancien, pratiqué probablement depuis des siècles. Il fut inféré par la suite que l'origine de l'épidémie de kuru pouvait être due à l'ingestion du tissu cérébral d'une personne atteinte d'une maladie de Creutzfeldt-Jakob. Le kuru entraîna la mort de près de 3 000 personnes de l'ethnie des Forés. Depuis l'interdiction du cannibalisme rituel en 1957, le nombre de cas de kuru a très rapidement chuté en quelques années. Les très rares cas récents font donc suite à des contaminations survenues il y a plus de 40 ans, ce qui témoigne de la très longue incubation de la maladie. Le dernier cas fut détecté en 1998 (*Figure 3*).

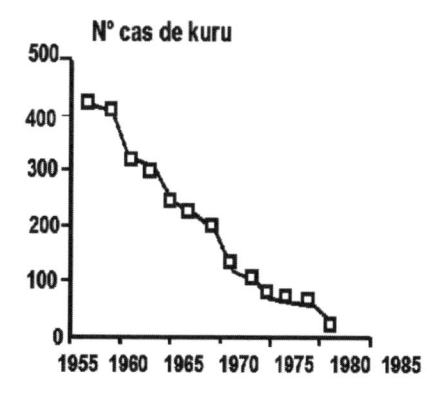

Figure 3. Disparition progressive de Kuru après l'interdiction du cannibalisme rituel.

---

[1] La démence est une perte progressive des facultés mentales, expliquée par les lésions cérébrales observées chez les patients atteints de kuru, avec destruction des neurones de la substance grise, formation de plaques « amyloïdes » caractéristiques associée à une « gliose astrocytaire », c'est-à-dire une prolifération des cellules de la microglie et des astrocytes (cellules associées aux neurones).

Cette maladie nouvelle et inconnue intrigua William Hadlow, un anatomo-pathologiste britannique, qui mit en lumière en 1959 dans la revue *Lancet* les similitudes frappantes entre le kuru de Nouvelle-Guinée et la tremblante du mouton. Outre l'aspect similaire des lésions cérébrales avec un aspect spongieux du cerveau sans réaction inflammatoire[2], les deux maladies avaient en commun une longue incubation de plusieurs années et une évolution progressive et inexorable vers la déchéance psychique et la mort. La tremblante du mouton, appelée « *scrapie* » en Angleterre, fut la première « encéphalopathie spongiforme » décrite. Connue depuis 1732 en Europe continentale et dans les îles Britanniques, la tremblante ravagea les troupeaux d'ovins et plus rarement de caprins durant tout le XVIIIe siècle. Décrite avec précision dès 1755 dans « *Le Journal de la Chambre des Communes* », la maladie était caractérisée par des tremblements et des démangeaisons, obligeant les moutons à se frotter contre des objets rugueux, ce qui entraînait des pertes importantes pour l'industrie de la laine. Les moutons malades finissaient tous par mourir en quelques mois. Cette maladie évoluait par épidémies parfois importantes. Aujourd'hui, la tremblante reste largement encore répandue dans le monde entier, notamment en Europe, en Amérique du Nord, en Islande, en Afrique du Sud et en Inde.

Depuis le XVIIIe siècle, deux hypothèses s'affrontaient pour l'origine de la tremblante, une cause infectieuse et une origine héréditaire. Jusqu'à la Deuxième Guerre mondiale, l'hypothèse génétique fut prédominante. C'est alors que deux vétérinaires français, Jean Cuillé (1872-1950) et Paul-Louis Chelle (1902-1943), travaillant à l'époque à l'École vétérinaire d'Alfort, réussirent en 1936 à transmettre expérimentalement la maladie en inoculant un broyat de moelle épinière et de cerveau de brebis atteintes de tremblante directement dans les globes oculaires de deux brebis saines. Fait capital, ils n'observèrent les premiers symptômes de la maladie qu'après une incubation de 15 mois et 22 mois après l'inoculation, expliquant les échecs des précédentes tentatives qui ne suivaient pas aussi longtemps les animaux inoculés. En 1938, ils purent même transmettre la maladie du mouton à la chèvre, transgressant la barrière d'espèce. Ces résultats furent publiés dans la revue *Veterinary Medicine*. Malgré le fait que l'agent de la tremblante présentait une forte résistance aux procédés courants de stérilisation, Cuillé et Chelle évoquèrent la piste virale. Ces travaux évoquant une maladie transmissible virale furent interrompus par la guerre et par la mort prématurée de Chelle, mais furent fortuitement confirmés lors d'une campagne de vaccination en Écosse contre une encéphalite virale ovine (*louping ill*). Les vétérinaires utilisèrent pour vacciner contre l'encéphalite virale des rates et des cerveaux formolés de moutons dont certains étaient atteints de tremblante. Dans les deux ans suivants, la vaccination provoqua près de 1 500 cas de tremblante sur les 18 000 moutons vaccinés. Les travaux de Cuillé et Chelle furent repris dans les années 1950 par le vétérinaire islandais Björn Sigurdsson qui insista sur l'incubation longue et l'absence de signes inflammatoires dans le cerveau et forgea le concept de maladie virale à « évolution lente ».

Connaissant ces travaux, Gajdusek tenta, en collaboration avec Clarence Gibbs et Michael Alpers, de transmettre le kuru à diverses espèces animales, souris, rats, lapins ou cobayes, sans succès. Mais persévérant, il réussit en 1966 à transmettre le kuru à des chimpanzés, démontrant la nature infectieuse du kuru à l'instar des observations rapportées pour la tremblante du mouton. Les singes inoculés par voie intracrânienne avec des broyats de tissu cérébral de patients morts de kuru, présentaient les premiers signes de la maladie en général 18 à 21 mois plus tard et dans quelques cas jusqu'à sept ans. Les lésions cérébrales observées étaient identiques à celles du kuru. Par dilutions des broyats de cerveau, Gajdusek put montrer que les cerveaux des patients morts de kuru pouvaient contenir l'équivalent de

---

[2] Les lésions cérébrales de la tremblante ont été décrites en détail dès 1898, avec la dégénérescence des neurones avec spongiose, sans aucun signe d'inflammation du cerveau, comme dans le kuru.

100 millions de doses infectieuses par gramme de tissu cérébral. Il avait démontré la transmissibilité du kuru et la capacité de l'agent infectieux de franchir la barrière d'espèce.

Gajdusek fit alors le rapprochement entre le kuru et la maladie de Creutzfeldt-Jakob. Cette maladie avait été d'abord décrite en 1921 par Hans-Gerhard Creutzfeldt (1885-1964) chez une patiente de 23 ans présentant une atteinte cérébrale (encéphalopathie) sans spongiose, puis à nouveau en 1923 par Alfons-Maria Jakob (1884-1931) qui rapporta 5 cas, chez des sujets âgés de plus de 60 ans, dont 2 avec spongiose cérébrale. C'était une maladie rare, sporadique, frappant un individu sur un million, avec quelques rares cas familiaux (10-15 %). En fait très proche du kuru, cette maladie entraîne une démence progressive avec une perte de mémoire, des troubles du comportement, des contractures musculaires diffuses des membres et de la face, des tremblements et des mouvements involontaires, un aspect terrifié du faciès évoquant un syndrome psychiatrique grave. La rigidité musculaire s'accroît et les malades deviennent comateux et meurent inexorablement en six mois environ. Gajdusek put en 1968 transmettre cette maladie en inoculant du tissu cérébral de patients décédés directement dans le cerveau de chimpanzé. La récompense de vingt années de travaux très originaux sur les encéphalopathies spongiformes à évolution lente fut l'attribution du prix Nobel de médecine et physiologie à Carleton Gajducek en 1976.

La maladie de Creuzfeldt-Jakob allait ensuite faire parler d'elle lors de cas de transmission accidentelle chez l'homme. En 1974, une femme de 55 ans mourut en 8 mois de cette maladie, survenant 18 mois après une greffe de cornée. Puis d'autres cas furent rapportés aux États-Unis chez de jeunes patients traités pour nanisme par de l'hormone de croissance extraite d'hypophyses humaines purifiée par des procédés chimiques drastiques[3] et parfois prélevées sur les cadavres de vieillards morts dans des services de neurologie. Le procédé fut alors interdit aux États-Unis le 19 avril 1985 et remplacé par l'administration d'une hormone de croissance inoffensive produite par génie génétique[4]. Les procédés d'extraction de l'hormone hypophysaire n'inactivaient donc pas le « principe infectieux », comme le montreront Gibbs et Gajdusek en 1993 en transmettant la maladie au singe à partir d'extraits hypophysaires humains. D'autres cas furent rapportés en Angleterre et en Nouvelle-Zélande en 1985 et 1986. En France, environ 980 enfants ont reçu de janvier 1984 à juin 1985 de l'hormone de croissance extraite d'hypophyses prélevées sur des cadavres apparemment non sélectionnées et originaires de divers pays de l'Europe. À la même époque que l'affaire du sang contaminé, un drame terrible éclata quand les premiers cas de maladie de Creutzfeldt-Jakob apparurent en 1989 chez des enfants âgés d'une dizaine d'années. Comme aux États-Unis, on pense qu'une ou plusieurs hypophyses furent prélevées chez des patients atteints de la maladie méconnue et ont contaminé l'extrait hormonal. Cela a entraîné la mort d'environ 76 enfants ou adultes jeunes (soit 8 %) et, sachant la très longue incubation, on ne connaît pas avec certitude le nombre potentiel de nouveaux cas à venir. La transmission iatrogène de la maladie de Creutzfeldt-Jakob par le tissu cérébral et la cornée a fait aujourd'hui environ 250 victimes[5].

[3.] L'extraction des tissus hypophysaires était réalisée après ultracentrifugation et une double inactivation par l'urée concentrée.

[4.] En 1985, la société GenenTech de Herbert Boyer et Bob Swanson produisit par génie génétique une hormone de croissance inoffensive.

[5.] On compte 3 patients après greffe de cornée, 3 après mise en place d'électrodes stéréotaxiques sur le cerveau, 104 après greffe de dure-mère, environ 140 après injections d'hormone de croissance (dont 15 aux États-Unis et 16 en Grande-Bretagne), 5 après injections d'hormone gonadotrophique.

La découverte des prions par Stanley Prusiner

Figure 4. Stanley B. Prusiner (né en 1942), découvreur de la protéine prion.
© The Nobel Foundation.

La nature de l'agent infectieux demeurait inconnue. Que pouvait-il être ? Il ne provoquait aucune réaction inflammatoire dans le cerveau et restait invisible au microscope électronique. En 1967, l'anglais Thykave Alper travaillant à l'hôpital Hammersmith de Londres fit une observation importante. Il montra que l'irradiation par des rayons ultraviolets, un procédé connu pour détruire les acides nucléiques et par conséquent les virus, était totalement inefficace pour prévenir la transmission de la maladie par le tissu cérébral infecté. L'agent infectieux ne semblait pas contenir d'acides nucléiques et possédait une résistance stupéfiante aux antiseptiques comme la glutaraldéhyde ou formaldéhyde, à la chaleur et à un procédé de dessiccation, la lyophilisation. Les résultats d'Alper furent confirmés en 1970 par le radiobiologiste français Raymond Latarjet (1911-1998) à l'institut du Radium (aujourd'hui l'institut Curie) qui montra la résistance de l'agent à des rayonnements détruisant les acides nucléiques et les sucres. Ce n'était donc ni une bactérie ni un virus ! Latarjet démontra ensuite que son inactivation était possible par un rayonnement détruisant les protéines[6], suggérant que l'agent infectieux pourrait être une protéine !

C'est alors qu'intervint Stanley B. Prusiner, un visionnaire qui, par sa ténacité et son absence de préjugés, remit entièrement en cause tous les dogmes de l'infectiologie et découvrit la nature de l'agent infectieux responsable des encéphalopathies spongiformes. Né en 1942, il devint médecin neurologue diplômé de la Faculté de Médecine de l'Université de Pennsylvanie en 1968. Recruté en 1974 par la Faculté de Médecine de San Francisco en

---

[6] Les irradiations aux longueurs d'onde de 250 nm détruisent les acides nucléiques, de 240 nm les polymères de sucres, et de 280 nm les protéines.

Californie, il décida de travailler sur l'agent responsable de la tremblante du mouton. C'était courageux car de nombreux chercheurs avaient échoué avant lui dans cette tentative. Utilisant des cerveaux de hamster inoculés avec l'agent de la tremblante, il confirma en 1981 que l'infectivité d'extraits hautement purifiés résistait à pratiquement tous les procédés de destruction des acides nucléiques, notamment aux agents physiques (chaleur, rayonnements ionisants) et chimiques (acides, aldéhydes, formol), mais était abolie par l'action d'enzymes dégradant les protéines. En fait, il établit clairement que la maladie pouvait être transmise par l'inoculation intracérébrale d'une protéine très purifiée. En 1982, il proposa une théorie hérétique postulant que les encéphalopathies spongiformes étaient transmises par un agent infectieux totalement nouveau, de nature protéique qu'il appella PrP ou « *Prion Protein*[7] ». Allant à l'encontre de tous les dogmes de la biologie, cette théorie impliquait que l'agent infectieux soit une protéine capable de se « répliquer » sans porter d'information génétique.

C'était une révolution complète par rapport à toutes les connaissances scientifiques acquises depuis un siècle. Que signifiait en termes d'Évolution qu'une protéine soit un agent infectieux ? Et pour quelle finalité ? En effet, on admettait que le dessein d'un agent infectieux est de se multiplier aux dépens de son hôte et de diffuser dans la population pour perpétuer son génome, c'est-à-dire son existence. L'hypothèse des prions fut donc mal accueillie par la communauté scientifique. Certains cherchèrent à réconcilier les données connues pointant la nature protéique de l'agent infectieux et ce que l'on savait des agents infectieux. En 1982, R.H. Kimberlin proposa la théorie du « *virino* » où il suggérait la présence d'un petit acide nucléique, peut-être un viroïde, associé et protégé par la protéine prion, ce qui réconciliait la notion de prion avec le dogme de la continuité génétique d'un agent infectieux.

Depuis 1981, on avait observé dans les cerveaux des patients atteints d'encéphalopathies spongiformes, des lésions cérébrales caractéristiques s'accumulant dans le tissu cérébral. Il s'agissait de « plaques amyloïdes » constituées de fibrilles visibles au microscope électronique[8]. En 1983, Prusiner montra que ces fibrilles étaient composées de la protéine prion. Fait important, ces fibrilles étaient aussi trouvées dans les formes sporadiques et familiales de la maladie de Creutzfeldt-Jakob et dans deux rares maladies familiales apparentées, le syndrome de Gerstmann-Sträussler-Scheinker et l'insomnie familiale fatale[9]. L'accumulation de prions pourrait donc être responsable des lésions cérébrales des encéphalopathies spongiformes sporadiques ou familiales. Même si le prion semblait être une protéine très atypique, elle n'apparaissait pas par miracle ! Il fallait donc un gène codant pour cette protéine, quelle qu'en soit son origine. En 1984, Prusiner séquença les premiers acides aminés du prion et put ainsi déduire la séquence du gène correspondant. À la stupéfaction générale, les équipes de Charles Weismann en Suisse et de Bruce Chesebro aux États-Unis montrèrent en 1985 que cette séquence correspondait à celle d'un gène cellulaire connu, codant une protéine de 253 acides aminés, très abondante dans la membrane cytoplasmique des neurones. En 1986, on détermina que ce gène dit « *pnrp* » était localisé sur le chromosome 20 de l'homme et sur le chromosome 2 de la souris.

Comment expliquer que cette protéine présente dans les neurones de tout être humain, puisse devenir si pathogène chez certains d'entre eux ? Quoi, le prion sur lequel on s'échinait depuis des années est-il un artefact, une vue de l'esprit ? Prusiner, loin de se décourager, continua à accumuler les arguments en faveur de sa théorie. En fait, on s'aperçut que la protéine cellulaire de fonction inconnue présentait quelques différences avec la protéine prion infec-

---

[7] Prion est un acronyme et une anagramme de « *novel proteinaceous infectious particles* », le « *on* » de prion provenant de « *only* ».

[8] En 1981, P.A. Merz visualisa au microscope électronique dans les plaques amyloïdes des fibrilles dites SFA (*Scrapie Associated Fibrils*) retrouvées dans le cerveau des souris inoculées avec l'agent de la tremblante. S.B. Prusiner montra avec des anticorps spécifiques que ces fibrilles sont constituées de la protéine prion.

[9] Les formes familiales des encéphalopathies spongiformes sont de transmission autosomique dominante.

tieuse. La protéine cellulaire est en fait un peu plus grosse que la protéine prion, beaucoup plus sensible aux enzymes digérant les protéines (protéases) et possédait des caractéristiques chimiques différentes[10]. D'où l'idée que la protéine prion pourrait provenir de la protéine cellulaire native. On imagina qu'après sa synthèse, la protéine normale pourrait changer de forme, acquérant ainsi de nouvelles propriétés physico-chimiques, telles que la forte tendance à l'agrégation des prions, leur résistance aux protéases et à toutes sortes d'agents chimiques et physiques. Ces nouvelles caractéristiques de la protéine prion expliquaient son absence de dégradation et son accumulation dans les neurones et leur destruction, et la formation des plaques amyloïdes constituées quasi exclusivement de prions.

L'attention se porta donc sur la séquence de cette protéine dans les formes familiales d'encéphalites spongiformes humaines[11]. D'abord, on réussit à transmettre expérimentalement ces maladies familiales aux singes. De plus, l'équipe de Prusiner mit au jour en 1989 des mutations ou d'autres altérations de la séquence nucléotidique du gène codant la protéine PrPc chez ces patients[12]. Toutes ces anomalies pointaient la responsabilité de la protéine prion dans les encéphalopathies spongiformes humaines. Ici viennent les expériences cruciales qui arracheront la conviction pour croire à l'implication des prions dans la genèse de la maladie de Creutzfeldt-Jakob. Prusiner utilisa des souris génétiquement modifiées. Il créa d'abord des souris « transgéniques » où le gène codant pour la protéine PrPc était remplacé par un gène muté [13] provenant d'un patient. Il put retrouver chez ces souris les lésions cérébrales caractéristiques des encéphalopathies spongiformes ! Puis en 1993, il fabriqua des souris dépourvues du gène codant pour la protéine normale : ces souris étaient non seulement viables mais totalement résistantes à l'inoculation par le prion. Le gène normal était donc nécessaire à l'expression de la maladie. C'était la première fois que l'on démontrait le rôle causal d'un agent en utilisant des souris génétiquement modifiées. Cette expérience arracha la conviction de la communauté scientifique. L'ensemble de ce magnifique travail valut le prix Nobel de Médecine et de Physiologie à Stanley Prusiner en 1995.

Restait à expliquer comment la protéine se « multiplie ». De façon géniale et prémonitoire, le mathématicien John S. Griffith proposa en 1967 un modèle théorique proposant que l'agent infectieux de la tremblante soit en fait une protéine de conformation altérée se multipliant par « auto-association ». Quelques années plus tard, Prusiner proposa, suivant une idée originale d'un chercheur français, Jean-Paul Liautard, que les prions jouent un rôle de « chaperons », transformant la conformation de la protéine normale en protéine prion par contact direct entre les molécules. Le changement de la forme de la protéine prion put ensuite être mis en évidence par cristallographie. En fait, au cours des encéphalopathies spongiformes, la quantité de prions induisant l'infection est probablement infime mais suffisante pour déclencher une cascade infernale aboutissant à la transformation de la protéine normale, très abondante, en prions qui s'accumulent dans les fibrilles cérébrales. Les patients vont donc mourir accumulant leurs propres protéines transformées en prions.

---

[10] La protéine normale appelée PrPc (cellulaire) « pèse » 33 000 à 35 000 Daltons (unités de masse très petite utilisée pour estimer la masse des molécules) du fait de la présence de sucres associés à la protéine, non retrouvés dans les prions. La protéine cellulaire est sensible aux protéases et hydrophile, c'est-à-dire facilement dissoute dans l'eau et non dans l'huile. La protéine prion, désignée PrP 27-30 (PrPSC), est plus petite (masse moléculaire 27 000 à 30 000 Daltons), résistante aux protéases et hydrophobe (soluble dans l'huile et peu ou pas dans l'eau). La protéine prion provient d'un changement de la forme de la protéine normale PrPc. La structure tridimensionnelle de la protéine normale comporte 3 hélices α (les acides aminés constituant la protéine sont organisés en spirale hélicoïdale) alors la protéine pathologique (« l'isoforme ») ne comporte que 2 hélices α.

[11] Maladie de Creutzfeldt-Jakob, syndrome de Gerstmann-Sträussler-Scheinker et l'insomnie familiale fatale.

[12] L'équipe de S.B. Prusiner montra en 1989 l'existence d'une mutation ponctuelle du codon 102 du gène codant pour la protéine PrPc dans le syndrome de Gerstmann-Sträussler-Scheinker. Puis, on mit en évidence une insertion dans le codon 53, une insertion dans le codon 200 de ce gène dans des formes familiales de maladie de Creutzfeldt-Jakob, et des mutations du codon 178 dans l'insomnie familiale fatale.

[13] S. B Prusiner et K.K. Hsiao introduisirent dans des souris transgéniques le gène portant une mutation ponctuelle (du codon 102) trouvée dans le syndrome de Gerstmann-Sträussler-Scheinker, ce qui induit des lésions cérébrales typiques de la tremblante.

Émergence de la maladie des vaches folles

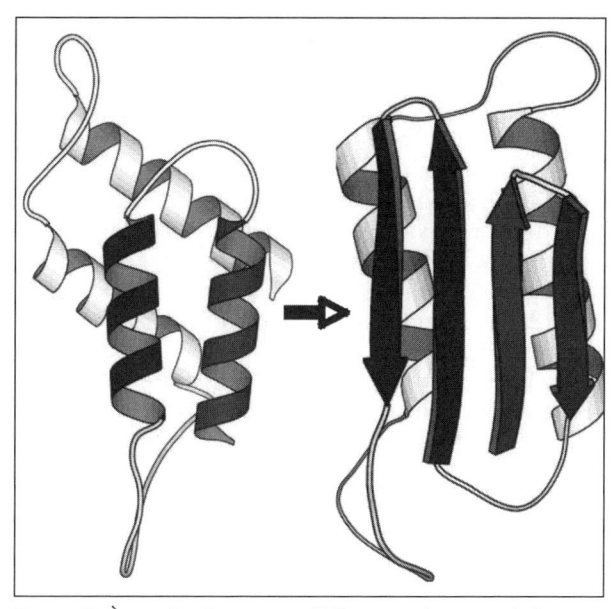

Figure 5. À gauche, la protéine PrPc normale avec 4 hélices α. À droite, la protéine prion, devenue très hydrophobe, par transformation de 2 hélices α et 4 feuillets dits β.

Parmi les surprises de l'histoire des prions, l'émergence de la maladie des vaches folles et ses conséquences pour l'homme ont fait l'effet d'un coup de tonnerre. Tout commença le 22 décembre 1984. Peter Stent, un fermier du petit village de Midhurst du Sussex à une heure au sud de Londres, constata qu'une de ses vaches avait un comportement étrange, tremblante, inquiète, excitée, agressive, amaigrie, tombant facilement. Elle mourut en février 1985. D'autres vaches du troupeau furent atteintes du même mal. Décidé de connaître la cause de cette maladie, David Bee, le vétérinaire consulté par Stent, envoya la vache « 142 » au laboratoire vétérinaire de Weybridge dans le Surrey, où Carol Richardson et Gerald Wells observèrent à l'examen microscopique un aspect spongieux du cerveau tout à fait comparable à celui de la *scrapie*. À partir d'avril 1985, on signala d'autres cas dans des fermes de plusieurs comtés du sud de l'Angleterre. Wells confirma chez toutes ces vaches laitières la présence de lésions dégénératives typiques associées la présence des fibrilles protéiques caractéristiques. Ainsi, cette maladie nouvelle, inconnue chez les bovins, s'apparentait aux encéphalites spongiformes subaiguës transmissibles [14]. En novembre 1986, Wells déclara officiellement l'apparition d'une nouvelle maladie bovine, l'encéphalopathie spongiforme bovine (ESB) ou *Bovine Spongiform Encephalopathy* (BSE). Après ces quelques cas en 1985, une épidémie sans précédent va progressivement frapper l'ensemble du cheptel bovin britannique qui comptait à l'époque environ 11,5 millions de têtes. En 10 ans, on dénombra en juin 1996 près de 161 892 bovins au Royaume-Uni, avec un pic de 35 269 cas en 1992 et de 37 020 nouveaux

---

[14] Chez les animaux, la tremblante du mouton, l'encéphalopathie du vison, du chat, la maladie du dépérissement chronique des ruminants sauvages (élan, daim, cerf, chevreuil...) et chez l'homme (maladie de Creuztfeldt-Jakob, kuru et deux maladies héréditaires, le syndrome de Gerstmann-Straüssler-Scheinker et insomnie fatale familiale...).

cas en 1993. Suivra une rapide décrue vers quelques centaines de cas en 2003. Cette épidémie fit tout de suite évoquer une source commune de contamination. La maladie atteignit de façon sporadique d'autres pays européens, notamment la France, la Suisse, le Portugal, où elle fit quelques centaines de victimes chez les bovins[15].

À l'origine de cette épidémie de maladie des vaches folles, on incrimina les farines animales contaminées par l'agent de la tremblante du mouton (on parle d'anazootie). Une enquête complète sur le rôle des farines de viandes et d'os a été réalisée par J.W. Wilesmith du laboratoire de Weybridge. Ces farines étaient fabriquées depuis un siècle à partir de déchets d'abattoir et de cadavres d'animaux et leur utilisation s'était surtout généralisée depuis les années 1950 du fait de leur apport en protéines de faible coût aux jeunes bovins. En Angleterre, les rations des vaches laitières contenaient entre 7 à 9 % de ces farines, avec une proportion élevée de matières ovines (jusqu'à 14 %). Cette pratique était beaucoup moins utilisée en France[16] et en Europe continentale. Les farines animales étaient systématiquement traitées par des solvants organiques tels que l'hexane, utilisées pour dégraisser les farines, puis les farines chauffées étaient nettoyées à la vapeur (à 125 °C) dans le seul but d'éliminer les traces de solvants. Ce procédé de chauffage devait inactiver, sans qu'on le sache, les prions qui n'étaient plus protégés par la graisse. L'enquête a retrouvé qu'au cours des années 1970 les usines de production des farines ont progressivement adopté une technologie en flux continu, plus efficace que le système de production en lots utilisée jusqu'alors. Ceci aurait entraîné une baisse de la température de chauffage des farines. Il a aussi été mis au jour que les industriels ont brutalement arrêté l'extraction des graisses à l'aide de solvants organiques pour des raisons économiques du fait du prix élevé des solvants suivant les chocs pétroliers de 1973 et 1979, et par mesure de sécurité du fait d'une explosion accidentelle survenue au cours de manipulations dans une des principales usines anglaises de fabrication de solvants. Entre 1977 et 1981, les farines dégraissées passèrent de 63 % à 12 % de la production. Ces modifications du traitement thermique furent probablement à l'origine de la persistance des prions dans les farines provenant d'animaux, dont certains étaient éventuellement atteints de tremblante. Il a été rapporté que les deux entreprises en Écosse qui continuèrent à utiliser les solvants organiques après 1981 étaient implantées dans une région où le nombre de cas de vaches folles resta faible. Enfin entre 1980 et 1990, le pourcentage de déchets d'origine bovine dans les farines dépassa 40 %, expliquant l'effet amplificateur de la contamination.

Une des propriétés les plus surprenantes des prions est leur extrême résistance aux enzymes protéolytiques, aux rayons ionisants, à la plupart des antiseptiques et à la chaleur[17]. En juin 1988, les farines animales furent interdites par les autorités anglaises pour l'alimentation des ruminants en Grande-Bretagne, mais autorisées à l'exportation ! Elles furent donc massivement exportées. Cependant, ces dispositions furent mal appliquées et des fraudes ont probablement eu lieu du fait de la possibilité d'utiliser ces farines pour d'autres animaux. Près de 40 000 bovins nés après l'interdiction (*born after ban*) furent frappés par la maladie. Il fut alors décidé en septembre 1990 d'interdire d'inclure les abats bovins dans toutes les farines, mesure efficace qui déclencha la décrue de l'épidémie en Grande-Bretagne à partir de 1994. L'origine de la maladie des vaches folles reste inconnue. Il est possible que les farines animales aient été

---

[15] En 2001, on dénombrait en Grande-Bretagne 180 376 cas cumulés (1985-2000), en France 350 cas (sur 20 millions de bovins), en Irlande 487 cas, au Portugal 446 cas, en Suisse 363 cas, en Belgique 18 cas, aux Pays-Bas 6 cas, en Allemagne 3 cas, au Danemark- Luxembourg-Liechtenstein 4 cas.

[16] L'industrie française de transformation des déchets d'abattoirs produisait toutefois en 1994 près de 575 000 tonnes de farines animales.

[17] Les prions sont très résistants à la chaleur, à la fois à la chaleur sèche (180 °C, 24 h ; > 360 °C, 1 h ; 600 °C, 15 min), et à la chaleur humide (134 °C, 18 min), et aux antiseptiques les plus puissants tels que le formol et la glutaraldéhyde. Ils ne sont inactivés que par deux antiseptiques, la soude (1 N) et l'hypochlorite de sodium (1 h 20°C).

contaminées par une souche particulière de prion provenant d'un mouton atteint de tremblante ou même d'une vache ayant présenté une forme spontanée très rare de la maladie[18].

Quand la maladie des vaches folles passe à l'homme

Coup de théâtre. Le 20 mars 1996 à Londres, le ministre de la Santé, Stephen Dorrell, annonça à la tribune de la Chambre des Communes : « Avec votre permission, Madame le Président, je voudrais faire une déclaration à propos du dernier avis rendu au gouvernement par le comité consultatif sur l'encéphalopathie spongiforme […]. Le comité a examiné le travail fait par l'unité de surveillance d'Édimbourg spécialisée dans la maladie de Creutzfeldt-Jakob. Ce travail, qui concerne 10 cas de maladies identifiés chez des personnes de moins de 42 ans, a conduit le comité à conclure à l'existence d'une nouvelle maladie jusqu'à présent inconnue. Un examen de l'histoire médicale de ces patients, des analyses génétiques et des considérations sur d'autres causes n'a pas permis de trouver une explication satisfaisante à ces cas. Il n'y a toujours pas de preuve scientifique que l'encéphalopathie spongiforme bovine peut se transmettre à l'homme par le bœuf mais le comité a conclu que l'explication la plus probable pour ces cas est un lien avec l'exposition à l'agent de l'encéphalopathie spongiforme bovine avant l'interdiction des farines bovines en 1989. »

L'affaire avait commencé en octobre 1989 par un cas de maladie de Creutzfeldt-Jakob chez une jeune femme de 36 ans, sans antécédents familiaux ni facteurs de risque. Puis virent plusieurs cas rapportés chez des fermiers et surtout en 1993, le cas de Victoria Rimmer, 15 ans, la plus jeune victime de cette maladie jamais rapportée en plus de 25 ans d'observations épidémiologiques en Grande-Bretagne. La maladie commençait souvent par des troubles psychiatriques, notamment une dépression, rapidement accompagnée de troubles neurologiques typiques de la maladie de Creutzfeldt-Jakob. Les malades mouraient en 14 mois en moyenne. Par ailleurs, on avait rapporté dans la littérature scientifique, notamment aux États-Unis, quelques cas de maladie de Creutzfeldt-Jakob chez des patients aux habitudes alimentaires particulières, mangeant régulièrement le cerveau d'écureuils et de chèvres sauvages. Ceci suggérait la possibilité d'une transmission de la maladie par l'ingestion de nourriture. On a estimé que probablement 900 000 bovins contaminés seraient passés dans la chaîne alimentaire. Le doute n'était plus permis. Le prion de la vache folle avait franchi la barrière d'espèce et était passé à l'homme ! Transmissible à l'homme, il menaçait donc potentiellement toutes les personnes qui avaient pu consommer, par exemple, le sacro-saint steak des hamburgers incorporé d'un « liant » à l'extrait de cervelle de vache. À partir de tissus bovins, on fabriquait de la gélatine pour faire des bonbons, des yaourts, des crèmes dessert et même des médicaments. Le lait heureusement n'était pas contaminant, ce qui aurait pu être catastrophique. Dans les années 1950, Gajdusek avait noté que près de 600 femmes allaitant, déjà malades ou en phase prémonitoire de la maladie, n'avaient apparemment pas transmis le kuru à leurs enfants.

Les déclarations de Stephen Dorrell entraînèrent un abattage massif des bovins et leur incinération dans des bûchers spectaculaires, rappelant des périodes tragiques du Moyen Âge, et un blocus des exportations de viande anglaise. Par exemple, la France qui avait importé 110 000 tonnes de viande bovine anglaise en 1995, déclencha un embargo dès le 21 mars 1996, suivie par les autres pays européens. L'avenir et la contagiosité de ce nouveau « variant » de la maladie de Creutzfeldt-Jakob du jeune demeure incertain. Il y eut une assez forte exposition de la population aux aliments contaminés, viandes et dérivés (gélatine d'os et de peau…) de bovins et d'ovins éventuellement contaminés. On peut aussi craindre une

---

[18]. En faveur de cette hypothèse, un vétérinaire français, M. Sarradet, rapporta en 1883 un cas « prémonitoire » de tremblante chez un bœuf de Haute-Garonne.

transmission iatrogène par les produits sanguins ou les instruments chirurgicaux, notamment. L'éclosion d'une véritable épidémie dépend également de la sensibilité génétique de la population. Aujourd'hui, on ose croire au vu des chiffres les plus récents de 2003-2004 que l'on est passé à côté d'une catastrophe sanitaire. On estime à environ 137 le nombre de patients atteints et morts en Angleterre de cette nouvelle forme de la maladie de Creutzfeldt-Jakob.

Alors que la finalité des maladies infectieuses est la survie de l'agent infectieux grâce à la réplication de son matériel génétique, on peut penser que la transmissibilité des encéphalopathies spongiformes s'apparente plus à un empoisonnement ou à une réaction en chaîne sans claire finalité évolutive. La découverte de ces protéines de structure anormale entraînant des « maladies infectieuses » très particulières sans réaction inflammatoire, pourrait ouvrir un pan nouveau de la pathologie, en suggérant qu'une protéine de forme anormale puisse être associée ou à l'origine d'une maladie. Nous voici à la lisière entre maladie génétique et maladie infectieuse, puisqu'il existe des formes héréditaires de la maladie de Creutzfeldt-Jakob, ou de maladies familiales proches, qui s'avèrent transmissibles. La découverte des prions constitue donc une vraie révolution et une énigme. Une révolution conceptuelle où à la notion d'un gène, une protéine, se substitue celle d'un gène, plusieurs protéines de formes variées. On aboutit aussi à l'idée qu'il pourrait exister d'autres maladies neurodégénératives liées à des changements de forme des protéines, comme les maladies d'Alzheimer, de Hungtinton, de Parkinson, ou d'autres maladies de cause inconnue. Une énigme demeure : comment expliquer les faits observés par la seule protéine infectieuse ? Il semble exister différents types de prions, des « souches » comme les bactéries ou les virus, entraînant des différences de durée d'incubation, des différences dans les symptômes cliniques et dans les lésions anatomo-pathologiques. La protéine infectieuse pourrait être associée à une autre protéine « chaperon » ou à un acide nucléique « caché ». Certainement, l'avenir réservera encore des surprises. L'histoire continue.

Dans sa conférence de réception du prix Nobel en 1976, Carleton Gajducek déclara : « L'élucidation de l'étiologie et de l'épidémiologie d'une maladie exotique rare restreinte à une petite population isolée – le kuru en Nouvelle Guinée – nous a amené à des réflexions beaucoup plus vastes qui sont du plus grand intérêt pour toute la médecine et la microbiologie[19]. »

---

[19] « *The elucidation of the etiology and epidemiology of a rare, exotic disease restricted to a small population isolate — Kuru in New Guinea — has brought us to worldwide considerations that have importance for all Medicine and Microbiology.* » D.C. Gajdusek, Conférence Nobel, 1976.

Chapitre 13. L'île de la Renaissance

Le 11 septembre 2001 à 8 h 45 du matin, un avion s'écrasait sur une des tours du *World Trade Center* à Mahattan, suivi d'un autre quelques minutes plus tard, faisant près de trois mille morts. Al-Quaida frappait à New York au cœur de l'Amérique, le pays le plus puissant du monde. Fin septembre, Robert Stevens, un employé de 63 ans travaillant pour un tabloïde de Floride ouvrit une lettre banale qui s'avéra contaminée par le bacille du charbon[1]. Il mourut le 5 octobre d'une forme pulmonaire de charbon. On n'avait pas observé de charbon pulmonaire aux États-Unis depuis plus de 30 ans. D'autres lettres furent envoyées à des journalistes et des personnalités politiques, comme le chef de la majorité du Sénat Tom Dashle et le sénateur Patrick Leahy. En tout 18 personnes furent contaminées, dont des employés de la poste, et cinq moururent. Trente mille Américains suspects d'avoir inhalé des spores furent traités par la ciprofloxacine, un antibiotique actif contre le bacille du charbon. Du travail de professionnels. Les lettres postées de Trenton dans le New Jersey, de New York et de Washington, contenaient une poudre extrêmement fine de spores de bacille du charbon, qui avaient été « militarisées ». La recherche militaire a imaginé des technologies très sophistiquées de préparation des micro-organismes pour éviter l'agglutination des spores et maintenir des particules infectieuses d'une taille inférieure à 3-5 μm en suspension dans l'air pendant des temps prolongés (utilsant par exemple d'infimes particules de silice). Les aérosols bactériens peuvent ainsi pénétrer jusqu'aux alvéoles pulmonaires et provoquer une pneumonie mortelle. Ces procédés industriels n'étaient détenus que par trois états, les États-Unis, l'Irak et la Russie. Le procédé utilisé sur la côte Est était américain, de même que la souche de *Bacillus anthracis* utilisée pour l'attaque[2]. Le ou les personnes à l'origine de cette attaque devaient être liées ou avoir accès au programme d'armement américain. À ce jour, les auteurs n'ont pas été identifiés bien que certains citoyens américains aient été suspectés. L'attaque de septembre 2001 par le bacille du charbon fut un coup de tonnerre qui fit prendre conscience au grand public de la réalité des menaces du bioterrorisme. Ironie, c'est ce même bacille qui fut utilisé par Pasteur plus d'un siècle auparavant pour fabriquer le premier vaccin atténué au laboratoire.

Une idée vieille comme le monde

Depuis qu'existe l'aube de l'Humanité, on prit conscience du danger de certaines plantes et de certains animaux venimeux comme les serpents ou les araignées. Depuis des temps très reculés, les hommes eurent l'idée d'utiliser ces poisons d'origine biologique pour leur survie. Dès la période néolithique, on se servit du curare et de toxines d'amphibiens pour empoisonner les flèches des chasseurs et des guerriers. Ce furent là les prémices des armes biologiques. Tandis que les hommes de science glosaient sur la réalité de la contagion, le caractère épidémique et délétère de certaines maladies n'avait pas échappé à ceux qui conquièrent ou qui défendent. On raconte, par exemple, que les archers Scythes empoisonnaient leurs flèches en trempant leurs pointes dans des cadavres en décomposition ou dans du sang pourri gardé à température du fumier en maturation, ce qui ne manquait pas de déclencher tétanos et gangrènes chez les malheureux blessés. Amener l'armée ennemie en terrain marécageux

---

[1] La maladie du charbon est appelée en Anglais « anthrax ». Ce mot n'a pas la même acception en Français, désignant une infection cutanée grave à staphylocoques. Le bacille du charbon est appelé selon la nomenclature internationale *Bacillus anthracis*.

[2] L'attaque a été perpétrée avec une souche dite « *Ames* », identifiée par empreintes génétiques, isolée plusieurs décennies auparavant près de la ville de Ames dans l'Iowa.

connu pour produire des fièvres fut un stratagème utilisé dans l'Antiquité par Hermocrates lors du siège de Syracuse en 414, ou par Clearchos au siège d'Astacos vers 350 avant J.-C. Tout au long de l'histoire, on a ainsi rapporté d'innombrables exemples de l'utilisation avec plus ou moins de succès, de cadavres, d'excréments, de sang, de bave de chiens enragés, de vêtements et de linges de pestiférés ou de varioleux, pour contaminer les aliments, l'eau des puits, les lieux de cantonnement et même les fortifications, jusqu'à aujourd'hui[3].

Deux exemples méritent d'être rapportés plus en détail, car ils eurent des conséquences tragiques. En 1347 au siège de Kaffa, un comptoir de Crimée au bord de la mer Noire, les Génois étaient assiégés depuis trois ans par les Tartares. La peste amenée par les caravanes venues d'Orient vint alors frapper les assaillants. Leur chef Djanisberg catapulta à l'aide de balistes les cadavres de soldats pestiférés par-dessus les remparts fortifiés. Ceci déclencha une épidémie de peste chez les génois contaminés par les puces des cadavres encore chauds. Ils durent abandonner la ville et fuir vers la Sicile, emportant la peste avec eux. Ce sera l'origine de la fameuse peste noire de 1348 qui allait se répandre en quelques mois dans toute d'Europe et décimer un tiers de la population occidentale. L'autre épisode tristement célèbre est celui de la transmission de la variole aux Indiens au cours de la guerre dite « franco-indienne » opposant les troupes anglaises et françaises. Sir Jeffrey Amherst, général en chef de l'armée anglaise, se glorifia dans une correspondance écrite de sa propre main d'avoir fait distribuer en 1763 des couvertures et des mouchoirs de varioleux aux tribus indiennes de l'Ohio, déclenchant ainsi des épidémies meurtrières dévastatrices dans la région. Il écrivit à son subordonné, le colonel Bouquet : « Vous ferez bien de tenter de répandre ainsi [par les couvertures de varioleux] la petite vérole et d'user de tous les autres procédés capables d'exterminer cette race abominable ». Amherst fut promu Maréchal. Cette idée ne sera pas oubliée [4].

---

[3] Par exemple, au cours des guerres d'Italie en 1495, les Espagnols auraient laissé aux Français lors de la campagne de Naples, en plus du mal napolitain, du vin contaminé par du sang de lépreux. On rapporte l'usage de cadavres lors de nombreux sièges du XVe au XVIIIe siècle. Durant la guerre du Vietnam dans les années 1960, le Vietcong aurait contaminé avec des excréments des piques de bambou.

[4] Par exemple, au cours du siège de Paris par les Prussiens en 1870, un médecin français proposa de prendre au Val-de-Grâce des couvertures de varioleux pour répandre la variole chez l'ennemi. Ceci ne fut pas réalisé, peut-être faute de temps.

Figure 1. Le général anglais Jeffrey Amherst, commanditaire d'attaques par la variole sur les populations indiennes de l'Ohio en 1763. Jeffrey Amherst, tableau de *Joshua Reynolds*, 1765.
© The Public Archives of Canada, Ottawa.

Le dilemme : Dr Jekill et M. Hyde

Les microbes, qu'il s'agisse de bactéries, de champignons, de virus ou de leurs toxines, peuvent donc être utilisés comme des armes biologiques du fait de leurs propriétés de virulence pour l'homme, les animaux ou encore les plantes. À partir des années 1880, la découverte du rôle des germes dans la genèse des maladies infectieuses a permis l'isolement de microbes très dangereux, tels que par exemple le bacille de la peste dont la première souche isolée à Hong-Kong fut envoyée par Yersin à l'institut Pasteur en 1894. La mise en culture permettait de produire ces microbes très dangereux en grandes quantités au laboratoire. Mais ceci a d'emblée induit une ambiguïté qui demeure aujourd'hui. On pouvait utiliser les microbes pour le meilleur ou pour le pire, pour prévenir et combattre les maladies en préparant des vaccins et des médicaments anti-infectieux ou pour propager ces maladies en fabriquant des armes biologiques. Dans les années 1970, la révolution de la biologie moléculaire donna un second souffle à cet usage « *dual* » des germes, en ouvrant la possibilité de modifier le patrimoine génétique des microbes, permettant de modifier les propriétés de virulence des pathogènes dans un sens ou un autre.

L'extermination des lapins

On ne s'attend pas à trouver Louis Pasteur dans l'histoire des armes biologiques, et pourtant la toute première attaque utilisant des armes biologiques pour détruire une population animale fut réalisée sous son égide. Après avoir lu dans le journal Le Temps que le gouvernement australien cherchait un procédé pour détruire les lapins qui dévastaient les cultures en Nouvelle Galles du Sud, Pasteur proposa par le même journal de déclencher une épidémie chez ces lapins en répandant dans leur nourriture une bactérie pathogène. Il écrivit au directeur du journal le 27 novembre 1887 : « On a employé jusqu'à présent, pour la destruction de ce fléau, des substances minérales, notamment des combinaisons phosphorées, pour détruire des êtres qui se propagent selon une progression de vie effrayante. Que peuvent de tels poisons minéraux ? Ceux-ci sont situés sur place là où on les dépose ; mais, en vérité, pour atteindre des êtres vivants, ne faut-il pas plutôt, si j'ose le dire, un poison doué de vie, comme eux pouvant se multiplier avec une surprenante fécondité ? Je voudrais donc que l'on cherchât à porter la mort dans les terriers en essayant de communiquer aux lapins une maladie pouvant devenir épidémique. Il en existe une que l'on désigne sous le nom de choléra des poules qui a fait l'objet d'études très suivies dans mon laboratoire. Cette maladie est également propre aux lapins [...]. Des expériences nous ont appris qu'il est facile de cultiver, sur une échelle aussi grande qu'on peut le désirer, le microbe du choléra des poules dans les bouillons de viande. Dans ces liquides pleins de microbes, on arroserait la nourriture des lapins qui bientôt iraient périr ici et là et répandre le mal partout ». Le gouvernement australien fit venir le Dr Adrien Loir, neveu de Pasteur avec ses cultures de *Pasteurella multocida*, mais finalement renonça à cette tentative. Le choléra des poules fut finalement répandu près de Reims pour exterminer les lapins de cette région. Une lectrice du *Temps*, Mme Pommery, propriétaire de vignobles en Champagne, ennuyée par des lapins qui creusaient des terriers au-dessus de ses caves, avait requis l'aide de Pasteur. Le vendredi 23 décembre 1887, le Dr Loir envoyé sur place arrosa de grosses bottes de foin destinées à nourrir les lapins avec une culture récente de la bactérie du choléra des poules. Trois jours plus tard on compta 19 lapins morts sur le terrain et les lapins disparurent, probablement décimés dans leurs terriers. On a estimé à près de mille le nombre de lapins qui vinrent manger les bottes de foin infectées que l'on distribuait quotidiennement. Cet essai a été réitéré en 1946 pour détruire les lapins qui dévastaient les vignobles de l'Hérault dans la région de Béziers. Cette tentative fut un échec car les lapins capturés puis inoculés avec la bactérie succombaient bien de la maladie, mais n'étaient pas contagieux.

Les lapins restaient un fléau majeur en Australie. Tout avait commencé sur ce continent nouvellement colonisé, par un caprice de chasseur, un certain Thomas Austin qui amena par bateau en 1859 douze lapins de l'espèce *Oryctolagus cuniculus* à Geelong. À partir de 1880, ils avaient tant proliféré qu'ils étaient devenus une nuisance importante qui explique l'annonce du journal *Le Temps*. En 1940, on estimait à environ un milliard d'individus la population de lapins en Australie, ce qui entraînait des dégâts considérables pour les cultures. Peu avant la seconde Guerre Mondiale, Jean MacNamara, un médecin de Melbourne, rencontra le Dr Richard Shope qui travaillait à New York sur la myxomatose, une maladie rapidement mortelle pour les lapins et transmise par les puces. On savait que cette maladie était due à un poxvirus lointainement apparenté au virus de la variole, découvert en Uruguay en 1896 par Guiseppe Sanarelli (1864-1940). MacNamara eut l'idée d'utiliser ce virus relativement spécifique des lapins et inoffensif pour l'homme pour se débarrasser des lapins en Australie. À partir d'épandages de virus sur le terrain réalisés en 1938 dans cinq localités de l'État de Victoria, la maladie envahit rapidement une surface de 1 500 km de large provoquant dans certains secteurs la disparition de 90 % des lapins. La myxomatose sévissait pendant l'été et disparaissait pendant la période hivernale du fait de la disparition cyclique des puces des lapins. L'effet dévastateur de l'épidémie ainsi déclenchée réduisit en deux ans la population de lapins d'Australie à 100 millions d'individus. À la même époque en France, le Pr Armand Delille (1874-1963), un membre éminent de l'Académie de Médecine, décida de détruire les lapins qui infestaient sa propriété de Maillebois dans l'Eure-et-Loir. Il se fit adresser de Lausanne une souche sud-américaine du virus de la myxomatose qu'il répandit dans les terriers le 14 juin 1952. La myxomatose se répandit dans toute la France puis dans l'ensemble de l'Europe en détruisant presque tous les lapins d'élevage ! Une catastrophe économique pour les éleveurs, peut-être un bienfait pour les agriculteurs. Pendant ce temps, après des annonces victorieuses, on déchantait en Australie. Quelques lapins avaient survécu à la maladie et se reproduisaient très vite. Conjointement, on s'aperçut qu'apparaissaient chez ces lapins des souches virales atténuées qui « vaccinaient » la population survivante en se propageant par les puces. La mortalité de la myxomatose passa de 99,9 % à 95 % en trois ans. La sélection d'une population de lapins génétiquement résistants au virus fit chuter progressivement le taux de mortalité à 50 % en 1970. En 1995, la population des lapins était encore estimée à environ 200 à 300 millions d'individus en Australie. De nouveaux essais ont été à nouveau réalisés avec ce virus à partir de 1996.

L'épilogue de cette histoire de lapins survint à l'automne 1995. En mars de cette année, on débuta des expérimentations sur l'infectivité d'un nouveau virus (un calicivirus) responsable d'une fièvre hémorragique mortelle pour les lapins. On prit soin de réaliser ces expériences sur des lapins confinés dans des enclos, sur l'île de Wardang à 5 km au large d'Adelaïde, une ville de la côte sud de l'Australie. Le virus se propagea sur toute l'île dès le 1er octobre. Craignant à juste titre les conséquences de la propagation sauvage d'un virus encore mal connu, on tenta d'éliminer tous les lapins de l'île, mais le virus gagna la région de *Point Pearce* sur le continent dès le 17 octobre, peut-être transporté par des moustiques, et se répandit en décimant de nombreux lapins sur le continent australien. Sans le faire exprès.

La guerre de l'empire du Levant

Figure 2. Le général Shiro Ishii, chef de l'unité 731 localisée à Pingfan en Mandchourie, responsable des expérimentations humaines avec des agents pathogènes sur des prisonniers de guerre, entre 1933 et 1945.

On sait que certains pathogènes majeurs furent utilisés comme armes biologiques par les militaires dès la Première Guerre mondiale. L'armée allemande utilisa notamment les bacilles du charbon et de la morve, une maladie épidémique mortelle du cheval. Ceci est documenté en Roumanie, en Mésopotamie, aux États-Unis et en France dans la région de Bordeaux, avec déclenchement d'épidémies de morve chez les chevaux et les mules qui étaient alors importants pour la cavalerie des forces armées. Il ne semble pas que les alliés aient utilisé ces armes, ni qu'elles aient été utilisées contre l'homme durant la Première Guerre mondiale. Les gaz asphyxiants comme l'ypérite étaient suffisants.

En 1928, un petit homme de nationalité japonaise, âgé de 36 ans, fit le tour des centres de recherche en bactériologie implantés en Europe. Un projet fou avait pris corps dans l'imagination perverse de ce médecin. Il s'appelait le Dr Shiro Ishii (1892-1959), fils de riches propriétaires terriens et bon père d'une nombreuse famille. Brillant élève, il fit ses études à Kyoto et devint chirurgien militaire de la Garde Impériale. Ishii était un personnage individualiste et arrogant, sournois, intelligent, d'une énergie farouche et avec l'entregent nécessaire pour se faire de hautes relations. Il épousa la fille d'un Président d'Université. Bref, un personnage peu sympathique qui s'avérera monstrueux. Nationaliste ardent, il fut promu en 1922 médecin à l'Hôpital de la Première Armée de Kyoto. À partir de 1924, il se spécialisa dans la recherche en bactériologie[5]. Cette année-là survint au Japon, dans l'île de

---

[5] Ishii passa sa thèse de Doctorat en médecine en 1927, intitulée : « Recherches sur les bactéries jumelles à Gram positif ».

Shikoku appartenant au district de Kagawa, une épidémie d'encéphalites particulièrement graves qui fit plus de 3 500 morts. C'était la première épidémie décrite d'encéphalite japonaise B. Le taux de mortalité était de 60 %. Le jeune médecin militaire Ishii fut missionné sur place pour étudier cette épidémie, collecter les résultats et isoler le virus. Cette expérience lui ouvrit des perspectives et allait avoir des graves conséquences.

Le projet fou d'Ishii était que les agents pathogènes pouvaient avoir un rôle tactique dans une future guerre conventionnelle et qu'il fallait donc lancer une recherche sur des armes biologiques qui donneraient à l'Empire nippon un avantage décisif dans de futures guerres qui étaient inéluctables. Il s'ouvrit de son projet au Grand État-major et réussit en avril 1928 à organiser un voyage d'études de deux ans autour du monde, qui lui permit de visiter près de 30 pays, dont la Russie, les États-Unis, la France et l'Allemagne, visitant notamment l'institut Pasteur de Paris et l'institut Robert Koch de Berlin. De retour, il fit un rapport tendancieux insistant sur le fait que les grandes puissances occidentales préparaient activement et secrètement une guerre bactériologique. Il mettait en parallèle l'efficacité tactique des armes biologiques et celle des armes chimiques qui avaient permis l'incroyable succès des offensives allemandes du 22 avril 1915 utilisant des gaz moutarde sur le front d'Ypres. Depuis leur première utilisation le 22 février 1915, les gaz avaient tué 91 000 soldats et blessé 1 300 000 soldats handicapés pour le reste de leur vie. Ce carnage avait incité les grandes puissances à signer un protocole d'interdiction des armes chimiques et bactériologiques en juin 1925, protocole non signé par les États-Unis et le Japon.

Ishii fut promu commandant au Service de Prévention des Épidémies de la nouvelle École de Médecine de l'Armée Japonaise à Tokyo. Il commença à travailler officiellement sur des systèmes de filtration de l'eau et sur des vaccins, en réalité sur des bactéries extrêmement dangereuses. À partir des années 1930, il réussit à convaincre les autorités japonaises de développer une recherche spécifique pour mettre au point des armes biologiques à visée stratégique utilisables en temps de guerre. Pour assurer le secret le plus absolu, les expériences ne pouvaient être réalisées que très loin de Tokyo. C'est pour cette raison que les autorités japonaises choisirent la Mandchourie lointaine qui était occupée par l'armée depuis septembre 1931. À partir de 1933, il s'installa à Pingfang près de la ville de Harbin, et c'est là que progressivement l'Unité 731 se mit en place. Ishii fut officiellement nommé le 1er août 1936 chef de cette unité qu'il avait créée.

L'expérience japonaise de la guerre biologique qui dura de 1931 à 1945 est terrifiante. Le nouveau général Ishii fit de l'Unité 731 un camp de tortures, d'expérimentation et d'extermination. Le camp comportait près de 150 bâtiments dans la ville de Pingfang, et 5 camps satellites. Pratiquement toute l'élite de la microbiologie nippone y a travaillé, près de 3 000 scientifiques et techniciens. Deux autres unités fonctionnaient parallèlement, l'Unité 100 près de Changchun et le Département Tama près de Nankin. Pendant près de quatorze ans, le Général Ishii et son équipe pratiquèrent des expérimentations humaines sur plusieurs milliers de prisonniers de guerre, la plupart du temps chinois, coréens, russes et américains, qui furent inoculés et tués dans des conditions épouvantables. C'était l'époque où les affiches de propagande japonaise des années 1940 incitaient les populations à vivre dans la prospérité et la collaboration et menaçaient de mort ceux qui n'acceptaient pas la domination de l'Empire du Soleil Levant.

Des êtres humains, des prisonniers innocents furent inoculés avec de très nombreux microbes hautement virulents dans le but de déterminer la meilleure façon d'infecter les sujets et la dose requise pour tuer (la « dose létale »). On testa les bactéries du charbon, de la peste, de la méningite cérébro-spinale, de la fièvre typhoïde, de la dysenterie, du choléra, de la morve, de la mélioïdose, ou encore de la gangrène gazeuse. Tout fut essayé, tous les moyens possibles et imaginables de dispersion des micro-organismes, des générateurs aérosols, des bombes en porcelaine contenant des dizaines de milliers de puces bourrées de bacille de la peste[6], éclats d'obus contaminés par les bacilles du charbon ou de la gangrène gazeuse... Cette expérimentation s'est prolongée dans des camps de prisonniers disséminés dans toute la Chine occupée par les Japonais au cours de la Deuxième Guerre mondiale. Comme cela a été rapporté par des prisonniers anglais et américains, des équipes japonaises d'inspection « médicale » passaient dans les camps, déclenchant inéluctablement après leur passage des épidémies de choléra, de dysenterie ou de typhoïde.

Il est difficile de décrire ces expériences tant elles inspirent l'horreur absolue et le dégoût. Au hasard, voici le témoignage du lieutenant-colonel Toshihide Nishi, chef du service éducatif de l'unité 731, qui prit part à une expérience qu'il raconta : « Une expérience à laquelle j'ai participé fut menée à bien sur dix prisonniers de guerre chinois auxquels on inocula la gangrène gazeuse. Le but de l'expérience était de savoir si la gangrène gazeuse pouvait être transmise à une température de 20 °C au-dessous de zéro. L'expérience se déroula de la façon suivante : dix prisonniers de guerre chinois furent attachés à des poteaux à une distance de 10 à 20 mètres d'une bombe à shrapnels chargée de bactéries. Pour les empêcher d'être tués par l'explosion, leur tête et leur dos étaient protégés par des écrans métalliques spéciaux et des couvertures rembourrées. Mais leurs jambes et leurs fesses étaient nues. Un détonateur électrique fit exploser la bombe. Les shrapnels porteurs de germes de la gangrène gazeuse balayèrent l'espace dans la zone où les sujets étaient attachés. Tous furent blessés aux jambes et aux fesses et moururent sept jours plus tard dans de terribles souffrances ». Craignant d'être infectés, les expérimentateurs japonais s'étaient tenus à une distance telle de l'explosion qu'ils avaient dû l'observer en se servant de jumelles.

On sait aujourd'hui que près de douze essais sur le champ de bataille ont été réalisés entre 1940 et 1942. Onze villes chinoises ont été attaquées en contaminant la nourriture, l'eau ou l'air avec le bacille du charbon, le vibrion cholérique, le bacille de la peste, les salmonelles et les shigelles. Par exemple, le 4 octobre 1940, une attaque sur Nankin fut perpétrée en utilisant du riz et du blé mélangés à des puces contaminées par le bacille de la peste, induisant une épidémie de peste avec 21 morts. Le 25 octobre de cette même année, une autre attaque sur Ningpo fit 99 morts en utilisant des bombes à puces contaminées par le bacille de la peste. En juillet 1942, les Japonais utilisèrent du chocolat contaminé avec le bacille du charbon qu'ils ont distribué à l'ennemi, les enfants de Nankin. L'ironie est que le chocolat n'a pas eu l'effet escompté et semble ne pas avoir entraîné de maladie. Les essais du général Ishii furent arrêtés en 1942 à la suite de l'attaque de la ville de Changteh par le vibrion cholérique. Cette attaque fit 10 000 morts civils chinois, mais aussi 1 700 morts parmi les troupes japonaises. Les autorités militaires décidèrent d'arrêter les attaques sur le terrain, mais continuèrent activement leur recherche expérimentale pour tenter d'améliorer encore ces armes biologiques.

Ce cauchemar halluciné prit fin avec la chute du Japon en 1945. Alors que l'armée soviétique envahissait la Mandchourie et progressait vers le camp, les Japonais décidèrent de détruire les Unités 731 et 100, afin d'effacer toutes les preuves de leurs forfaits, comme firent les nazis. Les détenus, appelés *marutas*, furent tous exterminés à la fermeture du camp juste après l'explosion de la première bombe atomique à Hiroshima. Il n'existe aucun survivant du camp qui fut détruit le 10 août 1945. Nous ne possédons qu'une seule photo du bloc Ro de l'Unité 731, photo aérienne prise par l'armée américaine juste avant sa destruction par les Japonais. Les derniers prisonniers furent exterminés avec des gaz toxiques, ainsi que tous les travailleurs locaux manchous et chinois qui aidaient aux tra-

---

[6] Ces bombes devaient être utilisées conjointement à la dispersion de riz infesté de puces destinées à attirer les rongeurs locaux pour déclencher une épidémie chez les rongeurs (épizootie) en apparence naturelle.

vaux de l'Unité 731. Les cadavres furent brûlés dans l'incinérateur du camp. Le 15 août 1945, l'Empereur Hiro-Hito, qui ne pouvait pas ne pas être au courant de ces horreurs, annonça à la radio que le Japon vaincu se rendait sans conditions. Le bilan de l'expérience japonaise est estimé à plusieurs dizaines de milliers de morts dans la population civile chinoise, et près de 10 000 morts parmi les prisonniers. Il fut montré que ce type de guerre était faisable mais totalement imprédictible et pouvait se retourner contre la puissance utilisant ces armes.

L'existence de l'unité 731 fut longtemps un secret, à peine dévoilée en 1949 au cours d'un procès politique, longtemps niée par les autorités japonaises, car cela mettait en cause directement l'Empereur. Cela arrangeait aussi les Américains. Après avoir été arrêté en 1945, le général Ishii put négocier sa libération auprès d'Américains bienveillants pour les criminels « utiles ». Malgré les crimes incroyables qu'il avait perpétrés, Ishii avait négocié la livraison aux Américains des cahiers de paillasse de l'unité 731 et de tous les secrets de ces armes biologiques contre l'amnistie pour lui-même et pour ses nombreux collaborateurs. Ceci a permis le renforcement du potentiel d'armes biologiques de Fort-Detrick aux États-Unis. Le Général Ishii mourut d'un cancer de la gorge, honoré au milieu de sa famille à l'âge de 67 ans le 9 octobre 1959.

Porton Down et Fort Detrick

Pendant que les Japonais expérimentaient leurs armes sur le terrain, il ne semble pas que les nazis, peut-être trop impliqués dans d'autres horreurs, aient développé des armes biologiques, mais les alliés ne restèrent pas inactifs. On sait aujourd'hui que les Anglais avaient une base de recherche et de production d'armes biologiques pendant la Deuxième Guerre mondiale à Porton Down, où ils ont travaillé surtout sur le bacille du charbon. Ils firent des expériences en 1942 et en 1943 sur l'île de Gruinard située à une vingtaine de km au large du petit port de Ullapool en Écosse. Ils firent exploser des bombes de 4 et 30 livres contenant des milliards de spores de bacille du charbon à une surface de 3,7 hectares, soit environ 2 % de la surface de l'île. Ces explosions ont gravement contaminé le sol de cette île, laissant environ 3 spores par gramme de sol sur plusieurs hectares, ce qui suffisait à détruire tout élevage de moutons. L'île demeura interdite par l'armée anglaise à toute présence humaine ou animale et resta déserte pendant des décennies. On décida sa décontamination en juin 1986 en appliquant 50 litres par m^2 de formol à 5 % sur une profondeur de 15 centimètres, soit près de 280 tonnes de formol à 37 % et 2 000 tonnes d'eau de mer. Ceci illustre les dégâts écologiques de ce type d'armes biologiques. Les Anglais stockèrent à cette époque à Porton Down près de 5 millions de gâteaux pour bétails contaminés par des spores de *Bacillus anthracis*, dans le but d'infecter le bétail des allemands. Ceci ne fut jamais utilisé.

En 1942, le Président Franklin D. Roosevelt malgré ses réticences personnelles lança un programme de recherche sur les armes biologiques qu'il confia à George W. Merck (1894-1957) qui présidait une société pharmaceutique. Merck établit en 1943 à Camp Detrick dans le Maryland (rebaptisé Fort-Detrick en 1956), un centre de recherche et de production d'armes biologiques comprenant 250 bâtiments et habitations pour 5 000 personnes. Après la guerre, les militaires installèrent une usine complémentaire de production de virus à la base militaire de Pine Bluff dans l'Arkansas. Pendant la Deuxième Guerre mondiale, les Américains stockèrent près de 5 000 bombes contaminées par le bacille du charbon et travaillèrent sur de nombreux autres pathogènes humains, tels que les bactéries de la brucellose, de la tularémie et de la fièvre Q. En 1945, les Américains bénéficièrent délibérément de toutes les informations des Japonais. L'armée américaine développa un programme important de recherche et de production d'armes biologiques, encore renforcé par le Président John F. Kennedy en

Figure 3. Photographie d'un fermenteur (*Eight Ball*) de Fort Detrick pour la production de masse des agents pathogènes.
© Public Affairs Office, Fort Detrick.

1961. Toutes sortes d'armes furent étudiées, y compris des armes ethniques[7]. Ils travaillèrent sur de nombreux pathogènes majeurs comme la peste et le charbon et sur environ 50 virus, notamment le virus de l'encéphalite équine du Venezuela[8] produit en masse à Pine Bluff. Comme les Japonais, ils travaillèrent sur la militarisation des agents infectieux, notamment des bombettes au fréon, un gaz refroidissant, et mirent au point une demi-douzaine de missiles à ogives biologiques comportant 720 petites bombes, largables à 16 km d'altitude censées pulvériser une superficie de 150 km^2. Dans ces années 1960, ils envisagèrent aussi d'utiliser l'utilisation d'agents pathogènes « invalidants », c'est-à-dire visant à rendre malades sans tuer, contre l'ensemble de la population civile pour faciliter l'invasion de Cuba. Des cocktails invalidants furent préparés en masse, associant le virus de l'encéphalite équine, la bactérie de la fièvre Q et l'entérotoxine B de staphylocoque doré.

Les autorités américaines entreprirent même des essais sur des volontaires sains, objecteurs de conscience ou des adventistes du Septième Jour, qui furent contaminés par les agents de

---

[7] Par exemple, *Coccidioides immitis* est un champignon produisant par inhalation une pneumopathie aiguë beaucoup plus souvent mortelle chez les noirs que chez les blancs. En 1951, les chercheurs de Fort Detrick lancèrent de fausses attaques contre des dépôts d'approvisionnement de la marine en Pennsylvanie et en Virginie, où travaillaient de nombreux noirs, avec une souche de virulence atténuée, craignant l'utilisation de ce champignon contre des bases militaires avec beaucoup de personnel noir.

[8] L'encéphalite équine vénézuélienne reconnue pour la première fois en 1938 au Venezuela, a déclenché des épidémies meurtrières chez les chevaux en Amérique latine et aux États-Unis. Cette maladie est due à un arbovirus transmis par au moins 10 espèces de moustiques. En 1943, on décrivit les premiers cas humains chez des chercheurs contaminés par aérosols en cultivant ce virus. Puis des épidémies plus ou moins importantes frappèrent régulièrement les hommes et les chevaux. En 1995, une nouvelle épidémie en Colombie et au Venezuela fit 75 000 victimes chez l'homme avec 300 morts (environ 1 % de mortalité).

la tularémie et de la fièvre Q. Avec une inconscience et un mépris des populations civiles non informées, elles cautionnèrent entre 1949 et 1968 des essais d'épandage d'aérosols contenant des « simulants », des microbes réputés non pathogènes[9]. Ainsi, des bactéries et des champignons furent répandus dans les ventilateurs du métro de New York, sur la ville de San Francisco et sur d'autres villes de la côte californienne[10]. En 1950-1951, de nombreuses infections nosocomiales à une bactérie de l'environnement, *Serratia marcescens*, furent rapportées à Stanford en Californie par les CDC d'Atlanta, et l'on compta non moins de 100 épidémies entre 1949 et 1968. Ces épidémies provoquèrent des procès qui mirent au jour cette utilisation de bactéries réputées non pathogènes sur des populations civiles ignorantes de ces pratiques. L'armée fut disculpée car aucune souche isolée chez les malades ne correspondait à la souche dite « 8UK biotype A6, sérotype O8 : H3, phagotype 678 », officiellement répandue sur la population. À voir.

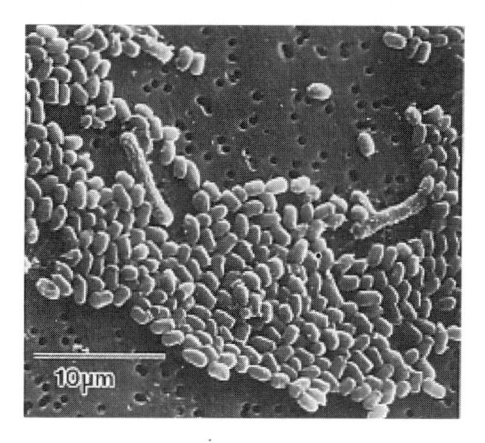

Figure 4. Spores du bacille du charbon (microscope à balayage).

De nombreux témoignages des autorités chinoises et nord-coréennes semblent indiquer qu'au cours de la guerre de Corée, entre 1950 et 1953, les Américains auraient utilisé des armes biologiques contre les populations civiles, notamment les bacilles de la peste et du charbon. Un rapport international contesté a rapporté non moins de 50 attaques au printemps 1952. On a observé après le passage d'avions américains au-dessus de villages et de villes de Corée, des cas de peste, de pasteurellose et de charbon. Ces informations furent niées par les autorités américaines. Parmi les gens travaillant à Fort-Detrick, on a relevé entre 1943 et 1969, près de 456 cas d'infections accidentelles et 3 morts officiellement rapportés, deux de charbon et un de fièvre hémorragique bolivienne. Le 25 novembre 1969, Richard Nixon renonça aux armes et signa en 1972 la convention internationale d'interdiction des armes biologiques et chimiques. Fort-Detrick reste aujourd'hui un gigantesque centre dévolu à la recherche sur les armes biologiques et leur prévention.

---

[9]. Ils utilisèrent deux bactéries réputées non pathogènes, *Bacillus subtilis* et *Serratia marcescens*, et un champignon, *Aspergillus fumigatus*.

[10]. Le projet « Saint Jo » avait pour but de tester la capacité de dispersion du bacille du charbon. Il consistait à larguer des aérosols avec des germes « simulants », sur les villes de Saint Louis, de Minneapolis et de Winnipeg. Les largages d'aérosols furent réalisés avec des bombes à fragmentation contenant 536 petites bombes.

Biopreparat

Un programme de recherche sur les armes biologiques fut initié en Union Soviétique par Lénine lui-même dès 1919. Bien qu'ayant signé en 1925 la Convention de Genève qui interdisait ces armes, les autorités russes mirent sur pied un programme important entre 1920 et 1930. Dès 1930, ils installèrent un centre d'essais dans une petite île de Vozrozdenija dans la mer d'Aral au Nord-Est de Moscou, qui deviendra tristement célèbre. Ce programme fut prolongé après la Deuxième Guerre mondiale, avec la création d'usines de fabrication d'armes biologiques à Sverdlovsk en 1946 pour les bactéries et à Zagorsk en 1947 pour les virus. L'ampleur du programme soviétique, pressentie par les services de renseignements occidentaux, fut révélée au monde dans les années 1990 par des transfuges dont les témoignages ont été par la suite recoupés. C'était stupéfiant, terrifiant, absurde.

Kanatjan Alibekov connu sous le nom de Ken Alibek passa à l'Ouest en 1992. Ce médecin originaire du Kazakhstan révéla au monde l'existence d'un organisme dépendant du Ministère de la Défense appelé Biopreparat, dont il avait été le directeur adjoint pendant 17 ans. Créé en 1973, un an après la signature par l'URSS de la convention internationale sur l'interdiction les armes biologiques, Biopreparat formait un réseau tentaculaire d'usines de production et de centres de recherche secrets dispersés sur 40 sites en Russie et au Kazakhstan, dont 8 centres de recherche et 5 usines de production à Stepnogorsk, Zagorsk, Kirov, Sverdlorsk (Iekaterinbourg) et Striji, et un centre d'essais en plein air sur l'île de Vozrozdenija. À son apogée en 1980, cette pieuvre employait près de 30 000 personnes sur un total de 60 000 engagées dans les programmes d'armes biologiques. Les Russes mirent au point au moins 12 agents infectieux opérationnels et travaillèrent sur près de 80 germes très dangereux. D'un budget équivalent à un milliard de dollars, Biopreparat aurait produit des milliers de tonnes des agents du charbon, de la peste et de la variole. L'usine de Stepnogorsk dans le Kazakhstan à elle seule était la plus grande fabrique d'armes bactériologiques. Construite dans les années 1980, ne figurant sur aucune carte, correspondant à la Boîte Postale 2076, cette usine employa jusqu'à 700 personnes. Le cœur de l'usine était le bâtiment 221 qui contenait dix cuves de 20 000 litres, pouvant produire 300 tonnes de bacilles du charbon en un cycle de 220 jours, alors que 100 g suffiraient à éliminer la population d'une petite ville. Au centre de recherche d'Obolensk, on travaillait sur des bactéries génétiquement modifiées[11]. À Koltsovo en Sibérie, le centre de recherche sur les virus appelés *Vector* employa jusqu'à 4 000 personnes. Dirigé par Lev Sandakhchiev, c'est là que sont stockées les 120 souches de variole transférées de l'Institut des préparations virales de Moscou, et plus de 10 000 souches des virus les plus dangereux. Ken Alibek a prétendu que les Russes auraient produit en masse plusieurs tonnes de virus de la variole en 1980 sous forme de poudre lyophilisée pour équiper des missiles à longue portée et des obus.

Que faisait-on dans ces centres de recherche d'Obolensk et de Vector ? Les transfuges Vladimir Pasechnik, Serguei Popov et Ken Alibek révélèrent diverses manipulations génétiques très inquiétantes. Les Russes auraient manipulé le bacille du charbon, le rendant plus résistant aux antibiotiques, au froid et à la chaleur ou plus virulent chez les vaccinés[12], ainsi que le bacille de la peste[13]. Ils auraient utilisé le gène de la myéline, une protéine du tissu

---

[11] Le centre d'Obolensk posséderait une collection de 300 souches de bacilles du charbon et de près de 1 000 souches bactériennes de haute virulence.

[12] Les chercheurs russes « construisirent » une souche de bacille du charbon très virulente chez les vaccinés, en introduisant dans cette bactérie les gènes des céréolysines A et B du *Bacillus cereus*, toxines produites par une bactérie proche. Ils auraient rendu résistant aux pénicillines une souche de *Bacillus anthracis* en lui introduisant un gène de β-lactamase.

[13] Les chercheurs russes auraient créé une souche de *Yersinia pestis* résistante à 16 antibiotiques, la rendant résistante au froid, à la chaleur et aux antibiotiques par bricolage de ses plasmides. Ils auraient « amélioré » ce bacille en lui insérant le gène de la toxine diphtérique.

nerveux, pour exalter la virulence de bactéries comme des *Legionella* et de virus, en déclenchant secondairement de graves dommages cerébraux[14].

L'île de Vozrozdenija porte bien mal son nom qui signifie la « Renaissance ». Cette île de mort aujourd'hui déserte et interdite était située en 1960 au milieu de la mer d'Aral à 100 kilomètres des côtes dans une région très peu peuplée. C'est là qu'était localisé le centre d'essais en plein air de Biopreparat, appelé Aralsk-7, à partir des années 1970. Jusqu'en 1990, y travaillaient un millier de militaires et chercheurs qui testaient à l'air libre les armes préparées dans les centres de recherche, notamment les agents de la variole, de la peste et du charbon, et les micro-organismes génétiquement manipulés. On sacrifia des milliers d'animaux des singes, des moutons, des chevaux, des ânes, des cobayes, des rats ou encore des souris[15]. D'après Ken Alibek, des essais à l'air libre ont été réalisés entre 1986 et 1987 avec un bacille de la peste résistant à de nombreux antibiotiques et avec le virus de la variole. Ces expériences entraînèrent des contaminations massives du sol, d'autant que l'île servit aussi pour tenter d'éliminer des tonnes du bacille du charbon en 1988. L'île fut abandonnée le 11 avril 1992 sur l'ordre de Boris Eltsine. En principe interdite et déserte, l'île de la « Renaissance » est passée d'une superficie de 220 km^2 en 1960, à 2 200 km^2 en 1990, devenant une presqu'île en 2000, du fait de l'assèchement progressif de la mer d'Aral lié aux détournements inconséquents des cours d'eau réalisés pour des travaux d'irrigation. Cette presqu'île est en communication avec le Kazakhstan et l'Ouzbékistan. Ceci pourrait permettre aux animaux d'y circuler librement et d'éventuellement contaminer la région à partir de cet ancien site d'expérimentations.

Cette recherche sur les armes biologiques coûta la vie à des chercheurs[16] et à des civils innocents, notamment lors d'une épidémie de 9 cas de variole dont 3 morts en 1971 à Aralsk, de mystérieuses épidémies de peste chez des pêcheurs de la mer d'Aral et du fameux accident de Sverdlovsk en Russie, la ville où le tsar Nicolas II fut assassiné avec sa famille en 1918. L'histoire exacte ne fut connue qu'en 1992. Une épidémie mystérieuse apparut entre le 4 avril et le 18 mai 1979, touchant 96 patients vivant dans un rayon de deux à quatre kilomètres autour d'une usine d'armement, et plus particulièrement du bâtiment 19. Cette épidémie entraîna une mortalité très élevée estimée à 66 % (64 décès). Les patients présentaient le plus souvent une forme pulmonaire grave de maladie du charbon alors que la forme cutanée, normalement plus fréquente et moins grave, ne fut retrouvée que chez 17 patients. Environ 1 à 2 % de la population exposée développa une des formes de la maladie. Dans la version officielle, les autorités incriminèrent à l'époque la consommation de viandes avariées contaminées par des spores de *Bacillus anthracis*, ce qui n'expliquait en rien les formes pulmonaires de la maladie qui aurait dû entraîner une forme digestive de charbon. On sait aujourd'hui que le 3 avril 1979, les filtres d'un laboratoire où l'on produisait en masse des spores du bacille du charbon furent changés de façon défectueuse sans être activés, ce qui fit émettre des aérosols de 5 µm dans l'air aux environs de l'usine. On estime que plusieurs milliards de spores furent ainsi libérés dans l'atmosphère, entraînés par les vents dominants vers le Sud-Est de la ville, produisant des épidémies de charbon dans le bétail dans un rayon de cinquante kilomètres. Les autorités vaccinèrent près de 59 000 personnes avec une souche vivante atténuée de bacille du charbon. On a pu estimer à cette occasion la dose létale humaine du bacille du charbon, entre huit mille et dix mille spores par personne exposée aux aérosols.

---

[14] Les chercheurs russes auraient construit une souche recombinante de *Legionella pneumophila* exprimant la myéline. Cette souche s'avéra beaucoup plus virulente que la souche d'origine tuant les cobayes avec seulement quelques bactéries (au lieu de plusieurs milliers de bactéries inhalées) et entraînant une mortalité de 100 % des cobayes. Le gène de la myéline fut également inséré dans un virus d'encéphalite. Des lésions cérébrales apparaissaient secondairement à l'infection, liées à une réaction du système immunitaire contre la myéline (de type auto-immunité). De plus, le KGB avait ses programmes propres de recherche, notamment en introduisant dans des virus des gènes de peptides actifs sur le cerveau à effet psychotrope et neurotrope (par exemple des endorphines).

[15] Peut-être des condamnés à mort du goulag.

[16] Nikolaï Ustinov mourut accidentellement du virus de Marburg au centre Vector. Un autre accident entraîna la mort en 1988 d'une jeune chercheuse infectée par la bactérie de la morve.

Que fit-on de tout cet arsenal produit à grands frais ? Heureusement, on ne s'en servit pratiquement pas. Comme les Américains en Corée du Nord, les Russes furent accusés d'avoir utilisé des aérosols de mycotoxines, un poison violent extrait de champignons, au Laos entre 1975 et 1981, au Kampuchea entre 1979 et 1981, en Afghanistan de 1979 à 1981. C'est ce que l'on appela les *yellow rains*, ou pluies jaunes, utilisant le trichothécène, une toxine provenant d'un champignon appelé *Fusarium*. Finalement que reste-t-il de tout cela ? Plusieurs milliers de chercheurs au chômage qui pourraient monnayer leur expérience à des États voyous et peut-être 25 000 à 30 000 personnes travaillant toujours dans ce type d'activité.

L'Irak de Saddam Hussein

À partir des années 1980, l'Irak renforça son armement biologique relativement facile à obtenir en laboratoire avec peu de moyens. Les experts internationaux d'une commission des Nations Unis chargées du désarmement appelée UNSCOM, créée à la suite de la guerre du Golfe de 1991, ont reconstitué l'histoire du programme irakien dans un rapport publié en 1996 et corroboré par les aveux même des autorités irakiennes en juillet 1995. Alors qu'ils cherchaient sans succès sur le terrain les armes biologiques et chimiques de Saddam Hussein, ces experts suspectèrent à juste titre qu'une usine localisée à Al Hakam à 50 km au Sud-Ouest de Bagdad officiellement dévolue à la production d'une bactérie utilisée comme pesticide[17] ait pu servir à la production du bacille du charbon dans des fermenteurs de 1 400 litres. Cette usine fut détruite à l'explosif en 1996. L'Irak aurait lancé des recherches actives sur le bacille du charbon, les rotavirus, *Clostridium perfringens*, certains virus comme le camelpox proche du virus de la variole, l'échovirus 71, la ricine, la toxine botulinique, des mycotoxines, dont l'aflatoxine, ainsi que certains champignons pathogènes pour le blé.

Avant 1991, l'Irak avait produit des armes biologiques en très grandes quantités à Al Hakam et à Dawra, près de Bagdad, et probablement dans 8 sites de production. Les autorités irakiennes disposaient au moment de l'attaque américaine du 16 janvier 1991, de près 13 600 litres de litres de toxine botulinique, de quoi détruire l'humanité, 8 350 litres de spores du bacille du charbon et des stocks très importants d'aflatoxine. Ces agents avaient été militarisés et équipaient une centaine de bombes à toxine botulinique, 500 bombes à charbon, 25 missiles de longue et moyenne portée *scud* contenant les agents du charbon, de la toxine botulinique et des aflatoxines. Un arsenal secret qui ne fut pas utilsé.

---

[17] Cette usine était censée produire *Bacillus thuragiensis*, une bactérie pathogène uniquement pour les insectes, que l'on utilise directement comme insecticide. Les toxines de cette bactérie sont aussi employées dans les plantes transgéniques comme le maïs.

L'expérience sud-africaine : le Dr Wouter Basson

Devant la dégradation de la situation politique et économique de l'Afrique du Sud dans les années 1980, les partisans de l'apartheid favorisèrent l'apparition d'une organisation politique de droite appelée *Freedom Front*. Cette formation voyait en Nelson Mandela et sa démocratie une véritable menace pour la communauté afrikaner et prônait l'établissement d'un territoire afrikaner en Afrique. Les dirigeants du *Freedom Front*, notamment le général Constand Viljoen, responsable de la Défense sud-africaine, décidèrent de mettre sur pied une unité spéciale chargée du *Chemical and Biological Warfare*, appelé du nom de code *Project Coast*. On nomma le Dr Wouter Basson responsable du projet. Ce médecin militaire, général de brigade, chimiste et cardiologue, avait acquis une solide formation dans le domaine des armes biologiques et avait collecté de nombreuses informations auprès de chercheurs britanniques, américains et canadiens.

Le *Project Coast* démarra en 1985 en collaboration avec des universités sud-africaines et des partenaires industriels, et reçut un fort soutien financier qui permit la mise en place d'un laboratoire militaire suréquipé près de Pretoria, à Roodeplaat. Des recherches ultrasecrètes furent développées pour obtenir des armes capables d'exterminer et de stériliser sélectivement la population noire. Des molécules mortelles furent conçues pour cibler la mélanine qui pigmente la peau des noirs. On étudia aussi la possibilité d'introduire des agents pathogènes dans la communauté noire. Doué d'une imagination machiavélique, ce spécialiste de la maladie du charbon fabriqua notamment des enveloppes et des cigarettes contaminées par *Bacillus anthracis* pour inoculer cette bactérie à ses victimes par aérosols et conçut toutes sortes d'armes, telles qu'une lessive en poudre explosive, des canettes de bière au thallium, des chocolats au cyanure, un tournevis au manche piégé d'une substance létale injectable…
Le Dr « La mort » prévoyait la diffusion d'agents biologiques, tels que ceux du charbon, du choléra, la toxine botulique, les virus Marburg et Ebola, et de divers agents chimiques (cyanure, un pesticide toxique, l'aldikarb, le thallium, le paroxon, un organo-phosphoré anticholinestérase, un lacrymogène très puissant, un hallucinogène, le BZ…). On distribua de la drogue dans les centres-villes, telles que l'ecstasy et le mandrax. On chercha aussi un moyen de stériliser en masse les femmes noires. Le programme s'arrêta en 1994 avec la chute du régime de l'apartheid.

On ignore à ce jour combien de personnes ont péri dans ces expériences. Wouter Basson fut accusé de meurtre, d'escroquerie et de trafic de drogue. Ses activités ne furent découvertes qu'en 1998. Au cours de l'enquête, plusieurs anciens membres des forces spéciales avouèrent devant la Commission Vérité et Réconciliation (CVR) avoir contribué à la propagation des armes fabriquées par Basson. Il fut accusé de 46 chefs d'accusations devant la Haute Cour de Pretoria présidée par le juge Willie Hartzenberg, un ancien juge du régime de l'apartheid. La CVR rendit un rapport de 5 volumes de plus de 3 000 pages sur les audiences qui se sont tenus pendant deux ans. Le 12 avril 2002 de façon incompréhensive, Basson fut acquitté par le juge Hartzenberg. Desmond Tutu parla d'un « jour sombre pour l'Afrique ». Aujourd'hui, Basson travaille toujours pour le Ministère de la Défense comme cardiologue à l'Hôpital Académique de Pretoria.

Figure 5. Le Dr Wouter Basson, organisateur du programme
d'armes biologiques de l'Afrique du Sud du temps de l'apartheid.
© Checkpoint-online, Suisse.

Le bioterrorisme

Outre le Japon, les États-Unis, le Royaume-Uni, l'URSS, l'Irak, l'Afrique du Sud et la France[18], qui avaient eu des programmes de recherche sur les armes biologiques, émaillés d'accidents et d'essais sur le terrain plus ou moins dissimulés, on estime que 25 pays en tout auraient travaillé sur ces armes. La chose inquiétante est que de telles armes ont aussi été utilisées par des individus, des groupes extrémistes ou des sectes. N'est-il pas étonnant de répertorier dans le monde pendant les quarante dernières années entre 1960 et 2000, près 147 attentats connus utilisant des agents biologiques.

Certains États avaient ouvert cette voie secrètement, certes parfois pour de bonnes causes. On connaît aujourd'hui plusieurs exemples, notamment pendant la Deuxième Guerre mondiale, révélés récemment par les autorités britanniques et américaines. On a ainsi appris en 1975 que l'OSS (*Office of Strategic Services*) des États-Unis eut recours début 1940 à un agent invalidant, une entérotoxine de staphylocoque, pour empêcher le président nazi de la Reichsbank, Hjalmar Schacht, d'assister à une conférence économique majeure. La toxine fut versée dans la nourriture et le rendit très malade. On sait que le gauleiter Reinhard Heydrich (1904-1942) fut assassiné en 1942 à Prague par l'explosion d'une grenade contre sa voiture. Les éclats de grenade qui l'avait blessé superficiellement avaient été imprégnés par les services secrets britanniques de toxine botulinique, ce qui entraîna la mort du bourreau nazi après plusieurs jours avec des signes de botulisme. Pendant la guerre froide, des agents bulgares assassinèrent en 1978 huit transfuges de l'Est, en Angleterre et en France, avec des balles de 1,7 mm imprégnées de ricine et projetées à l'aide d'un parapluie-fusil. Des projec-

---

[18] La France a développé un programme de recherche sur les armes biologiques dès 1921, surtout orienté vers la transmission par voie aérienne des maladies contagieuses, sous l'égide d'Auguste Trillat (1861-1944), un chimiste travaillant à l'Institut Pasteur. Celui-ci travailla surtout sur les techniques de dispersion des bactéries pathogènes par aérosols et aux conditions de conservation des propriétés de virulence des cultures microbiennes. Des essais sur le terrain utilisant des agents pathogènes portés par des obus ou des bombes se déroulèrent dès 1926 à Gâvres, près de Lorient. Peu avant la Deuxième Guerre mondiale, des essais de dissémination de germes réputées inoffensifs (*Serratia marcescens*) ont été réalisés dans le métropolitain parisien (ligne 1 pont de Neuilly-Vincennes et ligne 7 porte de La Villette-porte d'Italie), montrant la très rapide dissémination des germes tout le long des stations. Le programme s'arrêta avec l'effondrement de mai 1940.

tiles minuscules furent retrouvés sur les radiographies des mourants. Cependant, ce sont les attentats perpétrés par des sectes qui ont le plus défrayé la chronique.

En 1984, la secte religieuse des Rajneeshees déclencha la première attaque bioterroriste d'envergure sur le territoire américain. La secte s'était installé en 1981 dans le comté de Wasco, près d'une petite ville de 10 000 habitants appelée The Dalles dans l'Oregon. Menée par le gourou Bhagwan, qui possédait 90 Rolls-Royce et une collection de montres en diamants, les 4 000 « sannayasins » disciples de la secte vivaient en autarcie dans un ranch de 30 000 hectares. Leurs dirigeants décidèrent de s'emparer de la municipalité du comté. Le 9 septembre 1984 apparurent les premiers cas de gastro-entérites dues à une bactérie appelée salmonelle (*Salmonella typhimurium*). Après passage dans certains restaurants du comté, les clients présentaient une diarrhée et des vomissements intenses avec frissons et fièvre. En tout, environ mille personnes présentèrent des symptômes, 751 cas ont été documentés et 45 patients furent hospitalisés. Tous avaient été infectés par la même souche de salmonelle. Une enquête menée par Thomas Török du CDC d'Atlanta incrimina les salades et les crudités absorbées dans des restaurants de la région. En fait, on sut la vérité un an plus tard des aveux même du gourou. Pour gagner les élections à l'automne 1984, la secrétaire particulière du gourou, qui se faisait appeler Ma Anand Sheela conçut un plan d'attaque. L'exécution fut réalisée par une infirmière complice, Diane Ivonne Onang, qui acheta la souche ATCC 14028 à l'*American Type Culture Collection* et qui prépara les cultures de salmonelles subrepticement versées sur les salades dans les restaurants. La Secte aurait lancé d'autres attaques à Salem, Portland et d'autres villes de l'Oregon. Le plus étonnant est que, malgré l'incompétence et l'amateurisme des protagonistes, l'attaque fut un succès.

On connaît de nombreux autres exemples d'attentats ou de tentatives d'attaques bioterroristes[19], mais ceux de la secte Aum Shinrikyo méritent une mention particulière car l'attaque au gaz sarin du métro de Tokyo reste un événement majeur qui fit prendre conscience au grand public de la gravité des menaces terroristes. Cette secte religieuse préconisait une théorie apocalyptique qui encourageait les massacres collectifs. Le 19 mars 1995, un gaz très toxique connu depuis la Première Guerre mondiale fut disséminé avec des dispositifs artisanaux simultanément dans six trains du métro. Le bilan fut de 5 500 victimes, plus de mille personnes hospitalisées dont 12 morts et 132 secouristes contaminés. Dirigée par un gourou japonais, Shako Asahara, elle comprenait 50 000 adeptes dans six pays et avait amassé un trésor de 1 milliard de dollars. On s'aperçut lors de l'enquête qui suivit l'attentat que la secte avait mis en œuvre un programme rudimentaire de préparation d'armes biologiques. Elle s'était procurée et avait constitué des stocks de bacilles du charbon et de la fièvre Q, et de toxine botulinique. La secte avait cherché à se procurer le virus Ebola en 1992. De 1990 à 1995, les adeptes tentèrent environ 10 attaques bioterroristes avec les spores de charbon et la toxine botulinique, sans aucun succès. Elle avait tenté trois attaques infructueuses dans le métro, d'autres sur le toit d'un immeuble de Tokyo ou avec un camion doté d'un dispositif d'aérosols dans le centre de Tokyo, à l'aéroport de Narita, vers le palais impérial et le parlement, contre les bases militaires américaines Yokohama et Yokosuka. Ceci montre à la fois l'importance de la militarisation des agents et la facilité à se procurer ces agents très dangereux.

[19.] En voici quelques exemples. En 1980, un réservoir d'eau à Édimbourg en Écosse fut délibérément infecté par *Giardia lamblia*, un protozoaire parasite donnant une diarrhée. En 1989, un groupe terroriste nommé *The Breeders* a menacé de contaminer la Californie avec une mouche parasite et a essayé d'introduire cette mouche parasite (*mediterranean fruit fly*) dans la région de Los Angeles. En 1993, un citoyen américain néo-nazi de l'Arkansas a été interpellé à la frontière canadienne avec une dose de ricine pouvant tuer 30 000 personnes. En 1995, deux membres d'un groupe paramilitaire d'extrême droite du Minnesota étaient trouvés porteurs de ce même poison. En 1996, un citoyen américain Larry Wayne Harris, ancien militaire et extrémiste de droite se procura trois souches de *Yersinia pestis*, l'agent de la peste, envoyées par la poste par l'*American Type Culture Collection*, un centre stockant la plupart des cellules, bactérie et virus de référence... Et on pourrait continuer !

La grande menace

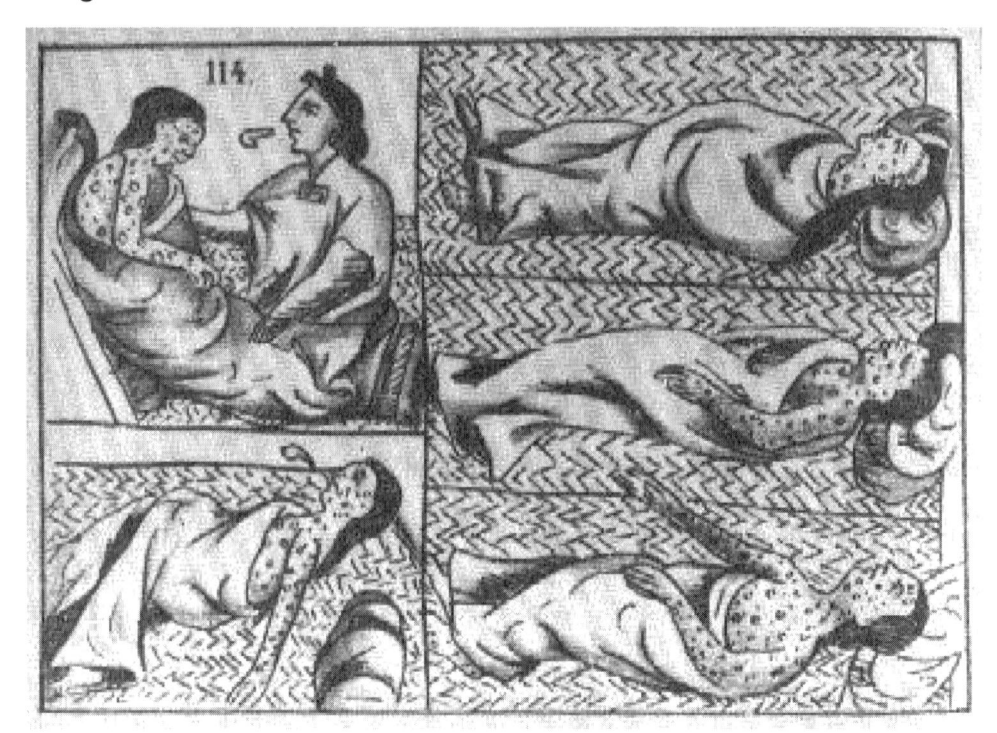

Figure 6. Victimes aztèques de la variole au XVIe siècle.
D'après *Historia De Las Casas de Nueva Espana*, Volume 4, Book 12, Lam. cliii, plate 114.

La grande menace reste la variole. Le virus responsable de cette maladie a donné des épidémies dévastatrices depuis l'Antiquité. Il est résistant dans l'environnement et peut être transmis à la fois par aérosols et par contact avec des objets ou vêtements ayant appartenu à des varioleux. Cette maladie strictement humaine est très contagieuse par aérosols avec une mortalité de 20 à 40 %. Certaines souches peuvent entraîner une mortalité proche de 90 à 100 %. Durant le seul XXe siècle, la variole fit près de 500 millions de morts, plus que la grippe espagnole. La maladie a été éradiquée en 1977 et il n'y a pas de traitement en dehors de la vaccination très efficace pour prévenir la variole et éventuellement pour empêcher son apparition si elle était pratiquée dans les quatre jours suivant l'exposition à un varioleux. En 1979, après l'éradication de cette maladie par une campagne de vaccination organisée par l'OMS qui dura de 1967 à 1977, une commission de l'OMS recommanda que les souches du virus disséminées dans les laboratoires du monde entier soient rassemblées dans deux laboratoires de références aux États-Unis et en URSS. Ceci fut fait. Près de 450 souches de virus seraient aujourd'hui stockées aux CDC d'Atlanta en Georgie et environ 120 souches au *Research Institute of Viral Preparations* de Moscou, plus tard transféré au centre Vector de Koltsovo, près de Novossibirsk en Sibérie. Cependant, tout porte à croire qu'il existerait des stocks illégaux dans certains pays comme l'Irak ou la Corée du Nord. Le génome du virus a été entièrement séquencé en 1992 et sa séquence d'environ 190 000 nucléotides a été publiée. Les fragments d'ADN utilisés pour le séquençage ont été répertoriés et conservés à partir de 1993 dans quelques laboratoires en Angleterre, aux États-Unis, en Russie et en Afrique du Sud. Ils présentent aussi un danger potentiel, car on pourrait être tenté de les utiliser pour créer des virus pathogènes recombinants. On pourrait imaginer, par exemple, d'introduire une partie des gènes de virulence du virus de la variole dans un virus de singe proche de la variole, le monkeypox, très peu contagieux chez l'homme, créant ainsi un nouveau virus très dangereux.

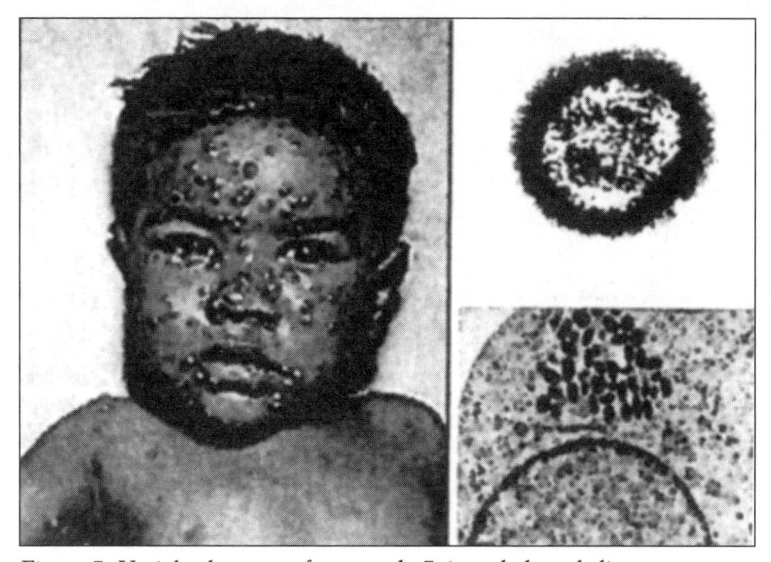

Figure 7. Variole chez un enfant vers le 7ᵉ jour de la maladie.
À droite, le virus de la variole (haut) et dans le cytoplasme des cellules (bas), au microscope électronique.
Photo OMS.

L'existence de ces souches virales extrêmement dangereuses en Russie et aux États-Unis représente un danger potentiel, du fait de groupes terroristes qui pourraient se procurer le virus, ou de l'exposition accidentelle ou intentionnelle de la population par un déséquilibré ou un kamikaze, avec des conséquences très graves. En 1978, on a frisé la catastrophe à Birmingham, lorsque trois personnes travaillant au voisinage d'un laboratoire de haute sécurité de niveau P4 où l'on manipulait ce virus, ont contracté la variole. L'une est décédée. Ce sont les derniers cas humains recensés de variole après le cas de Somalie en 1977. Un débat s'est engagé sur le danger potentiel de ces stocks. Certains pensent qu'il faut les conserver pour permettre une recherche sur ce virus, tant du point de vue de la connaissance d'un pathogène hautement adapté à l'espèce humaine, que du point de vue de l'amélioration d'un vaccin qui pose encore des problèmes importants de tolérance entraînant un certain nombre de victimes, et de la recherche d'antiviraux efficaces contre ce virus ou de proches parents. D'autres inclinent à croire que le risque d'accidents de malveillance ou de bioterrorisme ne vaut pas que l'on garde ces stocks. En effet, le virus est entièrement séquencé et les clones d'ADN sont disponibles pour répondre aux questions scientifiques sur ces virus. Il existe de plus des virus très proches comme le camelpox ou le monkeypox qui peuvent être utilisés pour des recherches éventuelles sur le virus de la variole. D'après Ken Alibek, les Russes auraient construit des hybrides des virus de la variole et de Marburg (un virus très dangereux proche du virus Ebola). Un chercheur australien Ronald J. Jackson a publié dans le *Journal of Virology* en 2001 une observation très inquiétante faite par hasard sur le virus de l'ectromélie, une variole de la souris non pathogène pour l'homme. L'introduction dans ce virus d'un gène codant pour un facteur de croissance des lymphocytes, l'IL-4, a fortement exacerbé sa virulence et induit une forte mortalité des souris même préalablement vaccinées. Des esprits malfaisants pourraient donc construire des nouveaux virus redoutables regroupant plusieurs gènes de virulence empruntés aux pathogènes les plus redoutables.

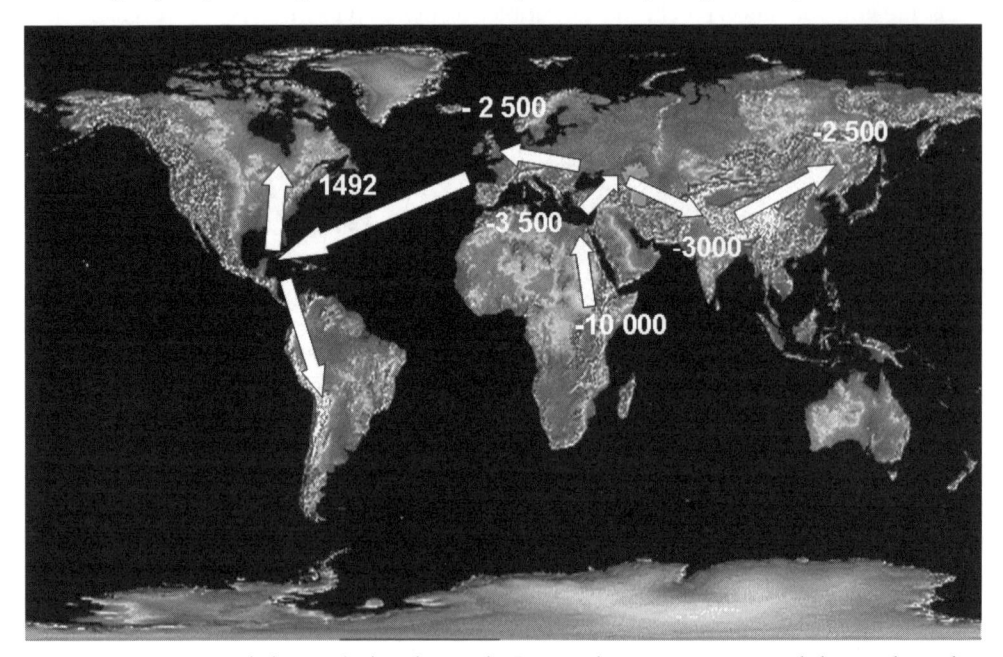

Figure 8. Propagation de la variole dans le monde. La variole est apparue au néolithique, il y a plus de 10 000 ans, et s'est propagée à l'Ancien Monde, puis lors de la découverte de Christophe Colomb en 1492, la maladie a frappé l'Amérique où elle répandue.

D'autres menaces pourraient aussi provenir de l'émergence dans la nature de souches virulentes d'autres *poxvirus* pathogènes pour certaines espèces animales et soudainement adaptées à l'homme. Il existe une maladie sporadique, la variole du singe, connue depuis les années 1960 en Afrique Équatoriale de l'Est et Centrale chez certains animaux. Les écureuils, les rongeurs arboricoles et les rats sont les principaux réservoirs du virus de cette maladie, le monkeypox. À la différence de la variole qui est strictement humaine, cette maladie peut aussi atteindre les primates et l'homme. Le vaccin contre la variole protège efficacement contre ce virus. Les premiers cas humains de variole du singe survinrent au Zaïre en 1970. Il s'agissait d'enfants non vaccinés et contaminés par contact avec des singes. Cette variole était de faible contagiosité, n'entraînant en général pas plus de 2 à 4 transmissions interhumaines, avec un risque de contracter la maladie après exposition auprès d'un patient estimé à environ 8 % des sujets en contact avec le patient. La mortalité était faible entre 1 à 10 % des patients. Par la suite, des petites épidémies furent observées au Zaïre entre 1980 et 1986, en particulier au Kasaï Oriental par contamination à partir d'écureuils et de rats. Une épidémie de plus grande ampleur survint en 1996 et 1997 au Congo, avec 84 cas en un an dans douze villages avec un taux d'attaque de 2,2 % de la population exposée et une mortalité de 30,4 %. Dans cette région, la vaccination avait été arrêtée depuis 1983 et les personnes vaccinées furent épargnées. En 1997, une épidémie plus importante éclata au Zaïre avec 419 cas documentés chez les non-vaccinés et un taux d'attaque de 1 % et une mortalité de 1,5 %.

Jusqu'en mai 2003, la variole du singe était restée strictement confinée à l'Afrique. C'est alors qu'au cours du 2ᵉ trimestre de 2003, le CDC d'Atlanta reçut une succession de rapports sur des patients présentant des signes de variole, avec une éruption évocatrice. On craignit d'abord une attaque bioterroriste d'autant plus angoissante que la population des États-Unis est probablement très sensible à la variole, la vaccination ayant été suspendue dès 1972. On observa effectivement un virus présentant la morphologie typique d'un poxvirus au microscope électronique à partir de la biopsie cutanée d'un patient. Le virus fut identifié : il s'agissait de monkeypox. L'épidémie de variole du singe se propagea dans 7 états des États-Unis, le Wisconsin, l'Indiana, l'Illinois, le Missouri, le Kansas et l'Ohio, et fit 87 victimes. Elle s'arrêta en juin 2003. Aucune transmission interhumaine ne fut détectée. On administra dans un but préventif la vaccination anti-variolique à 26 personnes. On n'eut à déplorer aucune mortalité. Comment un virus strictement africain avait-il pu émerger dans le pays le plus riche du monde ? L'enquête épidémiologique fit apparaître que les patients, dont 28 enfants, avaient été en contact avec des « chiens de prairie » malades, des petits animaux domestiques d'origine américaine. On retrouva le virus chez ces « animaux de compagnie ». En fait, l'origine de cette épidémie était liée à l'importation au Texas de 800 petits mammifères d'Afrique appartenant à neuf espèces différentes (écureuils, rats et rongeurs…), en provenance du Ghana. Ces animaux avaient été revendus à un distributeur de l'Illinois et chez le vendeur, des rats de Gambie furent ainsi en contact avec les chiens de prairie. Cet exemple d'une épidémie aux États-Unis, avec un virus peu contagieux d'origine animale, montre la fragilité de nos systèmes de contrôle et la facilité d'importer rapidement un virus par l'intermédiaire d'animaux sauvages ou domestiques.

La capacité de manipuler le vivant permet d'envisager de modifier les agents pathogènes et même de créer des agents pathogènes totalement nouveaux. On peut, en effet, par manipulations génétiques augmenter la virulence ou la résistance aux antibiotiques d'agents pathogènes, comme l'agent de la peste ou celui du charbon. Il est également possible d'introduire des gènes dangereux comme ceux de la toxine botulinique, de la toxine cholérique, ou même d'une toxine du bacille du charbon, dans des bactéries commensales inoffensives, telles que le colibacille de la flore digestive. Ceci fait craindre la possibilité de rendre extrêmement dangereux certains agents peu ou pas pathogènes. Plus inquiétant encore, on peut aujourd'hui réaliser la synthèse complète *in vitro* de virus connus, à partir des données de séquences nucléotidiques. On a réussi en 2002, après trois ans d'effort, la synthèse du virus de la poliomyélite, un virus strictement humain responsable d'une maladie qui devrait être éradiqué en 2005 après une campagne de vaccination. Craig Venter a réussi l'année suivante la synthèse du phage ΨX174 en deux semaines. Ces découvertes ouvrent la voie de la synthèse complète de n'importe quel virus à partir de sa séquence. On peut craindre que les virus les plus redoutables, disparus ou sanctuarisés dans des stocks très protégés, les virus Ebola ou de la variole, par exemple. Très récemment, en octobre 2005, Terrence Tumpey a réussi à synthétiser le virus H1N1 de la grippe espagnole de 1918 (virus à ARN d'environ 13 500 nucléotides), ressuscitant ainsi le germe du terrible fléau.

Le plus redoutable reste peut-être à venir. Il s'agit de la création artificielle de gènes par une technique mise au point par Wilhem Stemmer en 1994, appelée « *DNA Shuffling* », qui consiste à couper en petits fragments (50-100 bp) un gène ou une famille de gènes très apparentés puis à les réassembler au hasard, créant ainsi des gènes complètement nouveaux exprimant des propriétés totalement originales. Cette technique est développée notamment par Maxygen, une petite société de biotechnologie de Redwood City en Californie, spécialisée dans le brassage génétique. Ainsi, Stemmer a créé un nouveau gène bactérien rendant les bactéries très résistantes aux pénicillines de dernière génération. Ce gène code codant une « super-enzyme » (une β-lactamase) 32 000 fois plus active pour détruire les antibiotiques que l'enzyme codée par le gène bactérien d'origine. Par comparaison, les procédés traditionnels créant *in vitro* des mutations permettent d'augmenter l'activité enzymatique tout au plus d'un facteur 16. En 2000, Stemmer a appliqué cette technique à la création de virus nouveaux. C'est ce qu'il a appelé « l'élevage moléculaire des virus» (*molecular breeding of viruses*).

À partir de 6 souches de rétrovirus de souris, il a pu sélectionner un virus totalement nouveau infectant des cellules jusque-là insensibles aux virus sauvages. Cette technique a pu être étendue avec succès aux bactéries[20]. Ainsi, on est aujourd'hui en mesure de créer des bactéries et des virus totalement nouveaux. L'émergence de germes inconnus exposant l'espèce humaine est particulièrement inquiétante. On risque dans quelques années de voir circuler des germes très virulents pour lesquels il faudra préparer des vaccins et des traitements actifs, ce qui peut prendre des années. Ceci donnera un avantage important à ces armes.

Les leçons de l'histoire

En regardant le passé, on voit que les armes biologiques ont un potentiel destructeur redoutable dans certains cas. Ces armes restent assez difficiles d'utilisation et d'un intérêt stratégique faible du fait du caractère imprévisible des risques pour l'attaquant lui-même, comme le montre l'expérience japonaise sur le champ de bataille. On se rencontre que les moyens énormes mis en jeu par l'URSS et les États-Unis pour préparer et accumuler ces armes « de destruction massive » furent inutiles et peuvent sembler quelque part dérisoires. Que reste-t-il du projet tentaculaire Biopreparat, des usines désaffectés, des stocks très dangereux dont on ne sait quoi faire et des hordes de chercheurs expérimentés au chômage. À quoi tout cela a-t-il servi ? À rien. On sait aussi que, si les traités internationaux sont indispensables pour définir des limites aux États, ils ne garantissent en rien contre le développement et l'utilisation de ces armes, illustrant un propos attribué à Talleyrand : « Qu'y a-t-il de pire que ma parole, ma signature ! »

En fait, ces « armes de pauvres » faciles à préparer et à distribuer à faible coût sont à la portée des groupes terroristes pour qui elles constituent des armes idéales. L'attaque par le charbon de septembre 2001 aux États-Unis, dont on ne connaît toujours pas les véritables auteurs, illustre la réelle difficulté pour détecter et identifier initialement une attaque bioterroriste et l'origine des vrais commanditaires, ce qui est aussi un avantage. Ces récents événements ont aussi montré que ces armes entraînaient, en plus des victimes et des dommages économiques et environnementaux, des dégâts psychologiques importants pour les populations traumatisées. Ces attaques pourraient ainsi mettre en danger la stabilité politique et démocratique d'un pays.

L'avenir apparaît sombre. Il va falloir vivre avec ces menaces permanentes et compter avec l'imagination des terroristes qui peuvent user de procédés déroutants, par exemple des lettres, des projectiles individuels, contaminer l'eau, la nourriture, le sang transfusé, voire peut-être un jour envoyer des kamikazes infectés. Tôt ou tard, ceci arrivera. Comme au néolithique où l'espèce humaine a acquis la plupart des maladies infectieuses en changeant radicalement son mode de vie, nous sommes à un tournant dans l'histoire des maladies infectieuses. Jusqu'ici, nous devions faire face à des agents pathogènes modelés par l'Évolution pendant des centaines de milliers d'années. Demain, nous aurons peut-être à combattre des agents infectieux inconnus que nous aurons nous-mêmes créés.

---

[20] On a utilisé des bactéries débarrassées de leur paroi rigide, qu'on appelle des protoplasmes, que l'on peut facilement fusionner, permettant ainsi les recombinaisons génétiques entre bactéries d'espèces différentes. Cette technique dite de « fusion de protoplasmes » a été appliquée à des souches de Streptomyces et de Lactobacillus.

Chapitre 14. Épilogue. *Terra incognita*

Le parasitisme est un phénomène qui existe depuis les origines de la vie et semble jouer un rôle important dans l'évolution et la sélection des espèces. Les parasites dont l'histoire est ici retracée sont de nature très diverse, allant d'organismes vivants complexes comme des vers ou des insectes, à des micro-organismes (protozoaires, champignons, bactéries, ds virus) ou même des énigmatiques « protéines infectieuses» (prions) responsables de maladies dégénératives du cerveau. Au terme de ce livre, on peut s'interroger sur ce qu'est un agent infectieux à la lumière des plus récents progrès des connaissances. À côté des agents infectieux « classiques », qui ont la propriété de se propager entre individus, il pourrait exister des parasites « en nous » associés à nos cellules et à nos chromosomes. Ces parasites qui pourraient jouer un rôle important dans la genèse de certaines maladies sont les mitochondries et les éléments génétiques mobiles.

Les vestiges bactériens

On sait qu'il y a plus d'un milliard d'années certaines bactéries [1] ont pénétré à l'intérieur des cellules eucaryotes. Elles se sont adaptées pour finalement devenir des organites cellulaires symbiotiques essentiels à la vie, retrouvés aujourd'hui dans la plupart des cellules vivantes[2]. On les appelle mitochondries chez les protozoaires, les champignons et les animaux, y compris l'homme, et chloroplastes chez les plantes. Ces organites intra-cellulaires[3] sont la source majeure d'énergie des cellules grâce à un processus que l'on appelle « respiration ». Chez les plantes, ils permettent la capture de l'énergie solaire requise pour la photosynthèse de la chlorophylle. Au cours de leur adaptation intracellulaire, ces bactéries ont perdu progressivement une grande partie de leurs gènes[4]. Des anomalies génétiques des gènes mitochondriaux (en particulier ceux des chaînes respiratoires) entraînent toute une série de maladies génétiques de mieux en mieux caractérisées. On peut presque dire que ces maladies des mitochondries sont des maladies bactériennes !

---

[1] Ces bactéries sont des α-protéobactéries proches parentes de certaines bactéries pathogènes, les *Rickettsiae*, responsables notamment du typhus exanthématique. Ce sont des bactéries intracellulaires strictes avec un petit génome. *Rickettsia prowaseki*, l'agent du typhus exanthématique, ne possède que 834 gènes, au lieu de plusieurs milliers chez le colibacille (4 401 gènes pour les 4 600 kb de la souche dite K12).

[2] Seuls quelques protozoaires n'en possèdent pas, comme les amibes, les microsporidies et les trichomonas.

[3] Ces organites ont une multiplication autonome dans le cytoplasme des cellules, indépendante de celle du noyau cellulaire. Ils possèdent un très petit chromosome constitué d'ADN circulaire, portant les gènes de la chaîne respiratoire et certains gènes ribosomaux requis pour la synthèse protéique dans ces éléments. Le génome des mitochondries code entre une dizaine à une centaine de gènes tout au plus avec une taille variant de 6 000 nucléotides pour les plus petits à plus de 200 000 nucléotides chez certaines plantes. Chez les animaux, y compris l'homme, elles ne sont transmises que par les femelles, car au cours de la fécondation, seul le noyau du spermatozoïde pénètre l'ovule qui porte ses propres mitochondries.

[4] Le génome des organites intracellulaires a perdu une grande de leurs gènes, utilisant pour leur synthèse ceux de leurs cellules-hôtes. On sait qu'une partie de ces gènes perdus se sont intégrés dans les chromosomes des cellules-hôtes. Plus le génome des mitochondries est grand, plus la part de l'ADN ne codant aucune protéine est importante. Par exemple, chez une plante-modèle comme *Arabidopsis thaliana* (366 000 paires de bases [pb]), seulement 32 gènes des chloroplastes sont exprimés en protéines. En revanche, la taille du génome des mitochondries humaines est de 16 500 pb, qui codent pour 13 protéines. Enfin, les mitochondries du protozoaire *Reclinomonas americana* ont un génome de 69 000 pb possédant 97 gènes, ce qui est à ce jour le plus important nombre de gènes exprimés par ces organites. Parmi les plus petits génomes de mitochondries, on a celui d'un protozoaire, *Plasmodium falciparum*, responsable du paludisme.

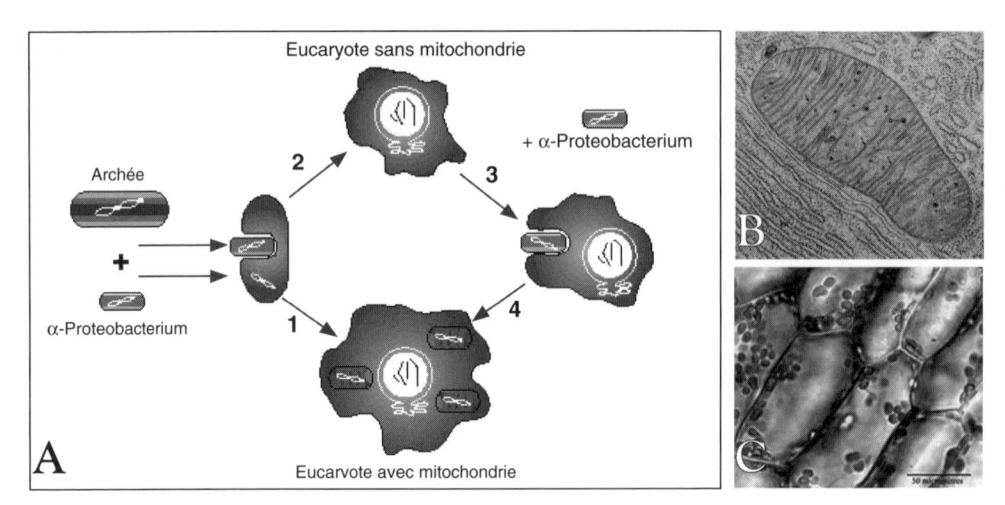

Figure 1. (A) Origine des mitochondries qui proviendraient de la fusion de certaines bactéries (α-protéobactéries) avec les archées : ceci engendrerait, soit directement des cellules eucaryotes nucléées avec perte de nombreux gènes bactériens qui fusionnent avec le noyau (voie 1), soit des cellules eucaryotes nucléées sans mitochondries par fusion complète des deux génomes, suivi d'un nouvel événement de fusion avec des α-protéobactéries donnant des cellules eucaryotes avec mitochondries endosymbiotiques (voies 3 et 4) ; (B) mitochondrie au microscope électronique ; (C) chloroplastes au microscope optique.

Les gènes « sauteurs »

Dans les années 50, on découvrit le phénomène de la lysogénie. Certains virus peuvent s'intégrer dans les chromosomes des bactéries et modifier leur patrimoine génétique. Ainsi, les bactéries sont capables d'acquérir des gènes nouveaux au cours de leur existence et donc des capacités nouvelles (comme la production de toxine) qui peuvent faciliter leur adaptation à l'environnement ou modifier leur pouvoir pathogène. C'était en apparence une exception à la vision d'un génome immuable alors largement acceptée. On pouvait dire que les bactéries étaient en quelque sorte « lamarckiennes »[5], c'est-à-dire capables d'acquérir au cours de leur existence des gènes nouveaux qui leur permettent de mieux s'adapter à l'environnement. En fait, cette plasticité du génome allait s'avérer vraie pour l'ensemble du monde vivant, des plantes aux animaux, y compris l'homme. Cette grande percée conceptuelle vint des découvertes remarquables de Barbara McClintock (1902-1992). Entrée en 1942 au département de génétique de *Cold Spring Harbor* où elle travaillera toute sa vie en toute liberté, cette jeune généticienne américaine allait bouleverser les fondements de la génétique par la mise au jour des étonnantes propriétés de certains gènes du maïs. Travaillant sur cette espèce végétale, elle découvrit en 1944 deux nouveaux « gènes » aux propriétés insolites [6]. En 1948, elle montra de façon très surprenante que ces gènes changeaient de position sur les chromosomes du maïs et semblait influencer l'activité des gènes situés à leur proximité. Ces « gènes sauteurs » furent les premiers éléments mobiles décrits. Ces observations lui firent développer une théorie révolutionnaire selon laquelle ces gènes mobiles (ou « éléments mobiles ») avaient pour fonction de moduler l'activité des autres gènes, en inhibant ou en stimulant leur activité [7]. Cette théorie largement confirmée par la suite brisait le dogme de l'immuabilité d'un patrimoine géné-

---

[5] Jean-Baptiste Lamarck (1744-1829) pensait que « la fonction crée l'organe ».

[6] Barbara McClintock appela ces gènes « *Dissociator* » (Ds) et « *Activator* » (Ac). La présence du gène Ds semblait avoir des effets sur des gènes de son voisinage, seulement observés en présence du gène Ac.

Figure 2. Barbara McClintock (1902-1992), prix Nobel 1983.
© The Nobel Foundation.

tique et proposait l'idée d'une plasticité des génomes. Elle présenta en 1951 sa découverte et ses hypothèses sur l'élément mobile Ac du maïs dans l'incompréhension et l'indifférence générale. Trente-deux ans plus tard en 1983, elle reçut le prix Nobel pour cette découverte.

Le caractère infectieux des éléments génétiques mobiles fut par la suite mis en évidence chez la mouche du vinaigre (*Drosophila*) par les travaux de Margaret G. Kidwell à partir de 1977. Il fut montré qu'existent dans les chromosomes de cette mouche plusieurs dizaines de copies d'un élément génétique mobile désigné P, « transposables » (on les appellera « transposons »). On s'aperçut que le génome des souches de l'espèce *Drosophila melanogaster* isolées dans la nature avant les années 40 était dépourvu d'élément P. À partir des années 50, l'élément P apparut chez des individus de cette espèce jusque-là indemne. L'apparition de ces éléments mobiles entraînait dans certaines conditions des anomalies génétiques[8]. Ces éléments provenaient en fait d'une autre espèce de mouche d'origine américaine, *Drosophila willistoni*. Les deux espèces avaient divergé il y a 60 millions d'années. *Drosophila melanogaster* est d'abord apparue en Afrique de l'Ouest et s'est dispersée à travers le monde en suivant les migrations humaines, devenant une espèce cosmopolite, alors que *Drosophila willistoni* a vécu de façon casanière en Amérique latine. Cette dernière espèce porte à l'état naturel l'élément P. Les deux espèces se sont côtoyées à partir du XIXe siècle lorsque l'espèce cosmopolite fut importée par les échanges maritimes et s'implanta en Amérique. Le passage de l'élément P chez les mouches cosmopolites a pu se faire par l'intermédiaire d'un virus ou d'un petit acarien piqueur, puis la dissémination dans l'espèce se serait faite par

---

[7] Ces éléments mobiles n'étaient pas des gènes à proprement parlé codant des protéines mais des éléments de contrôle (*controlling elements*). Selon Barbara McClintock, ceci pouvait expliquer pourquoi les tissus des organismes complexes (cerveau, foie, peau…) expriment à partir d'un même patrimoine génétique des niveaux très différents de plusieurs protéines selon leur environnement cellulaire.

[8] On appelait cela la « dysgénésie des hybrides », qui présentaient un fort taux de mutations, des cassures chromosomiques et une stérilité par atrophie des gonades.

croisement des mouches « saines » et des mouches « P ». La diffusion de l'élément P chez ces mouches s'apparente bien à un phénomène de nature infectieuse.

Par la suite, on aperçut que des éléments génétiques mobiles existaient chez pratiquement tous les êtres vivants, des bactéries aux mammifères, y compris l'homme. Il existe en fait deux types d'éléments génétiques mobiles. Les « transposons » sont constitués d'un seul gène codant une enzyme, la « transposase » qui permet leur mobilité dans le génome. Les « rétrotransposons » de structure plus complexe codent des transcriptases-réverses proches de celles des rétrovirus, mais sont dépourvus des gènes codant les protéines d'enveloppe des rétrovirus qui leur permettraient de se propager à d'autres cellules. Ces rétrotransposons peuvent transposer sur les chromosomes des cellules qui les hébergent mais sont incapables de se propager à d'autres cellules, à la différence des rétrovirus [9]. Ce sont de véritables « parasites moléculaires » anciens et ubiquistes. Tous ces éléments mobiles sont transmis à la descendance et représentent près de 10 à 50 % du génome des bactéries et des cellules eucaryotes [10] (champignons, protozoaires, plantes, animaux…). Ces rétrotransposons endogènes pourraient parfois produire des pseudo-particules virales et constituer des précurseurs potentiels des rétrovirus infectieux.

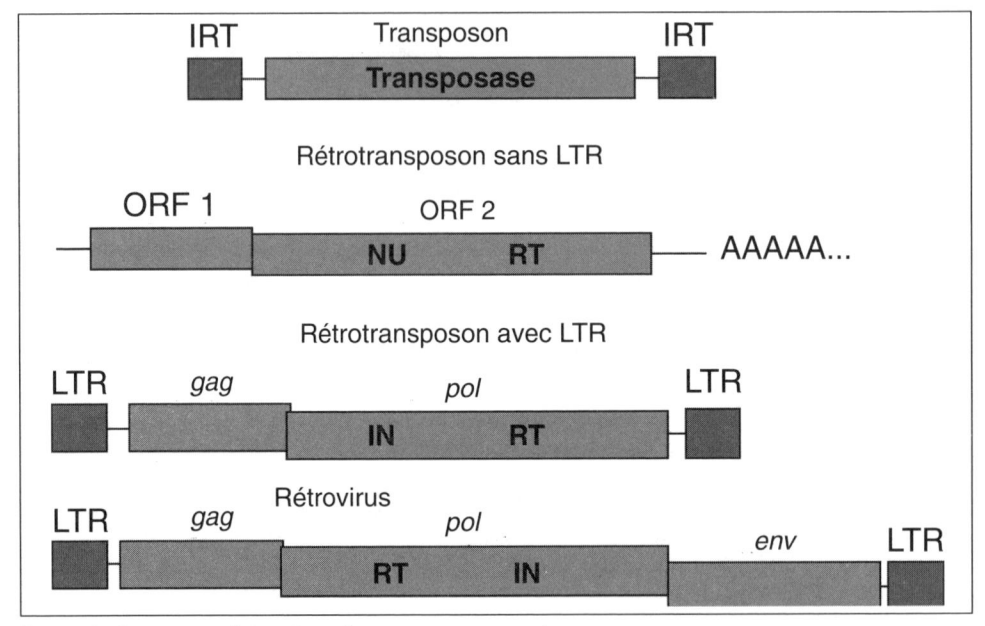

Figure 3. Structure schématique des transposons et rétrotransposons.
Le transposon porte un seul gène codant pour une transposase encadrée par des séquences inversées (*inverted repeats terminal* [IRT]) ; les rétrotransposons (avec ou sans *Long Terminal Repeats* [LTR] qui permettent l'intégration du transposon dans les génomes) portent plusieurs gènes codant pour une intégrase (IN), une nucléase (NU), une transcriptase reverse (RT) et une protéine GAG ; les rétrovirus ont une structure similaire avec en plus un gène codant pour une protéine d'enveloppe (*env*).

---

[9]. Les rétrovirus comme le virus du sida (HIV) possèdent un petit génome de 8 700 nucléotides environ, codant une transcriptase reverse (le gène *pol*), une protéine de capside (le gène *gag*), une protéine d'enveloppe (le gène *env*), et des protéines régulatrices. Les rétrotransposons des formes réduites ou précurseurs de rétrovirus codent une transcriptase reverse qui copie l'ARN en ADN capable de s'intégrer au génome.

[10]. Chez la mouche du vinaigre, ces éléments représentent 10-15 % du génome correspondant à 3000 et 5000 éléments mobiles et chez les mammifères environ 10 % du génome et jusqu'à 35 % chez l'homme (comme chez la souris) avec près de 10 000 à 300 000 copies de certains éléments. On connaît 30-50 familles d'éléments transposables répartis de façon apparemment aléatoire le long des chromosomes des êtres vivants. Par exemple, on dénombre dans le génome humain près de 5 000 copies d'un transposon appelé mariner et plusieurs milliers de rétrotransposons « endogènes », appelés HERV (*Human Endogeneous Retrovirus*), correspondant à 0,5-1 % du génome chez l'homme.

ÉPILOGUE. TERRA INCOGNITA

Le rôle des éléments génétiques mobiles présents dans le génome des êtres vivants est inconnu, mais il pourrait être important, comme l'a suggéré Barbara McClintock, pour la plasticité du génome au cours de l'évolution ou pour de grands processus vitaux comme le vieillissement. Comme cela a été montré pour l'élément P, les éléments mobiles pourraient jouer un rôle important chez l'homme dans la genèse de certaines maladies considérées comme « idiopathiques », c'est-à-dire de cause inconnue. Ainsi, on a décrit des pathologies génétiques liées à des insertions de rétrotransposons ou de transposons dans certains gènes[11]. Ces maladies génétiques pourraient donc remonter à un événement fondateur, l'insertion d'un élément génétique mobile dans ou en amont d'un gène important, empêchant ainsi son fonctionnement, expliquant la transmission à la descendance.

L'existence de ces parasites endogènes illustre bien la complexité des mécanismes physiopathologiques qui pourraient être à l'origine de maladies « idiopathiques » et impose une réflexion sur la notion même d'agent infectieux. N'y a-t-il pas des maladies qui seraient le résultat de l'acquisition de gènes étrangers exprimés chez certains patients ou entraînant des dysfonctionnements graves par leur localisation chromosomique ? En cherchant à définir un agent pathogène, on est arrivé avec les éléments mobiles à la frontière entre les maladies génétiques et les maladies infectieuses. Cette frontière floue existe aussi avec les formes héréditaires des encéphalopathies spongiformes à prions. Le champ de la recherche sur les maladies infectieuses reste largement ouvert. L'avenir continuera de nous surprendre.

---

[11] Des insertions de rétrotransposons ont été rapportées dans certains gènes, comme celui du facteur VIII, dans certaines hémophilies, dans le gène de la dystrophine (myopathie de Duchenne), le gène de l'anti-oncogène APC (cancer du côlon), le gène de l'oncogène myc (cancer du sein), le gène de la fukutine (Fukuyama-type congenital dystrophy). Les rétrotransposons ont aussi été impliqués dans l'activation d'oncogènes en s'insérant dans des séquences adjacentes à ces gènes. Enfin, deux maladies humaines rares, la maladie de Charcot-Marie-Tooth de type 1A et une neuropathie héréditaire, pourraient être liées à un transposon *mariner* à l'origine de recombinaisons aberrantes du chromosome 17.

Glossaire

Arbovirus (*Arthropod-born virus*) : Groupe très hétérogène de virus transmis par les moustiques et responsable de nombreuses maladies (fièvre jaune, encéphalite équine du Venezuela, encéphalite japonaise, dengue…).

Acides aminés : Acides organiques constituant les protéines de la matière vivante. Il existe 20 acides aminés.

Acides nucléiques : Molécules complexes retrouvées dans le noyau des cellules principalement, composées d'acide déoxyribonucléique (ADN), et d'acide ribonucléique (ARN). Ces molécules jouent un rôle fondamental dans le stockage, le maintien et le transfert de l'information génétique. Ce sont des polynucléotides, c'est-à-dire des polymères de nucléotides qui sont des bases puriques et pyrimidiques (adénine, guanine, cytosine, thymine ou uracile), associés à un sucre (déoxyribose ou ribose) et de l'acide phosphorique.

Acyclovir : Médicament antiviral actif contre les herpèsvirus agissant en inhibant spécifiquement une enzyme virale essentielle à la survie du virus.

Adénopathie : Hypertrophie des ganglions lymphatiques drainant un foyer d'infection. Dans le cas de la peste, les ganglions inguinaux ou axillaires très hypertrophiés sont appelés bubons.

ADN (Acide DésoxyriboNucléique) : Acide nucléique composé de déoxyribonucléotides, permettant le stockage de l'information génétique du génome chez tous les êtres vivants. Constituant principal des chromosomes du noyau cellulaire, l'ADN est constitué de deux brins complémentaires (bicaténaire), enroulés en hélice (double hélice), lui permettant de se dupliquer en deux molécules identiques lors de sa réplication.

ADN polymérase : Enzyme synthétisant l'ADN en catalysant la polymérisation des nucléotides qui constituent l'ADN.

AFS : Agence Française du Sang, agence récemment mise en place pour distribuer et contrôler le sang à transfuser.

Agents infectieux (synonymes : microbes, germes) : Ce sont en général des êtres vivants produisant les maladies infectieuses, des vers, des insectes, des protozoaires, des bactéries, des virus, et des parasites moléculaires (virus, viroïdes, prions).

Agents ultrafiltrables : Les virus qui, par leur très petite taille, traversent les bougies de porcelaine de Chamberland ont une taille inférieure à 0,5 µm, soit 100 à 1 000 fois plus petits que les bactéries. Seules de rares bactéries sans paroi, les mycoplasmes, peuvent aussi traverser ces filtres. Les plus petits virus mesurent 0,02 µm (20 nm) (virus de la fièvre aphteuse et de la fièvre jaune), les plus gros 0,4 µm (virus de la variole). Une bactérie mesure 2 à 5 µm, une cellule du sang 8-10 µm, un ovule 100 µm, un cheveu de 75 à 100 µm.

Allèle : Polymorphisme d'un gène donné, pouvant donner des phénotypes divers, du fait des variations de sa séquence nucléotidique. Chez les organismes diploïdes comme l'homme, les gènes existent en deux exemplaires sur chaque chromosome, les allèles (un, hérité du père, l'autre de la mère). Si les deux allèles sont identiques, le locus est qualifié d'homozygote, d'hétérozygote s'ils sont différents.

Anatoxine : Toxine protéique traitée par la chaleur et le formol, conservant son antigénicité, c'est-à-dire son pouvoir de susciter des anticorps, mais ayant perdu son pouvoir toxique. Les vaccins diphtérique et antitétaniques utilisent des anatoxines.

Anazootie : épidémie due à une source commune de contamination.

Angstrœm : 1 angstrœm est 1/10 000ᵉ de mm, 1 µm étant 1/1 000 ᵉ de millimètre.

Anthrax : voir charbon.

Anticorps : Protéines appelées immunoglobulines, synthétisées par les lymphocytes B différenciés en cellules sécrétantes appelées plasmocytes, capables de s'attacher aux microbes et de faciliter leur destruction par lyse ou phagocytose.

Antigènes : molécules reconnues par les anticorps et les lymphocytes T, et stimulant le système immunitaire. Ce sont principalement des protéines et des polyosides.

Anaérobiose : L'anaérobiose est la vie en l'absence d'oxygène. Les bactéries anaérobies sont détruites par l'oxygène et ne vivent qu'en l'absence de ce gaz. Ce sont des bactéries qui fermentent les sucres.

Apoptose : mort cellulaire programmée sous contrôle génétique, contrairement à la nécrose, mort pathologique et passive de la cellule agressée.

Arbre phylogénique : voir phylogénie.

ARN (Acide RiboNucléique) : L'ARN est un acide nucléique formé de ribonucléotides permettant de transférer et de traiter l'information dans la cellule. À la différence de l'ADN, l'ARN est un polynucléotide constitué d'une seule molécule linéaire : on dit qu'il est simple brin ou monocaténaire.

ARN polymérase : Enzyme permettant la synthèse d'ARN à partir d'ADN ou d'ARN.

Arthropode : Invertébrés comportant les insectes, les crustacés et les araignées, pouvant servir de vecteurs aux bactéries, protozoaires et virus pathogènes pour l'homme, les animaux et les plantes.

Ascaris : Vers ronds parasites retrouvés dans l'intestin humain, parfois responsables d'occlusions quand ils sont très nombreux.

Ascite : Accumulation de liquide dans la cavité péritonéale (le ventre), parfois lié à une cirrhose ou à une infection (péritonite).

ATCC (*American Type Culture Collection*) : Centre de collection des souches de microorganismes aux USA. En Europe, il existe aussi des collections à l'institut Pasteur de Paris et la collection NCTC à Londres.

Autoclavage : Procédé de stérilisation utilisant la chaleur humide à 115-120°C, sous une pression d'une atmosphère. Ce procédé permet de détruire les spores bactériennes qui survivent à l'ébullition.

Bacillus anthracis : voir charbon.

Bactéries : Micro-organismes procaryotes de 2-5 µm de long et de 1 µm d'épaisseur, en forme de bâtonnets (bacilles), de coques (cocci), de spirales (spirilles, spirochètes, tréponèmes) ou de virgules (vibrions), protégées par une paroi rigide très résistante lui conférant sa forme et sa résistance. Elles ne possèdent qu'un seul chromosome habituellement circulaire de 1 000 à 5 000 kb, sans membrane nucléaire et sans mitochondries. On les trouve dans pratiquement tous les environnements, même dans des conditions extrêmes, comme l'eau de mer à grandes profondeurs (8 000 m), l'eau des geysers à 100 °C ou la haute atmosphère. Ces bactéries sont appelées « extrêmophiles » ou archées. Certaines bactéries peuvent sporulées et demeurer quiescentes pendant des années. Il existe de rares bactéries sans paroi, appelées mycoplasmes. Certaines bactéries ont parasité les cellules eucaryotes il y a un milliard d'années pour donner les mitochondries et les chloroplastes.

Bactériophages (ou phages) : Virus à ADN parasitant les bactéries en les détruisant ou au contraire en s'insérant dans le chromosome bactérien (phénomène de lysogénie).

Base de données (*database*) : Collection de séquences de protéines et d'acides nucléiques systématiquement compilées pour être ensuite consultées et comparées.

Bilharziose : voir schistosomiase.

Bioinformatique : Discipline basée sur les acquis de la biologie, des mathématiques et de l'informatique, utilisant des méthodes et des logiciels qui permettent de gérer, d'organiser, de comparer, d'analyser, d'explorer les informations génétiques stockées dans les bases de données, pour prédire et produire des connaissances nouvelles.

Biotechnologies : Techniques permettant de manipuler le génome des êtres vivants (génie génétique).

Bioterrorisme : Utilisation des agents infectieux comme des armes biologiques par des terroristes.

Blastomycose : Mycose par des champignons particuliers (« blastosporés »).

Bothriocéphale : Espèce de vers plats (appelés cestodes) parasitant l'intestin humain, ressemblant au *Tænia* (ver solitaire).

Botulisme : Intoxication alimentaire produite par une bactérie anaérobie stricte, *Clostridium botulinum*, qui sécrète une toxine botulinique très dangereuse, le poison le plus puissant connu tuant un être humain à une dose inférieure à 0,1 µg. Il existe 6 toxines différentes selon les souches. Ces toxines sont détruites en 10 minutes à 100 °C.

Brucellose (fièvre de Malte) : Maladie chronique caractérisée par une fièvre ondulante au long cours et des métastases osseuses, due principalement à 3 espèces bactériennes, *Brucella melitensis*, *Brucella abortus* et *Brucella suis*. C'est une zoonose déclenchant des avortements dans le cheptel et se propageant à l'homme par contact direct avec les animaux ou par ingestion de produits laitiers contaminés.

Bubon : voir adénopathie.

Burkitt : voir lymphome.

Candidose (ou muguet) : infection cutanéo-muqueuse due à une levure, *Candida albicans*.

Capsules : Structure bactérienne entourant la paroi rigide de certaines bactéries et leur conférant des propriétés de virulence, constituée le plus souvent de sucres polymérisés (polyosidiques).

CDC : Les *Centers for Diseases Control* (CDC) d'Atlanta (Géorgie) recueillent toutes les informations épidémiologiques sur les maladies, y compris les maladies infectieuses.

Céphalosporines : Famille d'antibiotiques produits par un champignon, *Cephalosporium acremonium*.

Chagas (maladie de) : voir trypanosomiases.

Champignons : Végétaux cryptogames sans chlorophylle, constitués de cellules eucaryotes, parfois responsables de lésions cutanées ou généralisées, prenant un aspect ovoïde de levures (*Candida albicans*...) et filamenteux (*Aspergillus*...).

Chancre mou : Maladie vénérienne bénigne due à une bactérie, *Haemophilus ducreyi*, donnant un ulcère génital non induré, à la différence de l'ulcère syphilitique.

Charbon : Maladie grave du bétail, pouvant atteindre l'homme, due à une bactérie *Bacillus anthracis* ou bacille du charbon, retrouvé dans le sol contaminé. Il existe une forme cutanée après blessure souillée de terre et une forme pulmonaire après inhalation de spores ou métastases infectieuses, avec fièvre élevée, difficultés à respirer (dyspnée), douleurs thoraciques et extrémités violettes (cyanose). Le charbon pulmonaire n'est pas contagieux. En anglais, le charbon est appelé *anthrax*. En français, l'anthrax désigne une furonculose grave à *Staphylococcus aureus*.

Choléra : Maladie strictement humaine due à une bactérie *Vibrio cholerae*, entraînant une diarrhée aqueuse « eau de riz », sans fièvre, pouvant évoluer rapidement vers la mort par déshydratation et collapsus (baisse brutale de la tension artérielle).

Choléra des poules : Maladie épidémique des poules donnant une diarrhée rapidement mortelle, due à une bactérie, *Pasteurella multocida*.

Chloroplastes : Organites cytoplasmiques chez les plantes, utilisant l'énergie solaire pour synthétiser la chlorophylle, équivalent des mitochondries des champignons, des protozoaires et des animaux.

Chromosome : Filaments constitués principalement de molécules d'ADN sur lesquelles sont localisées et aligner les gènes, visibles dans le noyau des cellules eucaryotes durant la division cellulaire. Les bactéries ont en général un chromosome unique et circulaire.

Clonage : Insertion d'un fragment d'ADN dans un vecteur, généralement un plasmide ou un phage, qui est propagé dans une cellule hôte. La culture de ces cellules et la purification ultérieure du vecteur permettent de produire des quantités illimitées du fragment d'ADN cloné à étudier.

Clone : Ensemble de molécules, virus, cellules, organismes, portant la même information génétique et dérivant d'une même ancêtre.

Clostridium perfringens : voir gangrène gazeuse.

Code génétique : C'est un système de correspondance permettant au message génétique porté par la séquence d'ADN (qui est constitué d'un alphabet de 4 lettres de nucléotides A, T, C, G) d'être traduite par une cellule en protéines (alphabet de 20 lettres, les acides aminés). À chaque séquence de 3 bases consécutives (codon) portées par l'ARN messager, correspond un acide aminé donné. À trois lettres, le code peut lire 64 mots (acides aminés). Il n'y a que 20 mots (acides aminés). Cependant, un acide aminé peut correspondre à plusieurs codons différents, le code est dit dégénéré. Enfin, il existe une ponctuation de la lecture (codons *start* et *stop*).

Codon : C'est une combinaison de trois nucléotides (triplet) sur la séquence d'ADN codant pour un acide aminé. Il existe aussi des codons d'initiation (« *start codon* ») et d'arrêt (« *stop codon* ») de la transcription de l'ADN en ARN par l'ARN polymérase.

Colonie : Amas de micro-organismes (bactéries, champignons…) visibles à l'œil nu après quelques jours de culture sur des milieux solides. Elle résulte de la descendance d'une seule cellule et constitue donc un clone. Une colonie bactérienne de 1 à 3 mm de diamètre est formée de 1-2 milliards de bactéries.

Commensal (qui mange à la même table) : Se dit des micro-organismes constituant la flore normale de l'homme (flore commensale) vivant au contact de la peau et des muqueuses. Les bactéries commensales peuvent parfois devenir pathogènes et induire des infections graves chez les patients immunodéprimés.

Contagion : Transmission des germes d'une maladie infectieuse par contact direct ou indirect (objets, aliments ou l'eau souillée) avec des patients contagieux.

Coronavirus : Famille de virus à ARN enveloppé, en forme de couronne au microscope électronique, responsables d'infections respiratoires et diarrhéiques. Un nouveau coronavirus a été responsable d'une épidémie de SARS.

Coxiella burnetti : voir fièvre Q.

CNRS : Centre National de la Recherche Scientifique

Creutzfeldt-Jakob : (maladie de Creutzfeldt-Jakob) Maladie humaine sporadique, proche du kuru, rare (fréquence de 1 pour 1 million), frappant des patients de plus de 60 ans, avec quelques rares cas familiaux survenant vers l'âge de 40 ans (10-15 %), donnant une démence progressive (perte de mémoire, troubles du comportement, myoclonies diffuses des membres et de la face, tremblements et mouvements involontaires, troubles psychiatriques graves), évoluant vers la mort en 6 mois. Il existe d'autres formes de cette maladie, une forme iatrogène par contamination à partir du tissu cérébral, et une forme du jeune liée à la consommation de d'aliments dérivés de vaches folles. Les formes familiales des encéphalopathies spongiformes humaines sont de transmission autosomique dominante (syndrome de Gerstmann-Sträussler-Scheinker, insomnie fatale familiale).

Cristallographie : Méthode expérimentale basée sur les propriétés diffractantes des cristaux pour les rayons X. Avec des protéines ou d'acides nucléiques très purifiés, on obtient des cristaux qui permettent de reconstituer la forme des molécules.

CTS : Centre de Transfusion Sanguine.

Cytomégalovirus (CMV) : Herpèsvirus très répandu dans l'espèce humaine et responsable d'infections gravissimes chez les immunodéprimés.

Délétion : Mutation entraînant la perte d'éléments d'information (allant de 1 nucléotide à un fragment d'ADN).

Démyélinisant (maladie démyélinisante) : La démyélinisation est la perte de la myéline, une protéine qui recouvre les nerfs du système nerveux, souvent due à une réaction d'auto-immunité par un dysfonctionnement du système immunitaire. La sclérose en plaques est un exemple de maladie démyélinisante.

DDT (dichloro-diphenyl-trichlroéthane) : Insecticide puissant agissant sur le système nerveux des insectes en quelques heures.

Distomatose : Maladie causée par un ver plat (cestode) qui parasite le foie, la douve du foie (*Fasciola hepatica*).

Dracunculose : voir filaire de Médine.

Dysenterie bacillaire : C'est une maladie diarrhéique fébrile grave due à *Shigella dysenteriae*, pouvant évoluer par épidémies dévastatrices et transmis par l'eau et les aliments contaminés par les selles de patients.

Dyspepsie : Difficulté à digérer.

Ectoparasite : Parasite vivant sur les téguments des animaux et de l'homme (puces, poux, morpions, sarcoptes de la gale...), par opposition aux endoparasites qui vivent à l'intérieur du corps.

Électrophorèse : Technique permettant de séparer les molécules en fonction de leur taille et de leur charge par migration dans un champ électrique.

Éléments génétiques mobiles : voir plasmides, épisomes, rétrotransposons et transposons

Éléphantiasis : Maladie parasitaire tropicale entraînant un œdème dur et chronique des téguments localisé à un membre ou parfois au scrotum, dû à l'obstruction par des vers des vaisseaux lymphatiques, des filaires adultes (*Wuchereria bancrofti*), qui produisent des microfilaires retrouvées dans le sang.

ELISA (*Enzyme-Linked Immunosorbent Assay*) : Test très utilisé de détection des anticorps dans le sérum, consistant à fixer sur des cupules de plastic des antigènes de divers micro-organismes. Les anticorps sériques spécifiques se fixent sur ces antigènes et sont détectés par un second anticorps dirigé contre les immunoglobulines humaines, marqué par une enzyme (phosphatase).

Empreinte génétique (*fingerprint*) : C'est l'ensemble de fragments produits par la coupure d'un fragment d'ADN par des enzymes de restriction. Le profil des fragments déployés par électrophorèse ressemble à un code-barre très précis et caractéristique d'un gène ou d'un chromosome bactérien.

Empyème : Accumulation de pus dans une cavité naturelle comme la plèvre, les méninges ou le péritoine.

Encéphalopathies spongiformes : voir maladie de Creutzfeldt-Jakob, kuru, maladie des vaches folles, tremblante du mouton.

Encéphalite équine du Venezuela : Maladie virale grave atteignant le cerveau (encéphalite) due à un arbovirus. Elle donne des épidémies chez les chevaux et peut atteindre l'homme. La maladie humaine survient après une incubation de 1-5 jours, une fièvre à 40 °C, des nausées, une diarrhée, des maux de tête et une convalescence de plusieurs semaines associée à une grande fatigue.

Endémie : Maladie qui sévit chroniquement dans une région ou un pays.

Endonucléase : voir enzyme de restriction.

Enzyme : C'est une protéine qui catalyse une réaction biochimique telle que la synthèse et la dégradation de molécules du vivant.

Enzyme de restriction : Endonucléase capable de reconnaître et de couper spécifiquement de courtes séquences, de 4 à 10 nucléotides, permettant une fragmentation précise et contrôlée de l'ADN en segments de taille réduite.

Épidémie : C'est une maladie qui frappe un grand nombre d'individus. Il s'agit le plus souvent de maladies infectieuses contagieuses, mais certaines épidémies ne sont pas d'origine infectieuse, par exemple celles liées à des carences vitaminiques comme le scorbut ou le béribéri, ou les empoisonnements collectifs par des champignons vénéneux.

Épidémiologie : C'est la science qui étudie les différents facteurs qui conditionnent l'apparition, la fréquence, la répartition et l'évolution des maladies. Concernant les maladies infectieuses, elle analyse les facteurs de risques des épidémies, endémies, épizooties, anazooties et zoonoses.

Épisome : C'est un élément génétique d'ADN circulaire à réplication autonome et non intégré dans le génome. Ces éléments peuvent s'intégrer au chromosome bactérien. Synonyme de plasmide chez les bactéries.

Épizootie : Épidémie chez les animaux.

Epstein-Barr (EBV) : Le virus Epstein-Barr fait partie des herpèsvirus, responsable du lymphome de Burkitt et de carcinome du rhino-pharynx.

Ergotisme : Maladie grave provoquée par l'ingestion d'un champignon parasite du seigle, l'ergot de seigle (*Claviceps purpurea*), entraînant une vasoconstriction (contraction des vaisseaux) périphérique à l'origine de gangrènes des extrémités ou des membres privés de vascularisation.

Érysipèle : C'est une infection cutanée grave due à *Streptococcus pyogenes* (ou streptocoque du groupe A de Lancefield), caractérisée par une lésion cutanée extensive, souvent localisée à la face, d'évolution grave en l'absence de traitement.

Escarre : Nécrose cutanée donnant une croûte noirâtre, due à la mauvaise vascularisation des tissus.

Espèce vivante : Chez les eucaryotes, une espèce est un ensemble d'individus présentant des caractéristiques génétiques semblables. Les individus de la même espèce peuvent se croiser par reproduction sexuée (animaux et plantes). Chez les procaryotes (bactéries), on définit les espèces par le degré de similitude de leur ADN chromosomiques. Deux souches bactériennes appartiennent à la même espèce quand leurs génomes ont plus de 70 % d'homologie (par hybridation de l'ADN chromosomique).

Étiologie : Étude des causes des maladies.

Eucaryote : Les eucaryotes sont des organismes vivants (protozoaires, champignons, animaux, plantes) dont les cellules possèdent un noyau différencié par une membrane nucléaire et en général des mitochondries (ou des chloroplastes chez les plantes).

Excoriation : Petite blessure superficielle ou légère écorchure de la peau.

Extrachromosomique : Éléments génétiques (plasmides) chez les bactéries qui ne sont pas portés par le chromosome, et qui se répliquent de façon autonome.

FDA (*Food and Drug Administration*) : Organisme américain qui contrôle et autorise les médicaments et produits consommés sur le marché américain.

Fièvre jaune : Maladie infectieuse grave due à un arbovirus, le virus amaril, transmis par les moustiques, entraînant une grave hépatite et des hémorragies diffuses.

Fièvre puerpérale : Fièvre septicémie survenant au décours de l'accouchement, entraînant une infection utérine grave due à un streptocoque hémolytique, *Streptococcus pyogenes*.

Fièvre Q (fièvre « Queensland ») : Maladie infectieuse pulmonaire contractée par inhalation due à *Coxiella burnetti*.

Fièvre typhoïde : Maladie strictement humaine due à *Salmonella typhi*, *Salmonella paratyphi* A, *Salmonella paratyphi* B, donnant une septicémie avec fièvre à 40 °C, tuphos (état de stupeur), pouvant évoluer vers la mort par choc et par métastases infectieuses.

Filaires : Vers ronds (nématodes) responsables de diverses maladies tropicales, telles que l'éléphantiasis dû à *Wuchereria bancrofti*, ou la dracunculose due à la filaire de Médine (*Dracunculus medinensis*).

Filovirus : Virus en forme de filaments au microscope électronique, responsables de fièvres hémorragiques (virus Lassa, Marburg et Ebola…).

Francisella tularensis : voir tularémie.

Gale : Maladie de peau strictement humaine, due à un acarien (arthropode), le sarcopte qui creuse des galeries et se reproduit dans l'épiderme des patients, entraînant des réactions inflammatoires cutanées.

Galle : C'est une tumeur, une excroissance, apparaissant sur les végétaux à la suite de piqûres ou de blessures.

Gangrène gazeuse : Infection grave entraînant la nécrose des tissus, notamment des membres, rapidement extensive et entraînant la mort. Le germe responsable est une bactérie anaérobie du sol souillant les plaies, appelées principalement *Clostridium perfringens*. Cette bactérie produit du gaz qui s'infiltre dans les tissus gangrenés qui « crépitent » à la palpation.

Gastrite : Inflammation de la muqueuse de l'estomac, souvent provoquée par l'alcool ou des substances toxiques, ou aussi par certaines bactéries appelées *Helicobacter pylori*.

Gène : Segment d'ADN ou d'ARN (chez certains virus) précisément localisé (locus) sur un chromosome et porteur d'une information génétique.

Génétique : Science des caractères héréditaires des individus, de leur transmission au fil des générations et de leurs variations (mutations). La transmission des gènes suit les lois de Mendel.

Génie génétique : Ensemble de techniques permettant de modifier le patrimoine génétique en manipulant les gènes.

Génome : Ensemble des gènes portés sur les chromosomes, constituant le patrimoine héréditaire d'un individu ou d'une espèce. Chez les eucaryotes, le génome est inclus dans les chromosomes à l'intérieur d'un noyau différentié par une membrane nucléaire et dans le génome des mitochondries (ou des chloroplastes chez les plantes). Le génome humain mesure 3 milliards de nucléotides et code pour environ 30 000 gènes. Chez les procaryotes (bactéries), il est porté par un chromosome unique, circulaire de 1000 à 5000 kb, et éventuellement par de petits chromosomes à réplication autonome (10-300 kb en général) appelés plasmides et épisomes. Chez les virus, le génome est contenu dans une molécule d'ADN, ou dans une molécule d'ARN.

Germe : Synonyme d'agent pathogène, agent infectieux ou de microbe, tels que bactéries, virus, protozoaires, champignons.

Germination : voir spores.

Gerstmann-Sträussler-Scheinker (le syndrome de) : Maladie familiale très rare survenant entre 20 et 30 ans, caractérisée des tremblements, des troubles de la déglutition et de la phonation, évoluant vers la démence et la mort en 3 à 4 ans. Son incidence ne dépasse pas 1 % de celle des maladies de Creutzfeldt-Jakob dont l'incidence est de 1 cas par million.

Gonococcie : Maladie vénérienne (chaude-pisse) donnant une inflammation aiguë de l'urètre avec écoulement purulent et douleurs mictionnelles, due à une bactérie, *Neisseria gonorrhoeae*.

Grippe : Maladie respiratoire aiguë très contagieuse, propagée par les aérosols des patients, survenant après une courte incubation (2-3 jours) et débutant brutalement par une forte fièvre, des maux de tête, des courbatures et des difficultés à respirer. La maladie dure environ une semaine et peut être mortelle chez certains patients fragiles (vieillards, nourrissons). La grippe est due à un virus, *Myxovirus influenzae*, formé de 8 segments séparés d'ARN, capable de recombinaisons, entouré d'une enveloppe hérissée de spicules formées de glycoprotéines appelées hémagglutinine (H) et neuraminidase (N), qui jouent un rôle important dans sa virulence.

Helicobacter pylori : Bactérie de forme hélicoïdale responsable de gastrites et d'ulcères duodénaux.

Helminthe : Les helminthes sont des vers parasites de l'homme et les animaux. Ils colonisent souvent le tube digestif, la peau ou le foie. Il existe des vers ronds (nématodes) tels que l'ascaris ou l'oxyure, et des vers plats (cestodes) tels que le ver solitaire ou la douve du foie.

GLOSSAIRE

Hépatite : Inflammation du foie due à divers facteurs mécaniques, toxiques ou infectieux. Certains virus ont un tropisme pour le tissu hépatique qui est constitué de cellules appelées les hépatocytes.

Hérédité : Transmission de l'information génétique d'une génération à une autre.

Hérédo-syphilis : syphilis « congénitale » du nouveau-né, transmise par la mère *in utero* à l'enfant.

Herpès : Éruption cutanée vésiculeuse douloureuse, due à deux virus HHV-1 (herpès buccal) et HHV-2 (herpès génital). Il existe d'autres virus humains proches, donnant notamment la varicelle et le zona (VZV), des infections opportunistes (cytomégalovirus CMV), le lymphome de Burkitt (virus Epstein-Barr ou EBV) et le sarcome de Kaposi (HHV-8).

HIV (*Human Immunodeficiency Virus* ; VIH : Virus de l'Immunodéfience Humaine) : Rétrovirus à ARN enveloppé, de 8 700 nucléotides, apparenté aux lentivirus et responsable du sida. Il détruit les lymphocytes T du système immunitaire, entraînant une grave immunosuppression à l'origine des infections opportunistes graves (pneumocystoses, toxoplasmoses cérébrales, cryptococcoses...) et des cancers (sarcome de Kaposi, lymphomes...).

HTLV-I : C'est un rétrovirus responsable d'une part d'un syndrome neurologique avec des paralysies modérées et contractures musculaires et d'autre part de maladies rares apparentées aux leucémies, un lymphome « agressif » (mycosis fongoïde), et du syndrome de Sézary.

Humeur vitrée : Liquide transparent, continuellement filtré et renouvelé qui, avec le corps vitré, maintient la pression et la forme du globe oculaire.

Hybridation : L'hybridation est l'appariement par des bases de 2 chaînes complémentaires d'acides nucléiques simple brin pour former des chaînes doubles brins, par un mécanisme de fermeture éclair.

Hygiène : Mesure de propreté pour prévenir les infections et maintenir une bonne santé. Le mot hygiène vient du grec « *Hugeinon* » qui signifie santé, du nom de la déesse Hygie, déesse grecque de la santé et aussi à Rome, déesse de la guérison du bonheur et du bien public.

Iatrogène : Infection provoquée par le médecin, les soins ou le traitement médical ou chirurgical.

Ictère : C'est la jaunisse liée à une destruction du foie. La couleur jaune de la peau et des muqueuses est due à l'accumulation dans le sang des patients de la bilirubine, un composé jaune produit par le foie et stocké dans la vésicule biliaire. Au cours d'hépatites, les hépatocytes qui constituent le tissu hépatique sont détruits libérant la bilirubine dans le sang.

Idiopathique (maladie) : maladie d'origine inconnue qui existe indépendamment de tout autre état morbide.

Immunodéprimé : Patient dont le système immunitaire est amoindri, du fait d'une infection virale (sida), d'une chimiothérapie détruisant les cellules immunitaires pour greffe ou cancer.

Immunoglobuline : voir système immunitaire.

Immunité : État de résistance à une maladie, soit d'origine naturelle liée au patrimoine génétique soit acquise du fait d'une exposition avec un agent infectieux. Cette immunité acquise est la base de la vaccination.

Immunosuppression : Affaiblissement du système immunitaire par un traitement immunosuppresseur par exemple.

Infection opportuniste : Infection due à des germes souvent peu virulents, commensaux ou saprophytes de l'environnement, survenant chez des patients immunodéprimés, greffés ou cancéreux sous chimiothérapie immunosuppressive.

Influenza : voir grippe.

Infusion : Jus extrait par l'eau bouillante de substances organiques (viande, foin, poivre…) utilisé pour cultiver les micro-organismes.

Infusoire : Protozoaire cilié de petite taille, visible au microscope, vivant dans les eaux boueuses et stagnantes.

INSERM : Institut National de la Santé et de la Recherche Médicale.

Insomnie fatale familiale : Maladie très rare, récemment décrite, dont on a répertorié moins de 30 cas dans le monde, caractérisée par une insomnie insensible à toute thérapeutique, associée à des myoclonies, des tremblements et des hallucinations, évoluant en un an environ vers la mort.

Insertion : Introduction par recombinaison d'une séquence d'ADN (« *insert* ») à l'intérieur d'une autre séquence. Il peut s'agir d'un seul nucléotide ou d'énormes fragments d'ADN, tels que des plasmides ou des virus. Un *insert* désigne une séquence d'ADN étranger introduite dans une molécule d'ADN donnée.

Intégration : Certains éléments génétiques peuvent s'intégrer dans le génome des organismes. Il s'agit de phages (lysogénie), de plasmides et de transposons pour les bactéries, et de virus (rétrovirus…), de transposons et rétrotransposons pour les cellules.

Intron : Voir gène eucaryote

In vivo : (« dans le vivant ») Se dit d'un fait qui évolue, d'une expérience ou d'une exploration qui est observée ou pratiquée dans l'organisme vivant.

In vitro : (« dans le verre ») se dit d'un phénomène qui est réalisé dans un tube à essai, ou plus généralement hors d'un organisme vivant (par exemple, culture d'une bactérie ou fécondation *in vitro*).

In silico : (« dans le silicium ») se dit des données informatiques (séquences…) recueillies sur les ordinateurs constitués de silicium.

Isolat : voir souche.

Jaunisse : voir ictère, hépatite

Kyste hydatique : Cavité liquidienne pouvant être localisée dans divers organes (foie, cerveau…) due à une variété de vers plats (cestode), proches des Tænia, appelés *Echinococcus granulosus*.

Kala-azar : voir leishmaniose viscérale.

Kaposi (sarcome de) : tumeur de type « angio-sarcomateux » (par prolifération du tissu endothélial formant la paroi des vaisseaux), due au virus HHV-8, atteignant surtout les patients atteints de sida et localisés à n'importe quel tissu et à la peau.

Knock-out (souris) : Souris « invalidés » génétiquement modifiées au stade de l'œuf, par destruction d'un gène donné sur chacun des 2 chromosomes, ce qui permettent d'étudier l'impact d'un gène sur une pathologie et éventuellement une fonction.

Légionellose : Pneumopathie aiguë sévère due à une bactérie de l'environnement, *Legionella pneumophila*, inhalée et souvent transmise par les systèmes d'air conditionné.

Leishmaniose : Parasitose due à des protozoaires appelées leishmanies, se présentant sous différentes formes, cutanées (« bouton d'Orient ») ou viscérales (kala-azar) avec fièvre prolongée, adénopathies, augmentation du volume du foie et de la rate (hépato-splénomégalie), aspect terreux de la peau (« le mal noir ») et amaigrissement important. Le kala-azar est dû à *Leishmania donovani* transmis par de minuscules moucherons, les phlébotomes.

Lentivirus : Groupe de rétrovirus responsable de maladies à évolution lente chez les animaux. Le HIV est un lentivirus.

Lèpre : Maladie infectieuse chronique à longue incubation (plusieurs années) due à une mycobactérie, *Mycobacterium leprae*. Elle revêt deux aspects cliniques. La forme tuberculoïde des sujets « résistants » débute par des tâches rouges évoluant vers des plaques étendues dépigmentées (les léprides), avec perte de la sensibilité cutanée, thermique, tactile, douloureuse, hypertrophie des troncs nerveux, entraînant des troubles trophiques des phanères et des os (déformations, mutilations par ostéolyse). La forme lépromateuse des sujets « sensibles » est d'évolution plus grave, avec de nombreuses taches et nodules cutanés disséminés, fermes et indolores (les lépromes), où l'on retrouve au microscope de très nombreux bacilles. On observe une rhinite chronique et purulente avec saignements de nez (épistaxis), un faciès léonin, un épaississement des lobules des oreilles, des destructions du cartilage nasal qui peut aller jusqu'à des perforations de la cloison nasale. Certaines formes « frontières » existent, évoluant vers l'une ou l'autre forme.

Leptospirose ictéro-hémorragique : Maladie infectieuse associant un syndrome hémorragique, une hépatite et une néphrite aiguë, causée par une bactérie spiralée très mobile, *Leptospira interrogans*. Les rats sont des vecteurs importants de cette maladie qui atteint souvent les égoutiers.

Leucémie : Cancer touchant une ou plusieurs populations des globules blancs qui prolifèrent de façon incontrôlée.

Leucocytes : Globules blancs présents dans le sang et dans les tissus infectés où ils constituent le pus. Les leucocytes sanguins sont des polynucléaires neutrophiles et des monocytes, impliqués dans la phagocytose des micro-organismes, et des lymphocytes, lymphocytes B pour la synthèse des anticorps et lymphocytes T pour la synthèse des cytokines et l'immunité cellulaire.

Locus : Position précise d'un gène sur le chromosome.

Lysogénie : Phénomène d'intégration dans le chromosome bactérien de certains bactériophages. Ces virus intégrés peuvent être transmis à la descendance de la bactérie hôte et dans certaines circonstances (après exposition aux rayons ultraviolets par exemple) sortir du chromosome et se multiplier, détruisant la bactérie qui l'a hébergé.

Lymphome de Burkitt : Tumeur maligne constituée de lymphocytes B et induite par le virus Epstein-Barr (EBV).

Lymphocyte : voir système immunitaire.

Lyophilisation : Déshydratation par sublimation produite à très basse température sous vide. Les micro-organismes peuvent ainsi être conservés sous forme de poudre et restent viables.

Malaria : voir paludisme.

Mélioïdose : Maladie infectieuse très grave due à une bactérie très virulente, le bacille de Whitmore (*Burkholderia pseudomallei*), saprophyte de certains sols humides, étangs, rizières, des zones intertropicales, notamment dans le sud-est asiatique. Atteignant rarement l'homme, la maladie survient après inhalation, ingestion ou contact cutané, donnant surtout des infections respiratoires (pneumopathies nécrosantes), mais aussi des septicémies. La mortalité des formes graves, en l'absence de traitement antibiotique, peut atteindre 80 %.

Méiose : Division cellulaire qui aboutit à la production des cellules de la reproduction, les gamètes, contenant un seul jeu de chromosomes (cellules haploïdes). Au cours de cette division, les chromosomes se recombinent par crossing-over de façon aléatoire.

Méningite cérébro-spinale : Inflammation des méninges liées à l'infection par une bactérie appelée *Neisseria meningitidis*, entraînant la présence de pus dans le liquide céphalorachidien qui circule entre les enveloppes qui entourent le cerveau. D'autres bactéries peuvent donner des méningites purulentes, notamment les pneumocoques (*Streptococcus pneumoniae*) et les hémophiles (*Haemophilus influenzae*) et les listéria (*Listeria monocytogenes*).

Métabolisme : Réactions biochimiques qui permettent aux êtres vivants de synthétiser leurs constituants (anabolisme) et de dégrader des molécules organiques (catabolisme) en produisant de l'énergie.

Métabolite : Produit résultant de la transformation d'une substance organique au cours d'une réaction métabolique.

Métazoaire : Être vivant, animal ou plante, composée de plusieurs cellules eucaryotes, par opposition au protozoaire constitué d'une seule cellule.

Métastase infectieuse : Localisation à distance dans un organe ou tissu des micro-organismes provenant d'un foyer infectieux initial, par dissémination sanguine. Il s'agit généralement de bactéries au cours d'une septicémie. La dissémination des cellules cancéreuses est aussi appelée métastase.

Mildiou : Maladie des pommes de terre (*Late Blight*) due à un champignon (*Botrytis infestans*). Il existe un mildiou de la vigne dû à un autre champignon (*Oïdium tuckeri*).

Microbes : Organismes vivants, visibles au microscope, bactéries, champignons, protozoaires, virus pathogènes pour l'homme et les animaux.

Microfilaire : Premier stade larvaire d'une filaire trouvé dans le sang ou les tissus de l'hôte définitif, provenant des œufs du ver adulte localisé dans les tissus de l'hôte infecté.

Mitochondries : Organelles localisées dans le cytoplasme de la plupart des cellules eucaryotes indispensables à la respiration. Les mitochondries portent un petit génome codant notamment pour les enzymes respiratoires. Elles sont transmises par les ovules à la descendance et non par les spermatozoïdes. Nous avons donc les mitochondries de nos mères.

Mitose : Division cellulaire des cellules eucaryotes donnant naissance à deux cellules filles.

Morbillivirus : Famille de virus à tropisme respiratoire. Ce sont des virus à ADN enveloppés (paramyxovirus), dont font partie le virus de la rougeole et les virus Nipah et Hendra.

Morve : Maladie infectieuse grave causée par la bactérie *Burkholderia mallei*, déclenchant de graves épidémies notamment chez les chevaux, atteignant sporadiquement l'homme.

Mutation : Altération de la séquence nucléotidique d'un gène. Il peut s'agir d'une substitution, d'une insertion ou d'une délétion (perte) d'un seul nucléotide (mutation ponctuelle) ou de plusieurs nucléotides, transmis à la descendance.

Mycoplasme : Bactéries sans paroi, de très petite taille, avec un génome très restreint (environ 600 gènes), responsables de maladies infectieuses chez l'homme, pulmonaires (pneumonies à *Mycoplasma pneumoniae*) ou génitales (*Ureaplasma urealyticum*). Chez les bovins, ils sont à l'origine de la péripneumonie.

Myoclonies : contractions musculaires désordonnées et involontaires.

Nématodes : vers parasites de l'homme et des animaux (synonyme d'helminthe).

NCI : *National Cancer Institute* localisé à Bethesda (Maryland).

Nielle : Maladie de l'épi des céréales due à des anguillules.

Nosocomial : Contracté lors d'un séjour à l'hôpital (infection nosocomiale).

Nosologie : Étude des caractères distinctifs des maladies qui permettent leur classification systématique.

Nucléotides : Molécules constituant l'ADN et de l'ARN, ce sont des bases azotées (puriques et pyrimidiques associées à un phosphate et à un sucre, le désoxyribose pour l'ADN et le ribose pour l'ARN) : l'adénine (A), la thymine (T), la guanine (G), la cytosine (C) pour l'ADN, et uracile (U), guanine (G), cytosine (C), adénine (A) pour l'ARN.

OMS : Organisation mondiale de la Santé (*World Health Organization*, WHO).

Onchocercose : Maladie parasitaire due à un ver (*Onchocerca volvulus*), pouvant entraîner une cécité.

Oncogènes : Gènes qui favorisent l'apparition de tumeurs, apportés par des virus cancérigènes (oncogènes viraux), ou préexistant dans les génomes cellulaires (oncogènes cellulaires). Ces gènes appelés « proto-oncogènes » jouent un rôle essentiel au maintien de la vie des cellules normales, permettant d'importantes fonctions comme la synthèse de facteurs de croissance, de protéines activatrices de la transcription, ou de récepteurs cellulaires.

Opéron : Unité de transcription regroupant plusieurs gènes impliqués dans une même fonction (par exemple une voie métabolique).

Opportuniste : Les infections opportunistes surviennent chez des patients aux défenses immunitaires amoindries, souvent dues à des germes de la flore commensale des patients (germes opportunistes).

Organites intracellulaires : voir mitochondries, chloroplastes.

Oxyure : Petit ver rond parasite de l'homme, retrouvé sur la marge de l'anus et dans le tube digestif.

Papillomavirus : Virus responsables de tumeurs bénignes cutanées (papillomes), qui peuvent être à l'origine du cancer du col de l'utérus.

Paludisme : Maladie parasitaire chronique évoluant par accès de fièvre de 3 ou 4 jours (fièvre tierce ou fièvre quarte), due à des protozoaires du genre *Plasmodium* transmis par les moustiques. Les accès pernicieux (pouvant être mortels) ne sont observés qu'avec *Plasmodium falciparum*.

Pandémie : Épidémie à extension mondiale, qui peut se voir avec certaines maladies infectieuses très contagieuses (grippe, sida, peste, choléra…).

Parasites : Protozoaires, champignons et animaux (arthropodes, vers) vivant aux dépens d'un hôte. Les ectoparasites vivent sur les téguments et les poils, les endoparasites à l'intérieur du corps (dans l'intestin ou dans les tissus). Le terme de parasite est parfois utilisé dans une acception plus large, comprenant tous les agents pathogènes, y compris les bactéries et les virus.

Parasitisme : Phénomène par lequel des êtres vivants peuvent vivre au détriment d'autres êtres vivants, par opposition à la symbiose où les deux partenaires vivent en bonne intelligence et bénéficient l'un de l'autre.

Paroi des bactéries : Les bactéries synthétisent une paroi rigide constituée d'une molécule complexe appelée peptidoglycane, qui est la cible de certains antibiotiques comme la pénicilline et les céphalosporines, qui inhibent leur synthèse en empêchant le branchement des petits peptides.

Pasteurisation : Procédé de décontamination du lait et des aliments portés à plusieurs reprises pendant un temps court à 70-80 °C puis refroidis brutalement.

Pathogène : Qui induit une maladie.

Pathogénicité : Ensemble des mécanismes qui déclenchent une maladie.

PCR (*Polymerase Chain Reaction*) : Méthode permettant de copier en grand nombre une séquence d'ADN ou d'ARN à partir d'une très faible quantité d'acide nucléique. La séquence-cible est chauffée pour séparer les deux brins, puis les molécules d'ADN simple brin sont hybridées avec des amorces (des courtes séquences nucléotidiques) reconnaissant les zones amont et aval de cette séquence. L'ADN polymérase peut amplifier cette séquence, et l'ADN double brin généré est à nouveau chauffé, le processus étant réitéré jusqu'à 40 fois. Au final, une quantité importante d'ADN peut être obtenue à partir de tissus vivants ou morts.

Pénicilline : Substance antibiotique produite par un champignon, *Penicillium notatum*, agissant en stoppant la synthèse de la paroi bactérienne (peptidoglycane) en inhibant une enzyme, la transpeptidase.

Peptide : voir protéines.

Peptidoglycane : voir paroi des bactéries

Peste : Maladie épidémique très grave due à une bactérie transmise par les puces, *Yesinia pestis*. La peste bubonique est la plus fréquente. Après piqûre de puce, apparaissent un malaise général, une fièvre élevée et des bubons, ganglions très douloureux à l'aine, aux aisselles ou au cou. Se développe une septicémie (infection du sang) avec dissémination des bactéries dans de nombreux organes, entraînant une mort rapide. La peste pulmonaire est très contagieuse, car transmise directement par aérosols à partir des exhalaisons des patients. C'est une pneumopathie foudroyante avec fièvre, toux, crachats sanglants (hémoptysie) et détresse respiratoire.

Phage : voir bactériophage.

Phagocytose : Action de certaines cellules de l'organisme (polynucléaires, monocytes, macrophages) d'absorber des micro-organismes et de les digérer dans leur cytoplasme.

Phénotype : Expression du génome sous la forme d'un trait morphologique, d'un syndrome clinique, d'une variation qualitative ou quantitative d'une protéine. Le phénotype dépend en plus des effets de l'environnement.

Phlyctène : Vésicule transparente sous l'épiderme.

Phylloxéra : Maladie épidémique de la vigne due à un petit insecte suceur, *Phyllorexa vastatrix*.

Phylogénie : Étude des parentés entre des organismes ou des molécules, illustrée par des arborescences à l'instar des arbres généalogiques (arbres phylogéniques).

Plasmide : Molécule d'ADN circulaire extrachromosomique, retrouvé dans le cytoplasme des bactéries, capable de se répliquer indépendamment et portant des gènes non essentiels à la cellule hôte, notamment des gènes de résistance aux antibiotiques. Certains plasmides peuvent passer d'une bactérie à l'autre par conjugaison et sont très utilisés comme vecteurs de clonage.

Pneumocystose : Pneumonie grave due à un champignon, *Pneumocystis carinii*, observée chez les sujets immunodéprimés atteints de sida ou traités par chimiothérapie.

Polenta : Bouillie de farine de châtaignes.

Poliomyélite antérieure aiguë : Maladie infectieuse entraînant des paralysies non régressives, due à 3 virus très proches (types 1, 2 et 3). Ces petits virus à ARN induisent des lésions irréversibles des neurones moteurs de la moelle épinière.

Polymère : Union de plusieurs petites molécules formant une grosse molécule, souvent formée de répétition des mêmes molécules, par exemple des sucres (polyosides).

Polymérase : Enzyme capable d'enchaîner des nucléotides en polymères d'ADN ou d'ARN (ADN et ARN polymérases).

Polymorphisme génétique : Variabilité d'un gène (allèle) au sein d'une population. Voir aussi allèle.

Polyoside : Polymère de sucres (ou oses) formant notamment les capsules des bactéries et l'endotoxine des bactéries à Gram négatif (lipopolysaccharide).

Polypeptide : voir protéines.

Prion : (*Proteinaceus infectious particles*) Agents non conventionnels responsables des encéphalopathies spongiformes transmissibles (EST), maladies du système nerveux central parfois héréditaires, sporadiques ou infectieuses, mais toujours mortelles. Les prions sont des protéines apparemment dépourvus d'acides nucléiques, caractérisés par la capacité de transformer par interactions directes protéine-protéine, la protéine normale existant dans les cellules nerveuses en une protéine « prion », hydrophobe, très résistante à la chaleur, aux antiseptiques, aux enzymes protéolytiques et aux radiations. La protéine prion provient d'un changement de la forme de la protéine normale. L'accumulation des prions dans le cerveau entraîne la mort neuronale.

Procaryote : Micro-organisme (bactéries et algues bleues ou cyanophycées) dont la cellule ne possède pas de noyau, contrairement aux eucaryotes. Son génome est constitué d'un unique chromosome circulaire, sans membrane nucléaire, parfois coexistant avec des plasmides.

Protéines : (peptide ou polypeptide) Macromolécules constituées de longues chaînes d'acides aminés (de 50 à 30000 acides aminés, en moyenne environ 400) pouvant en se repliant adopter des formes très variées. Les protéines assurent les principales fonctions cellulaires, comme le métabolisme, la réplication ou le rôle de contrôle de l'activité des gènes.

Proto-oncogène : Gène présent dans le génome d'une cellule normale pouvant devenir oncogène à la suite d'une activation consécutive à une mutation, une translocation ou à l'insertion d'un promoteur viral actif.

Protozoaire : Organisme unicellulaire eucaryote, parfois pathogène pour l'homme, notamment les *Plasmodium* du paludisme, les amibes de l'amibiase, les *Trichomonas* des vaginites, les trypanosomes de la maladie du sommeil et de la maladie de Chagas.

Psittacose : Maladie contagieuse des perroquets et des perruches, transmissible à l'homme, donnant une grave pneumonie due à une bactérie, *Chlamydia psittaci*.

Pyrale : Chenille détruisant les récoltes, notamment le maïs et sensible à certaines toxines bactériennes (thuringiolysine).

Quinine : Alcaloïde extrait de l'écorce de quinquina très actif contre les *Plasmodium* du paludisme.

Rage : Maladie toujours mortelle du système nerveux due à un rhabdovirus à ARN monocaténaire, qui atteint le cerveau souvent plusieurs semaines après morsure par un animal enragé (chien, loup ou renard). La rage peut être prévenue après morsure par une vaccination « thérapeutique » qui stimule fortement les défenses immunitaires.

Recombinaison (génétique) : Processus aboutissant à un assemblage nouveau des gènes par crossing-over (cassure et recollage des molécules d'ADN).

Repiquage (« subculture ») : Transmission *in vitro* d'un germe en culture permettant un passage itératif (bactérie ou virus).

Réplication : Mécanisme de synthèse de l'ADN permettant la transmission de l'information génétique à la descendance. L'ADN bicaténaire devient monocaténaire, et des ADN polymérases copient chacun des « brins-filles », aboutissant à la duplication des molécules d'ADN de tout le génome.

Rétro-transposons : Éléments génétiques retrouvés dans le génome des cellules eucaryotes ressemblant aux rétrovirus (mais sans gène *env*), codant une transcriptase reverse. Ils peuvent se déplacer d'un site à l'autre dans le génome mais sans pouvoir infecter d'autres cellules. Ils forment une importante partie du génome des cellules des animaux et des plantes. La mobilité implique une transcription en ARN puis une transcription inverse pour synthétiser l'ADN correspondant.

Rétrovirus : Virus enveloppés à ARN capables grâce à une transcriptase reverse de s'intégrer dans le génome cellulaire, responsables de diverses maladies, dont le sida. Ils sont constitués du gène *gag* codant pour une protéine de capside, d'un gène *pol* codant une ARN polymérase à activité transcriptase reverse, et d'un gène *env* codant pour une glycoprotéine d'enveloppe permettant au virus de pénétrer les cellules.

Ribosome : Organite cytoplasmique universel impliqué dans la traduction des ARNm en protéines, composé de trois ARNr de taille différente (5S, 16S, 23S) associés à plusieurs dizaines de protéines ribosomales.

Ribozyme : Ce sont des ARN possédant une activité catalytique. En 1993, Harry Noller montra que l'ARN catalyse la formation des chaînes peptidiques lors de la synthèse des protéines par les ribosomes.

Ricine : Poison très violent extrait de plantes euphorbiacées (dont on tire aussi l'huile de ricin) utilisé comme arme biologique.

Rickettsioses : Maladies infectieuses dues aux rickettsies, bactéries à multiplication intracellulaires strictes, nécessitant pour croître des cultures cellulaires comme les virus. Les rickettsies sont responsables notamment de la fièvre pourprée due à *Rickettsia rickettsii* et du typhus exanthématique dû à *Rickettsia prowazeki*.

Rougeole : Maladie éruptive très contagieuse de l'enfant, due à un paramyxovirus (morbillivirus) à ADN enveloppé. La maladie débute par une fièvre élevée avec perte d'appétit et faiblesse, rapidement suivie de toux et de larmoiement ainsi qu'une rhinite (catarrhe). Puis apparaît une éruption caractéristique rapidement extensive. En l'absence de traitement, l'évolution peut être favorable, mais peut parfois entraîner la mort par surinfections pulmonaires (pneumonie) et digestives (diarrhée).

Rouille : Maladie des céréales dues généralement à des champignons.

Rubéole : Maladie éruptive bénigne, liée à un virus qui peut induire chez la femme enceinte des malformations graves de l'enfant.

Salmonelloses : Maladie intestinale due à des entérobactéries de l'espèce *Salmonella enterica* dont il existe plus de 2000 sérotypes. Quelques sérotypes sont spécifiquement humains et donnent des infections septicémiques, les fièvres typhoïdes et paratyphoïdes. La plupart des autres sérotypes sont retrouvés chez les animaux d'élevages et induisent des toxi-infections alimentaires souvent sans gravité (*Salmonella enteritidis*, *Salmonella typhimurium*…).

Saprophyte (étymologie : qui se nourrit de végétaux) : Se dit des micro-organismes vivant dans l'environnement (sol, eau…), pouvant parfois infecter l'homme par contact accidentel. Les germes commensaux, à la différence des germes saprophytes, n'existent pas dans l'environnement.

Schistosomiase : Maladie parasitaire (bilharziose) due à des vers ronds, les schistosomes qui migrent dans les tissus et se localisent dans les vaisseaux où ils pondent des œufs. *Schistosoma mansoni* est responsable de formes urinaires avec saignements dans les urines, alors que *Schistosoma japonicum* donnent des troubles digestifs avec saignements dans les selles.

Sclérose en plaques : Maladie chronique de cause inconnue, peut-être virale, entraînant des poussées de démyélinisation des fibres nerveuses de nature auto-immune, à l'origine de paralysies parfois régressives.

Scrapie : voir tremblante du mouton.

Séquence : Agencement ordonné des nucléotides constituant les acides nucléiques, ou des acides aminés formant les protéines.

Séquençage : Détermination de l'ordre linéaire des acides aminés d'une protéine ou des nucléotides d'un acide nucléique. Le séquençage de l'ADN a permis le « décryptage » des génomes en gènes.

Septicémie : Infection généralisée due à la présence de bactéries dans le sang et les tissus (métastases).

Sida (acronyme de Syndrome d'Immuno-Déficience Acquise, en anglais AIDS pour *Acquired Immuno-Deficiency syndrome*) : Maladie infectieuse due à un rétrovirus, le HIV, qui détruit le système immunitaire en s'attaquant aux lymphocytes T et abroge donc les défenses des patients. Survenant après une incubation de plusieurs années, la maladie est mortelle en l'absence de traitement. Les médicaments antiviraux, comme les anti-protéases, permettent de prolonger considérablement la survie.

Souche : Clone génétiquement homogène provenant de la descendance d'un seul micro-organisme (parasite, bactérie, virus). Au cours d'épidémie, on cultive à partir des prélèvements de patients, de multiples « isolats » de la même souche qui s'est propagée dans la population. Les souches peuvent être conservées en culture, en général par congélation à – 80 °C ou par lyophilisation.

Spore : Forme de résistance de certaines bactéries à Gram positif, aérobies comme *Bacillus subtilis*, le bacille de l'infusion de foin et le bacille du charbon *Bacillus anthracis*, et anérobies comme *Clostridium perfringens*, *Clostridium tetani*, *Clostridium botulinum*. En conditions hostiles, ces bactéries se transforment en quelques heures en spores, en produisant de multiples parois très résistantes à la chaleur et à la dessiccation et préservant ainsi l'intégrité de leur génome. Les spores peuvent rester quiescentes pendant des décennies. On a trouvé des spores sur des momies égyptiennes. Dès que les conditions deviennent favorables, les spores germent en bacilles qui se multiplient rapidement (formes végétatives). Les spores n'existent que chez certaines bactéries à Gram positif (*Bacillus*, *Clostridium*). Les spores sont d'une extrême résistance aux agents physiques (chaleur, radiations, sécheresse) et chimiques (acides, solvants). Leur destruction nécessite d'utiliser la chaleur humide (120 °C, 20 minutes) ou sèche (180 °C, 1 heure).

SRAS (Syndrome Respiratoire Aiguë Sévère) : (*Severe Respiratory Acute Syndrome*, SRAS) Infection respiratoire aiguë épidémique, due à un coronavirus, virus à ARN enveloppé, en forme de couronne au microscope électronique. Ce virus transmis à partir d'animaux sauvages (civette) peut entraîner une détresse respiratoire mortelle.

Streptomycine : Antibiotique actif sur les mycobactéries de la tuberculose et sur de nombreuses autres bactéries, produit par une bactérie du sol, *Actinomyces griseus*.

Suette miliaire : Maladie épidémique connue depuis le XVe siècle, donnant fièvre à 40 °C, prostration, angoisse, douleurs pharyngées et frissons et sueurs profuses malodorantes. La mort survenait dans la majorité des cas en 24 heures. La maladie a disparu au début du XXe siècle. Elle était probablement d'origine virale.

Syphilis : Maladie vénérienne chronique due à une bactérie spiralée, *Treponema pallidum*, évoluant en trois phases, une phase initiale avec un chancre d'inoculation induré, localisé sur les parties génitales, une 2e phase après plusieurs mois avec fièvre et éruption cutanée, la roséole, et une phase tertiaire après plusieurs années avec de multiples localisations, cutanées (gommes), cardiaques, osseuses ou encore neurologiques.

Syndrome : Ensemble des symptômes caractérisant une maladie donnée ou l'atteinte d'un organe (syndromes pulmonaires, méningés...).

Système immunitaire : Ensemble des défenses de l'organisme contre les agressions microbiennes, composé d'amas de lymphocytes (rate, ganglions lymphatiques, amygdales, plaques de Peyer du tube digestif). Les cellules immunitaires sont les lymphocytes B qui se transforment en plasmocytes pour produire des anticorps contre les germes (immunoglobulines), les lymphocytes T auxiliaires ou « *helper* » qui produisent des cytokines stimulant la prolifération cellulaire et la réponse inflammatoire aux germes, et les macrophages détruisant par phagocytose les micro-organismes (polynucléaires, monocytes, macrophages).

Symbiose : voir parasitisme.

Tænia : Vers plats (cestodes) en anneaux avec un scolex, souvent localisés dans le tube digestif. *Tænia saginata* est le « ver solitaire ».

Taq polymérase : ADN polymérase utilisée pour la duplication de l'ADN dans la réaction de PCR, résistante à haute température (100 °C).

Taxonomie : Science de la classification des êtres vivants.

Tétanos : Maladie infectieuse consécutive à une plaie souillée d'une bactérie anaérobie du sol (*Clostridium tetani*), caractérisée par des contractures musculaires, d'abord des muscles des mâchoires (trismus) puis généralisées, survenant à l'occasion d'une stimulation. Ces signes sont dus à la toxine tétanique.

Toxine : Poison produit par les bactéries, les champignons et les plantes. Chez les bactéries, il existe des exotoxines, protéines sécrétées par certains pathogènes, et des endotoxines constituées de lipopolysaccharides chez les bactéries à Gram négatif.

Toxoplasmose : Infection par un protozoaire, *Toxoplasma gondii*, donnant des infections généralement très bénignes, excepté chez la femme enceinte qui peut infecter son enfant in utero, et chez les immuno-déprimés. Les patients atteints de sida font des localisations cérébrales, appelées toxoplasmose cérébrale.

Trachome : Infection oculaire chronique, due à une bactérie, *Chlamydia trachomatis*, produisant une taie à l'origine de cécité. Avec l'onchocercose, c'est la principale cause de cécité dans le monde.

Traduction : Processus de la synthèse d'une chaîne polypeptidique (protéine) à partir de l'ARN messager, copie de l'ADN. La traduction a lieu au niveau des ribosomes.

Transgenèse : Transfert d'un gène étranger dans le génome d'un organisme vivant, réalisé au stade de l'œuf fécondé.

Transposon : Élément génétique mobile, qui peut se déplacer sur le génome, retrouvé chez les bactéries et chez les eucaryotes.

Transcriptase reverse : enzyme qui transcrit l'ARN en ADN, produite par les rétrovirus et par les rétrotransposons et permettant leur intégration dans le génome des cellules.

Transcription : Synthèse à partir d'une séquence d'ADN d'une molécule d'ARN complémentaire (ARN messager).

Tremblante du mouton (*scrapie*) : Encéphalopathie spongiforme du mouton, due au prion, évoluant par épidémie.

Trismus : voir tétanos.

Trypanosomiase : Maladie parasitaire due à des protozoaires, les trypanosomes. Les deux principales maladies humaines sont la maladie du sommeil, due à *Trypanosoma gambiense*, transmise par la mouche tsé-tsé uniquement en Afrique, et la maladie de Chagas, due à *Trypanosoma cruzi*, transmise par les tiques, retrouvée uniquement en Amérique du sud, induisant surtout des signes cardiaques.

Tuberculose : Maladie pulmonaire chronique, strictement humaine, transmise par aérosols, due à des mycobactéries, le plus souvent *Mycobacterium tuberculosis*.

Tularémie : Maladie infectieuse grave donnant frissons, fièvre, toux et larges ulcères cutanés, due à une bactérie *Francisella tularensis*.

Tyndallisation : procédé de stérilisation proche de la pasteurisation, avec chauffage itératif à 70 °C.

Typhus exanthématique : Maladie infectieuse grave due à une bactérie, *Rickettsia prowaseki*, transmise par les poux. Cette maladie strictement humaine entraîne une fièvre à 40 °C et une éruption cutanée à tâches rouges disséminées sur tout le corps, d'évolution parfois fatale.

Vaches folles (maladie des vaches folles) : Encéphalopathie spongiforme bovine (ESB) due à des prions (en anglais *Mad cow disease* ou *Bovine Spongiform Encephalopathy* ou BSE).

Vaccine : Maladie infectieuse des bovins, due à un virus *cowpox* qui peut être transmis à l'homme (maladie des trayeurs). Les patients ayant contacté cette vaccine bénigne étaient protégés contre la variole. La vaccination jennérienne utilise un virus de la vaccine dérivé du cowpox.

Vaccin, vaccination : Procédé mis au point par Jenner puis Pasteur, consistant à immuniser les personnes saines contre diverses maladies infectieuses, en utilisant des germes vivants atténués ou tués, ou des extraits de germes plus ou moins purifiés.

Varicelle : Maladie virale bénigne avec une éruption vésiculeuse, pouvant réapparaître à l'âge adulte sous forme de zona, due à un virus du groupe herpès.

Variole : Maladie infectieuse très grave due à un poxvirus, le virus *smallpox*, très contagieuse par aérosols, souvent mortelle. Après une incubation d'environ 10 jours, la maladie débute par une fièvre à 40 °C suivie d'une éruption vésiculeuse, puis ulcéreuse et nécrotique, et la mort peut survenir vers le 10e jour. La maladie est prévenue par inoculation du virus de la vaccine.

Vecteur : Molécules d'ADN dans laquelle on peut insérer des fragments d'ADN étranger et capable de se multiplier et de s'insérer éventuellement dans des micro-organismes receveurs. Les vecteurs de clonage bactérien sont principalement des plasmides et des phages lysogènes.

Ver à soie : Larve parasite du mûrier qui se transforme en papillons. La chrysalide produit une soie utilisée pour les vêtements. Ces larves sont sensibles à certaines maladies, la muscardine due à un champignon *Botrytis bassiana*, la pébrine (aussi appelée flacherie, morts-flats, gattine) due à un protozoaire, une microsporidie appelée *Nosema bombycis*.

Vérole : Ancien nom désignant la syphilis (grosse vérole). La petite vérole désignait la variole.

Virulence : Capacité d'un agent pathogène de déclencher une maladie, permettant de définir une dose infectieuse minimale et une dose létale.

Viroïdes : Petits ARN infectieux, monocaténaires, circulaires et repliés en épingle, d'une taille de 240 à 380 nucléotides, responsables de nombreuses maladies des plantes. À la différence des virus, ces ARN « nus » ne codent pour aucune protéine et sont dépourvus de coque protéique. Ils ne sont connus pour l'instant que dans le monde végétal.

Virus : Particules infectieuses constituées d'une coque protéique (capside), protégeant un seul acide nucléique, soit de l'ADN soit de l'ARN, et éventuellement entourés d'une enveloppe lipidique. Ils se répliquent en détournant la machinerie des cellules infectées. Les virus sont donc des parasites moléculaires véhiculant de l'information génétique de cellule en cellule, pouvant s'intégrer et modeler le génome des cellules infectées ou même les « transformer » en cellules cancéreuses. Les virus peuvent infecter tous les êtres vivants, des plus simples comme les protozoaires et les bactéries aux plus complexes comme les insectes, les vers, les vertébrés et l'homme. Le plus petit virus est celui de l'hépatite D, un virus à ARN de 1 700 nucléoitides codant une seule protéine, les plus grands virus à ARN sont les coronavirus de 30 000 nucléotides, les plus grands virus à ADN sont les poxvirus comme le virus de la variole (186 000 nucléotides) codant 187 protéines, hormis les » mimivirus » de 800 000 nucléotides récemment découverts.

Virus oncogène : Virus capable de provoquer une tumeur maligne par insertion dans les chromosomes des cellules infectées.

West Nile (fièvre de) : C'est une fièvre avec encéphalite due à un arbovirus (flavivirus) pouvant infecter de nombreux mammifères et l'homme, proche des virus de la dengue, et transmise par les moustiques.

Western Blot : Test utilisé pour la détection des anticoprs dans le sérum, notamment anti-HIV. Les anticorps présents dans le sérum se fixent sur les antigènes séparés par électrophorèse et sont détectés par un second anticorps marqué par une enzyme, dirigé contre les immunoglobulines humaines.

Zoonose : Maladie infectieuse épidémique des animaux et pouvant être transmise à l'homme.

Bibliographie

Acuna-Soto R, Stahle DW, et al.. *Drought, epidemic disease, and the fall of classic period cultures in Mesoamerica (AD 750-950). Hemorrhagic fevers as a cause of massive population loss.* Med Hypotheses 2005; 65 : 405-9.

Acuna-Soto R, Stahle DW, et al.. *When half of the population died: the epidemic of hemorrhagic fevers of 1576 in Mexico.* FEMS Microbiol Lett 2004; 240 : 1-5.

Alibek K, Handleman S. *Biohazard: the chilling true story of the largest covert biological wheapons program in the world- told from inside by the man who run it.* New York : Random House, 1999.

Ammon CE. *Spanish flu epidemic in 1918 in Geneva, Switzerland.* International Congress series, 2001; 1219: 163-8.

Anderson T, Arcini C, et al. *Suspected endemic syphilis (treponarid) in sixteenth-century Norway.* Med Hist 1986; 30 : 341-450.

Atlas RM. *Many faces, many microbes,* ASM Press, Washington, 2000.

Aufderheide AC, Salo W, et al. *A 9,000-year record of Chagas' disease.* Proc Natl Acad Sci U S A 2004;101 : 2034-9.

Barnes DS. *Historical perspectives on the etiology of tuberculosis.* Microbes Infect 2000; 2 : 431-40.

Barry JM. *The great influenza.* Viking Penguin, New York, 2004.

Baxby D. *A death from inoculated smallpox in the English royal family.* Med Hist 1984; 28 : 303-7.

Bazin H. *The eradication of smallpox,* Academic Press, 2000.

Bazin H. *A brief history of the prevention of infectious diseases by immunisations.* Comp Immunol Microbiol Infect Dis 2003; 26 : 293-308.

Behbehani AM. *The smallpox story: life and death of an old disease.* Microbiol Rev 1983; 47, 455-509.

Bensaude-Vincent B. *Lavoisier,* Flammarion, Paris, 1993.

Berche P. *Progrès scientifique et nouvelles armes biologiques.* Med Sci 2006, 22, 206-211.

Berche P. *The threat of smallpox and bioterrorism.* Trends Microbiol 2001, 9, 15-18.

Bériac F. *Histoire de lépreux au Moyen Âge.* Ed Imago, 1988.

Bernard J. *Le sang et l'histoire.* Buchet-Chastel, Paris, 1983.

Bernard N. *La vie et l'œuvre de Albert Calmette,* Albin Michel, Paris, 1961.

Biraben JN. *Les hommes et la peste en France et dans les pays européens et méditerranéens. Tome 1. La peste dans l'histoire.* Mouton, Paris, 1976.

Biraben JN. *Les hommes et la peste en France et dans les pays européens et méditerranéens. Tome 2. Les hommes face à la peste.* Mouton, Paris, 1976.

Bibel DJ, Chen TH (1976). *Diagnosis of plaque: an analysis of the Yersin-Kitasato controversy.* Bacteriol Rev 40 : 633-651.

Bollet A.J., (1987) *Plagues and poxes. The rise and fall of epidemic disease.* Demos, New York.

Boutibonnes P., (1994) *Van Leeuwenhoek, l'exercice du regard,* Belin, Paris.

Brock T.D., (1996) *Milestones in Microbiology,* University of Wisconsin, Madison.

Brock T.D., (1988), *Robert Koch, a life in medicine and Bacteriology,* Science Tech Publishers.

Brayshay, M. and V. F. Pointon (1983). *Local politics and public health in mid-nineteenth-century Plymouth.* Med Hist 27 : 162-178.

Brennan, A. (2004). *The birth of modern science : culture, mentalities and scientific innnovation.* Studies in History and philosophy of Science 35 : 199-225.

Brunton, D. (1992). *Smallpox inoculation and demographic trends in eighteenth-century Scotland.* Med Hist 36 : 403-429.

Brunton, D. C. (2003). *The idea of a germ.* Stud. Hist. Phil. Biol. Biomed. Sci. 34 : 367-373.

Carroll, P. E. (2002). *Medical police and the history of public health.* Med Hist 46 : 461-494.

Carter, K. C. (1977). *The germ theory, beriberi, and the deficiency theory of disease.* Med Hist 21 : 119-136.

Carter, K. C. (1981). *Semmelweis and his predecessors.* Med Hist 25 : 57-72.

Carter, K. C. (1985). *Ignaz Semmelweis, Carl Mayrhofer, and the rise of germ theory.* Med Hist 29 : 33-53.

Carter, K. C. (1985). *Koch's postulates in relation to the work of Jacob Henle and Edwin Klebs.* Med Hist 29 : 353-374.

Carter, R. and K. N. Mendis (2002). *Evolutionary and historical aspects of the burden of malaria.* Clin Microbiol Rev 15 : 564-594.

Chang L., (2000), *Scientists at work,* McGraw-Hill, New York.

Chast F., Chastel C., Elion G., Postel-Vinay N., Tilles G., (1997) *Virus Herpes et pensée médicale. De l'empirisme au prix Nobel.* Imothep/Maloine, Paris.

Chastel C., (1992) *Histoire des virus, de la variole au sida,* Éditions Boubée.

Chastel C., (1996), *Les virus qui détruisent l'homme,* Éditions Ramsay.

Chernin, E. (1992). *Sir Patrick Manson : physician to the Colonial Office, 1897-1912.* Med Hist 36 : 320-331.

Contrepois, A. (1996). *Towards a history of infective endocarditis.* Med Hist 40 : 25-54.
Contrepois, A. (2002). *The clinician, germs and infectious diseases : the example of Charles Bouchard in Paris.* Med Hist 46 : 197-220.
Cox, F. E. (2002). *History of human parasitology.* Clin Microbiol Rev 15 : 595-612.
Crawford, E. M. (1984). *Death, diet, and disease in Ireland, 1850: a case study of nutritional deficiency.* Med Hist 28 : 151-61.
Cross, A. B. (1977). *The Solomon Islands tragedy – a tale of epidemic poliomyelitis.* Med Hist 21 : 137-155.
Darmon P., (1986), *La longue traque de la variole.* Perrin, Paris.
Darmon P., (1999), *L'homme et les microbes*, Fayard, Paris.
Davies P., (2000) *The devil's flu*, Henry Holt Co, New York.
Debré P., (1996) *Jacques Monod*, Flammarion, Paris.
Debré P., (1994) *Louis Pasteur*, Flammarion, Paris.
DeLacy, M. E., Cain A. J. (1995). *A Linnaean thesis concerning contagium vivum : the 'Exanthemata viva' of John Nyander and its place in contemporary thought.* Med Hist 39 : 159-185.
Delaporte F., (1989) *Histoire de la fièvre jaune*, Payot, Paris.
De Kruif P., (1926) *Microbe hunters*, Harvest/Harcourt Brace Jovanovich Book, New York.
De Wit H.C.D., (1992) *Histoire du développement de la biologie*, vol 1-3, Presses polytechniques et universitaires romandes, Lausanne.
Desowitz R.S., (2000), *Kala-azar. Chroniques indiennes d'une épidémie.* Ed. Science Infuse, Paris.
Disotell, T. R. (2003). *Discovering human history from stomach bacteria.* » Genome Biology 4 : 213-214.
Doetsch, R. N. (1978). *Benjamin Marten and his new theory of consumptions.* Microbiol Rev 42 : 521-528.
Dubos R., (1998) *Pasteur and modern science*, ASM Press, Washington,.
Duris P., Gohau G., (1997) *Histoire des sciences de la vie*, Nathan Université, Paris.
Dutau, G. (2005). L'histoire de la tuberculose. Arch Pediatr, 12, Suppl 2 : S88-95.
Dyer, A. D. (1978). *The influence of bubonic plaque in England 1500-1667.* Med Hist 22 : 308-826.
Eaton, W. A. (2003). *Linus Pauling and sickle cell disease.* Biophys Chem 100 : 109-116.
Evans A.S., (1993), *Causation and Disease, a chronological journey*, Plenum Publishing Corporation, New York.
Fisher, J. (2003). *To kill or not to kill : the eradication of contagious bovine pleuro-pneumonia in Western Europe.* Med Hist 47 : 314-331.
Fraser, S. M. (1980). *Leicester and smallpox : the Leicester method.* Med Hist 24 : 315-332.
Garrett L., (1994), *The coming plague. Newly emerging diseases in a world out of balance.* Penguin Book, New York.
Gensini, G. F., M. H. Yacoub, et al. (2004). *The concept of quarantine in history : from plague to SARS.* J Infect 49 : 257-261.
Gensi, G.F., Conti A.A., (2004), *The evolution of the concept of fever in the history of medicine : from pathological picture per se to clinical epiphenomenon (and vice versa).* J. Infect. 49 : 85-87
Getz D., (2000), *Purple Death*, Henry Holt Co, New York.
Gradmann, C. (2001). « *Robert Koch and the pressures of scientific research : tuberculosis and tuberculin.* » Med Hist 45 : 1-32.
Greenough, W. B. (2004). *The human, societal, and scientific legacy of cholera.* J Clin Invest, 113 : 334-339.
Grellet I., Kruse C., (1983) *Histoires de la tuberculose, les fièvres de l'âme 1800-1940*, Ramsay.
Grmek M.D., (1989), *Histoire du sida*, Payot.
Grmek M.D., (1990), *La première révolution biologique*, Payot.
Grmek M.D., (1990), *Les maladies à l'aube de la civilisation occidentale*, Payot.
Gualde N., (2002), *Épidémies, la nouvelle carte*, Desclée de Brouwer, Paris.
Gualde N., (2003), *Les microbes aussi ont une histoire.* Le Seuil, Paris.
Guillemin J., (1999), *Anthrax, the investigation of a deadly outbreak.* University of California Press, Berkeley & Los Angeles.
Hardy, A. (1983). *Smallpox in London : factors in the decline of the disease in the nineteenth century.* Med Hist 27 : 111-138.
Hardy, A. (1993). *Cholera, quarantine and the English preventive system, 1850-1895.* Med Hist 37 : 250-269.
Hardy, A. (1998). *On the cusp : epidemiology and bacteriology at the local government board, 1890-1905.* Med Hist 42 : 328-346.
Hare, R. (1982). *New light on the history of penicillin.* Med Hist 26 : 1-24.
Hart, H. W. (1980). *Some notes on the sponsoring of patients for hospital treatment under the voluntary system.* Med Hist 24 : 447-460.
Hewa, S. (1994). *The hookworm epidemic on the plantations in colonial Sri Lanka.* Med Hist 38 : 73-90.
Hide, G. (1999). *History of sleeping sickness in East Africa.* Clin Microbiol Rev 12 : 112-125.
Howard-Jones, N. (1977). *Fracastoro and Henle : a re-appraisal of their contribution to the concept of communicable diseases.* Med Hist 21 : 61-68.
Isaacs, J. D. (1998). *D D Cunningham and the aetiology of cholera in British India, 1869-1897.* Med Hist 42 : 279-305.
Johnston, J. A. (1971). *The impact of the epidemics of 1727-1730 in South West Worcestershire.* Med Hist 15 : 278-92.
Jones, J.H. (1993). *Bad Blood : The Tuskegee Experiment.* New York : Free Press.

Kakar, S. (1996). « *Leprosy in British India, 1860-1940 : colonial politics and missionary medicine.* » Med Hist 40 : 215-230.

Keele, K. D. (1974). « *The Sydenham-Boyle theory of morbific particles.* » Med Hist 18 : 240-248.

Knell R. J., (2004) *Syphilis in Renaissance Europe : rapid evolution of an introduced sexually transmitted disease ?* Proc Royal Soc London. B (suppl) 271, S174-S176.

Kunitz, S. J. (1987). *Making a long story short : a note on men's height and mortality in England from the first through the nineteenth centuries.* Med Hist 31 : 269-280.

Langford, C. (2002). *The Âge pattern of mortality in the 1918-19 influenza pandemic: an attempted explanation based on data for England and Wales.* Med Hist 46 : 1-20.

Latour B., (1994), *Pasteur, une science, un style, un siècle*, Perrin, Paris.

Latour B., (1984), *Les microbes, guerre et paix*, Métailié, Paris.

Levy S.B., (1992), *The antibiotic paradox. How miracle drugs are destroying the miracle.* Plenum Press, New York.

Liebenau, J. (1990). *Paul Ehrlich as a commercial scientist and research administrator.* Med Hist 34 : 65-78.

Ligon, B. L. (2004). *Penicillin: its discovery and early development.* Semin Pediatr Infect Dis 15: 52-63.

Ligon, B. L. (2004). *Sir Alexander Fleming: Scottish researcher who discovered penicillin.* Semin Pediatr Infect Dis 15: 58-64.

Löwy, I. (1990). *Yellow fever in Rio de Janeiro and the Pasteur Institute Mission (1901-1905): the transfer of science to the periphery.* Med Hist 34 : 144-163.

Lowis G.W., (1993) *Epidemiology of puerperal fever: the contributions of Alexander Gordon*, Med Hist 37 : 399-410

Lucenet M., (1985), *Les grandes pestes en France*, Aubier Montaigne, Paris,

Macfarlane G., *Fleming*, (1990), *l'homme et le mythe*, Belin, Paris.

Mafart B., Perret JL., Histoire du concept de quarantaine. *Médecine tropicale* 1998 ; 58 : 14-20.

Magnin-Gonze J., (2004), *Histoire de la botanique*, Delachaux, Niestlé, Paris.

Manceron C., (1972), *Les vingt ans du roi*. Robert Laffont. Paris.

Manchester, K. (1984). *Tuberculosis and leprosy in antiquity: an interpretation.* Med Hist 28 : 162-173.

Mariott E. (2002) *Plague*, Metropolitan Books. New York.

Mazliak P., (2002), *Les fondements de la biologie*, Vuibert Adapt, Paris.

Mazoyer M, Roudart L. (1997), Histoire des agricultures du monde, du néolithique à la crise contemporaine, Éditions du Seuil.

McNeill W.H., (1998) *Plagues and peoples*, Anchor Books, New York.

Miller, R. L. (1991). *Palaeoepidemiology, literacy, and medical tradition among necropolis workmen in New Kingdom Egypt.* Med Hist 35 : 1-24.

Miller J., Engelberg S., Broad W., (2002), Germes : les armes biologiques et la nouvelle guerre secrete. Fayard. Paris.

Mollaret H.H., Brossollet J., (1985) Alexandre Yersin ou le vainqueur de la peste, Fayard, Paris.

Morange M., (1994) *Histoire de la biologie moléculaire*, La découverte, Paris.

Moulin A.M., (1996) *L'aventure de la vaccination*, Fayard.

Moulin A.M., (1991) *Le dernier langage de la médecine. Histoire de l'immunologie de Pasteur au sida.* PUF, Paris.

Nemes, C. N. (2002). *The medical and surgical treatment of the pilgrims of the Jacobean Roads in medieval times part 1. The caminos and the role of St. Anthony's order in curing ergotism.* International Congress Series, 1242: 31-42.

Nuland S.B., (1989) *Les héros de la médecine*, Presses de la Renaissance, Paris.

Nutton, V. (1983). *The seeds of disease : an explanation of contagion and infection from the Greeks to the Renaissance.* Med Hist 27 : 1-34.

Olivier, M. (2002). *Binding the book of nature microscopy as literature.* History of European Ideas, 31 : 173-191.

Oldstone M., *Viruses, plagues and history*, Oxford University Press, Oxford, 1998.

Olsnes, S. (2004). *The history of ricin, abrin and related toxins.* Toxicon 44 : 361-70.

Pankhurst, R. (1965). *The history and traditional treatment of smallpox in Ethiopia.* Med Hist 9 : 343-55.

Pankhurst, R. (1984). *The history of leprosy in Ethiopia to 1935.* » Med Hist 28 : 57-72.

Parascandola J., *The history of antibiotics. À symposium.* American Institute of the history of Pharmacy. Madison, 1980.

Patterson, K. D. (1993). *Typhus and its control in Russia, 1870-1940.* Med Hist 37 : 361-381.

Penn, M., Dworkin M. (1976). *Robert Koch and two visions of microbiology.* Bacteriol Rev 40 : 276-283.

Pennington, C. I. (1979). *Mortality and medical care in nineteenth-century Glasgow.* Med Hist 23 : 442-450.

Penso G., (1981) La conquête du monde invisible, Parasites et microbes à travers les siècles, Roger Dacosta, Paris.

Peters C.J., (1997) *Virus hunters*, Anchor Book Ed, New York.

Porter, J. R. (1973). *Agostino Bassi Bicentennial (1773-1973).* Bacteriol Rev 37 : 284-288.

Pouget R., (1990). *Histoire de la lutte contre le phylloxéra de la vigne en France*, INRA, Paris.

Prati, D. (2002). « *Transmission of viral hepatitis by blood and blood derivatives: current risks, past heritage.* » Dig Liver Dis 34 : 812-817.

Preston R., (1995) *Virus*, Plon, Paris.

Preston R., (2002) Les nouveaux fléaux. *Ces virus qui nous menacent*. Plon, Paris.

Quétel C., (1986) *Le mal de Naples. Histoire de la syphilis*. Seghers, Paris.

Reid, A. H., Taubenberger J. K., et al. (2001). *The 1918 Spanish influenza : integrating history and biology*. Microbes Infect 3 : 81-7.

Riley J.C., (2001) *Rising life expectancy, a global history*, Cambridge University Press.

Roberts R.M., (1989) *Serendipity, accidental discoveries in Science*, John Wiley & Sons,

Ruffié J. Sournia J.C., (1984) *Les épidémies dans l'histoire de l'homme*, Flammarion, Paris.

Ryan F. (1992) *The forgotten plague. How the battle against tuberculosis was won and lost*. Little, Brown and Company, Boston.

Salomon-Bayet C. (1986) *Pasteur et la révolution pastorienne*, Payot, Paris.

Saluzzo J.F., (2002) *La guerre contre les virus*, Plon, Paris.

Sendrail M., (1980) *Histoire culturelle de la maladie*, Privat, Toulouse.

Silvertstein A.M., (1989) *A history of immunology*, Academic Press, New York.

Seligman, S. A. (1991). *The lesser pestilence : non-epidemic puerperal fever*. Med Hist 35 : 89-102.

Sutherst, R. W. (2004). *Global change and human vulnerability to vector-borne diseases*. Clin Microbiol Rev 17 : 136-173.

Sykes B., (2001) *Les sept filles d'Eve*, Albin Michel, Paris.

Theodorides, J. (1966). *Casimir Davaine (1812-1882) : a precursor of Pasteur*. Med Hist 10 : 155-165.

Théodoridès J., (1986) *Histoire de la rage, cave canem*, Masson, Paris.

Trujillo, E. E. (2004). *History and success of plant pathogens for biological control of introduced weeds in Hawaii*. Biological Control, 33 : 113-122.

Vallery-Radot M., (1985) *Pasteur, un génie au service de l'homme*, Pierre Marcel Favre, Lausanne.

Vigarello G., (1985) Le propre et le sale, l'hygiène du corps depuis le Moyen Âge, Seuil, Paris.

Waddington, K. (2004). *To Stamp Out « So Terrible a Malady : Bovine Tuberculosis and Tuberculin Testing in Britain*. Med Hist 48 : 29-48.

Wainwright M., (1990) *Miracle cure, the story of antibiotics*, Basil Blackwell Ltd, Cambridge Mass,

Walker-Smith, J. (1998). *Sir George Newman, infant diarrhoeal mortality and the paradox of urbanism*. Med Hist 42 : 347-361.

Walters M.J., (2003) *Six modern plagues*, Ed. Island Press.

Watson J.D., (2003) *La double hélice*, Robert Laffont, Paris.

Watson J.D., (2003) *ADN, le secret de la vie*, Odile Jacob, Paris.

Watts S., (1997) *Epidemics and history*, Yale University Press.

Whitrow, M. (1990). *Wagner-Jauregg's contribution to the study of cretinism*. Hist Psychiatry 34 : 294-310.

Wilkinson, L. (1974). *The development of the virus concept as reflected in corpora of studies on individual pathogens. 1. Beginnings at the turn of the century*. Med Hist 18 : 211-221.

Wilkinson, L. (1977). *The development of the virus concept as reflected in corpora of studies on individual pathogens. 4. Rabies -Two millennia of ideas and conjecture on the aetiology of a virus disease*. Med Hist 21: 15-31.

Wilkinson, L. (1979). *The development of the virus concept as reflected in corpora of studies on individual pathogens. 5. Smallpox and the evolution of ideas on acute (viral) infections*. Med Hist 23: 1-28.

Wilkinson, L. (1981). *Glanders: medicine and veterinary medicine in common pursuit of a contagious disease*. Med Hist 25 : 363-384.

Wilkinson, L. (1984). *Rinderpest and mainstream infectious disease concepts in the eighteenth century*. Med Hist 28 : 129-150.

Williams P., Wallace D., (1990) La guerre bactériologique, les secrets des expérimentations japonaises, Albin Michel, Paris.

Williamson, R. (1958). *The plague of Marseilles and the experiments of Professor Anton Deidier on its transmission*. Med Hist 2 : 237-252.

Wilson L.G., (1987), *The early recognition of streptococci as causes of disease*. Med Hist. 31 : 403-414

Winau, F., Westphal O., et al. (2004). *Paul Ehrlich—in search of the magic bullet*. Microbes Infect 6 : 786-789.

Winau, F., Winau R. (2002). *Emil von Behring and serum therapy*. Microbes and Infection 4 : 185-188.

Winn, W. C., (1988) *Legionnaires disease : historical perspective*. Clin Microbiol Rev 1 : 60-81.

Wojtkowiak B., (1988) Histoire de la chimie, Technique et Documentation Lavoisier.

Worboys, M. (1991). *Germ theories of disease and British veterinary medicine, 1860-1890*. Med Hist 35 : 308-327.

Wyke, T. J. (1975). *The Manchester and Salford Lock Hospital, 1818-1917*. Med Hist 19 : 73-86.

Zietz, B. P., Dunkelberg H. (2004). *« The history of the plague and the research on the causative agent Yersinia pestis. »* Int J Hyg Environ Health 207 : 165-78.

Zigas V., *Laughing death, the untold story of kuru*, The Humana Press Inc., 1990.

Index

A

Abbot Gilbert, 51
Abraham Edward P., 194, 196
acide déoxyribonucléique, 166
Acquapendente (d') Fabrice, 15
acriflavine, 188
Actinomyces, 198
Actinomyces griseus, 198
actinomycine, 198
acyclovir, 202
adénovirus, 118
ADN, 166
Aedes aegypti, 97, 98
aflatoxine, 256
Afzelius Arvid, 106
Agence Française du Sang, 146
agents ultrafiltrables, 111
alcaptonurie, 167
Yersin Alexandre, 81
Ali Ibn Khatima, 35
Alibek Ken, 254, 262
Alper Thykave, 236
Alpers Michael, 234
Alter H.J., 124
Altman Sydney, 130
amantadine, 201
Amherst Jeffrey, 244
Amici Giovanni Battista, 24
aminosides, 200
anatoxine, 220
Anaxagore, 11
Anaximandre, 11
Anderson John Fleetzelle, 117, 227
Anderson Thomas, 53, 115
André Vésale, 13
Andrewes Christopher, 118, 159
anémie infectieuse équine, 143
angiomatose bacillaire, 85, 181
aniline, 186, 187
animalcules, 19, 21, 22, 27, 28, 29
anophèle, 101, 102
antalgiques, 188
anthrax (voir charbon)

antifébrine, 188
antigène, 122
antimoine, 187
anti-oncogènes, 134
antipyrétiques, 188
antipyrine, 188
antiseptiques, 188
antitoxines, 219
Appert Nicolas, 28
Arabidopsis thaliana, 176
Aralsk-7, 255
Arber Werner, 173
arbovirus, 118
archées, 181
arénavirus, 149, 151
Aristote, 11, 17, 28, 33, 38, 44, 68, 179
Armadillo, 63
ARN, 170, 180
ARN *silencing*, 178
Aromatari Giuseppe, 17
ascaris, 3, 14
Asilomar conférence (d'), 174
Asnis Deborah, 106
Astbury Willliam, 167
atabrine, 185
ATLV, 140
atoxyl, 186
Aum Shinrikyo, 259
Australia (antigènes), 122
Auzias-Turenne Joseph-Alexandre, 210
Avenzoar, 38
Avery Oswald, 166
avian leukemia virus, 132
Avicenne, 34
azidothymidine (AZT), 203

B

Babesia bigemina, 90
bacille de Klebs-Löffler (diphtérie), 115, 216
bacille de la tuberculose, 61
Bacillus anthracis, 66, 211, 212, 243, 248, 251, 256
Bacillus icteroides, 99
Bacillus megatherium, 114

Bacillus subtilis, 67, 173
bactériophage, 113, 114, 130
Badische Anilin und Soda Fabrik (BASF), 188
Baeyer (von) Carl, 188
Bail O., 114
Baltimore David, 133
Bancroft Joseph, 89
Bancroft Thomas, 89
Bang Oluf, 131
Barbour Alan, 106
Barel B.G., 172
Barr Yvonne, 127
Barrel Bart, 175
Barré-Sinoussi Françoise, 141
Barton Alberto Leopoldo, 55
Bartonella bacilliformis, 55
Bartonella henselae, 181
Bary (de) Heinrich Anton, 40
Bassi Laura, 24
Bassi Agostino, 43
Basson Wouter, 256
Bastianelli Giuseppe, 102
Bawden Frederick, 112
Bayer, 188, 189
Bayer Friedrich, 188, 189
BCG (voir bacille de Calmette et Guérin)
Beadle George, 167
Beasley Palmer, 123
Behring Emil-August, 219
Beijerinck Martinus Wilhem, 111, 116
béjel, 79
Bennett John, 139
Berg Frederick Theodor, 47
Berg Paul, 173, 174
Bergey David H., 179
Berkefeld (bougies de), 98, 104, 109
Berkeley Miles Joseph, 40
Bernard Claude, 59
Berthelot Marcellin, 29
Berzélius Jöns, 44
Bignami Amico, 102
Billroth Theodor, 54
bio-informatique, 174
biopreparat, 254
bioterrorisme, 258
Bishop Michael, 134
Bittner John, 132
Bizio Bartelomeo, 42, 60

blastomycose, 104
Bobart Jacob, 18
Boccace Jean, 75
Bogaert (van) (panencéphalite sclérosante subaiguë de), 227
Bonanni Filipo, 16
Bonomo Giovanni Cossimo, 17, 38-40
Boog William Leishman, 94
Bordet Jules, 80, 81
Bordet-Wassermann (BW) (de) sérodiagnostic, 80
Borrelia burgdorferi, 106, 175
bothriocéphale, 14
Botrytis, 40, 43
botulisme, 81, 217
Boveri Theodor, 167
Bovet Daniel, 189
bovovaccin, 223
Bowen Ernie, 152
Boyd H. Wooddruff, 198
Boyer Herbert, 173
Boyle Robert, 44
Brachet Jean, 170
Bradley Daniel, 124
Bradley W.H., 121
Bragg Lawrence, 167
Bragg William, 167
Brefeld Oscar, 60
Brehmer Hermann, 68
Brenner Stanley, 176
Brenner Sydney, 170
Bretonneau Pierre-Fidèle, 215, 216
Brotzu Giuseppe, 196
Bruce David, 81, 91
Brucella melitensis, 81, 91
brucellose, 91, 252
Buchner Hans, 45
Buchwald Alfred, 106
Budd William, 222
Bueno Cosme, 55
Buffon, 26
Burdon-Sanderson John, 193
Burgdorfer Willy, 106
Burke David, 175
Burkitt Denis, 126
Burrill Thomas, 110
Burrows M. J., 131
Burton H.S., 196

C

Cagniard Charles de la Tour, 44
calicivirus, 247
Calmette et Guérin (bacille de), (BCG) 70, 224
Calmette Albert, 224
camelpox, 256, 261
Camerarius Rudolf Jacob, 17
Cameron J.D.S., 121
Camus Albert, 76
Candida albicans, 47
Cantacuzène Jean, 75
carate, 79
carcinome du rhinopharynx, 128
Cardan Verolamo, 103
Carnot Sadi, 54
Carré (maladie de), 159
Carré Henri, 116
Carrel Alexis, 118, 131
Carrion Daniel Alcides, 55, 99
Carroll James, 97, 116
Casals Jordi, 150
Castellani Aldo, 92
Casteret Anne-Marie, 146
Cavendish Henry, 29
Caventou Joseph, 183
Cech Thomas, 130
Celli Angelo, 101, 102
Celsus, 33
Clostridium tetani, 81
Centanni Eugenio, 116
céphalosporine, 196
Cephalosporium acremonium, 196
Cesalpino Andrea, 17
Cestoni Diacinto, 39
Chagas Carlos, 95
Chagas maladie (de), 95, 96
Chaillou Auguste, 219
Chain Ernst, 194
Chamberland (bougies de), 110, 114, 116, 158
Chamberland Charles, 109, 211, 212
Chambon Ernest, 208
Chambon Pierre, 173
champignons, 22, 265
charbon, 65, 211, 243, 250, 254, 255, 256
charbon (bacille du) voir *Bacillus anthracis*
charbon pesteux, 105
Chargaff Erwin, 168

Chase Martha, 115, 166
Chauliac Guy (de), 62, 75
chaulmoogra (huile de), 185
Chelle Paul-Louis, 234
Chermann Jean-Claude, 141
Chesebro Bruce, 237
Chlamydia, 117
chloramphénicol, 200
chloroplastes, 265
chloroquine, 185, 189
choléra, 8, 36, 70, 71, 72, 222, 250
choléra des poules, 55, 56, 210, 211, 246
Choo Q.L., 124
Chou-En Laï, 128
Claviceps purpurea, 46
Clavus siliginis, 47
Clostridium botulinum, 81
Clostridium perfringens, 81, 250, 256
Clostridium tetani, 217
Coenorabditis elegans, 176, 178
Cohen Stanley, 115, 173
Cohn Ferdinand, 31, 67
colibacille (*Escherichia coli*), 81, 114
Collier John, 220
Colomb Christophe, 4
colorants synthétiques, 188
Columelle, 34
contagion, 33, 35, 36, 44, 56, 77
contagium vivum, 36, 38, 54
Cooper Astley, 51
Copernic Nicolas, 13
coqueluche (*Bordetella pertussis*), 82
coronavirus, 118, 163
Corvisart Jean-Nicolas, 208
Corynebacterium diphtheriae, 216, 221
Cossart Pascale, 181
cowpox, 207, 208
coxsackie, 118
Craddock S.R., 192
Crawford John, 97
Crawford Kathleen, 196
Creutzfeldt Hans-Gerhard, 235
Creutzfeldt-Jakob (maladie de), 8, 235, 237, 241
Crick Francis, 168
crocéine, 188
Cro-Magnon, 4
croup, 215
Cuillé Jean, 234

Culex pipiens, 107
Curran P.F., 73
cyanose héliotrope, 155

D

Dane D.S., 123
Darrow Daniel, 73
Darwin Charles, 179
Dauguet Charles, 142
Davaine Casimir-Joseph, 65
Davidson Norman James, 168
Dayhoff Margaret, 174
DDT, 94, 185
Defoe Daniel, 76
Deinhardt F., 123
Delbrück Max, 115
Delgadillo René, 152
Delille Armand, 247
Démocrite, 11, 33
Dermatocentor, 104
Descartes René, 19
Desgenettes René-Nicolas, 99
Diener Theodor, 129
Dioclès, 13
diphtérie, 5, 56, 215
Doering Robert, 185
Dollond John, 23
Domagk Gerhard, 189, 190
Donné Alfred, 79
Donovan Charles, 94
Dorrell Stephen, 241
Dougherty William G., 112
Doulton Henry, 109
douve, 15
Drosophila, 176, 267
Dubini Angelo, 15
Dubos René, 196
Duchesne Ernest, 193
Duclaux Émile, 74, 78
Dufoix Georgina, 146
Duisberg Carl, 188
Dulbecco Renato, 133
Dunkin George, 159
Dupuytren Guillaume, 51
Dusch (Von) Thédor, 29
Dutton Joseph, 92
dysenterie, 81, 250

E

Eberth (bacille de), 56
Eberth Karl Joseph, 81, 222
Ebola virus, 152
Ecchinococcus granulosus, 15
échovirus, 71, 256
Economo (von) Constantin, 160
ectromélie, 262
Ehrlich Paul, 60, 80, 185
Eichsted K.F., 47
éléphantiasis, 88, 89
Elford William, 111
Elion Gertrude Belle, 201, 203
Ellermann Wilhelm, 131
Ellis Emory, 115
Ellis John, 27
Empédocle, 11
encéphalite équine du Venezuela, 252
encéphalite japonaise B, 249
encéphalite léthargique de von Economo, 160
encéphalite West Nile, 105, 106
encéphalopathie spongiforme, 233, 238, 239, 273
Enders John Franklin, 118, 227
Epstein Michael Anthony, 127
Epstein-Barr virus, 127
Erasistrate, 13
ergot de seigle, 45
ergotisme, 45
Ermangen (Van) E., 81
érysipèle, 52
Escherich Théodor, 81
Escherichia coli, 81, 114, 115, 173, 175
Essex Myron, 140
éthambutol, 200
éthionamide, 200
Evans Griffith, 91

F

Faber Giovanni, 20
Fabius Laurent, 146
Fagon Gui, 183
Falkow Stanley, 85, 181
Fallope Gabriel, 38
Farben Industrie, 188
farines animales, 240
Farr William, 51

Fasciola hepatica, 15
Feeley J.-C., 222
Feinstone Stephen, 123, 124
Feline Leucaemia Virus, 140
fermentation, 29, 30, 44, 45, 47, 52
Ferrosan, 199
Feulgen R., 167
fièvre Q, 252
fièvre aphteuse, 98, 116
fièvre de Malte, 81
fièvre de Oroya, 55
fièvre jaune, 96, 98, 116, 120
fièvre pourprée des Montagnes Rocheuses, 82, 104
fièvre puerpérale, 47, 48, 49
fièvre typhoïde, 56, 221, 250
fièvres hémorragiques, 9
filaires, 89
filovirus, 151, 152
Findlay G.M., 120
Finlay Carlos, 97, 116
Fire Adrew, 178
Fischer Alain, 174
Fitch Walter, 181
Flaum Dr, 120
flavivirus, 107
Fleming Alexander, 190-192
Fletcher Charles, 195
Flexner Simon, 114, 117, 131
Florey Howard, 193
Forde Robert, 92
Forés, 231, 233
Forlanini Carlo, 70
Fort-Detrick, 251
foscarnet, 203
Fracastor Girolamo, 14, 20, 23, 34, 36, 37, 68, 79, 87
Fraenkel Albert, 81
Fraenkel-Conrat Heinz, 112
Francis Donald, 140
Franklin Rosalind, 168
Fraser Claire, 80, 175
Friedman-Kien Alvin, 138
Friend (virus de), 132
Frosch Paul, 116

G

Gabatius (de Sainte-Sophie), 75
Gaffky Georg, 81, 222
Gajdusek Daniel Carleton, 232
gale, 17, 38
Galien Claude, 12, 34
Galilée Galileo, 20
Gallo Robert, 139, 142
Galtier Pierre-Victor, 213
ganciclovir, 203
gangrènes, 45, 243
gangrènes gazeuses, 81, 250
Gard Sven, 229
Garetta Michel, 146
Garrod Archibald, 167
Garvanoff M., 146
Gassendi Pierre, 16
Gelmo Paul, 189
génération spontanée, 11, 12, 28, 31, 57
gènes sauteurs, 266
Gengou Octave, 80, 81
George IV, 51
Gerstmann-Straüssler-Scheinker (syndrome de), 237
Gessain Antoine, 140
Gibbs Clarence, 234
Gilbert Walter, 170, 171
Gill Michael, 221
Glaxo, 195
glossine, 91
Gluckman Jean-Claude, 141, 142
Gluge Gottlieb, 91
Gobind Har Khorana, 169
Goelet P., 112
Goiffon Jean-Baptiste, 77
Goldberg Joseph, 117, 227
Golde David, 140
Golgi Camillo, 102
gonocoque, 81
Goodpasture Ernest William, 118, 157
Gordon Alexander, 47
Gottlieb Michael, 136
Graaf Reinier de, 22
Graebe Carl, 188
Graffi (virus de), 132
Graham David, 85
Gram Hans Christian, 60, 186
Grancher Jacques-Joseph, 214
Grassi Giovanni Batista, 102
Grew Nehemiah, 18

Griffith Frederick, 165
Griffith John S., 238
grippe, 81, 153, 161
Gros François, 170
Gross Ludwik, 132
Gruby David, 47
Gruinard (île de), 251
Guanarito virus, 151
Guérin (bacille de), 70, 224
Guérin Camille, 224
Gutenberg Johannes, 12
Gutmann Antoinette, 114

H

H1N1, 130, 158
H5N1, 160
Hadlow William, 234
Haeckel Ernst Heinrich, 179
Haemophilus influenzae, 81, 157, 175
Haffkine Waldemar, 222
Haldane John Burdon Sanderson, 32
Halsted William Stewart, 53
Hamre D., 201
Hansen (bacille de), 64
Hansen Gerhard Armauer, 61, 63, 64, 99
Hantaan virus, 162
Harvey William, 1, 15, 144
Heatley N.G., 194
Hebra Ferdinand (von), 48, 50
Heine Jacob von, 228
Heine-Medin (maladie de), 228
Heinz Fraenkel-Conrat, 170
Helicobacter pylori, 83, 85
Hendra virus, 162
Henle Gertrude et Werner, 127
Henle Jacob Friedrich, 54, 65
hépatite, 118, 145
Hérelle Félix (d'), 114
Hérophile, 13
herpès, 3, 118, 128
Hershey Alfred, 115, 166
Hervé Edmond, 146
Hesse Walter, 61
Heydrich Reinhard, 258
HHV-8, 128, 138
Hinuma Yorio, 140
Hippocrate, 34, 119, 153
Hirschborn N., 73

Hitchings George H., 201, 203
Hoescht Dye Works, 186, 188, 189
Hoffmann Erich, 80
Hofmann (von) August Wilhem, 188
Hollerius Jacobus, 14
Holley Robert, 169
Hood Leroy, 174
Hooke Robert, 21, 23
Hörlein Heinrich, 189
Houghton Michael, 124
Hunter John, 59, 99
Hussein Saddam, 256
Huygens Charles, 23

I

Ibn al-Khatib, 35
ictère, 119
IG *Farben*, 188
infusoires, 22, 23
Ingram Vernon, 172
insomnie familiale fatale, 237
insuline, 171, 172
interférence, 178
interleukines, 118
Ishii Shiro, 248
Isocrate, 68
isoniazide, 200
Iwanowsky Dimitri, 110, 116

J

Jacob François, 115, 170
Jahrling Peter, 152
Jakob Alfons-Maria, 235
Jamot Eugène, 93
Jansen Zacharias, 20
Jarrett William, 140
jaunisse, 119, 121
Jauregg (von) Julius Wagner, 187
Jeffreys Alec, 178
Jenner Edward, 207
Joblot Louis, 23
Johnson Karl, 149
Jorgensen Richard, 178
Joubert Jules, 193

K

Kaffa (de) siège, 244

kala-azar, 93, 94
Kalle, 188
Kaposi (sarcome de), 128, 137, 138
Kaposi Moriz, 137
Kausche G.A., 112
Khorana Gobind, 172
Kidwell Margaret G., 267
Kilborne Frederick, 90
Kimberlin R.H., 237
Kircher Athanasius, 23, 39, 77
Kitasato Shibasaburo, 77, 81, 217
Klarer Josef, 189
Klatzmann David, 142
Klebs Edwin, 216
Klein Johann, 48
Knight Thomas Andrew, 40
Knoll Max, 24, 117
Knowles Roberts, 94
Koch Robert, 53, 54, 59-61, 63, 65-70, 72
Koen J.S., 158
Kolletschka Jacob, 49
Kornberg Arthur, 169
Kouchner Bernard, 146
Krugman Saul, 121
Kuo G., 124
kuru, 231, 233, 234
Kützing Friedrich, 44
kyste hydatique, 15
Kziazek Tom, 162

L

Laidlaw Patrick, 118, 159
Lainer G., 121
Lamarck, 115
Landsteiner Karl, 117, 144, 228
Lassa (fièvre de), 150
Latarjet Raymond, 236
Latouche Charles J., 192
Latta Thomas, 73
Laubenheimer August, 186
Laue (von) Max, 167
Laveran Charles-Louis-Alphonse, 81, 101, 187
Lavoisier Antoine, 29
Layton Marcelle, 106
lazaret, 36
Lederberg Josué, 18, 115
Lederlé, 195
Leeuwenhoek Antonie van, 1, 18, 19, 21, 23, 34

Legionella pneumophila, 83
Lehmann Jorgen, 199
Leibowitch Jacques, 141
Leiner C., 117
Leishman William Boog, 94
leishmaniose, 93
Leismania donovani, 94
lentivirus, 136, 142, 143
Lepetit, 200
Lépine Pierre, 229
lèpre, 5, 61, 62
leptospirose ictéro-hémorragique, 119
Levaditi Constantin, 117, 118, 228
levures, 44, 45, 47
Lewis Paul A., 117
Lewis Timothy Richard, 89, 91
Liautard Jean-Paul, 238
Liebig Justus, 29
Linné (von) Carl, 18, 179
Lister Joseph, 47, 51, 52, 53, 60, 193
Lister Joseph Jackson, 24
Loeffler Friedrich, 116, 216
Loir Adrien, 104, 246
Lösch Fedor, 81
Louis XV, 205
Lübeck, 225
Luria Salvador, 115
Lürman A., 119
Luther Martin, 12
Lwoff André, 113, 114, 115, 170
Lyme (maladie de), 105
Lymphadenopathy-Associated Virus (LAV), 142
lymphomes, 127
lysogénie, 114, 115, 130, 266
lysozyme, 191

M

M'Faydean John, 116
MacCallum F.O., 120, 121
MacFarlane Burnet, 159
Machupo virus, 149
MacKenzie Ron, 149
MacLeod Colin, 166
MacNamara Jean, 246
macrolides, 200
Madhavakara, 38
Maisonneuve Paul, 80
Maitland Hugh et Mary, 118

maladie des légionnaires, 82
maladies virales d'évolution lente, 136
malaria, 101, 102, 183
Malawista Steven, 106
Mallon Mary, 56
Maloney (virus de), 132
Malpighi Marcello, 17
Malte (de) fièvre, 91
Manget Jean-Jacques, 69
Manson Patrick, 81, 88, 89, 102
Marboran, 201
Marburg (virus de), 151
Marchiafava Ettore, 101, 102
Margoliash Emmanuel, 181
Marshall Barry, 83, 84, 85
Marten Benjamin, 68
Martin Louis, 219
Matthaei Johann, 169
mauvéine, 188
Maxam Allan, 171
Mayer Adolf, 110
McCarthy Maclyn, 166
McClintock Barbara, 266
McDade Joe, 82
Medin Karl Oskar, 228
méfloquine, 185
Meister Joseph, 214
Meister Lucius u.Brüning, 188
mélioïdose, 250
Mello Craig, 178
mémoire immunitaire, 219
Mendel Gregor , 166
méningite cérébro-spinale, 250
méningocoque (*Neisseria meningitidis*), 81
Merck, 195, 196
Merck George W., 199, 251
Merrifield Robert Bruce, 172
Merz P.A., 237
Meselson Mathew, 170
Mesnil F., 186
Metchnikoff Elie, 80, 217
Micrococcus amylophorus, 110
microfilaires, 89
microscopes, 20, 21, 23, 24
microsporidie, 43
Microsporon furfur, 47
Miescher Friedrich , 166
Mietzsch Fritz, 189

mildiou de la vigne, 40, 41
Miller Stanley L., 32
mimivirus, 111, 130
mitochondries, 4, 265
Mitscherlich Eilhard, 29
Miyoshi Isao, 140
Monath Tom, 151
monkeypox, 261, 262, 263
Monod Jacques, 170
mononucléose infectieuse, 127
Montagnier Luc, 141, 142
Montagu Wortley Mary (lady), 206
Montceau (Henri Louis Duhamel de), 40
morbillivirus, 162
Morgan Doris, 139
Morgan Thomas, 167
Morgani Jean-Baptiste, 59
Morgenroth Julius, 188
morpions, 16
Morton William, 51
morve, 248, 250
mouche du vinaigre, 176, 267
mouche tsé-tsé, 91, 92
muguet, 47
Muller Hermann Joseph, 115
Müller Paul, 94
Mullis Kary, 177
Muscardine, 43
Mycobacterium bovis, 223
Mycobacterium leprae, 64
Mycobacterium tuberculosis, 69, 200, 222
Mycoderma aceti, 45
Mycoplasma mycoides, 117
mycoplasme, 117, 175
mycoses cutanées, 47
mycosis fongoïde, 140
mycotoxines, 256
myxomatose, 116, 246
Myxovirus influenzae, 159, 160

N

nagana, 91, 92
Nägeli (von) Carl, 179
Naples (mal de), 79
Nathans Daniel, 173
Needham John, 26
Negri Adelchi, 117
Neisser Albert, 64, 81, 99

INDEX

Neisseria gonorrhoae, 81
néosalvarsan, 187
Netter Arnold, 228
Neuber Gustav Adolf, 53
Newton Guy, 196
Nichol Stuart, 162
Nicolaier Arthur, 217
Nicolle Charles, 104, 116, 186
nielles, 40
Nightingale Florence, 51
Nipah virus, 162
Nirenberg Marshall W., 169
Nitti Federico, 189
Nocard Edmond, 117, 219
Noguchi Hideyo, 55
Noller Harry, 130
nona, 161
Norris Steven, 80
Northrop John, 117
Nosema bombycis, 43
nosocomium, 47
Nowell Peter, 139
nucléine, 166
Nuremberg (code d'éthique médicale de), 80
Nuttall George, 81

O

O'Shaughnessy William B., 72
Ochoa Severo, 169
Ogston Alexander, 81
Oïdium tuckeri, 41
Oldenburg Henry, 22, 23
Olistsky Peter, 118
Olson Maynard, 175
onchocercose, 3
Oparin Aleksander Ivanovitch, 31
optochine, 188
Organisation Mondiale de la Santé, 36
Oropouche (virus), 161
Oroya (fièvre de), 99
Osimo, 43
oxyures, 3, 14

P

Pacini Filippo, 72
Palade George, 170
paludisme, 101, 102, 145, 183

pandémies, 71, 74
Panum Peter, 227
papillomavirus, 132
Pappenheimer Alwin Max, 220
paramyxovirus, 162
parasitisme, 265
Pasteur Louis, 26, 28, 29, 31, 43, 44, 52, 54, 56, 59, 60, 243, 246
Pasteurella multocida, 210, 246
Pattyn Stefan, 152
Pauling Linus, 168, 172
PCR, 177
pébrine, 43
Peeble Thomas, 227
péliose hépatique, 181, 85
Pelletier Joseph, 183
pénicilline, 190, 192, 193, 196
Penicillium notatum, 192, 195
péripneumonie, 117, 210
Perkin William, 188
peste (*Yersinia pestis*), 74, 75, 76, 81, 105, 250
peste aviaire, 116
peste (bacille de la), 78, 245
peste bovine, 116
peste équine, 116
Peters Clarence J., 162
Petri Julius Richard, 61
Pfeiffer Richard, 81, 157, 222
Pfizer, 195
phagocytose, 218
phénacétine, 188
phénol, 53, 185
Phipps James, 208
phlébotome, 55, 94
phtisie, 38, 67
phylloxéra, 40, 41
Phytophthora infestans, 40
pian, 79, 92
Pine Bluff, 252
Pingfang, 249
Pinto (mal de), 79
Piot Peter, 152
Pirie Normann, 112
Pirquet Clemens von, 223
pityriasis versicolor, 47
plaques amyloïdes, 237
plasmides, 173
Plasmodium, 102, 185

Pline le jeune, 19
pneumocoque (*Streptococcus pneumoniae*), 81, 165, 166
Poiesz Bernard, 139
polenta, 42, 60
poliomyélite, 112, 117, 118, 228
poliovirus, 130, 228
Pollender Franz Aloys, 65
polymerase chain reaction (PCR), 85, 177
Popovic Mikulas, 143
Popper Erwin, 228
porteur sain, 55, 56, 211
Porton Down, 251
postulats de Koch-Henlé, 54
Pott (mal de), 67
Pouchet Félix Archimède, 30, 31
Pouilly-le-Fort, 212
poux, puces, 3, 16, 104, 109
poxvirus, 117, 246
Priestley Joseph, 29
Prince Alfred M., 123
prion, 237
procaryotes, 179
protistes, 179
protonsil, 189, 194
proto-oncogènes, 134
protozoaires, 22, 23, 26, 27, 265
Prowazek Stanislas (von), 104
PrP, 237, 238
Prusiner Stanley B., 236, 237
Ptolémée Claude, 13
putréfaction, 29, 30, 44
Puumala virus, 162
pyrazinamide, 200

Q

quarantaine, 35
quinacrine, 185
quinine, 183, 185
quinquina, 101, 183

R

Rabe Paul, 185
Rabelais François, 39
rage, 117, 118, 211, 213
Rajneeshees, 259
Ramon Gaston, 220

Ramsès V, 205
Raoult Didier, 86, 130
Rauscher, (virus de la leucémie murine de), 132, 133
Ray John, 18
Rayer Pierre-François, 65
Redi Francesco, 15, 16, 23, 26, 39
réduves, 95
Reed Walter, 97, 98, 116
Reisch Gregorius, 36
Relman David, 85, 181
Remlinger Paul, 117
réservoir, 56
résochin, 185
rétrotransposons, 268
rétrovirus, 139, 268
Rhazès, 34, 205, 227
Rhines Chester, 197
rhume de cerveau, 5
ribavirine, 202
ribozymes, 130
Richardson Carol, 239
ricine, 256
Ricketts Howard Taylor, 82, 103
Rickettsia, 82, 104, 117
Rocha Lima (Henrique Da), 104
Ridley F., 192
rifampicine, 200
rimantadine, 201
Rizzetto Mario, 124
Roberts Richard, 173
Robin Charles-Philippe, 47
Robinson R., 194
Roehl Wilhelm, 189
Rogers Leonard, 94
Rokitanski Karel, 47
Röntgen Wilhelm Conrad, 70
Roosevelt Franklin D., 251
Ross Ronald, 89, 102
Rossenbeck H., 167
rotavirus, 256
rougeole, 5, 117, 118, 226
rouget du porc, 56, 211, 212
Rouget J., 91
rouilles, 40
Rous Peyton, 131, 132
Rous sarcoma virus (RSV), 132, 133
Roux Émile, 74, 104, 211, 212, 219

INDEX

Rozenbaum Willy, 142
rubéole, 5, 118
Rubin Harry, 133
Ruscetti Francis, 139
Ruska Ernst, 24, 117
Ruska Helmut, 112, 115

S

Sabia virus, 151
Sabin Albert, 118, 229
Saccharomyces cerevisiae, 173
Salk Jonas, 229
Salmon Daniel Elmer, 90
Salmonella typhi, 222
Salmonella typhimurium, 259
salmonelles, 3
salvarsan, 80, 119, 187
Sanarelli Giuseppe, 99, 116, 246
Sangallo Pietro Paolo Da, 16
Sanger Frederick, 171, 175
Sansonetti Philippe, 181
sarcopte de la gale, 16, 17, 39
Saussure (de) Horace, 25, 27
scandale du sang contaminé, 146
Schaffer Frederick, 112
Schatz Albert, 196, 198
Schaudinn Fritz, 80
Schick Bela, 220
schistosomiase, 3
Schlesinger Martin, 115
Schönlein Johann Lucas, 47
Schramm Gerhard, 170
Schroder Heinrich, 29
Schroeter Joseph, 60
Schulze Franz, 29
Schwann Théodor, 29, 44
Schwerdt Carlton, 112
scissiparité, 27
scrapie, (voir tremblante du mouton)
sels d'or, 188
sels de mercure, 185
Semmelweis Ignaz, 47
Sencer David, 82
Sénèque, 19
sepsis, 44
Serratia marcescens, 42, 43
Severino Marco-Aurelio, 215
sexualité des plantes, 17

Sharp Philip, 173
Shepard Charles, 82
Shiga (bacille de), 114
Shiga Kiyoshi, 81
Shigella, 81, 114
Shope Richard E., 118, 132, 136, 157, 246
Shortt Henry Edward, 94
Shrödinger Erwin, 165
sida, 8, 131, 136, 140, 144, 147
Sigurdsson Björn, 136, 234
Simond Paul-Louis, 78, 105
Simpson James, 52
sin nombre virus, 162
Sinton John, 94
SIV, 147
Skoda Josef, 47, 50
smallpox, 205
Smith Hamilton, 173, 175
Smith R.O., 94
Smith Théobald, 88, 90
Smith Wilson, 118, 159
Smith, Kline et French, 203
Snow John, 71
somatostatine, 173
sommeil (maladie du), 92
sontochin, 185
Spallanzani Lazare, 17, 24, 26, 27
Spigelius Adrian, 15
Spinoza Baruch, 21
spirochètes, 106
spores, 31, 66, 114
Squibb, 195
Stanley Wendell Meredith, 112, 136
Staphylococcus aureus, 113
staphylocoque, 81, 113, 253
Steere Allen, 106
Stéhelin Dominique, 134
Stelluti Francesco, 20
Streptococcus pneumoniae, 165
Streptococcus pyogenes, 49
Streptomyces, 198
streptomycine, 196, 198
streptothricine, 198
suette miliaire, 159, 160
sulfamides, 189
sulfonal, 188
Summer James B., 117
suramine, 189

Sureau Pierre, 152
Sutnick Halton, 123
Sutton Edward , 167
Svedberg Theodor, 117
Sverdlovsk, 254, 255
Swaminath C.S., 94
Swammerdam Jean, 16
Sydenham Thomas, 183, 227
Sylvius, 69
Syme James, 52
syndrome respiratoire aigu sévère (SRAS), 163
synergistines, 200
syphilis, 5, 37, 78, 81, 145

T

Tabor E., 124
tænia, 3, 14, 15
Takatsuki Kiyoshi, 140
Talbot Robert, 183
Taq polymérase, 178
tatou, 63
Tatum Edward, 18, 167
Taubenberger Jeffrey, 159
taxonomie, 56
teignes faviques, 47
teignes tondantes, 47
Teissier l'abbé, 47
Temin Howard M., 129, 133
tétanos, 217, 243
tétracyclines, 200
Texas (du) la fièvre, 90
Thalès de Milet, 11
Thé Guy (de), 128
Theiler Max, 99
Théophraste, 17
thérapie génique, 174
Thuillier Louis, 72, 212
tique, 104, 106
Tomkins Lucy, 85, 181
Torbjörn Caspersson, 170
Toussaint Jean-Joseph, 211
toxine botulinique, 256
toxine diphtérique, 74, 115
transcriptase reverse, 133, 173
transposons, 267, 268
trayeurs (maladie des), 207
Tréfouël Jacques, 189
tremblante du mouton, 136, 234, 237, 240

Treponema pallidum, 80, 175
Treponema pertenue, 92
tréponème pâle, 80
Trichophyton schoenleinii, 47
Trichophyton tonsurans, 47
trichothécène, 256
Tropheryma whipelli, 181
Trousseau Armand, 215
Trypanosoma brucei, 91
Trypanosoma cruzi, 96
Trypanosoma gambiense, 92
trypanosomes, 91, 95, 186
trypanosomiase américaine, 96
tuberculine, 70
tuberculose (bacille de la), 5, 67, 69, 222
tularémie, 252
Tumpey Terrence, 160
Turpin Raymond, 224
Tuskegee, 80
Twort Frederick William, 113
Tyndall John, 31, 67
typhoïde, 81
Typho negro, 149
typhus exanthématique, 82, 103, 104, 117
tyrothricine, 196
Tyson Edward, 15
Tzanck Arnault, 145

U

ukhedu, 34
Unité 731, 249
Urbain VIII, 21
urée, 171
Urey Harold Clayton, 32
Urso (de) Nicola Andrea, 14

V

vaccin, 243
vaccination, 208
vaccine, 117, 118, 208
vaches folles (maladie des), 239
Vallée Henri, 116
Vallisnieri Antoine, 16
Van der Groen Guido, 152
Van Ermengem Emile, 217
Van Helmont, 12
varicelle, 3, 5

variole (virus de la), 5, 205, 256, 260
Variole du singe, 263
variolisation, 206
Varmus Harold, 134
Varron Marcus, 34
vecteurs, 173
Vector, 254
Venezuela (fièvre hémorragique du), 151
Venter Craig, 130, 175
Vermeer Johannes, 21
verruga peruana, 55
vers, 14, 43, 60
Vésale André, 36
Vibrio cholerae, 72
Vigo (de) Jean, 79
Villalobos (de) Francisco Lopez, 79
Villemin Jean-Antoine, 68, 69
Vinci (de) Léonard, 13
Virchow Rudolf, 49, 54, 59, 120
virino, 237
viroïde, 129, 130, 237
virus «amaril», 96, 120
virus, 24, 109, 110, 111
virus de l'encéphalite équine, 253
virus de l'hépatite A, 123
virus de l'hépatite C, 124, 125, 126
virus de l'hepatite D, 124
virus de la mosaïque du tabac, 110, 117
virus du polyome de la souris, 133
virus HIV, 140, 143, 147
virus HTLV-I, 141
virus HTLV-III, 143
virus oncogènes, 132
virus SV40, 133
virus West Nile, 107
visna, 136
Voegt H., 121
Vozrozdenija, 254

W

Wain-Hobson Simon, 143
Waksman Selman Abraham, 196, 197
Warren John Collins, 51

Warren Robin, 83, 84, 85
Wassermann (von) August, 80
Watson James, 168
Weichselbaum Anton, 81
Weill-Hallé Benjamin, 224
Weisman Joel, 136
Weismann Charles, 237
Welch William, 81
Wellcome, 195, 201, 203
Wells Gerald, 239
Wendell Oliver Holmes, 47
West Charles, 228
Westwood John Obadiah, 41
Whipple (maladie de), 85, 181
White William C., 198
Widal Fernand, 50, 222
Wiesner R. (von), 117
Wilkins Maurice, 168
Willems Louis, 117, 210
Williams Robley, 112
Willis Thomas, 69, 221
Wimmer Eckard, 130
Winthrop, 185
Woese Carl, 181
Wölher Friedrich, 28, 171
Wollman Elisabeth et Eugène, 115
Wong K.H., 222
Woodruff Alice Miles, 118, 159
Woods Donald, 200
Wright Almroth Edward, 190, 222
Wucherer Otto, 15, 89
Wulchereria bancrofti, 89

X/Y/Z

Xénophane, 11
Yambuku (maladie de), 152
yellow rains, 256
Yersin Alexandre, 1, 73, 74, 77, 215
Yersinia pestis, 78, 245
Zaluziansky Adam, 17
Zamecnik Paul, 169
Ziedler Othmar, 94
Zigas Vincent, 231

Achevé d'imprimer par Corlet, Imprimeur, S.A.
14110 Condé-sur-Noireau
N° d'Imprimeur : 99751 - Dépôt légal : juin 2007
Imprimé en France